面向 21 世纪课程教材

新概念物理教程

热　学

（第二版）

赵凯华　罗蔚茵

U0311748

高等教育出版社·北京

内容简介

　　本书是在第一版的基础上，根据教学需要，结合读者使用此书的建议和意见，修订而成的。本书第一版是教育部"面向21世纪教学内容和课程体系改革计划"的研究成果，是面向21世纪课程教材；原书在结构上有较大的变化，在内容上有较大的更新，在用现代观点审视教学内容、向当代前沿开设窗口和接口、培养物理直觉能力等方面有较大的改革。这次修订保持了原书的上述特色，除订正了一些错误外，主要的修改在第二章中的量子统计分布。修订时删去一些太深的内容，更多地采用定性半定量的方法，突出物理图像。此外，书后还增补了习题答案。本书包括热学基本概念和物质聚集态、热平衡态的统计分布律、热力学第一定律、热力学第二定律、非平衡过程等五章和两个数学附录。

　　本书可作为高等学校物理类专业的教材或参考书，特别适合物理学基础人材培养基地选用。对于其它理工科专业，本书也是教师备课时很好的参考书和优秀学生的辅助读物。

图书在版编目（CIP）数据

新概念物理教程. 热学／赵凯华，罗蔚茵. —2 版. 北京:高等教育出版社,2005. 11（2024.4重印）
ISBN 978 – 7 – 04 – 017680 – 3

Ⅰ. 新…　Ⅱ. ①赵…②罗…　Ⅲ. ①物理学 – 高等学校 – 教材②热学 – 高等学校 – 教材　Ⅳ. O4

中国版本图书馆 CIP 数据核字（2005）第 108050 号

出版发行	高等教育出版社	网　　址	http://www.hep.edu.cn
社　　址	北京市西城区德外大街 4 号		http://www.hep.com.cn
邮政编码	100120	网上订购	http://www.landraco.com
印　　刷	三河市宏图印务有限公司		http://www.landraco.com.cn
开　　本	787×960　1/16		
印　　张	21	版　　次	1998 年 2 月第 1 版
字　　数	360 000		2005 年 11 月第 2 版
购书热线	010 – 58581118	印　　次	2024 年 4 月第 28 次印刷
咨询电话	400 – 810 – 0598	定　　价	37.00 元

第二版序^❶

　　本书出版已经七年了。除了一般笔误和印刷错误外，本版作的主要修改在第二章中的量子统计分布。我们删去一些数学太难的部分，更多地采用定性半定量的方法，突出物理图像。此外，书后增补了习题答案。

　　作者感谢指出本书第一版中错误的所有教师和学生。

作　者

2005 年 3 月

❶　本书的修改得到"国家基础科学人才培养资助"J0630311.

序

本书是《新概念物理教程》中继《力学》卷之后的第二卷,编写和改革的思路是一脉相承的,但根据热学教学内容的特点有所发展和不尽相同的侧重。现将要点分述如下。

一、按照科学发展的进程和需求,强化熵的教学

热力学第一定律和热力学第二定律从来就是热学中最基本的两条定律,前者是能量的规律,后者是熵的法则。"能"和"熵"两个概念哪个更为重要?随着时间的推移,情况正在变化。传统的看法以为"能"是宇宙的女主人,"熵"是她的影子。后来有人提出不同的看法:"在自然过程的庞大工厂里,熵原理起着经理的作用,因为它规定整个企业的经营方式和方法,而能原理仅仅充当簿记,平衡贷方和借方。"(1938 R. Emden 语)

热力学定律和达尔文的进化论同属 19 世纪科学上最伟大的发现,然而表面上看起来二者似乎相互抵触。本世纪 40 年代薛定谔提出了生命"赖负熵为生"的名言,60 年代普里高津(I. Prigogine)建立了耗散结构理论,热力学第二定律与进化论的矛盾被澄清了。从物理学走向生命科学,越发显示出"熵"这个概念的重要性。

1948 年电气工程师香农(C. E. Shannon)创立了信息论,将信息量与负熵联系起来。历史上以热机发展为主导的第一次工业革命是能量的革命,当前以信息技术为主导的第二次工业革命可以说是熵的革命。现在"熵"这个名词已超出自然科学和工程技术的领域,进入人文科学。

近年来国际上一些物理教育改革家企图把物理学归结为少数几个基本概念,尽管各家之言见仁见智,但无例外地都把"熵"(或其等价的说法,如能的退降)列为一条。但在传统的普物教材中"熵"介绍得很简略,有些为非物理专业开设的课程中"熵"已被删除。这是违反科技进步发展的时代潮流的。在本书中我们从微观(玻耳兹曼熵)到宏观(克劳修斯熵),从历史到前沿,从物理学到化学、环境与生命科学,多方面地介绍了"熵"的概念。特别是我们认为,只有通过应用才能加深对一个概念的理解。热力学第二定律的正宗应用是讨论热平衡的条件和判据。因为最常见的系统不是孤立系,而是在一定外部约束条件下(如定温、定体或定压)的热力学系统,我们还需把"熵"的概念延伸到"自由能"的概念才好应用。讲熵而不讲自由能,实属功亏一篑。引入"自由能"并运用到热平衡问题上,可使学生反过来加深对"熵"概念的理解,在这一点上本书的两位作者各自都曾有过一些教学

实践。

有所取就要有所舍。过去在普物的热学课中常常热衷于讨论热机或一般循环的效率问题。近年来国内外物理教育界有识之士都认识到，循环效率问题不过是引入熵定理的一根拐杖，它本身早已不该是物理课程的重点。最好能想办法绕过它，至少需要淡化它。本书（特别是在习题中）不再对各式各样循环的效率作过多的讨论。

二、运用定性半定量的方法，以普通物理的风格引进量子统计的概念

从提出"普通物理现代化"的那天起，"现代物理普物化"的问题就提上了教改的日程。现代物理硕果累累，琳琅满目，教师领着学生浏览一下，固然对开阔他们的眼界、提高他们学物理的积极性不无好处。然而，作为一门物理课，重要的是让学生对这些成就的物理本质有起码的了解，这就涉及近代物理的理论基础 —— 相对论和量子力学了。"现代物理普物化"的标志是用普物的风格讲好相对论和量子力学。

所谓"普物风格"，我们的理解是讲授尽量避免艰深和复杂的数学，突出物理本质，树立鲜明的物理图像。我们在《新概念物理教程·力学》卷里，继狭义相对论之后，从等效原理出发介绍了广义相对论的一些基本内容，避免了黎曼几何与时空度规等数学语言。本卷《热学》遇到的是量子统计问题。实现这个问题的普物化是有相当难度的，经过几次修改，我们现在的处理方案如下。

只讨论理想气体。简并理想气体的量子性主要体现在能级的离散性和粒子之间的量子关联上。学生对前者并不太难接受，我们反而可以利用离散性把复杂的多重积分化为求和，在无需求出计算结果的情况下，求和表达式的简洁性对突出物理本质是有利的。因而我们利用了离散形式的玻耳兹曼动理方程导出理想气体的 MB、BE、FD 三种统计分布和 H 定理来，突出体现了它们是粒子在不断碰撞（跃迁）的过程中达到的动态平衡。粒子间的量子关联影响着跃迁的概率，从而决定着统计分布的具体形式。这只能通过比喻让学生去理解了。

导出了统计分布函数，是讨论物理问题的开始，而不是终结。量子理想气体有别于经典理想气体的崭新特征，是它们的简并性强烈地依赖于它们的密度。找出描述量子气体简并性的参量（如费米能、简并温度和简并压）与密度的函数关系，在将理论应用到实际问题时是十分必要的。反映这种函数关系的信息本来已包含在统计分布的表达式中，在理论物理课程中只需做进一步的数学推演即可。但普物风格的讲法不宜这样处理。我们从海森伯不确定度关系出发，采用了定性和半定量的方法，导出了简并温度依赖密度

的函数关系,最后只剩下一个无量纲的数值系数不能准确确定。如前所述,简并性源于粒子间的量子关联,而量子关联是微观客体波粒二象性的体现,后者正是海森伯不确定性原理的本质。所以我们采用的这种定性半定量的讲法,比按部就班的数学推演能更好地反映出事物的物理本质来。

有了上述基础,本书就可能向读者较为深入地展示金属中的自由电子气、白矮星与中子星、液氦的 λ 相变与超流、光子气和大爆炸热宇宙模型等前沿课题了。

三、体现当前热学与其它学科的相互渗透,增添一些与化学等有关的知识和内容

20 世纪 50 年代以后,现代科学在不断分化的基础上,又高度融合起来,形成诸多新兴交叉学科。化学与物理学结合,产生量子化学、分子反应动力学、固体表面催化、功能材料等协作领域;生物学与物理学结合,产生分子生物学、量子生物学、遗传密码与蛋白质合成等交叉学科。物理学与其它学科杂交,受惠是双向的。物理学的进展激励着其它学科新方向的研究,反过来,其它学科中的新问题向物理学提出了意义深远的挑战。

与科学进步的这种新趋势相适应,我们的物理教学也应作必要的调整。就热学范围看,主要应增添一些与化学有关的知识和内容。在本书中这类内容有化学键和热化学的基本原理。

本书讲化学键的特色是力图将它与物性和物质结构联系起来,例如讲金属键时与金属的延展性及其晶体的密堆结构联系起来,讲离子键时与离子晶体的脆性联系起来,讲碳的两种共价键时与其三种同素异形体金刚石、石墨和球烯联系起来,讲氢键时与水的一系列反常特性,如 4℃ 以下和结冰时冷胀热缩、高热容、高汽化热等联系起来,并由此进一步联系到水在生命和环境系统中无可替代的作用,等等。

热化学,或者叫物理化学,本是化学系里的一门重要基础课,它的内容是用热力学方法讨论化学反应和化学平衡问题。目前这门课物理系的学生是不学的。本书仅结合混合理想气体模型介绍了该课程最基本的概念:如反应焓与生成焓、标准规定熵与标准反应熵、混合气体的化学平衡、化学反应的熵产生与亲合势等。在学科交叉的潮流中,这些知识对物理系的学生也变得愈来愈重要。

此外,非线性科学和远离平衡态热力学的新观念对生命和生态环境问题的理解有着特殊重要的意义,本书中增添了分形、耗散结构等内容的介绍,为打开有关方面的窗口做好准备。

四、注重物性知识的背景，对热学教材的体系作适当的调整

传统上普通物理热学教材都把气液固三态和它们之间的相变放在全书的最后，内容多半是描述性的，只个别的地方用到书中前面的原理。我们把这部分内容搬到全书的最前面，作为第一章。这一章以分子运动和分子力的抗衡为统一的线索，贯穿分子动能和相互作用势能数量级的估计和对比。这样调整的好处是为下面讲述分子运动论和热力学原理时提供了较好的物性知识背景，在例题和习题中都可引用，避免了"有理无物"之嫌。

* * * * *

在作者们共同拟定了全书的构思后，罗蔚茵提供了第三、四章的初稿，赵凯华作了修改，补充了第四章的 §4 和 §6 的理论部分；本书其余部分皆由赵执笔，全部书稿经多次交换意见后，由赵统一定稿。本卷成书过程中最艰苦的章节是量子统计部分，前后曾三易其稿。每稿甫成，即请北京大学物理系 95 级的学生于海涛、罗迟雁等阅读，让他们从学生的角度提出自己的感觉和想法。这种反馈信息成为我们修改下一稿的主要依据。中山大学物理系的黎培进博士非常仔细地阅读了本书的初稿，提供了十分详尽的勘误表。在审稿过程中北京大学的包科达教授、南京大学的秦允豪教授等对本书提出了一些宝贵的意见。对上面提及的所有人，我们在此表示衷心的感谢。

作者自信本卷改革的力度超过了《力学》卷。但改得对不对、好不好，有待海内外同行的评说和指正。我们诚恳地祈望广大教师和读者不吝赐教。

作 者
1997 年霜叶时节
1998 年酷暑修订

目　　录

第一章 热学基本概念和物质聚集态

我国古代传说,燧人氏钻木取火以化腥臊,奉为千古圣皇;古希腊神话,普罗米修斯(Prometheus)盗天火开罪于主神而泽惠天下,崇为世间英雄。在古代各民族的语言里,"火"与"热"几乎是同义语。热学这一门科学起源于人类对于热与冷现象本质的追求。由于史前人类已经发明了火,我们可以想象到,追求热与冷现象本质的企图可能是人类最初对自然界法则的追求之一。

热学中最核心的概念是"温度",另一重要概念是"热量"。在科学史上长期以来这些基本概念是混淆不清的,"但是一经辨别清楚,就使得科学得到飞速的发展。"(爱因斯坦语●)。的确,这些概念都是相当深刻的,在本课里也不能一下子把问题说透彻。我们先对它们作些初步的介绍和分析,随着课程的进展,读者将会对这些概念有逐步深入的理解。

§1. 温 度

1.1 温度计和温标

朴素的温度概念来自于日常生活,冷热的感觉靠身体触摸。南北朝贾思勰的《齐民要术》中谈:制酪的温度要"小暖于人体",作豉则"令温如腋下为佳",即人们自身的体温是衡量温度的标准。这种方法当然很不可靠,例如数九寒天在室外用手触摸铁器和木柄,则感前者比后者冷,其实二者的温度一样,感觉的不同是导热性能的差异造成的。测温需要有客观的手段。

除化学成分外,在物理方面影响物质性能的因素,恐怕莫过于温度了。热胀冷缩,蒸腾凝聚,乃至电阻的增减,焰色的变化,任何一种与温度有关的物理效应,原则上都可用来作为测温的手段。古人睹瓶水之冰释而识天下之寒暑,观炉火之纯青乃知金汁之可铸,可以说是客观测温方法的萌芽。

现在较公认的看法认为,温度计的发明者是伽利略。他取细长玻璃管一根,一端连有玻璃泡,另一端开口,倒插于盛有着色水的容器中(见图 1 – 1),

图 1 – 1 伽利略验温器

● 爱因斯坦、费尔德,《物理学的进化》,上海:上海科技出版社. 1962. 24。

由管中水柱的升降来表示"热度"(那时还没有温度的概念)。伽利略的装置(1659 年)没有刻度,且与气压变化有关,很不精确,只能称做验温器,说不上是温度计。伽利略之后约 180 年内,经众多人的努力,出现了愈来愈完善的温度计,并创立了几种温标。建立一种温标(temperature scale)需要三个要素:测温物质、测温属性和固定标准点。一般说来此三要素都与物质的选择有关,故称经验温标。仅就固定标准点而言,早年建立而目前还在使用的温标有:

(1) 华氏温标

单位是"华氏度",记作 °F,是从德国迁居荷兰的华伦海特(G. D. Fahrenheit)1714 年建立的。他起初把盐水混合物的冰点定为 0 度,把人体的正常温度定为 96 度,后来又添了两个固定点,把无盐的冰水混合物的温度定为 32 度,把大气压下水的沸点定为 212 度。现今使用的华氏温标只保留后二者为标准点,在这样规定的温标里,人体正常温度较准确的数值是 98.6°F. 目前只有英美在工程界和日常生活中还保留华氏温标,除此之外较少有人使用了。

(2) 摄氏温标

图 1 − 2
华氏温标
与摄氏温标
的对比

单位是"摄氏度",记作 °C,是瑞典天文学家摄尔修斯(A. Celsius)1742 年建立的。他原来把水的冰点定为 100 度,沸点定为 0 度,这很不合人们的习惯。他的同事斯特雷默(M. Strömer) 建议倒过来,把水的冰点定为 0 度,沸点定为 100 度,❶ 这便是现在使用的摄氏温标。摄氏温标目前在生活中和科技中使用得最普遍。国际单位制(SI) 所规定的热力学温标中温度的单位为"开尔文"。现摄氏度已按热力学温标重新定义得与开尔文一致了(详见第四章 1.4 节)。

最初的温度计以酒精或水银为测温物质,选它们的热膨胀作为测温属性。水银温度计仍是目前在常温下最常使用的温度计。以气体为测温物质的温度计有两种:定体气体温度计(以压强为测温属性) 和定压气体温度计(以体积为测温属性)。此外,金属的电阻温度计和温差电偶温度计适用于从低到高很宽的温度范围,在科学技术中有着广泛的应用。

设某经验温标所用的物质测温属性为 X,它在摄氏温标的固定点 0°C 和 100°C 下的数值分别为 X_0 和 X_{100},在某个其它温度 t 下其读数为 X,按线

---

❶　均指在标准大气压下。

性标度法则应有：

$$t(X) = \frac{100(X - X_0)}{X_{100} - X_0}.$$

同理，对于另外一种测温属性为 Y 的经验温标，我们有

$$t(Y) = \frac{100(Y - Y_0)}{Y_{100} - Y_0}.$$

显然在固定点上我们有：

$$t(X_0) = t(Y_0) = 0°C, \quad t(X_{100}) = t(Y_{100}) = 100°C,$$

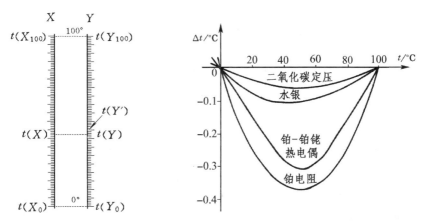

图 1–3 温标有赖于测温物质　　图 1 – 4 以氢定体温度计为标准的校准曲线

然而对任意其它的温度就发生这样的问题：标称温度 $t(X)$、$t(Y)$ 相等是否代表"同一温度"？一般说来上述问题的答案是否定的，或者反过来说，代表温标 X 中 $t(X)$ "同一温度"的，在温标 Y 中往往是另一标称温度 $t(Y')$（见图 1 – 3），即 $\Delta t = t(Y') - t(Y) = t(Y') - t(X) \neq 0$. 换句话说，如果以温标 X 为"基准"来校准温标 Y，我们将得到一条非线性的校准曲线。图 1 – 4 中所示为以氢定体温度计为基准所作各种其它温度计的 Δt-$t(X)$ 校准曲线。

　　在上面的叙述里"同一温度"四个字打上了引号，因为严格说来我们尚未给这个术语下过科学的定义。1.2 节所述的热力学第零定律就是针对这个问题的。另一个问题是，能否找到一种不依赖于物质属性的理想温标作为各种温标的基准？1.3 节将初步回答这个问题。

1.2 热力学第零定律

　　什么是温度？通俗地说，温度就是冷热的程度。如果要给它一个定量化的定义，我们不妨从测量出发，给它一个操作定义：温度就是某种温度计的读数。不过要进一步从理论上深入追究，就涉及测温的过程，这里需要一

个重要的概念 —— 热平衡。

　　在与外界影响隔绝的条件下,使两物体(热力学系统)接触,让它们之间能发生传热(这种接触叫做热接触),则热的物体变冷,冷的物体变热,经过一段时间后,它们的宏观性质不再变化。我们说,它们彼此达到了热平衡状态。此后,在不受外界影响的条件下,这种热平衡状态将保持下去。

　　当两个物体达到热平衡后,我们直觉地认为它们一定是同样冷热的。因此我们可以给“温度相同”下个定义,即两个相互处于热平衡的物体温度相同。这个定义为温度的测量提供了理论依据,因为我们可以设想这两个物体之一是温度计,当它与待测物体达到热平衡时,它的温度与待测物体的温度一致,从而它的读数正确地显示了该物体的温度。

　　不过,上述定义还有一个漏洞。设想 A、B 已达到热平衡,理论上它们应具有相同的温度。然而从温度的操作定义出发,用温度计 C 与 A 接触,达到热平衡后所显示的读数为 t;令温度计 C 脱离 A 而与 B 接触,达到热平衡后,它所显示的读数一定也是 t 吗? 这一点好像很显然,但无法从理论上求得回答,只能诉诸实验。实验的答案是肯定的,即在与外界影响隔绝的条件下,如果物体 A、B 分别与处于确定状态下的物体 C 达到热平衡(见图 1–5a、b),则物体 A 和 B 也是相互热平衡的(见图 1–5c)。以上是有关温度最基本的实验事实,称为热平衡定律或热力学第零定律❶。

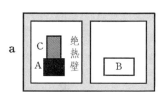

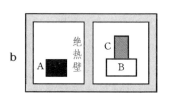

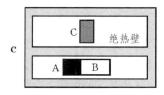

图 1–5 热力学第零定律

　　按照上述定律,用温度计 C 分别去测相互热平衡的物体 A、B 所显示的读数相同。这就使温度的操作定义与“温度相同”的理论定义协调起来了。此定律还为不同的经验温标之间的校准提供了准则,亦即,同时与同一物体 C 达到热平衡的不同种温度计 A、B 所示的温度应认为是相等的,尽管它们的读数可以不等。1.1 节里 $t(Y')$ 和 $t(X)$ 之间的校准就应该这样进行。

―――――――――

　　❶　此定律是 20 世纪 30 年代由否勒(R. H. Fowler)提出的,远在热力学第一、第二定律提出 80 年之后。为了想说明在逻辑上它应该在那两条定律之前,故名之曰“第零定律”。

1.3 理想气体物态方程和理想气体温标

从图1－4中各种温度计的校准曲线可以看出，不同的气体温标彼此是较为接近的。所以，不依赖于物质测温属性的理想温标应该在气体温标中去寻找。

气体温度计有两种，一是定体气体温度计（气体的体积保持不变，压强作为测温属性随温度变化），一是定压气体温度计（气体压强保持不变，体积作为测温属性随温度变化）。

图1－6是定体气体温度计的示意图，测温泡B内贮有一定气体，经毛细管与水银压强计的左臂M相连。测温时，使测温泡与待测系统作热接触，上下移动压强计的右臂M′，使左臂中的水银面在不同的温度下始终固定在同一位置O处，以保持气体的体积不变。当待测温度不同时，气体的压强不同，这个压强可由压强计两臂水银面的高度差h和右臂上的大气压强求得。

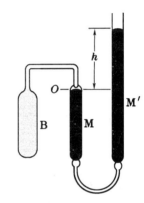

图1－6
定体气体温度计示意图

定压气体温度计的结构比定体气体温度计复杂，且操作也麻烦得多，实际中使用较少，故不在此介绍了。

有关气体状态改变的实验定律有三条：

（1）玻意耳定律（R. Boyle 1662）

在温度t不变的情形下，一定量气体的压强p和体积V的乘积为一常量：

$$pV = 常量\ C. \tag{1.1}$$

（2）盖吕萨克定律（L. J. Gay-Lussac 1802）

在压强p不变的情形下，一定量气体的体积V随温度t作线性变化：

$$V = V_0(1 + \alpha_v t), \tag{1.2}$$

（3）查理定律（J. A. C. Charles 1787）

在体积V不变的情形下，一定量气体的压强p随温度t作线性变化：

$$p = p_0(1 + \alpha_p t), \tag{1.3}$$

（1.2）、（1.3）两式中下标0表示有关物理量取0°C时的值，α_V为气体的体膨胀系数，α_p为气体的压强系数。

以上三条定律近似地适用于所有气体，且对所有的气体α_v和α_p的数值都很接近。只要温度不太低（即不太接近该气体的液化点），则气体愈稀薄，以上三式就能愈精确地描述气体状态的变化，且在气体无限稀薄的极限下,所有气体的 α_V、α_p 趋于共同的极限 α,其数值约为 1/273.

　　鉴于上段最后一句话十分重要,我们作些进一步的说明。以定体气体温度计为例,测温泡 B 具有固定的体积 V,在其中封装有一定质量 m 的气体,用图 1 - 6 所示装置可测出其压强 p. 在 0°C 到 100°C 之间改变温度 t,则在 p-t 图上我们得到一条直线,如图 1 - 7a 所示。按式(1.3) 此直线的斜率为 $p_0\alpha_p$.其延长线在横轴上的截距为 $-1/\alpha_p$. 封装在测温泡内气体的质量 m 愈小,则表示气体愈稀薄。在 0°C 时的压强 p_0 大体上与 m 成正比,故我们可以用 p_0 的大小来表征气体稀薄的程度。每次减少封装在测温泡里气体

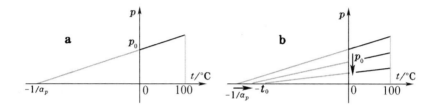

图 1 - 7 压强系数 α_p 及其在 $p_0 \to 0$ 时的极限值

的质量 m,重复上述实验,我们得到一条条 p-t 曲线,如图 1 - 7b 所示。它们在纵轴上的截距 p_0 一次比一次减少,斜率也改变着,在横轴上的截距也有一些微小的变化,我们把它们在 $p_0 \to 0$ 时的极限值叫做 $-1/\alpha = -t_0$,或者说,气体的压强系数具有如下极限值:

$$\lim_{p_0 \to 0} \alpha_p = \alpha = \frac{1}{t_0}, \tag{1.4}$$

大量实验表明,这个极限值对所有的气体都是一样的(见图 1 - 8a)。

　　如果用定压气体温度计来做上述实验,我们将有类似的结果,最后得到所有气体的膨胀系数也具有同样的极限值(见图 1 - 8b):

$$\lim_{p_0 \to 0} \alpha_V = \alpha = \frac{1}{t_0}, \tag{1.5}$$

　　根据 1900 - 1937 年间大量的实验数据用取平均的办法, 20 世纪 40 年代求得最好的结果为 ❶

　　　$\alpha = 0.003\,660\,8/\text{°C}, \quad t_0 = (273.165 \pm 0.015)\text{°C}$

1954 年经重新核算❷并为第十届国际计量大会所采纳的正式规定数值为

　　❶　J. A. Beattie, in *Temperature 1* (Reinhold, New York, 1941), pp.74~88.

　　❷　J. A. Beattie, in *Temperature 2* (Reinhold, New York, 1955), p.94

$1/\alpha = t_0 = 273.15°C.$
　　　　　　　　　(1.6)

$\alpha_V = \alpha_p = 1/t_0$ 的气体称为理想气体(perfect gas),理想气体是个模型,它描绘了所有气体在 $p_0 \to 0$ 极限下的共同行为。

从(1.2)和(1.3)式可以看出,在 $t = -273.15°C$ 时,理想气体的体积 V 和压强 p 都趋于 0. 对于实际气体,这当然是不可能的,因为在达到这样低的温度之前,所有气体都已经液化甚至固化了。以后我们将看到,这个温度是所有可能达到的温度的最低极限,其本身是达不到的。这个温度的最低限称为绝对零度,以绝对零度为起点的温度过去称为绝对温度,现改称热力学温度,记作 T,单位叫做"开尔文(kelvin)",记作"开"或 K,它与摄氏温度 t 的关系为

$$T/K = (t+t_0)/°C$$
$$= t/°C + 273.15, \quad (1.7)$$

因此水的冰点和沸点的绝对温度分别为[1]

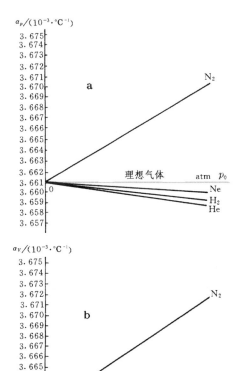

图 1-8 各种气体压强系数 α_p 和膨胀系数 α_V 的极限值

$$T_0/K = 0 + t_0/°C = 273.15,$$
$$T_{100}/K = 100 + t_0/°C = 373.15.$$

用热力学温度来表示,盖吕萨克、查理定律(1.2)、(1.3)式可改写为

$$\begin{cases} 给定压强下 \quad V/T = V_0/T_0 = 常量, & (1.8) \\ 给定体积下 \quad p/T = p_0/T_0 = 常量, & (1.9) \end{cases}$$

[1]　此处的讲法照顾了历史上的发展,现在热力学温标中不再以水的冰点为固定标准点,而代之以水的三相点(详见第四章 1.4 节)。用了这一新定义,水的沸点和冰点不再严格地是 $100°C$ 和 $0°C$,沸点低了 $0.026°C$,冰点也有 10^{-4} 的差别。

以前的玻意耳定律(1.1)式告诉我们:

$$给定温度下 \quad pV = 常量。 \tag{1.10}$$

如图 1-9 所示,在 pV 图中作 T_1、T_2 两条等温线,在温度为 T_1 的等温线上取一点 1,令其压强与体积分别为 p_1 和 V_1。过 1 作水平线和竖直线,分别交温度为 T_2 的等温线于 2′ 和 2″,令状态 2′ 的体积为 $V_2′$,状态 2″ 的压强为 $p_2″$.

在 12′ 线上有

$$\frac{V_1}{T_1} = \frac{V_2′}{T_2},$$

在 12″ 线上有

$$\frac{p_1}{T_1} = \frac{p_2″}{T_2}.$$

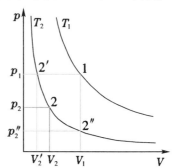

图 1-9 理想气体物态方程

从而

$$\frac{p_1 V_1}{T_1} = \frac{p_1 V_2′}{T_2} = \frac{p_2″ V_1}{T_2}, \quad (1.11),$$

亦即

$$p_1 V_2′ = p_2″ V_1.$$

上式并不意外,因为 2′ 和 2″ 在同一条等温线上,玻意耳定律当然应该成立。其实不仅这两点,若在 T_2 等温线上取任意一点 2(其状态为 p_2、V_2),都有

$$p_2 V_2 = p_1 V_2′ = p_2″ V_1,$$

故(1.11)式可写成

$$\frac{p_1 V_1}{T_1} = \frac{p_2 V_2}{T_2}, \tag{1.12}$$

这里 1、2 是任意两个状态,故可写成

$$\frac{pV}{T} = 常量。 \tag{1.13}$$

按照阿伏伽德罗定律,在相同的温度和压强下,摩尔数相等的各种气体(严格地说指理想气体)所占的体积相同。在 $T_0 = 273.15\,\text{K}$、$p_0 = 1\,\text{atm}$ 的标准状态下,$1\,\text{mol}$ 的任何气体所占的体积,即摩尔体积都是 $\omega_0 = 22.41410\,\text{L/mol}$. 我们设气体的摩尔质量为 M^{mol},质量为 m,则其摩尔数为 $\nu = m/M^{\text{mol}}$. 设想气体处在标准状态,这时它所占的体积为 $V_0 = \nu \omega_0$,于是上式可写为

$$\frac{pV}{T} = \nu \frac{p_0 \omega_0}{T_0}.$$

由于 $p_0 \omega_0 / T_0$ 是与气体状态无关的常量,通常用 R 表示,称为普适气体常量。因此,上式可进一步写作

$$pV = \nu RT, \tag{1.14}$$

这式称为理想气体的物态方程,其中普适气体常量 R 的数值为

$$R = \frac{p_0 \omega_0}{T_0} = \frac{1 \text{ atm} \times 22.41410 \text{ L/mol}}{273.15 \text{ K}}$$

$$= \frac{101325 \text{ Pa} \times 22.41410 \times 10^{-3} \text{m}^3/\text{mol}}{273.15 \text{ K}} = 8.31451 \frac{\text{J}}{\text{mol} \cdot \text{K}} \cdot \quad (1.15)$$

根据理想气体物态方程制订的温标,叫做理想气体温标。这个温标已朝摆脱具体物质测温属性方向迈出了一大步,真正与物质测温属性无关的温标是建立在热力学理论上的,叫做热力学温标,我们将在第四章2.1节中介绍它。

1.4 温度大观

100多亿年前当我们的宇宙在大爆炸中诞生时,它的温度在10^{39} K以上。随着宇宙的膨胀,它在急剧地冷却着。几分钟后当温度降到10^9K时,宇宙中合成了第一个稳定的复合核素——^{4}He. 几十万年以后当温度降到4000 K时,随着中性原子的有效复合,宇宙变得透明了。今天宇宙的温度已冷却到2.735 K(微波背景辐射的温度)。

太阳中心的温度是10^7K,这是热核聚变所需的起码温度。太阳表面的温度是6000 K,与之对应的辐射光谱,高峰正好在可见光波段。难熔金属的熔点略低于此,同属10^3K数量级。金星表面的温度为460°C,即733 K左右,在那里铅、锌都要熔化。地球表面的平均温度为15°C,即288 K左右,10^9种生物大分子可以在这样的环境下生存。一个大气压下氧在90 K的温度下液化,氮在77 K的温度下液化,液态氢的温度是20 K,一度被视为"永久气体"的氦也终于在4 K的低温下变成液体。

当代科学实验室里能产生的最高温度是10^8K,最低温度是2×10^{-8}K,上下跨越了16个数量级。

我国自古有"冰炭不同器"之说(这里"炭"指

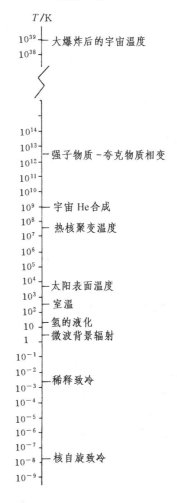

图 1 – 10 温度大观

炭火),把冰炭看成冷热两个极端。其实冰与炭火之间的温度相差不过几百摄氏度,从热力学温度看,相差还不到一个数量级。综观上面所述可见,当代物理学家心目中之温度,视野之广早已远非昔比,实可谓蔚为大观(见图1 – 10)!但是我们不要忘记,面对如此宽阔的标尺,作为生命之源的液态水,只存在于冰与火之间狭窄的温区内。通常所谓室温,约20~30°C,即300 K左右。我们生活环境温度的起伏,上下不过几十摄氏度。假如

由于大气里 CO_2 的含量加倍,由此产生的温室效应使平均气温升高 $3\,°C$ 的话,海平面将上涨 $2\sim5\,m$,它所淹没的肥沃土地可令农业减产 25% ,迫使 10 亿人背井离乡。在地球发展史上出现多次的冰河期里,平均温度仅降 $10\,°C$ 左右,就使大批物种灭绝。由此可见,我们安乐的家园 —— 地球生物圈,在温度变化面前是何等的脆弱!在本书里,我们将在多处回到这个令人关切的话题上来。

§2. 热量及其本质

2.1 量热学 热质说与热动说

如本章开头所引爱因斯坦的话,“温度”和“热量”的区别是人们长期未搞清楚的问题。早在摄尔修斯之前半个世纪,1693 年意大利人雷纳迪尼(C. Renaldini) 就提出过以水的冰点和沸点作为温标的两个固定点。他用冷水和热水混合的办法以获得设定的温度,把这个温区平分为 12 等份。在他的概念里,温度计测量的不是热的程度,而是热的数量。等量的水混合后“热量”是它们的算术平均值。在那个时代,化学家最关心“火”(即热)对化学反应快慢的影响。荷兰化学家布尔哈夫(H. Boerhaave) 在 1732 年出版的《化学原理》中描述的实验也证实了上述论断,即等量的水混合后温度取平均值。但不同的物质混合后会怎样? 何谓“等量”的不同物质? 理解为“等重量”所做的实验是失败的,布尔哈夫确信是“等体积”,即认为同体积的任何物质,在相同的温度变化下都吸收或放出同样数量的热。他令等体积的 $100\,°F$ 水和 $150\,°F$ 水银混合,所得的温度是 $120\,°F$ 而不是预期的 $125\,°F$. 这是布尔哈夫所不能解释的,故人称“布尔哈夫疑难”。

解决热学领域中上述重大疑难的是英国化学兼物理学家布莱克(J. Black)。他仔细地审查并重复了布尔哈夫等人的工作,明确地提出,问题的症结在于人们把“热的强度(温度)”和“热的数量(热量)”搞混了。他断言,同重量❶的不同物质在发生相同温度变化时吸收或释放不同数量的热。他的学生和后人正式提出“热容量(heat capacity)”和“比热(specific heat)”的概念。布尔哈夫的实验表明,水银的热容量和比热比水的小。布莱克还把 $32\,°F$ 的冰和等质量的 $172\,°F$ 水混合,得到的最终温度不是 $102\,°F$ 而是 $32\,°F$,其效果是全部的冰融化为水。从大量物态变化的实验中布莱克提出了“潜热(latent heat)”的概念,即在物体状态变化时,一部分“活动的热”变成“潜藏的热”而不显示温度升高的效应。潜热的发现进一步巩固了原已存在的“热量守恒”的概念。到了 18 世纪 80 年代,量热学(calorimetry) 的基本概念 —— 温度、热量、热容量、比热、潜热等都已确立,混合量热法臻于完善,促进了热学理论的巨大发展。

在区分了温度和热量的概念之后,我们要问:热的本质是什么?自古以来对热的本质的各种看法大体上可归纳成两大类:热质说和热动说。热质说认为热是一种特殊的物质,称为“热质(caloric)”。热质由没有重量的微细粒子组成,可以从一个物体流向另一个物体,其数量是守恒的。热质的粒子互相排斥,从而使物体带有膨胀的性质。热动说认为,热是组成物质的微观粒子(原子)运动的表现,它可由物体的机械运动转化而来。在 18 世纪之前的知名学者中,培根、胡克、牛顿、笛卡儿主张或倾向于热动说,伽利

---

❶ 用现代物理学的术语,应理解为“质量”。

略、伽桑狄主张或倾向于热质说,玻意耳则动摇于两者之间。由于布莱克在量热学方面的成就加强了人们关于"热量守恒"的信念,18 世纪下半叶成了热质说的鼎盛时代。从 18 世纪 80 年代起,几乎整个欧洲都相信了热质说。在那个时代对热质说提出尖锐挑战的有伦福德和戴维。

英国的伦福德伯爵(Count Rumford)1797 年到慕尼黑兵工厂监制大炮膛孔工作, 1798 年 1 月 25 日在英国皇家学会作报告说:"… 我发现,铜炮在钻了很短一段时间后, 就会产生大量的热;而被钻头从大炮上刮削下来的铜屑更热(像我用实验所证实的,发现它们比沸水还要热)。"布莱克发现潜热以后,主张热质说的人对摩擦生热现象是这样辩解的:在摩擦的过程中物体的比热减小,且从物体内部挤压出来的潜热溢于表面。伦福德继续做的大量实验使人相信,只要摩擦长时间地持续下去,便可愈来愈多甚至于无限多地产生出热量来。这一点是热质说怎样也无法解释的。伦福德说:"在我看来,在这些实验中被激发出来的热,除了把它们看作是'运动'之外,似乎很难把它们看作为其它任何东西。"

戴维(H. Davy) 做了两块冰的摩擦实验,实验中冰在摩擦中慢慢融化为水,然后温度上升。在此过程中"热质"不可能从外边跑进去,冰融化时吸收潜热,而不是潜热从冰里被挤出来。戴维由此断言:"热质是不存在的","热现象的直接原因是运动,它的转化定律和运动转化定律一样,同样是正确的"。

尽管伦福德和戴维的实验和提出的论据如此充分,他们的观点并没有被同时代的多数人所接受。直到半个世纪以后焦耳重复这类实验,并发表他测得热功当量的精确结果时,能量守恒定律得以建立,热质说才衰落下来。在此期间,热学理论在"热质说"这个错误的躯壳内继续发展着其积极的一面。1818 年前后,拉普拉斯和泊松用全微分、偏导数等概念为热质说建立起一套精致的数学分析表述,并由此得到绝热的声速公式,纠正了牛顿等温声速公式的错误。他们这套数学表述日后为克劳修斯所借鉴,成为现今热力学里的标准数学表述。此外,1824 年卡诺用热质说的观点论证了他的著名定理,尽管他对热质说是有怀疑的,且想接受热动说。当时人们对物质微观结构的细节还很不清楚,卡诺不明白,在他的热机的活塞和汽缸这类固体物质中,原子是否接触在一起。若是接触,为什么它们的热振动不因摩擦而衰减? 若不接触,它们是怎样固结在一起的? 可见,人们不能立即接受热动说,是因为在当时科学发展的阶段里时机尚不成熟。而伦福德和戴维的科学观点则远远超前于他们同时代人,成为发现能量守恒定律的先驱。

确立热动说关键的一步,是要以确凿无误的测量定出热功当量来,这也是确立能量守恒定律的实验基础。在热质说主导的时代,给热量规定的单位是"卡(calorie)",记作 cal,它是在标准大气压下使 1g 纯水的温度每升高 1°C 所需的热量。1000cal 为"千卡(kcal)"或"大卡(Cal)"。所谓热功当量是指多少机械功使物质升温的效果与 1 cal 的热量等当,其现代值为 $J = 4.185$ J/cal 左右(见下文)。早年伦福德测得的实验结果是,使 1 磅水提高 1 华氏度的温度需要作 940 ft·lb 的机械功,这相当于说,热功当量等于 5.058 J/cal,比现代值才大 20%. 卡诺在生前未报导过测量热功当量的实验,后来人们在他死后的遗稿中发现有 1 Cal = 370 kg·m 的记载,这相当于 3.63 J/cal 的热功当量值。

能量守恒定律的创立人之一迈耶(R. J. Mayer)在他1845年的论文中根据定压热容与定体热容的实验数据算得热功当量为367 kg·m/Cal = 3.597 J/cal. 完成精确测量热功当量历史大业并赢得举世公认的,是英国业余科学家焦耳(J. P. Joule)。

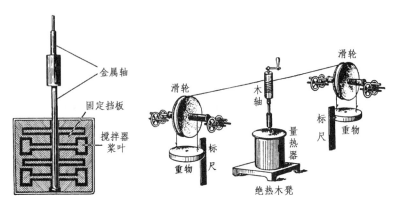

a 量热器的内部　　　　　　　b 实验装置全貌

图 1 – 11 焦耳热功当量实验(桨叶搅拌)

　　焦耳的研究工作始于电流的热效应,1841年他发表了后来以他的名字命名的著名定律:电流通过导体时产生的热量正比于电流的平方和电阻。焦耳在1840–1849年间通过磁电机实验、桨叶搅拌实验(见图1-11)、水通过多孔塞实验、空气压缩和稀释实验等多种方法,测得大量热功当量的数据。在他1849年的总结报告中取了772 ft·lb/°F(相当于4.154 J/cal)的平均结果。此后直到1878年他最后一次发表实验结果为止,他采用原理不同的各种方法先后做实验不下400余次,以日益精确的数据,为热和功的等当性提供了可靠的证据,使热的运动说确立在坚实的实验基础之上。

　　上面我们用历史的眼光谈论了量热学中概念的发展,现在用当前的认识总结一下量热学的基本原理。

　　温度代表热的强度,热量代表热传递的数量,两者是不同的概念。这有点像水位和储水量的关系,一个容器内水位的高低固然与储水量有关,但还与容器的大小,即横截面有关。容器的大小相当于热容量的概念。

　　热量本质上是传递给一个物体的能量,它以分子热运动的形式储存在物体中。热量的单位,历史上规定为卡(cal):即在标准大气压下使1 g纯水的温度每升高1°C(确切地说,是从14.5°C升到15.5°C)所需的热量。现在,既然已经认识到热量是被传递的能量,那么热量就应采取能量的单位"焦耳(J)",而"卡"这个单位也可以不要了。故国际单位制中把"卡"列为"将来应停止使用的单位"。但由于习惯的原因,以及现行的一些数据手册(特别是物理化学手册)很多是以"卡"为单位编制的,人们在计算热量时还不时使用"卡"这个单位,不过已不再具有与水相联系的旧定义,而是按下列热功当量换算的一种辅助单位。目前国际上有三种规定：

$$
\left.\begin{array}{lll}
\text{热化学卡} & 1\,\text{cal}_{\text{th}} = 4.184\,\text{J}, \\
15^\circ\text{C 卡} & 1\,\text{cal}_{15} = 4.1855\,\text{J}, \\
\text{国际蒸气表卡} & 1\,\text{cal}_{\text{IT}} = 4.1868\,\text{J}.
\end{array}\right\} \tag{1.16}
$$

本书中兼用"焦耳"和"卡"两种热量单位,特别是当使用"卡"做单位时数值显得很简练时使用"卡"[譬如,普适气体常量 $R = 1.9872\,\text{cal}/(\text{mol}\cdot\text{K}) \approx 2\,\text{cal}/(\text{mol}\cdot\text{K})$]。

量热学里另外两个重要概念是热容量和潜热。

(1) 热容量

某物质温度升高(或降低)1 K 时所吸收(或放出)的热量,称为该物质的热容量(heat capacity)。热容量通常记作 C,在国际单位制中的单位为 J/K。

热容量正比于物质之量,即其质量 m 或摩尔数 ν。单位质量的热容量称为比热容或比热(specific heat),记作 c,在国际单位制中的单位为 $J/(\text{kg}\cdot\text{K})$。每摩尔物质的热容量称为摩尔热容(molar heat capacity),记作 C^{mol},在国际单位制中的单位为 $J/(\text{mol}\cdot\text{K})$。某些物质的比热容列于表 1-1 中。

表 1-1 某些物质的比热容 c

[单位：$J/(\text{kg}\cdot\text{K})$]

物 质	比热容 c	物 质	比热容 c	物 质	比热容 c
铅	129	铝	900	冰(-10°C)	2220
钨	135	黄铜	380	乙醇	2430
银	236	水银	139	石油(20°C)	1969
铜	387	石墨	790	海水	3900
碳	502	玻璃	840	水	4190

例题 1 历史上布尔哈夫疑难(见上文)指的是等体积的 100°F 水和 150°F 水银混合后所得的温度是 120°F 而不是 125°F,用现代的观点怎样理解这一实验结果。

解: 按现代的观点,正确的算法应从等体积的水和水银折算出它们的质量之比,再根据水和水银的比热容计算出它们热容量之比来,才能判断混合后的温度;或者,根据混合温度的实验值和水的比热容计算出水银的比热容来。

用 $\rho_{水}$ 和 $\rho_{汞}$ 代表密度,用 $c_{水}$ 和 $c_{汞}$ 代表比热容,$t_{水}$ 和 $t_{汞}$ 代表混合前温度,t 代表混合后温度,则热量平衡给出

$$\rho_{水}\,c_{水}(t - t_{水}) = \rho_{汞}\,c_{汞}(t_{汞} - t),$$

由此得

$$t = \frac{\rho_{水}\,c_{水}\,t_{水} + \rho_{汞}\,c_{汞}\,t_{汞}}{c_{水}\,\rho_{水} + c_{汞}\,\rho_{汞}} = \frac{t_{水} + \dfrac{\rho_{汞}}{\rho_{水}}\dfrac{c_{汞}}{c_{水}}t_{汞}}{1 + \dfrac{\rho_{汞}}{\rho_{水}}\dfrac{c_{汞}}{c_{水}}}.$$

因水银的密度是水的 13.6 倍,比热容是水的 3.3%,因为这些比值与温度的单位无关,

我们不必换算温标,故有

$$t = \frac{100°\text{F} + 13.6 \times 0.033 \times 150°\text{F}}{1 + 13.6 \times 0.033} = 115.5°\text{F}.$$

布尔哈夫报道 $t = 120°\text{F}$,说明在那个时代用很简陋的仪器做出的实验结果与现代观点计算的结果相差不多。若反过来用布尔哈夫的实验结果求水银的比热:

$$\frac{c_{\text{汞}}}{c_{\text{水}}} = \frac{\rho_{\text{水}}}{\rho_{\text{汞}}} \frac{t - t_{\text{水}}}{t_{\text{汞}} - t} = \frac{1}{13.6} \frac{120 - 100}{150 - 120} = 0.049,$$

与现代值 0.033 相比,误差就太大了。∎

（2）潜 热

相转变（如熔化、汽化）时所吸收（或放出）的热量称为潜热（latent heat），它正比于物质之量,即物质的质量 m 或摩尔数 ν,故通常用单位质量或每摩尔的物质来计算潜热,我们把单位质量的潜热记作 Λ,摩尔潜热记作 Λ^{mol},在国际单位制中它们的单位分别为 J/kg 和 J/mol. 各种相变过程的潜热有具体的名称,如熔化热（heat of fusion）、汽化热（heat of vaporization），等等。某些物质的相变潜热列于表 1 – 2 中。

例题 2 验算一下布尔哈夫另一个冰水混合的量热实验:32°F 的冰与等质量的 172°F 的水混合,得 32°F 的水。试由此求冰的熔化热。

解: 32°F 是冰的熔点,冰水混合后冰全部熔化而温度没有升高,这表明,单位质量的水从 172°F 降温到 32°F 放出的热量刚好等

表 1 – 2 某些物质在标准气压下的相变潜热
[单位: kJ/kg]

物 质	熔点 /K	$\Lambda_{\text{熔化}}$	沸点 /K	$\Lambda_{\text{汽化}}$
氢	14.0	58.6	20.3	452
氧	54.8	13.8	90.2	213
水银	234	11.3	630	296
水	273	333	373	2256
铅	601	24.7	2031	858
银	1235	105	2485	2336
铜	1356	205	2840	4730

于冰的熔化热。172°F – 32°F = 140°F,乘以 5/9,得 77.78°C. 用 cal/(g·K) 作单位,水的比热容数值为 1,故冰的熔化热 $\Lambda_{\text{熔化}}$ = 77.78 cal/g = 325.5 J/g = 325.5 kJ/kg. 这数值与现代精确值 333 kJ/kg 相比差得不算多。∎

2.2 原子论

热动说的进一步发展必须深入到物质结构的微观层次,现在我们就来讨论这个问题。

费曼（R. Feynman）曾经说过:"假如在一次浩劫中所有的科学知识都被摧毁,只剩下一句话留给后代,什么语句可用最少的词包含最多的信息?我相信,这是原子假说,即万物由原子（微小粒子）组成,它们永恒地运动着,并在一定距离以外互相吸引,而被挤压在一起时则互相排斥。在这一句话里包含了有关这世界巨大数量的信息"。为什么是这样?世上万物种类繁多,形态各异,共性在哪里?隐藏于物质多样性背后的统一性要在微观层次中去寻求。

从古到今,原子模型的版本历经多次翻新,其中最重大的一次,是从经

典模型到量子模型的革命。

（1）经典原子模型

古希腊原子论的代表人物是德谟克利特（Democritus），他的原子论思想远超出物质结构的范畴，而带有哲学的味道。他说："惯常认为，甜就是甜，苦就是苦，热就是热，冷就是冷，颜色就是颜色。但实际上只有原子和虚空。亦即，人们习惯于把感觉的对象看作是真实的，其实不然，只有原子和虚空是真实的。"譬如我们在老远就可以闻到花香，那是因为花的原子飘到我们鼻子里（见图1－12）。一切感觉到的特性，无非是物质原子某种形式运动的结果，这符合现代科学的认识，例如各种颜色不过是原子按特定模式振动的表现。

英语原子一词为 atom，源于希腊文 ατομος，其中字头 α 代表否定，τομος 是由动词演化来的形容词，意思是"可分割的"，故 atom 的原意是"不可分割的"东西（atom 最早的中译名是"莫破"，见于严复译的《穆勒名学》）。总之，早年的原子论

图1－12　德谟克利特
对花香扑鼻的解释

者把"原子"看作是物质坚不可摧的最小基元。笛卡儿、伽利略、牛顿继承了这种思想。1800年前后化学家道尔顿（J. Dalton）把这种经典的原子论发展到了一个新的高度（图1－13）。

道尔顿发现，某种物质和另外一种物质化合成其它物质时，它们的重量总成简单的整数比。譬如氢和氧化合成水时，两者重量之比总是1∶8. 对这种现象最自然的解释是各种物质都是由原子组成的，不同物质的原子在重量上成简单的整数比。在道尔顿的"原子论"里已把原子和分子（molecule）区分开来。化学家们发现，有的物质是可以用化学手段使之分解的，这种物质叫化合物；有的物质则不能用化学的方法使之改变，这类物质叫元素。化合物是由分子组成的，分子由原子组成，原子则不能用任何化学手段加以分割和改变。

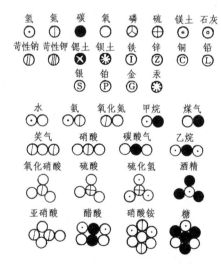

图1－13 道尔顿的原子、分子符号

（2）量子原子模型

1897 年 J. J. 汤姆孙（J. J. Thomson）发现了重量比原子小得多的粒子——电子，显然，"莫破"被分割了。1911 年卢瑟福（E. Rutherford）在 α 粒子散射实验中发现：原子的质量几乎全部集中在很小的硬核里，即所谓原子核，核外有 Z 个电子（Z——原子序数）。原子核带电 Ze，电子带电 $-e$，它们相互吸引着。按照库仑定律，电荷之间的作用力 f 与万有引力一样，也服从距离的平方反比律：

$$f = \frac{Ze^2}{r^2} \quad （静电单位制）$$

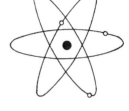

图 1-14 太阳系原子模型

人们很自然会想到，原子像个小太阳系，原子核相当于太阳，电子相当于行星，电子绕着原子核旋转。这便是原子的太阳系模型，它的形象本世纪以来经常出现在通俗的宣传画上，用以象征原子时代的科学（见图 1-14）。

其实，在一些关键问题上原子和太阳系不可能是一样的。根据经典电动力学，作加速运动的带电粒子要向外辐射能量。因此绕原子核转的电子的能量将在辐射中丧失掉，从而跌落到原子核上，正像人造卫星再入大气后其能量在与空气的摩擦中耗散掉一样，最后跌落在地面上。这样一来，原子将是极不稳定的。但这与事实不符。此外，由于行星轨道的大小可以连续地取任何数值，如果银河系内还有其它"太阳系"的话，它们不会和我们的太阳系一模一样。然而宇宙间同类的原子（譬如氢原子）在哪里都是全同的。再者，在太阳系中，一旦彗星撞到行星上，这行星原来的状态就被打乱，且永远不可能恢复到和原来相同的状态，但原子在经历碰撞、激发、化合、分解等任何物理、化学过程后变回原来的原子时，它们的状态总是一模一样的。原子结构的这种高度稳定性，对太阳系来说是绝对不可想象的。

为了"拯救"原子免遭太阳系的命运，玻尔（N. Bohr）于 1913 年为电子轨道设下了"量子化条件"，硬性规定它的角动量 L 只能取某个基本份额 $\hbar$ 的整数倍：

$$L = n\hbar \quad （n = 1, 2, 3, \cdots） \tag{1.17}$$

这里 $\hbar = h/2\pi$，h 为普朗克常量。❶

---

❶ 普朗克常量是 1900 年普朗克（M. Planck）为摆脱黑体辐射的困难而提出的（参见《新概念物理教程·量子物理》第一章 1.7 节），他假定光的能量只取基本份额 ε 的整数倍，ε 正比于频率 ν：

$$\varepsilon = h\nu,$$

比例常量 h 即为普朗克常量，其现代推荐值（1999 年）为

$$h = 6.62606876(52) \times 10^{-34} \, \mathrm{kg \cdot m^2/s} （即 J \cdot s），$$

是当今物理学中最重要的普适常量之一。

假设电子的轨道是圆的,半径为 r,角动量 $L = mvr$(m—— 电子质量,v——

电子速率),由库仑力提供的向心加速度为 $a = \dfrac{v^2}{r} = \dfrac{L^2}{m^2 r^3}$,则运动方程

$$f = \frac{Ze^2}{r^2} = \frac{mv^2}{r} = \frac{L^2}{mr^3}$$

把轨道的半径确定了下来:

$$r_n = \frac{L^2}{Ze^2 m} = \frac{n^2 \hbar^2}{Ze^2 m} = \frac{n^2}{Z} a_{\mathrm{B}}, \tag{1.18}$$

式中 $a_{\mathrm{B}} = \hbar^2/e^2 m$ 称为玻尔半径。❶ 于是,玻尔的量子化条件为电子设置了
一系列稳定的"空间站"—— 定态轨道,无论经过怎样变化,电子只能回到
某个定态轨道之上。

利用计算开普勒运动能量的办法❷不难算出定态电子的能量为

$$E_n = -\frac{Z^2 e^4 m}{2n^2 h^2} = -\frac{Z^2}{n^2} Ry, \tag{1.19}$$

其中 $Ry = \dfrac{e^4 m}{2 \hbar^2} = 2.18 \times 10^{-18}\mathrm{J} = 13.6\,\mathrm{eV}$ 称为里德伯常量(Rydberg cons-
tant),这里 eV 代表电子伏特,是微观领域中常用的能量单位,它等于电子
在 1 伏特电压中获得的能量,$1\,\mathrm{eV} = 1.60 \times 10^{-19}\mathrm{J}$. (1.19)式表明,定态轨道
的能量也是离散取值的,n 愈大,$|E_n|$ 愈小,表示能量愈高。E_1 的能量最
低,相应的定态叫做基态(ground state)。

综上所述,玻尔原子模型里定态轨道的半径 r_n 和能量 E_n 取值都是离
散的,它们不能连续变化。基态的半径 a_{B}/Z 最小,能量最低,达到此状态,
原子就不可能进一步"坍缩"了。我们看到,玻尔的量子化条件保证了原子
的同一性和稳定性。

玻尔理论解释了大量为经典理论所不能解释的光谱实验事实,并预言
了更多的实验现象。

也许有的读者对于量子化的"硬性规定"感到不舒服,其实"原子论"
本身的精髓就在于承认物质结构的离散性。认为任何物质都是由原子组成
的,就等于承认了它们的质量是某个最小单元(一个原子的质量)的整数
倍。发现了电子之后,我们又认识到,任何物体所带的电量也是某个基本单

---

❶ 已知元电量 $e = 4.8 \times 10^{-10}$ 静电单位、电子质量 $m = 0.91 \times 10^{-27}$g 和普朗克常量
h 之值可算得玻尔半径 $a_{\mathrm{B}} = 0.53$Å. 可认为,这就是原子的尺度。

❷ 参看《新概念物理教程·力学》第七章 §5. 按照位力定理,在任何平方反比律
情形里总能量(动能+势能) = 势能之半。对于原子中的库仑力,势能 $U(r) = -Ze^2/r$,故
$E_n = U(r_n)/2 = -Ze^2/2r_n$. 将(1.18)式中 r_n 的表达式代入,即得(1.19)式。

元(e)的整数倍。现在我们把这样的思想拓展一步,认为能量、角动量这些过去在经典物理中连续取值的物理量,在微观世界里也是离散取值的,有什么不可以呢? 在今天的信息技术中大家都知道,将模拟量(连续取值的量)数字化(即离散化),可以大大提高信息传输过程中的抗干扰能力。没有稳定性就没有同一性,没有原子结构的同一性就没有物质世界在微观层次上高度的统一性。若在微观世界里没有离散性,要保证物质结构的高度统一性,是不可想象的。从这个角度来看,微观世界里物理量取值的离散性(在近代物理中称为量子性),就是理所当然的了。

上述玻尔原子模型只是一个过渡的理论,称为"旧量子论"。在真正的量子理论里,原子内电子能量、角动量的取值仍是离散的,但没有"定态轨道",与之对应的是"量子态"的概念。处于某量子态的电子以一定的概率在空间分布,人们形象地称之为"电子云"。

在"量子王国"里有一条奇怪的法律:不允许把一个微观粒子的位置(空间坐标)x 和动量 p 同时确定下来,这是因为它们的取值有一定的涨落(量子涨落)。用 Δx 和 Δp 分别代表这两个量因量子涨落而引起的不确定度,则他们之间服从下列关系式:

$$\Delta x\, \Delta p \approx h = 2\pi \hbar, \qquad (1.20)$$

上式称为海森伯不确定度关系(Heisenberg uncertainty relation),相应的原理称为海森伯不确定性原理(Heisenberg uncertainty principle)。譬如说,按玻尔模型,氢原子($Z=1$) 基态的电子轨道半径为 a_B;按量子理论,基态的电子云大体上分布在以 a_B 为半径的球形空间里。这就是说,电子坐标的不确定度 $\Delta x \approx a_B$,因而按(1.20)式,其动量的不确定度 $\Delta p \approx 2\pi\, \hbar/a_B$. 海森伯不确定性原理具有深远的意义,我们将在今后的课文中展示出来。

2.3 分子力与分子运动

在物理学中,当新的理论战胜旧的理论时,并不把它完全摒弃,而是更准确地划定它的适用范围。在条件允许的情况下,我们还是要充分起用旧理论、旧模型的。上面罗列的原子模型各有各的用处,在本书中,当问题不涉及原子的内部结构时,我们经常使用的还是道尔顿的原子–分子模型。现在我们就回到这个模型上来。

(1) 分子力

在道尔顿原子论的框架内,由于不考虑原子的内部结构,我们可以把原子看成质点或弹性球。有时原子单独存在(如惰性气体 He、Ne、Ar、Kr、Xe),有时几个同种原子结合成为多原子分子(如 H_2、N_2、O_2、O_3),或几个不同种原子组成化合物的分子(如 CO、CO_2、H_2O、NH_3、CH_4)。原子与原子既然能结合,必有相互作用力。其实不仅原子与原子之间有相互作用力,分子与分子之间也有相互作用力。要讨论原子或分子间相互作用的机理,必须深入到它们的内部结构,从而不免要用到量子力学,这远超出了本课的范围。现阶段里我们可以从现象出发为这种相互作用建立一个模型,这就是所谓"唯象理论(phenomenological theory)"。

　　大量事实告诉我们,当原子或分子的间距 r 比较大时,它们之间有微弱的吸引力。随着 r 的减小,吸引力逐渐加强。但是当两个原子或分子靠近到一定距离以内时,就像有个硬芯一样,相互之间产生强烈的排斥,以阻止对方透入(所谓"物质的不可入性")。按照这样的认识,我们用一条一维的势能曲线来描绘相互作用 $U(r)$ 的径向分布。[1]如图 1 - 15 所示,正斜率的灰线 Ⅰ 代表吸引力的势能曲线,负斜率的灰线 Ⅱ 代表排斥芯的势能曲线,粗黑线是二者的叠加。合成曲线的一般特点是在一定距离 r_0 上有个极小,形成一定深度 E_B 的势阱。在 $r \to \infty$ 时 $U(r) \to$ 常量(由于我们选了无穷远处作为势能的原点,故此常量为0),这意味着相互作用力 $\to 0$. 这里 r_0 代表原子(或分子)结合的平衡距离,E_B 代表将二者拆散所需的能量,即结合能,它们是我们最关心的两个重要参量。r_0 的数值非常整齐,上下变化不过 1~2 倍,全部是玻尔半径 a_B,即埃($1\text{Å} = 10^{-10}\text{ m}$)的数量级。为什么会是这样? 因为 a_B 标志着原子中电子云的

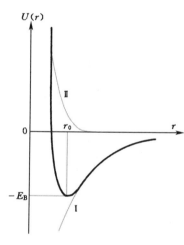

图 1 - 15 原子引力势能曲线

大小,两原子小于此距离而过份靠近时,电子云受到挤压而产生强烈的排斥力。由此可见,物质中原子的间距是由量子效应决定的。结合能 E_B 大小的情况就比较复杂了,它因结合的机制不同而有较大的差异。强者如离子键、共价键达 3~5 eV,弱者如范德瓦尔斯键、氢键,为 10^{-1} eV 数量级上下。[2]

　　(2) 分子运动

　　原子论者相信,组成物质的最小颗粒(原子或分子)处于永恒的运动之中。有什么观测事实支持这种信念? 1827 年英国植物学家布朗(R. Brown)在显微镜下观察到悬浮在静止液体里的花粉不停地作无规的运动。起初他

---

[1] 有关一维势能曲线的运用,参见《新概念物理教程·力学》第三章 §3.

[2] 有关各种化学键的说明,见 §6.

假设花粉是活的,但无生命的尘埃颗粒也会悬浮在液体中飘忽不定地游荡着,这就否定了他的想法。布朗运动的实质后来才搞清楚:布朗粒子是在周围分子无规的撞击下作无规跳动的。对于一个宏观的物体,周围分子的撞击所传递给它的动量,平均说来相互抵消,但由于涨落现象,在各个瞬时力或多或少有些不平衡。受力的物体愈小,力的涨落效果愈明显,这就是引起布朗粒子作无规运动的原因。可见,布朗运动是液体分子不断作无规运动的凭据,也是分子假说本身有力的明证(当时尚无法直接"观察到"分子)。但是要使证据有充分的说服力,还必须有定量化的检验。20世纪初,当时尚未成名的爱因斯坦(1905年)和斯莫陆绰斯基(Smoluchowski,1906年)、朗之万(Langevin,1908年)发表了他们关于布朗运动的理论工作,证明布

朗粒子位移平方的平均值正比于时间 t(参见第五章2.3节),此结论为皮兰(Perrin,1908年)的实验所证实(图1-16)。这一定量的结果立即说服了原子论最顽固的怀疑派。

上述分子的无规运动称为**热运动**,热现象的本质就是分子的热运动。分子的热运动有多种模式,或者说,多个自由度。最基本的运动,是以分子质心为代表的整体平动;其次是分子像刚体那样的转动;再者是组成分子的各原子之间的相对振动。❶按热动说的观点,"热量"就是热运动的能量,即"热能"。热能包括上述所有模式热运动的动能和原子、分子间的相互作用势能。

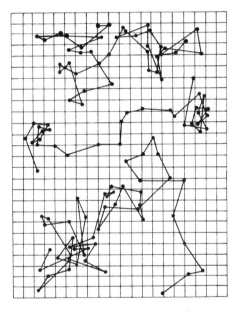

藤黄粒子悬浮于水中,在显微镜下记录下粒子每30秒时间间隔的位置,用直线将它们连接起来。

图1-16 皮兰1908年的布朗运动实验

分子热运动的能量中势能部分使它们趋于团聚,动能部分使它们趋于飞散,此二对立的因素总处于竞争的状态。大体说来,平均动能胜过势能时:

---

❶ 作为分子振动的一个例子,可参看《新概念物理教程·力学》第六章1.2节例题5。

$$\frac{1}{2} m \overline{u^2} \gg E_B$$

物质处于气态;势能胜过平均动能时:

$$\frac{1}{2} m \overline{u^2} \ll E_B$$

物质处于固态;两者势均力敌时:

$$\frac{1}{2} m \overline{u^2} \sim E_B$$

物质处于液态。这便是物质有三态之由来。

§3. 物质聚集态随状态参量的转化与共存

3.1 闭合系的 p–V–T 曲面

    物质有气、液、固三态,在一定的条件下三态互相转化,而且有时可以共存,这是我们在日常生活中非常熟悉的事实。寒冬腊月围炉共尝热气腾腾的火锅,则有水、汽共存;炎夏酷暑惬意地在冷饮中放些冰块,乃得冰、水共存。其实在后一情况下,液面之上尚有蒸气,实为冰、水、汽三相共存。然而这些都不是此处要讨论的实验规律,原因有三:① 物相还在转化,未处于热平衡;② 容器敞开,气态的体积不定;③ 物质组分不纯,特别是水汽混在空气中,其分压不等于液面承受的全部压强。

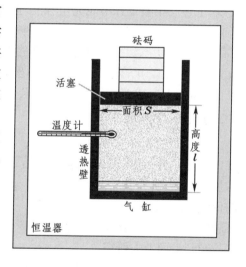

图 1 – 17 研究物质闭合系状态变化的装置

    为了得到确定的实验规律,我们把单一的纯物质密封在闭合容器里,研究它处于热平衡态下的性质。实验装置如图 1 – 17 所示,在一个不漏气、无摩擦的气缸–活塞系统中封有一定量的某种纯物质(譬如说 CO_2),整个系统放置在恒温器中。被封存物质的压强 p 等于活塞和压在其上砝码的重量除以活塞的面积 S,加上大气压强(如果此系统未放在真空环境中的话),其大小可通过增减砝码来调节。体积 V 等于 S 乘它的高度 l(见图),其大小由活塞的上下移动来控制。温度由恒温器来改变,用某种温度计来测量。所以,被封存物质的三个状态参量 p、V、T 都是可调节和可测量的。不过,当我们实地去做实验时就会

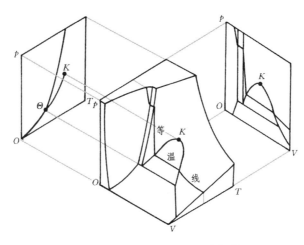

图 1 - 18 p-V-T 曲面及其投影

发现,上述三个参量并不能完全独立地设置,譬如在一定的温度下压强的增减必导致体积的缩胀,在一定的压强下温度的升降也会引起体积的变化。亦即,在三个状态参量中只有两个是独立的,第三个与它们之间有一定的函数关系, 它在以 p、V、T 为轴的直角坐标系中表达为一个曲面,即 p-V-T 曲面,如图 1 - 18 所示。❶

3.2 等温线　多相共存

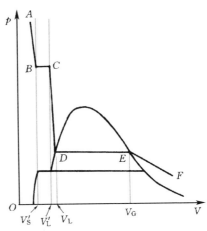

p-V-T 曲面是立体的,函数关系难以一目了然。通常的做法是将一个参量固定,去研究其它两个参量之间的依赖关系。这相当于取一个垂直于某轴的平面去切割 p-V-T 曲面,将割线投影到平面上去研究。

首先我们把温度固定,即用垂直于 T 轴的一个平面去切割 p-V-T 曲面(图 1 - 18),这样得到的割线叫做等温线(isotherm),它们在 pV 面上的投影见图 1 -18 右上方和图 1 -19.

图 1 - 19 p-V 图上的一条等温线

该 p-V 图中的等温线最引人注目的特征是它在有的地方是水平的,即体积 V 可以在一定范围内改变而不改变压强。这些都是两相或三相共存的地方,

---

❶　本图是通常物质的 p-V-T 曲面。水在凝固时膨胀,其 p-V-T 曲面与此有所不同。

让我们仔细地讨论其中的一段。

看图 1 - 19 中的等温线 $ABCDEF$,其上 BC、DE 两段是水平的。设想我们从大体积这头来压缩被封存的物质。从 F 到 E 这段对应于纯气态,压缩到 E 点时,在汽缸内开始有一部分液体凝结出来。沿着等温线 ED 走,就不断有更多的物质液化,但维持液面上气态的压强不变。这压强就是该物质在该温度下的饱和蒸气压。到了 D 点物质全部液化,继续压缩,纯液态物质将沿等温线的 DC 线前进。E、D 两点所

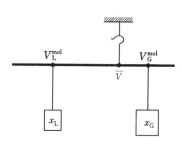

图 1 - 20 气液共存的杠杆定则

对应的体积 $V_G = \nu V_G^{mol}$,$V_L = \nu V_L^{mol}$,其中 ν 为两相的总摩尔数,V_G^{mol} 和 V_L^{mol} 代表该物质在该温度下气液共存时气态和液态的摩尔体积。设 x_G 和 x_L 代表在气液共存时两相各自占有的摩尔分数,即 $x_G = \nu_G/\nu$,$x_L = \nu_L/\nu$,$(x_G + x_L = 1)$,显然有

$$x_G V_G^{mol} + x_L V_L^{mol} = \overline{V} = \overline{V}(x_G + x_L),$$

即

$$x_G(V_G^{mol} - \overline{V}) = x_L(\overline{V} - V_L^{mol}),$$

或

$$x_G = \frac{\overline{V} - V_L^{mol}}{V_G^{mol} - V_L^{mol}}, \quad x_L = \frac{V_G^{mol} - \overline{V}}{V_G^{mol} - V_L^{mol}}, \qquad (1.21)$$

式中 $\overline{V} = V/\nu$. 此公式所表达的 x_G、x_L 与 V 的关系可形象化地用图 1 - 20 所示杠杆来表示,x_G 和 x_L 相当于杠杆两端的负载,$V_G^{mol} - \overline{V}$ 和 $\overline{V} - V_L^{mol}$ 相当于力臂,$\overline{V}$ 相当于平衡支点。(1.21) 式称为气液共存的杠杆定则。

到了上述等温线的 C 点后继续前进,我们又遇到一段水平的 CB 线,这是固态和液态的共存线。同理,B、C 两点所对应的体积 V_S'、V_L' 分别为总摩尔数 ν 乘以在该温度下固液共存时固态和液态的摩尔体积 $V_S'^{mol}$、$V_L'^{mol}$.

刚才我们所选择的那条等温线是比较典型的,它全面反映了气、液、固三态的转变过程。下面从这里将等温线的温度逐步增高或降低,看看会发生什么现象?

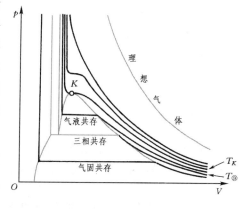

图 1 - 21 临界点与三相点

如图 1 - 21,当等温线的温度增高时,气液共存线渐渐缩短,这意味着

气、液体积的差别在缩小。达到一定温度 T_K 时，气液共存线缩成一个点 K，在这里气、液体积的差别消失了，气态向液态连续过渡（见图1-22）。K 叫临界点，T_K 叫做临界温度。在临界温度以上的等温线全部是气态，即在临界温度以上是不能用等温压缩的办法使气体液化的。

当等温线的温度降低时，气液共存线与固液共存线的差距在缩小。达到一定温度 $T_③$ 时二者拉平了。温度低于 $T_③$ 时液态不复存在，等温线上的水平段代表气态和固态的共存线。在温度 $T_③$ 下气、液、固三态共存，这个温度称为三相点(triple point)。

表1-3 某些物质的临界点和三相点数据

物 质	$p_K/10^5\text{Pa}$	T_K/K	$V_K^{\text{mol}}/(\text{m}^3\cdot\text{mol}^{-1})$	$p_③/10^5\text{Pa}$	$T_③/\text{K}$	$V_③^{\text{mol}}/(\text{m}^3\cdot\text{mol}^{-1})$
Ne	27	44	42×10^{-6}	0.43	24	16×10^{-6}
Ar	49	151	72×10^{-6}	0.68	84	28×10^{-6}
Kr	55	209	92×10^{-6}	0.73	116	35×10^{-6}
N_2	34	126	90×10^{-6}	0.12	63	17×10^{-6}
CO_2	74	304	94×10^{-6}	5.10	216	42×10^{-6}
H_2O	221	647	59×10^{-6}	0.006	273.16	18×10^{-6}
O_2	50	155	73×10^{-6}	9.0015	54	24×10^{-6}
H_2	13	33	65×10^{-6}	0.072	14	25×10^{-6}

鉴于三相点的温度与外界的压强无关，实现起来特别稳定，1954年以来国际上规定只用纯水的三相点一个固定点建立温标。在这里我们简单介绍一下实现水的三相点的实验装置。如图1-23所示，三相点管内贮有纯冰、纯水和水蒸气，三者平衡共存。三相

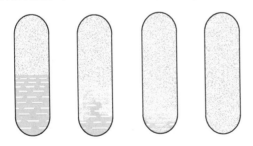

图1-22 临界状态气液连续过渡

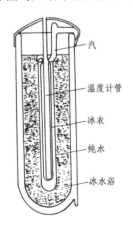

图1-23 实现水的三相点的实验装置

点管中央是温度计管，待校正的温度计插在其中。杜瓦瓶内贮有冰和水的混合物，构成冰浴槽，三相点管浸在这冰浴槽中。

三相点是指纯冰、纯水和水蒸气平衡共存的温度，但三相点管内封入的水难保不含杂质，特别是经过较长时间后，玻璃的溶解已不可忽略。因此，如何获得纯水的三相共存，便成为实现三相点的

一个关键问题。根据溶液结冰时先结出的为纯溶剂的原理,此问题被巧妙地解决了。实验时,先将三相点管浸入冰浴槽内半小时,使其温度降到0°C上下,然后将压碎的干冰装入温度计管,使三相点管内的水围绕温度计管的外壁形成一层冰衣。当冰衣厚度达到5~10 mm时,将温度计管内的干冰取出,注入温水,使冰衣沿温度计管外壁薄薄地融化一层。因杂质都留在冰衣外面的水里,所以在温度计管外壁周围就实现了纯冰、纯水和水蒸气的三相共存状态。此时将注入的温水吸出,倒入预先冷却到0°C的冷水,插入温度计。将三相点管浸入冰浴槽内,半小时后即可测量。

3.3 p-T 三相图

现在我们来看 p-V-T 曲面在 p-T 面上的投影。在 p-V-T 曲面上有三个两相共存区和一条三相共存线,它们都是与 p-T 面垂直的,所以投影之后成为三个线段会合于一点 Θ(见图 1-18 左方和图 1-24),Θ 是三相共存线的投影,K 是临界点的投影,ΘK、ΘL、ΘS 线段分别是气液共存面、固液共存面、气固共存面的投影,它们是 p-T 图上气、液、固三相的分界线。ΘK 还是与

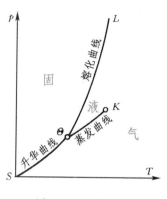

图 1-24 三相图

液态共存的饱和蒸气压随温度变化的曲线,$S\Theta$ 则是与固态共存的饱和蒸气压随温度变化的曲线。临界点 K 以上气、液之间没有明显的分界线,过渡是连续进行的。图 1-24 称为气液固三相图,它全面地反映了三相存在的条件和相互转变的情况。

§4. 气 体

4.1 气体的微观模型和温度的微观意义

液体密度的数量级为 $1\,\mathrm{g/cm^3}=10^3\,\mathrm{kg/m^3}$,气体密度的数量级为 $1\,\mathrm{kg/m^3}$,前者比后者大 1000 倍,或者说,同样数量的气体分子占用的体积比液体分子占用的大 1000 倍,因此在气态中分子之间的平均距离比在液体中大 $\sqrt[3]{1000}=10$ 倍。在液体中分子之间的距离不可能小于它们的直径,从而气体中分子之间的距离比它们的直径大得多。由于分子间的相互作用随距离很快地递减,它们在这样大的距离上大可忽略。只有在两个分子偶尔相遇的短暂时间里,强大的排斥力才起作用,改变了它们各自的运动状态后,使它们再度分开。我们把分子间的这种邂逅过程形容为"碰撞"(包括气体内分子之间和气体分子与器壁分子的碰撞)。在两次碰撞之间,分子依惯性作直

线运动。我们还假定分子间的碰撞是完全弹性的,即平动动能不向内部自由度(如转动、振动、激发等)转移。❶ 以上就是我们为理想气体设置的微观模型。归纳起来,此模型有以下几个要点:

(1) 分子本身的大小比起它们之间的平均距离可忽略不计;

(2) 除了短暂的碰撞过程外,分子间的相互作用可忽略;

(3) 分子间的碰撞是完全弹性的。

现在我们仔细地考查一下两个分子碰撞中能量的交换。这两个分子可以都是气体中的,也可以一个是气体中的,另一个是器壁中的。为了不失一般性,我们假定它们具有不同的质量 m 和 M. 令它们在碰撞前的速度分别为 v_0 和 V_0,碰撞后的速度分别为 v 和 V(见图 1 – 25)。把分子看成球形,取两球中心联线为直角坐标系的 x 轴,由于碰撞中垂直于 x 轴的

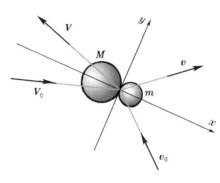

图 1 – 25 分子碰撞

速度分量不改变,问题就简化成只有 x 方向一维了。在此方向上分子 M 损失的动能为

$$\Delta \varepsilon = \frac{1}{2}M(V_{0x}^2 - V_x^2) = \frac{1}{2}M(V_{0x} - V_x)(V_{0x} + V_x). \quad (1.22)$$

由于弹性碰撞中动能守恒,这也是分子 m 获得的动能。下面我们要用到弹性碰撞过程中速度变化的公式,在《新概念物理教程·力学》中已有这样的公式〔参看该书第二版第三章(3.60)式〕,我们就直接引用了。把式中的符号适当地换过来,有

$$V_x = \frac{(M - m)V_{0x} + 2mv_{0x}}{M + m},$$

从而

$$\begin{cases} V_{0x} - V_x = \dfrac{2m(V_{0x} - v_{0x})}{M + m}, \\ V_{0x} + V_x = \dfrac{2(MV_{0x} + mv_{0x})}{M + m}, \end{cases}$$

代入(1.22)式,得

---

❶ 为了使各自由度之间达到热平衡,还得假定碰撞过程中平动与内部自由度之间有能量交换。但在已经达到热平衡的气体中它们收支相抵,讨论某些问题(如推导物态方程)时可以不考虑这类能量交换。

$$\Delta \varepsilon = \frac{2mM}{(M+m)^2} \left[MV_{0x}{}^2 - mv_{0x}{}^2 + (m-M)v_{0x}V_{0x} \right]. \quad (1.23)$$

以上是单次碰撞的结果，$\Delta \varepsilon$ 可正可负。我们假定 M、m 各代表一类分子，宏观效果是两类分子之间大量碰撞的平均。我们还假定气体和器壁宏观上都是静止的，从而每类分子沿任何正负两个方向的概率都相等，V_{0x} 和 v_{0x} 的平均 $\overline{V_{0x}} = \overline{v_{0x}} = 0$. 再者，因 M、m 两类分子的热运动都是随机的，且在方向上彼此没有关联，故 $\overline{v_{0x}V_{0x}}$ 也等于 0. 取 (1.23) 式的平均，得

$$\overline{\Delta \varepsilon} = \frac{2mM}{(M+m)^2} \left(M\overline{V_{0x}{}^2} - m\overline{v_{0x}{}^2} \right). \quad (1.24)$$

上式右端正比于两分子碰撞前后 x 方向平均动能之差。由于分子热运动是各向同性的，与 x 垂直的另外两个方向平均动能与 x 方向一样，故各方向的总平均动能为 x 方向的 3 倍，或者说，x 方向的平均动能是各方向平均动能的 1/3. 故 (1.24) 式又可写为

$$\overline{\Delta \varepsilon} = \frac{2mM}{3(M+m)^2} \left(M\overline{V_0^2} - m\overline{v_0^2} \right) \propto \frac{1}{2}M\overline{V_0^2} - \frac{1}{2}m\overline{v_0^2}. \quad (1.25)$$

若 M 类分子的平均动能大于 m 类分子，则 $\overline{\Delta \varepsilon} > 0$，动能由 M 类分子传给 m 类分子；反之，若 M 类分子的平均动能小于 m 类分子，则 $\overline{\Delta \varepsilon} < 0$，动能由 m 类分子传给 M 类分子；$\overline{\Delta \varepsilon} = 0$ 表示平均起来两类分子之间能量交换为 0. 如上节所述，热量即热运动的能量，故 $\overline{\Delta \varepsilon}$ 的正负决定了热量传递的方向，$\overline{\Delta \varepsilon} = 0$ 时 M、m 两类分子之间达到热平衡。如此看来，按照热力学第零定律，分子的平均动能在宏观上具有温度的特征。我们暂时假定，分子的平均动能正比于热力学温度：

$$\overline{\varepsilon} = \frac{1}{2}m\overline{v^2} = KT, \quad (1.26)$$

因为热平衡状态温度相等的概念适用于任何物体，上式里的比例常量 K 应该是普适的。下面我们将进一步论证这个结论，并把这个普适常量定下来。

4.2 理想气体压强公式

上面我们讨论了温度的微观意义，现在来看压强的微观意义。压强是物体中通过内部假想截面 ΔS 相互作用的法向应力（见《新概念物理教程·力学》第五章 1.1 节）。一般说来，分子力和分子运动对压强都有贡献。一方面 ΔS 两侧附近的分子相互作用着；另一方面，它们可以携带着动量穿过 ΔS. 总压强是这两部分效应之和。在理想气体中分子力完全被忽略，压强只由分子运动产生。按定义，力是单位时间内传递的动量。虽然单个分子穿过 ΔS 的力是局部短暂的脉冲，但大量分子穿过它产生的平均效果是个均匀而持续的压力。

考虑到气体分子速度有一定的分布，我们把速度 $\boldsymbol{v}_i$ 相同的(或者说相近的)归到一组，设本组的数密度(即单位体积内的分子数)为 n_i. 先考查速度的 x 分量 $v_{ix}>0$ 的组，此组中的分子从左向右奔向面元 ΔS，携带了动量 p_{ix}. 这组的分子在 Δt 时间内沿斜向平移的距离为 $v_i\Delta t$，以 ΔS 为底、$v_i\Delta t$ 为母线作柱

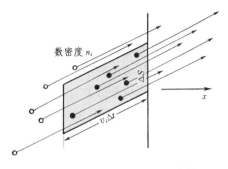

图 1 – 26 理想气体压强公式的推导

体如图 1–26. 此柱体的高为 $v_{ix}\Delta t$，体积为 $v_{ix}\Delta t\,\Delta S$，所有在时间间隔 Δt 内穿过 ΔS 的本组分子都在此柱体内，它们的总数为 $n_i\,v_{ix}\,\Delta t\,\Delta S$，从而传递的动量为 $\Delta P_i = n_i\,p_{ix}v_{ix}\,\Delta t\,\Delta S$. 作用在 ΔS 上的力为 $\Delta F_i = \Delta P_i/\Delta t$，压强为

$$\Delta p_i = \frac{\Delta F_i}{\Delta S} = n_i p_{ix}v_{ix},$$

来自左方分子对 ΔS 上压强的总贡献为速度不同的各组分子效果的叠加，即

$$p^{(+)} = \sum_{\substack{i\\(v_{ix}>0)}} \Delta p_i = \sum_{\substack{i\\(v_{ix}>0)}} n_i p_{ix}v_{ix}.$$

现考查速度的 x 分量 $v_{ix}<0$ 的组，此组中的分子从右向左奔向面元 ΔS，携带的动量 $p_{ix}<0$ 是沿 $-x$ 方向的，用上述推导 $p^{(+)}$ 类似的方法可得

$$p^{(-)} = \sum_{\substack{i\\(v_{ix}<0)}} \Delta p_i = \sum_{\substack{i\\(v_{ix}<0)}} n_i p_{ix}v_{ix}.$$

二者合成的总压强为

$$p = p^{(+)} + p^{(-)} = \sum_i \Delta p_i = \sum_i n_i p_{ix}v_{ix} = n\,\overline{p_x v_x}. \qquad (1.27)$$

式中

$$\overline{p_x v_x} = \frac{\sum_i n_i p_{ix}v_{ix}}{\sum_i n_i} = \frac{1}{n}\sum_i n_i p_{ix}v_{ix}$$

为 $p_{ix}v_{ix}$ 的平均值，$n = \sum_i n_i$ 为各组分子数密度的总和。由于动量和速度分布各向同性，

$$\overline{p_x v_x} = \overline{p_y v_y} = \overline{p_z v_z}$$

$$\overline{\boldsymbol{p}\cdot\boldsymbol{v}} = \overline{p_x v_x} + \overline{p_y v_y} + \overline{p_z v_z} = 3\,\overline{p_x v_x}, \qquad (1.28)$$

故(1.27)式又可写成

$$p = \frac{1}{3}\,n\,\overline{\boldsymbol{p}\cdot\boldsymbol{v}}, \qquad (1.29)$$

这便是理想气体的压强公式。

现在我们分两种情况来讨论:

(1)非相对论情形

$\boldsymbol{p}=m\boldsymbol{v}$, $\boldsymbol{p}\cdot\boldsymbol{v}=mv^2=2\varepsilon$, 这里 $\varepsilon=\frac{1}{2}mv^2$ 是分子的动能,于是压强公式(1.29)化为

$$p=\frac{1}{3}nm\overline{v^2}=\frac{2}{3}n\overline{\varepsilon}, \qquad (1.29N)$$

在《新概念物理教程·力学》(第二版)第二章2.6节例题6里我们曾用一个简化的模型计算了粒子流撞击壁面所产生的压强,在那个模型里所有的粒子都以同等的速率 v 垂直于壁面运动。在完全弹性碰撞的情况下该题的答案是

$$p=2nmv^2,$$

式中 m 和 n 分别是粒子的质量和数密度。把这个例题的作法予以重新解释,便可把结果用到理想气体上来。理想气体分子模型与该题不同之处是分子速度的大小和方向不一,有一定的分布。取三维直角坐标的 x 轴垂直于壁面。对于宏观上静止的气体,速度在方向上的分布是各向同性的,我们把问题加以简化,各有1/6的分子以平均速度沿 $\pm x$、$\pm y$、$\pm z$ 六个方向运动,其中对作用在壁面上的压强有贡献的,只是沿 $+x$ 方向的那1/6的分子。从而我们只需将上式中的 n 换成 $n/6$,并把 v^2 用其平均值 $\overline{v^2}$ 代替即可。于是我们就得到与(1.29N)一样的公式。可见,粗略的方法未必不能得到正确的结果。至少作为严格推导之前的大胆猜测,这种方法也是可取的。

(2)极端相对论情形

$\boldsymbol{p}=\gamma m_0\boldsymbol{v}/\sqrt{1-v^2/c^2}$ 与 $\boldsymbol{v}$ 的方向一致, $v\approx c$, $p=\sqrt{\varepsilon^2-m_0^2c^4}/c\approx\varepsilon/c$ (见《新概念物理教程·力学》第八章3.4节),故 $\boldsymbol{p}\cdot\boldsymbol{v}\approx cp\approx\varepsilon$, 于是压强公式(1.29)化为

$$p=\frac{1}{3}n\overline{\varepsilon}, \qquad (1.29R)$$

这个公式在将来我们讨论光子气体时大有用处。

下面我们回到非相对论情形,讨论非相对论粒子组成的理想气体。

4.3 理想气体定律的推导

下面我们利用理想气体压强公式推导几条定律。

(1)理想气体物态方程

设气体中分子的总数为 N,体积为 V,则数密度 $n=N/V$. 另外,按上面得到的(1.26)式,平均动能正比于热力学温度: $\overline{\varepsilon}=KT$. 把所有这些都代入(1.29N)式,得

$$pV=\frac{2}{3}NKT.$$

设气体的摩尔数为 ν，而阿伏伽德罗常量 N_A 为每摩尔任何物质内的分子数，故 $N = \nu N_A$，上式化为

$$pV = \frac{2\nu}{3}N_A KT. \tag{1.30}$$

这便是理想气体的物态方程。1.3 节里的理想气体物态方程(1.14)式是从实验归纳出来的，这里的(1.30)式是从微观理论上推导出来的，从二者对比可知，动能与温度的比例常量 K 及气体常量 R 两个普适常量之间的关系为

$$K = \frac{3}{2}\frac{R}{N_A},$$

把 R 和 N_A 这两个普适常量之比写作 k，这是另外一个普适常量——玻耳兹曼常量：

$$k = \frac{R}{N_A} = 1.380\ 658(12) \times 10^{-23} \text{J/K}, \tag{1.31}$$

用玻耳兹曼常量来表示，(1.26)式可改写为

$$\bar{\varepsilon} = \frac{3}{2}kT. \tag{1.32}$$

理想气体物态方程可写为

$$p = nkT, \tag{1.33}$$

式中 $n = \nu N_A/V = N/V$，为气体中的分子数密度。

能量的概念贯穿了机械、热、电磁、原子核，乃至化学、生物等各种形态的运动之中，它犹如货币，沟通着各种形态之间运动的流通。每种形态的运动各有其币种，即能量的单位，转化时按一定的比率兑换。如果说热功当量 $J = 4.184$ J/cal 代表热量与能量之间单位换算比率的话，则玻耳兹曼常量 k 就是温度与能量之间的单位换算比率，而普适气体常量 R 为温度与每摩尔物质所含能量之间的单位换算比率。在微观领域里另外一种最常用的能量单位是电子伏特(eV)，现在我们把上述各种能量单位之间的兑换关系列成表格，以便查阅。读者若能熟悉表中数字的数量级，对今后物理问题的思考是大有好处的。

表 1 - 4 各种能量单位之间的换算关系

	eV	K	aJ*	kJ/mol	kcal/mol
eV	1	1.16×10^4	1.60×10^{-1}	9.6×10	2.3×10
K	0.86×10^{-4}	1	1.38×10^{-5}	8.3×10^{-3}	1.98×10^{-3}
aJ	6.25	7.25×10^4	1	6.0×10^2	1.43×10^2
kJ/mol	1.04×10^{-2}	1.20×10^2	1.66×10^{-3}	1	2.4×10^{-1}
kcal/mol	4.4×10^{-2}	5.0×10^2	6.9×10^{-3}	4.2	1

* 1 aJ $= 10^{-18}$ J.

阿伏伽德罗常量 N_A 是沟通微观领域与宏观领域的桥梁,为了使读者对此量有个数量级的概念,我们看下面的例题。

例题 3 一个人呼吸时,若每吐出一口气都在若干时间内(譬如说几年)均匀地混合到全部大气中去,另一个人每吸入的一口气中有多少个分子是那个人在那口气中吐出的?

解: 一切都在标准状态下换算。人们呼吸一口气的体积约 1L,每 22.4L 里有 6.022×10^{23} 个分子,故每口气吐出 $N = 6.022 \times 10^{23}/22.4 = 2.69 \times 10^{22}$ 个分子。

$1\,\mathrm{atm} = 1.013 \times 10^5\,\mathrm{N/m^2} \approx 10^5\,\mathrm{N/m^2}$,这是压在 $1\,\mathrm{m^2}$ 地面上气柱的重量。除以 $g \approx 10\,\mathrm{m/s^2}$,得 $10^4\,\mathrm{kg/m^2}$,这便是 $1\,\mathrm{m^2}$ 地面上气柱的质量。故地面上大气层的总质量等于此数乘以地表面积 $S_\text{地} = 4\pi R_\text{地}^2 \approx 5 \times 10^{14}\,\mathrm{m^2}$,即大气的总质量为 $M \approx 10^4\,\mathrm{kg/m^2} \times 5 \times 10^{14}\,\mathrm{m^2} = 5 \times 10^{18}\,\mathrm{kg} = 5 \times 10^{21}\,\mathrm{g}$,空气的平均摩尔质量 $M^\text{mol} = 29\,\mathrm{g/mol}$,大气的总摩尔数 $\nu = M/M^\text{mol}$,在标准状态下占的体积 $V = \nu \times 22.4\,\mathrm{L/mol} = (M/M^\text{mol}) \times 22.4\,\mathrm{L/mol} = (5 \times 10^{21}/29) \times 22.4\,\mathrm{L} = 3.86 \times 10^{21}\,\mathrm{L}$.

将 N 个分子均匀地混合到体积为 V 的大气内,每升里有分子 $N/V \approx 2.69 \times 10^{22}/3.86 \times 10^{21} \approx 7$ 个分子。这就是本题的答案。∎

我国成语用"呼吸相通"来形容人与人的关系亲密无间,上面的例题告诉我们,在大气污染问题上,全世界的人民都是患难与共的。

(2) 阿伏伽德罗定律

阿伏伽德罗定律原本是条经验的定律,从事实得知标准状态下的摩尔体积 $\omega_0 = 22.414\,10\,\mathrm{L/mol}$ 是个与物质无关的普适常量,从而由 (1.15) 式推知气体常量 R 也是普适的。现在我们根据微观理论断言,(1.26) 式中的比例系数 K 是普适的,从而推知气体常量 R 是普适的,由此可以反过来论证 ω_0 也是普适的。这样就从微观理论上解释了阿伏伽德罗定律。

(3) 道尔顿分压定律

道尔顿分压定律声称:混合气体的压强等于各组分的分压强之和,即

$$p = p_\alpha + p_\beta + \cdots, \qquad (1.34)$$

由于混合气体中各组分处于热平衡,它们的温度相同,因而各组分的分压强 $p_\alpha = \dfrac{2}{3} n_\alpha \overline{\varepsilon_\alpha} = n_\alpha kT$, $p_\beta = \dfrac{2}{3} n_\beta \overline{\varepsilon_\beta} = n_\beta kT$,$\cdots$. 因数密度 $n = n_\alpha + n_\beta + \cdots$,故

$$p = (n_\alpha + n_\beta + \cdots)kT = nkT.$$

例题 4 已知空气中几种主要组分的分压百分比是氮 $(N_2)78\%$,氧 $(O_2)21\%$,氩 $(Ar)1\%$,求它们的质量百分比和空气在标准状态下的密度。

解: 因温度相同,分压百分比即分子数密度百分比;因数密度 $n_\alpha = \nu_\alpha N_A/V$,数密度百分比即摩尔数 ν_α 百分比。令 M_α^mol 为气体的摩尔质量,各组分的质量比例为 $\nu_{N_2} M_{N_2}^\text{mol}$: $\nu_{O_2} M_{O_2}^\text{mol}$: $\nu_{Ar} M_{Ar}^\text{mol} = 0.78 \times 28 : 0.21 \times 32 : 0.01 \times 40$,即 N_2 为 75.4%,O_2 为 23.2%,Ar

为 1.4% .

在标准状态下空气的密度为

$$\rho = \frac{\nu_{N_2} M_{N_2}^{mol} + \nu_{O_2} M_{O_2}^{mol} + \nu_{Ar} M_{Ar}^{mol}}{\nu \cdot 22.4 \text{ L/mol}}$$

$$= \frac{0.78 \times 28 \text{ g} + 0.21 \times 32 \text{ g} + 0.01 \times 40 \text{ g}}{22.4 \times 10^3 \text{ cm}^3}$$

$$= 1.29 \times 10^{-3} \text{g/cm}^3 = 1.29 \text{ kg/m}^3. \quad \blacksquare$$

4.4 实际气体

在推导理想气体物态方程时,我们几乎把分子力完全忽略了,但在实际气体中它还是有影响的。不过在气态中分子力的效应毕竟比较小,我们把它当作对理想气体模型的修正来处理。

分子力的效应表现在体积和压强两个方面。先看它对体积的影响。如 2.3 节所述,分子力由短程的排斥力和较为长程的吸引力组成,对体积的影响主要在于前者。形象地说,排斥力的作用相当于分子有个一定半径的硬芯。在硬芯占有的体积内,其它分子是不能侵入的,所以应从理想气体物态方程(1.14) 中的体积 V 里把这部分体积扣除。所有分子占有的体积正比于气体中分子总数,亦即正比于气体的摩尔数 ν. 于是我们把(1.14) 式中的 V 换成 $V^* = V - \nu b$,这里 b 是 1 mol 气体的所有分子所占有的体积,V^* 代表每个分子真正能够在其中自由活动的有效体积。

4.2 节一开头曾指出,一般说来,压强有来自分子运动和分子力(或者说,相互作用势 U) 两部分的贡献,前者叫做动理压强(kinetic pressure),记作 p_k;后者代表气体的内聚力,称为内压强,记作 p_U. 分子力对压强的影响主要在于较为长程的吸引力部分。对于处在气体内部的一个分子,周围分子给它的吸引力平均说来抵消了,从而对它的自由飞行不产生影响,只要把体积的修正考虑进去,(1.29N) 式对描写 p_k 仍旧是有效的,即

$$p_k = \frac{2}{3} n \bar{\varepsilon} = \frac{\nu RT}{V^*} = \frac{\nu RT}{V - \nu b}.$$

现在来看 p_U,它来自假想截面 ΔS 两侧附近分子之间的吸引力。从量纲上看压强和能量密度(单位体积内的能量) 是一样的,用位力法可以证明,p_U 正比于分子间相互作用势能密度 $\langle U \rangle$,[1]而 $\langle U \rangle$ 又正比于施力者的数密度和受力者的数密度,故正比于分子数密度的平方。分子数密度正比于摩尔数 ν,反比于体积 V, 故 $p_U \propto \nu^2/V^2$. 作为吸引势 p_U 是负的,它可以写成

$$p_U = -\frac{\nu^2 a}{V^2}.$$

---

❶　参见徐锡申、张万箱等,《实用物态方程理论导引》,北京:科学出版社, 1986, 28 页。

把以上两部分加起来,得气体中的压强

$$p = p_k + p_U = \frac{\nu RT}{V - \nu b} - \frac{\nu^2 a}{V^2},$$

或 $$\left(p + \frac{\nu^2 a}{V^2}\right)(V - \nu b) = \nu RT, \qquad (1.35)$$

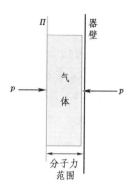

图 1 – 27 器壁上的
压强与内压强一样

这里的 p 是气体内部某一点的压强,作用在器壁上的压强怎么样? 器壁对气体分子的吸引力会对压强产生什么影响? 用下面一个简单的推理即可得知,上述两个压强是一样的,器壁的吸引力对气体的压强不产生影响。如图 1 – 27 所示,在气体内作一平面 Π 平行于器壁,它到器壁的距离略大于器壁吸引力的力程,显然在 Π 上的压强与气体内部是一样的。由于气体在宏观上静止,夹在 Π 与器壁之间的一薄层气体两侧受力应当是平衡的, 亦即,器壁上气体的压强也与气体内部一样。❶

(1.35) 式称为范德瓦耳斯物态方程(van der Waals, 1873),是最早和最有影响的实际气体物态方程,它不仅对实际气体偏离理想气体的性质作了定性的解释,而且还对液态和气液相变作了某种程度的说明(见 7.1 节)。由于这项工作,范德瓦耳斯获 1910 年诺贝尔物理奖。

范德瓦耳斯方程是半经验的,其中的参数 a、b 要由实验来确定。表 1 – 5 中给出它们的实验值。

表 1 – 5 范德瓦耳斯修正量 a、b 的实验值

气 体	$a/[\text{atm} \cdot (\text{L} \cdot \text{mol}^{-1})^2]$	$b/(\text{L} \cdot \text{mol}^{-1})$
He	0.0341	0.0234
H_2	0.247	0.0265
O_2	1.369	0.0315
N_2	1.361	0.0385
CO_2	3.643	0.0427
H_2O	5.507	0.0304

系统地处理非理想气体物态方程的方法是位力展开(virial expansion),即将压强与温度的关系按密度的幂次展开:

---

❶ 也许还有人想不通,在器壁的吸引下气体加速向器壁撞去,产生的 p_k 不是应该比内部大吗? 这固然是对的,但是要知道,当气体分子受到器壁分子吸引时,器壁分子受到反作用力,即器壁对 p_U 的修正也是负的。用计算验证,对 p_U 的负修正项恰好和因加速而引起 p_k 的增大抵消。

$$p = \frac{\nu R T}{V}\left[1 + \frac{\nu}{V} B(T) + \left(\frac{\nu}{V}\right)^2 C(T) + \cdots\right], \qquad (1.36)$$

式中的 $B(T)$ 和 $C(T)$ 分别称为第二和第三位力系数，它们都只是温度的函数。位力系数的表达式可由统计物理理论导出，其数值也可由实验来测定。将范德瓦耳斯方程(1.35)按密度(ν/V)的幂次展开，

$$p = \frac{\nu R T}{V}\left(1 - \frac{\nu b}{V}\right)^{-1} - \frac{\nu^2 a}{V^2}$$

$$= \frac{\nu R T}{V}\left[1 + \frac{\nu b}{V} + \left(\frac{\nu b}{V}\right)^2 + \cdots\right] - \frac{\nu^2 a}{V^2},$$

与(1.36)式对比即可得范德瓦耳斯气体的位力系数：

$$B(T) = b - \frac{a}{RT}, \quad C(T) = b^2. \qquad (1.37)$$

$B(T)$ 在低温下是负的，高温时变正，在转折点

$$T_B = \frac{a}{Rb} \qquad (1.38)$$

处为 0. 这时物态方程与理想气体的玻意耳定律偏离最小，转折温度 T_B 称为玻意耳温度。

§5. 固 体

5.1 晶体结构

在气体中分子运动占主导地位，分子力是从属的，在这种情况下分子处于无序状态。固体中的情况正好相反，分子力占主导地位，分子运动是从属的。若先不考虑分子运动，分子在相互间的作用下怎样排列才会是最稳定的？很难设想，分子完全无序地排列能使每个分子❶都处于力的平衡状态。与此相反，若所有分子都整齐地在空间排列起来，形成一个周期性的点阵，例如图 1 - 28 所示的平面矩形点阵，则其它分子都以同样的方式对称地排列在每个分子的周围，它们给该分子的作用力自然就相互抵消

图 1 - 28 晶体中原子的有序排列

了。所以完全有序的周期性排列是固体中分子聚集的最稳定的状态，这就是晶体的状态，即晶态(crystalline state)。

晶体最引人注目的特征是其美丽的对称性(图 1 - 29)，它们外观的对

---

❶ 组成固体的基元，可以是原子或离子，也可以是分子。在这里我们一般统称"分子"，偶尔也称原子，待到 §6 里再仔细区分。

称性反映了内在的结构,即分子排列的对称性。

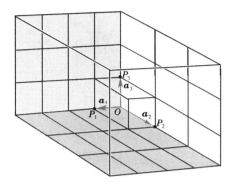

图 1 – 30 晶体的空间平移对称性

图 1 – 29 美丽的水晶晶体

德国数学家魏尔(H. Weyl)给"对称性"下的定义是,在一定变换(操作)下的不变性[见《新概念物理教程·力学》(第二版)第四章 2.1 节]。理想的晶体中分子在无限大的空间里排列成周期性点阵,即所谓晶格。空间周期性是在空间平移操作下的对称性。如图 1 – 30 所示,在晶格中选某个格点 O 为原点,适当地选三个与它不共面的最近邻 P_1、P_2、P_3 作矢量 $\overrightarrow{OP_1}=a_1$、$\overrightarrow{OP_2}=a_2$、$\overrightarrow{OP_3}=a_3$,以 a_1、a_2、a_3 为基矢,对于任何以下形式的平移

$$R(l_1, l_2, l_3) = l_1 a_1 + l_2 a_2 + l_3 a_3, \quad (l_1, l_2, l_3 = 整数) \quad (1.39)$$

晶格是不变的。这就是晶格的空间平移对称性。除了空间平移对称性之外,围绕晶体中的每个格点 P 还可能有各种形式的点对称性[参见《新概念物理教程·力学》(第二版)第二章 2.2 节],如:① 对 P 点空间反演不变性(见该处图 2–6a);② 对通过 P 点某些平面的镜像反射不变性(见该处图 2–6b);③ 对通过 P 点某些轴线的 n 重旋转不变性(转角=$2\pi/n$,$n=2,3,4,6$,见图 1 – 31)。

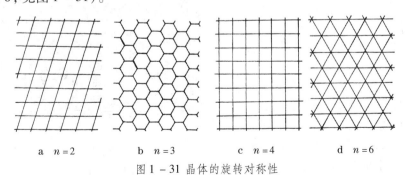

a $n=2$ b $n=3$ c $n=4$ d $n=6$

图 1 – 31 晶体的旋转对称性

500×

图 1 – 32 铁的显微结构

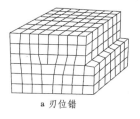

a 刃位错

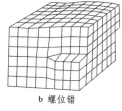

b 螺位错

图 1 – 33 位错

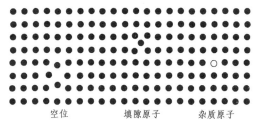

空位　　　填隙原子　　　杂质原子

图 1 – 34 点缺陷

说水晶、金刚石是晶体，一目了然。通常的金属是晶体吗？用金相显微镜观察磨光了的金属表面就会发现，金属是由大量微细的晶粒构成的（见图 1 – 32）。晶粒的几何线度一般为 $10^{-4} \sim 10^{-3}$ cm，最大的可达 10^{-2} cm，在取向上往往是无规的。这类由大量晶粒组成的固体叫做多晶。必要的时候我

a. 局部的完整晶体

们也可以把多晶物质拉成单晶，如半导体材料单晶硅、单晶锗等。

世上绝对完美无瑕的东西是不存在的。多晶固不足论，单晶也是有缺陷的。晶体的缺陷有多种，晶界（晶粒间界）属面缺陷，是二维的；位错（局部滑移的面的边界，见图 1 – 33）属线缺陷，是一维的；空位、填隙原子、杂质原子（见图 1 – 34）属点缺陷，是零维的。用肥皂泡

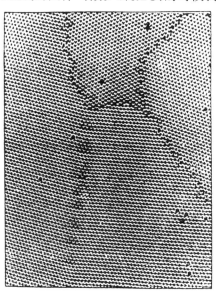

b. 大范围看有空位、晶界、位错等缺陷

图 1 – 35 晶体缺陷的肥皂泡模型

可以奇妙地把晶体中各种缺陷直观地演示出来。做法是取一碟肥皂液,一根尖嘴玻璃管,用空气压缩机来吹制大量的等径肥皂泡。由于表面张力,肥皂泡互相吸引,向一起靠拢,即可形成二维密排的肥皂泡"晶体"。从局部看似乎是完整的晶体(见图 1 – 35a),在大范围内就可观察到各式各样的缺陷(见图 1 – 35b)。

晶体中的缺陷对固体的强度有着巨大的影响。以金属材料的剪切应变为例,当剪切应力大到一定程度时,弹性形变变成范性形变,即当外应力去掉后材料的形状不再复原。使材料开始产生范性形变的应力强度叫做屈服强度(yield strength)。设想剪切应变是晶体中两层原子发生了刚性滑移(见图 1 – 36a),令滑移方向的原子间距为 a. 位移 $x = 0$ 和 a 时都是稳定的平衡位置,弹性势能最低。滑移到一半($x = a/2$)是不稳定的平衡位置,弹性势能最大。超过它滑移就自动进行下去,直到晶列错过一格达到新的平衡位置为止。于是产生了永久性的范性形变。所以,弹性势能是位移 x 的周期性函数。作为粗略的数量级估算,我们不妨设它是余弦函数。令 $U(x)$ 为滑移面单位面积上的弹性势能:

$$U(x) = -U_0 \cos\left(\frac{2\pi x}{a}\right)$$

(见图 1 – 36b),它满足 $x = 0$ 和 a 时极小、$x = a/2$ 时极大的要求。应力为

$$\tau(x) = -\frac{\mathrm{d}U(x)}{\mathrm{d}x} = -\frac{2\pi U_0}{a} \sin\left(\frac{2\pi x}{a}\right).$$

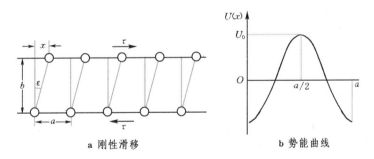

a 刚性滑移　　　　　　　　　**b 势能曲线**

图 1 – 36 剪切形变的刚性滑移模型

一方面在 $x = a/4$ 处应力最大,即屈服强度为

$$\tau_0 = |\tau(a/4)| = \frac{2\pi U_0}{a}. \tag{1.40}$$

另一方面 $x \ll a$ 属弹性范围,这里 $\sin(2\pi x/a) \approx 2\pi x/a$,胡克定律成立:

$$\tau = -\left(\frac{2\pi}{a}\right)^2 U_0\, x.$$

设原子层间距离为 b,则剪切应变 $\varepsilon = x/b$(见图 1 – 36a),上式可写为

$$\tau = -\left(\frac{2\pi}{a}\right)^2 U_0\, b\, \varepsilon.$$

按定义,剪切应力与剪切应变之间的比例系数为剪变模量(参见《新概念物理教程·力学》第五章 1.1 节),故由上式知剪变模量为

$$G = \left(\frac{2\pi}{a}\right)^2 U_0\, b. \tag{1.41}$$

比较 (1.40)、(1.41) 两式得知屈服强度 τ_0 与剪切模量 G 之间的关系:

$$\tau_0 = \frac{a}{b}\frac{G}{2\pi}. \tag{1.42}$$

b/a 的数量级为 1,故可认为 τ_0 的数量级为 $G/2\pi \approx 10^{-1}G$. 然而屈服强度的实验值为 $10^{-4}G$,比这理论估算值小了三个数量级。问题出在哪里?

上面的势能曲线虽然太简略,但不应引起数量级的误差。问题出在刚性滑移的假

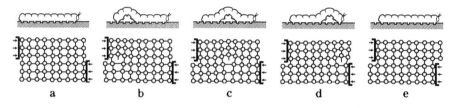

图 1 - 37 局部位错逐步掠过晶体的蠕动模型

设上。晶面实际上并不是整体滑移的,其情况倒有点像毛虫的蠕动(图 1 - 37)。毛虫有很多对脚,如果所有的脚同时迈步,就比较费力。毛虫自有其省力之道:它先将尾部身体拱凸,使一对腿悬空,再使这一"拱凸"组态向前传播,以达到整个虫体前进的目的。与此相似,晶面"滑移"的步骤如图 1 - 37 所示,开头先在局部形成位错,然后随着晶列一列一列地向前移,位错一步步地挪到后边去,最后完成整个晶面的移位。以这种方式使晶体产生范性剪切形变,要比刚性滑移省力得多。这就是金属材料实际上比理论的预言软得多的缘故。

5.2 非晶态与准晶态

晶态是固体的主要形式,但也有例外。非晶态短程有序,长程无序;准晶态则只是取向具有长程序,它们都处于不完全的有序状态。现将这两种状态分述如下。

(1) 非晶态(amorphous state)

玻璃是典型的非晶态固体,故非晶态又称玻璃态。为了说明非晶态的特点,我们在图 1 - 38a、b、c 中分别给出晶态、非晶态、气态三幅图予以对比。在典型的气态(理想气体)中,分子的位置毫无关联,每个分子可以处在任何位置,与其它分子在哪里无关(图 c)。在晶体中,每个分子到它最近邻的距离(键长)和近邻分子间连线与连线的夹角(键角)精确地相等(指平衡位置),无论远近都表现出严格的有序(图 a)。非晶态的情况介于两者之间,在其中键长和键角虽不像晶体中那样严格相等,倒也相差不大。所以在小范围内非晶态中分子的位置还是有较强的关联的,即所谓短程有序。但这种局域关联随距离急剧衰减,离得远的分子之间就没有什么关联了。这说明,在非晶态中缺乏长程序。

为了把问题说得更形象化一些,设有一位记忆力很差的人从图 b 中取走了一个分

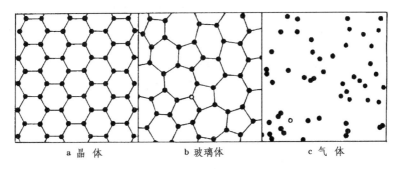

a 晶 体   b 玻璃体   c 气 体

图 1 – 38 非晶态的短程有序和长程无序

子(譬如图中的白圈及与之相连的键),再让他把分子放回去是不难的,因为在该分子的原位处显然有个大空洞。但是当他从图 c 中取走一个分子(譬如图中的白圈),再让他放回原位就难了。这就是有无局域关联(即近程有序)的区别。再者,若把图 a 的大部分都遮掉,只留下一角,你可以很容易地把全图恢复起来。但是同样的情况,对于图 b 就不可能了。这就是有无长程序的区别。

　　长久以来,人们一直以为只有为数不多的材料能够制备成非晶态固体,其实不然。1969 年腾伯耳(D. Turnbull) 指出:只要冷却得足够快足够低,几乎所有的材料都能够制备成非晶态固体。[1]近年来这个论断被大量的实践证实了。实验表明,在材料的熔点(即凝固点)T_f 以下有个玻璃化点 T_g。如果当降温到 T_f 以下、T_g 以上就长时间地停留在这个温区,材料就会慢慢地晶化。若能迅速地越过 T_f 到 T_g 的这个“危险区”而降到玻璃化温度 T_g 以下,过冷液体就凝固为玻璃态,并长时期地保持在这种状态。所以,制备非晶态成败的关键是淬火速率。作为例子,我们看图 1 – 39 中所示用

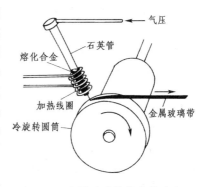

图 1 – 39 金属玻璃的熔态旋淬法

熔态旋淬法制做金属玻璃的装置。一股熔化的金属喷向正在快速转动的冷铜辊表面,被甩成厚约 50 μm 的薄膜。由于与铜辊这个巨大的散热装置紧密接触,且因金属有良好的导热性能,液体以 1 ms 的时间内下降 1000 K 的速率冷却并固化着,成为甩离转子的金属玻璃薄带。

　　非晶态的研究是近年来固体物理和理论物理中比较活跃的领域之一。非晶态半导体在太阳能电池、复印材料、存储器件等方面有广泛的应用;

　　[1]　Turnbull,D. , *Contemp. Phys.* **34**,120,(1969).

金属玻璃具有一般金属的高强度和比一般金属好的弹性和较高的 51 电阻率,且具有优异的防辐照性能,使它在宇航、核反应堆、受控热核反应中有特殊的应用前景。

（2）准晶态（quasi-crystal state）

在晶体中的旋转对称轴只能有2次、3次、4次、6次几种（见图1－31），其它的次数不能与平移对称性协调。晶格好像是用相同的砖铺地,我们可以用平行四边形、正方形,三角形和六角形的砖铺地,但无法用五角形的砖来铺地而不留下空隙。所以晶体中不会有五次的旋转对称轴出现。但是,1984－1985 年间,国外有人在急冷的铝锰合金中发现了包含五次轴的金属相,[1]继而我国郭可信等人在钛钒镍合金中也发现了同样的对称性,[2] 这一发现立即在国际上引起强烈的反响。

以上实验现象怎样解释? 早在 1974 年英国数学家彭罗斯（R. Penrose）就用正五角形覆盖平面,发现五角形之间需填补菱形、尖帽形等多种图形,才能铺满平面（图1－40a）。如果把此图中相邻五角形的中心连接起来,我们就得到图1－40b实线构成的图样。将此图进一步分割（见图中虚线）,就会发现,只需用胖、瘦两种菱形就可以将平面铺满。彭罗斯铺砌法既没有平移不变性,又不是在每个节点周围都有 5 次轴旋转对称性。但从线段的取向来看,全图只有平分整个圆周角的 10 个方向。亦即,彭罗斯格子具有长程的取向有序。这类格子称为"准周期性格子"。人们很快就意

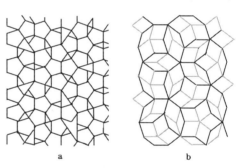

图 1 － 40 彭罗斯铺砌

识到,上述实验中发现的五次对称轴合金相的结构,是彭罗斯准周期性结构,这样的"晶体"称为准晶体。

继五次轴的准晶体发现之后,郭可信等人又发现了八次轴、十二次轴的准晶体。准晶体的发现为固体物理的理论和实验开辟了一个很有兴趣的新领域,目前的研究正方兴未艾。

5.3 固体中分子的热运动

固体中分子力占主导地位,使原子排列成整齐的晶格,每个格点都是原

---

[1] Shechtman D. *et al*, *Phys. Rev. Lett.*, **53**, 1951,（1984）.

[2] Zhang,Z. *et al*, *Phil. Mag.*, **A52**, *I*49,（1985）；郭可信. 物理,1985, **14**(8)：449

子的平衡位置。固体中的原子不能远离各自的平衡位置，只能围绕它们作小振动。这就是固体中热运动的形式。不过应当强调，各原子的振动不是相互独立的，而是全部耦合在一起。在振幅不太大时，振动是简谐的。在简谐近似下，可以把晶格看成由弹簧连接起来的质点。《新概念物理教程·力学》第六章4.3节里讨论的弹簧振子链就是一维晶格的写照。各原子的振动耦合起来，形成在晶格上传播的简谐波，即格波。在长波极限下的格波，就是固体中的声波。在简谐近似下对应每一波长和传播方向的格波有三个简正模：一个纵波模和两个横波模，它们是相互独立的，频谱分别为

纵波 $\quad \omega_{/\!/} = k c_{/\!/}$, $\quad$ 横波 $\quad \omega_{\perp} = k c_{\perp}$,

这里的声速 $c_{/\!/}$ 和 $c_{\perp}$ 与固体的弹性模量有关。晶格的热运动由这些格波组成，热能是这些格波能量（动能+势能）的总和。在下一章里我们将从能量按自由度均分的观点来论证，晶格的热力学温度 T 正比于各格波的平均热能。

严格地讨论固体中的热运动需要用到统计物理和热力学，这超出了本教程的水平。在4.1节里我们曾用一对分子之间的碰撞来讨论气体中分子热运动与温度的关系，得到相当不错的结果。在固体中我们也不妨取一对相互作用着的原子来分析，或许可得到一些较好的定性的结果。若用两原子相互作用的简化模型来分析，上述三个模的频谱退化为单一频率 $\omega_0 = \sqrt{\kappa/m}$（$\kappa$ —— 等效弹簧的劲度系数，m —— 原子质量）。以后我们将看到，单一频率和格波模型分别对应着固体热容的两个重要理论，爱因斯坦理论和德拜理论。

下面用两原子相互作用模型来说明热膨胀现象。我们取原子间的相互作用势能曲线如图1-41a，这是前面图1-15的复制。如前所述，原子热运动是围绕平衡点 $r = r_0$ 的小振动。由于势能曲线在平衡点两侧是不对称的，随着温度的升高，热振动的幅度加大，原子间的平均距离 $\bar{r} = r_0$, r_1, r_2, $\cdots$ 逐渐拉长了。这便是热膨胀现象。

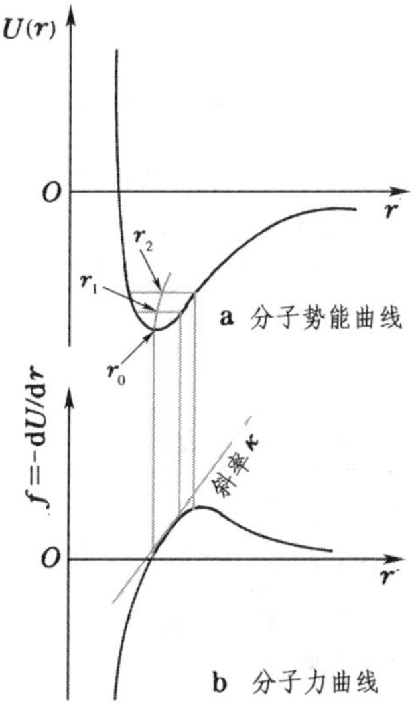

图 1 - 41 热膨胀与杨氏模量

我们还可以用上述两原子相互作用模型来说明杨氏模量随温度的升高而减小的趋势。固体杆被拉伸时，在弹性限度内两端的应力 $\tau = f/S$ 与应变 $\varepsilon = \Delta l/l_0$ 成正比（参见《新概念物理教程·力学》第五章1.1节）：

$$\tau = Y\varepsilon,$$

比例系数 Y 叫做杨氏模量。为简单计，设晶格是简单立方的，在三个方向上原子的间距都是 a. 在弹性限度内可采用质点 - 弹簧模型，令弹簧的劲度系数为 κ，沿拉伸方向弹

的伸长量为 $\Delta l = x$，原长为 a，应变为 $\varepsilon = x/a$. 按胡克定律，力的大小 $f = \kappa x$，横截面积 $S = a^2$，故应力 $\tau = \kappa x/a^2$. 代入上式可得杨氏模量与劲度系数的关系：

$$Y = \kappa/a. \tag{1.43}$$

经验告诉我们，固体加热后软化，变得容易被拉伸，亦即，杨氏模量随温度的升高而减小。图 1 - 41 中的曲线可以对此作出解释：力的大小 f 等于图 1 - 41a 中势能曲线的斜率，我们把它随距离的变化画在图 1 - 41b 中，此曲线的斜率则相当于弹簧的劲度系数 κ. 由图可见，随着温度的升高，原子间距 $r = a$ 加大，曲线的斜率 κ 减小，从而杨氏模量 $Y = \kappa/a$ 减小得更多。以上讨论只是定性的。若认真考虑数量关系，多个原子之间的相互作用是不可忽略的。

§6. 化学键

使原子和原子、或分子和分子结合起来的作用力，称为化学键。化学键的强弱是以结合能的大小来衡量的。强的化学键有离子键、共价键和金属键，数量为几电子伏特，负责把原子和原子结合成分子或晶体；弱的化学键有范德瓦耳斯键和氢键，数量级为 $10^{-1} \sim 10^{-2}$ eV（$1 \sim 10$ kcal/mol），负责把分子和分子结合成晶体。

6.1 离子键

在几种强化学键中只有离子键最好理解，因不太需要量子力学。由正电性元素（原子壳的价电子少，有失去价电子趋势的元素，如碱金属）和负电性元素（原子外壳的价电子多，有获得电子而使外层电子饱和趋势的元素，如卤素）组成晶体时，正电性元素失去电子而为正离子，负电性元素获得电子而成为负离子。正、

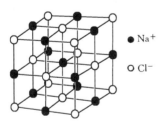

图 1 - 42 氯化钠晶体

● Na$^+$
○ Cl$^-$

负离子之间的静电力使它们结合在一起，形成晶体。这种将正、负离子结合起来的静电力，叫做离子键（ionic bond），在离子键作用下组成的晶体，叫做离子晶体。

表 1 - 7 典型离子晶体的结合能（摩尔健能）

单位：kcal·mol^{-1}·bond^{-1}

晶体	结合能
NaF	88
NaCl	75
NaBr	67
KF	86
KCl	77
KBr	68

最典型的离子晶体是 NaCl 晶体（见图 1-42），它由钠离子 Na$^+$ 和氯离子 Cl$^-$ 相间排列组成，这样的结合是最紧密的，键长 2.82Å，结合能 3.3 eV（75 kcal/mol）. 其它离子晶体的参数在数量级上是一样的（见表 1-7）。

6.2 共价键

两个同样的原子(譬如氢原子)为什么会结合成分子？1926 年量子力学建立以前没人明白这是怎么回事。1927 年海特勒(W. Heitler)和伦敦(F. London)首次用量子力学解释了氢分子存在的原因。将两个氢原子结合在一起的力是共价键(covalent bond)，它是因两个原子共享它们的价电子而形成的。按照量子力学，在一定的量子态(成键态)中这种"共有"的价电子有较大的概率处在两原子核联线的中垂面附近，在那里形成密度较大的电子云。电子云是带负电的，把两边带正电的原子核拉在一起。这便是形成共价键大致的物理图像。虽然共价键的本质仍是静电力，但没有量子力学是说不清楚的。

不仅相同原子之间有共价键，在不同原子之间也会形成共价键。除了正、负电性很强的原子靠离子键结合外，原子结合成分子最普遍的形式是通过共价键。氢分子中键长 0.74Å，结合能 4.49 eV(103 kcal/mol)。其它分子中共价键参数的数量级相同。原子还可以通过共价键结合成晶体，这种晶体叫做原子晶体。典型的原子晶体有金刚石(C)、金刚砂(SiC)等，由于共价键很强，它们的硬度都很大。

在表 1 – 8 中列出有序典型的共价键结合能数据。作为数量级估计之用，我们不妨粗略地把它们分成两组：一组较强，从 H–O, H–H, H–C, H–N，直至 C = O, C = C, C –O 等，它们的数值每键 100 kcal/mol 左右；另一组较弱，包括 O = O, Cl–Cl, N = N, F–F 等，数值小了一半，可算它每键 50 kcal/mol。用此办法来估算燃烧时产生的热量特别方便。什么是燃烧？空气中的氧分子分解为两个原子，同有机燃料中的碳和氢结合成二氧化碳和水一类稳定的化合物，从而氧原子从较弱的共价键进入较强的共价键，将多余的能量释放出来。所以，从燃烧中获得的能量应为强共价键与弱共价键能量之差，即从空气中每取一个氧原子，约释放 50 kcal/mol 的能量。

表 1 – 8 典型共价键的结合能(摩尔键能)

单位: $kcal \cdot mol^{-1} \cdot bond^{-1}$

共价键	键能	共价键	键能	共价键	键能
H – O	110	C = O	176/2 = 88	O = O	117/2 = 59
H – H	103	C – C	83	Cl – Cl	57
H – C	98	C – O	83	N = N	99/2 = 50
H – N	93	C = C	149/2 = 75	F – F	37

例题 5 估计每千克汽油燃烧释放的热量。

解：原油和天然气主要是饱和碳氢化合物，分子式为 C_nH_{2n+2}，对于汽油，$n \geqslant 5$，作为粗略估算，可把碳氢链写成 $(CH_2)_n$，而把多余的两个 H 忽略掉。对于碳氢链的每节 CH_2 有下列近似的化学反应式：

$$CH_2 + \frac{3}{2}O_2 \rightarrow CO_2 + H_2O,$$

即平均每节用掉空气中三个氧原子,故获得能量 $3 \times 50\,kcal/mol = 150\,kcal/mol$. CH_2 的摩尔质量为14,每千克释放能量 $150\,kcal/mol \times (10^3/14)\,mol = 1.07 \times 10^4\,kcal \approx 10^4\,kcal$. 这大体上是符合事实的。∎

共价键有两个特点:① 饱和性,即形成的键数有一最大值,如氢是一个,氧是两个,碳是四个,等等。② 方向性,各键之间有确定的相对方位,如在水分子中氧和氢两个共价键之间的夹角是104.5°(见图1-43)。

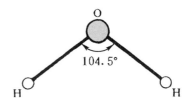

图1-43 水分子的键角

碳的四个共价键在空间的相对取向情况比较复杂,下面专门作些说明。

按电子云的分布情况共价键有 σ 键和 π 键等多种,❶ 它们成键态中电子云的分布大致如图1-44所示,σ 键中电子云集中在两原子核的联线附近,而 π 键中电子云则在包含联线的一个平面的两侧。碳原子的四个共价键在空间取向有两种情况,一是沿四面体顶点的方向,键角109°(见图1-45a);另一是平面三角形结构,键角120°(见图1-45b)。所有以上提到的共价键都是 σ 键。以四面体结构化合的典型是甲烷(CH_4)分子,碳原子在中心,四个氢原子位于正四面体的顶点上(见图1-46a)。乙烯(C_2H_4)分子属平面三角形结构,所有六个原子都处在同一平面内,每个碳原子除了各用

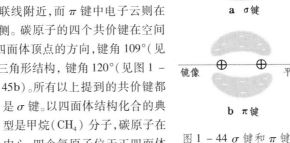

图1-44 σ 键和 π 键

a 四面体结构

b 三角形结构

图1-45 碳的
共价键的方向性

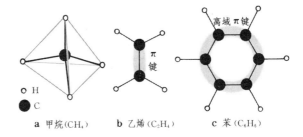

图1-46 几种碳氢化合物(原子间联线都代表 σ 键)

两个键与氢原子相连外,用一个键彼此相连(见图1-46b)。这里似乎每个碳原子上少了一个键,实际上在它们之间还有一个 π 键,两长条电子云(图中阴影的范围)分布在

❶ 还有一种 δ 键不太常见,这里就不提了。

图平面上、下两方,与两碳原子联线平行。更为典型的三角形平面结构是苯(C_6H_6)分子,六个碳原子各以两个 σ 键与其它碳原子相连,在同一平面内构成一个正六边形的环,六个氢原子在环的外侧(见图1-46c)。所有碳原子多余的价电子(共六个)形成两个环形电子云(图中的阴影的范围)分布在图平面的上、下两方,构成一圈 π 键(平均每对碳原子之间有半个键)。实际上这六个电子已是六个碳原子"共有"的了,无法区分哪个属于谁。这样的 π 键在化学中叫做离域 π 键(delocalized π-bond)。

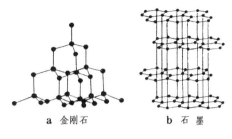

a 金刚石 **b 石墨**

图 1 – 47 碳的晶体

碳原子的这两种键合方式也反映在它的晶体中。碳以四面体形式键合起来的晶体是金刚石(见图 1 – 47a),键长 1.54Å,结合能是 7.37 eV(169.5 kcal/mol),是最硬的固体。碳以平面三角形键合起来的晶体是石墨(见图 1 – 47b),这种晶体具有层状结构,在每层内碳原子以 σ 键联结成正六边形网格,平面上、下是离域 π 键的共有化电子云,它们为石墨提供了较好的导电性能。石墨晶体的层与层之间是靠较弱的范德瓦耳斯键(见下文)结合的,所以它很柔软,适宜作轴承中的润滑剂。

过去人们只知道碳的上述两种同素异形体,20 世纪 80 年代人们又发现了另外一种。由几个、几十个到几百个原子组成的细小聚集体,叫做团簇(cluster)。团簇的研究是近年来令人关注的多学科交叉课题。在研究各种团簇时人们发现,当它所包含的原子达到某些神秘的数目时,团簇特别稳定,加 1 或减 1,出现的概率就少得多。这些数目称作幻数(magic number),例如惰性元素氙(Xe)簇的幻数为 13、19、25、55、71、87、147 等,幻数为我们提供着团簇结构的信息。1985 年激光蒸发的实验结果表明,碳团簇中高稳定性的原子为 20、24、28、32、36、50、60 和 70,其中以 60 为最。60 这个幻数隐喻着什么?几何在这里会帮助我们。欧几里德的《几何原本》中已提到所谓"柏拉图

图 1 – 48 柏拉图体

体",即四面体、六面体、八面体、十二面体、二十面体这五种正多面体(见图 1 – 48)。人们相信,具有高度对称性的球壳是最稳定的,在五种柏拉图体中正二十面体最接近球体。如果还嫌它棱角太分明的话,可将它的十二个顶角截去,成为截角二十面体。如图 1 – 49a 所示,截去顶角的地方出现 12 个五边形,原来的 20 个三角形被切成 20 个六边形。把所有五边形涂黑,就是个足球(见图 1 – 49b)。数一数这多面体的棱边和顶点,啊哈,90 条边、**60** 个顶点!原来幻数 60 的出处在这里。在这个图形的每个顶点上放一个碳原

  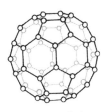

a 截角二十面体   b 足球   c C_{60} 分子

图 1 - 49 足球烯

子,很可能是一个稳定的结构。事实正是如此,这便是新发现的一种碳的同素异形体——富勒烯或球烯 C_{60}。[1]球烯是碳的平面三角形结构的变种,把平面上 12 个六边形换成五边形,就可使平面弯曲并闭合起来,形成球状结构(图 1 - 49c)。与其说球烯是团簇,不如说它是个大分子,由这样的一个个分子堆积起来,靠范德瓦耳斯力(见下文)结合,还可形成 C_{60} 的分子晶体。球烯的发现大大丰富了物理、化学研究的对象和内容。

6.3 金属键

金属中原子的结合通过金属键(metallic bond)。孤立的金属原子通常有几个束缚较松散的外层电子,其余的电子形成束缚较紧的原子实。当这样的原子凑在一起时,外层电子被"共有化",可在整个晶体内自由运动。这些自由电子把原子实维系在一起,形成有序的晶体。[2]金属钠的结合能 1.11 eV(26 kcal/mol),比典型的共价键弱得多。钠是很软的,在金属中并不典型。铜的结合能 3.5 eV(80.5 kcal/mol),这就和共价键差不多了。

由于金属键没有饱和性和方向性,金属原子总是以尽可能紧密的方式堆积在一起,从而金属的密度一般是较大的。原子最紧密的堆积方式有两种:面心立方密堆(见图 1 - 50a)和六角密堆(见图 1 - 50b),其次是体心立方密堆(见图 1 - 50c)。大多数金属的晶格属于这几种类型。上面为了说明晶体的结构,我们用小圆点代表原子中心的位置,细杆代表化学键,撑起一个晶格骨架。现在为了说明原子密堆的情况,我们采用另外的模型,用一定大小的刚球代表整个原子,将它们按晶体的实际方式堆积起来。图 1 - 50 中则将两种表达方式并列在一起,以便于理解。在晶体中与每个原子接邻的原子数,叫做配位数(coordination number)。在面心立方密堆和六角密堆晶

---

[1]　球烯的别名很多,有 Buckminsterenes, Buckminster-Fullerenes, Bucky ball(巴基球),或现在国外最常用的 Fullerenes(富勒烯)等。所有这些名字都是纪念当代一位建筑奇才 R. Buckminster Fuller 的,他设计并建造了具有二十面体对称性的测地线穹顶(geodesic dome)。

[2]　上述石墨的层状结构中的离域 π 键相当于二维的金属键,其中的 π 电子可看成是二维的自由电子。

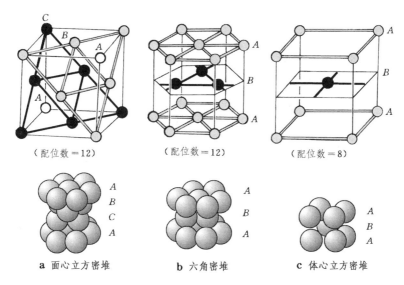

（配位数＝12） （配位数＝12） （配位数＝8）

a 面心立方密堆　　　b 六角密堆　　　c 体心立方密堆

图 1 – 50 密堆积

体中的配位数均为 12，体心立方密堆晶体中配位数为 8. 所有刚球的体积与整个堆积体积之比叫做堆积因数。计算表明，上述 a、b 两种堆积方式的堆积因数都等于 0.7405，c 的堆积因数为 0.6802.

食盐的颗粒硬而且脆，铜块则富延展性。物质的这些不同性质都与它们的微观结构有关。如图 1 – 51a 所示，离子晶体内相邻离子都是带异号电的，一旦受到打击，晶体从属局部滑移，于是在滑移面两侧同号离子排到一起去了，静电引力变作斥力，促成晶体碎裂。在金属的情况，如图 1 – 51b 所示，白点代表带正电的原子实，黑色背景代表共有化的自由电子。其结构好像自由电子作为粘合剂把原子实堆砌起来。即使当晶体受到冲压而使原子实发生局部滑移时，自由电子仍可把新的"邻居"黏合在一起。这便是金属材料良好延展性的由来。

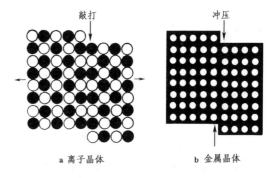

a 离子晶体　　　b 金属晶体

图 1 – 51 离子晶体与金属机械性能的比较

*　　*　　*　　*　　*

以上所讲的是三种强化学键，它们把原子或离子键合在一起。下面要讲的是两种弱化学键，把分子和分子键合在一起。

6.4 范德瓦耳斯键

范德瓦耳斯键（van der Waals bond）与离子键一样,基本上也是静电力,不过它不是带电系统之间的吸引力,而是整体不带电系统之间的偶极力。[1] 所有分子和原子的正常情况都在整体上不带电,但他们的正、负电"重心"可以重合（如惰性原子 Ne、Ar、Kr、Xe 和对称分子 H_2、O_2、N_2）,也可以不重合（如 HCl、H_2O 分子）。前者叫做无极分子,后者叫做极性分子。在适当的取向下两个极性分子是可以互相吸引的（见图 1 – 52a）,这是偶极子之间的静电力。当一个极性分子与另一个分子靠近时,可促使后者的正、负电荷分开,即产生诱导的偶极性（见图 1 – 52b）。因诱导偶极性而产生的吸引力,叫做诱导力。从经典理论看,无极分子之间是没有吸引力的,但是由于量子涨落效应,它们会产生瞬时的偶极性,瞬时偶极性又会在邻近的分子内产生诱导偶极性。瞬时偶极性与诱导偶极性之间的作用,叫做色散力。偶极的静电力、诱导力和色散力三者总和,叫做范德瓦耳斯力。

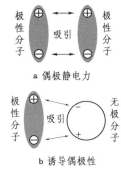

图 1 – 52 范德瓦耳斯力的起源

总之,范德瓦耳斯力是由于分子或原子内正、负电荷的微小分离而产生的偶极力,即静电力中未完全抵消的残余,因而比离子间的静电力弱得多。举例来看, Ar 的范德瓦耳斯键结合能是 0.088 eV （2.02 kcal/mol）, HCl 的是 0.22 eV （5.06 kcal/mol）, H_2O 的是 0.49 eV （11.27 kcal/mol）,即比离子键的结合能小一个多数量级。

6.5 氢键

氢键（hydrogen bond）是由氢原子参与的一种特殊类型的化学键。本来氢原子只能形成一个共价键,但在有的场合它可以同时和两个电负性较强的原子 X、Y 结合。在这种情况下原子 H 与 X 之间是共价键,可是由于 X 原子的电负性,使 H 这一头带正电,形成一定的偶极性,从而可通过范德瓦

耳斯键与另一电负性原子 Y 结合。这种氢原子
处于中间的结合方式,可表示为 X—H⋯Y,其
中 H 与 Y 的键合叫做氢键。[1]氢键本质上是范
德瓦耳斯键,但有一定的饱和性和方向性。氢键
的强度与范德瓦耳斯键同数量级,例如冰中的
氢键是 $4.5 \times 2\,\mathrm{kcal/mol}$(乘 2 是因为每个水分
子有两个氢键),冰的升华热为 $12.2\,\mathrm{kcal/mol}$,
其中近 3/4 是氢键,其余才是普通的范德瓦耳
斯键。

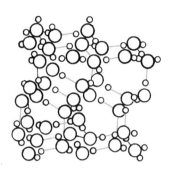

图 1 – 53 冰的氢键结构
(大球代表氧原子,
小球代表氢原子)

　　常压下水冷至 0°C 以下即结成六角晶系的
冰,在这种晶体里 H_2O 分子通过氢键联结成如
图 1 – 53 所示很空旷的结构(图中灰线代表氢键),故冰的密度较小(约
$0.9\,\mathrm{g/cm^3}$)。当冰融化时其空旷结构瓦解,成为堆积密度较大的液态,故水
的密度大于冰。

　　冰融化时只有一小部分(约 15%)氢键断裂;在 20℃ 下水里的氢键大
约还保留了一半;即使在沸点附近水中的氢键仍有可观的数量。氢键决定了
水的一系列独特的热学性质。其一是 0~4℃ 温区内热缩冷胀,4℃ 时密度最
大,这是在升温的过程中氢键不断断裂和热膨胀这两个相反的机制竞争的
结果。再者是水的比热和汽化热都很高,这也是水中仍保留了相当数量氢键
的缘故。

　　氢键在生命过程中起着重要的作用,我们在第五章 6.4 节中还会提到
它。

§7. 液 体

　　如 2.3 节末指出,在分子力和分子运动的竞争中,液态是二者势均力敌
的状态。理想气体中分子运动占绝对优势,是完全无序的模型;理想晶体中
分子力占主导地位,是完全有序的模型。这两个模型的理论都很成熟,为物
理学家所津津乐道。液体的情况介于两个极端之间,问题非常难以处理,至
今没有统一的理论模型。通常研究液体的办法是从两头逼近,或者把它看
作非常稠密的实际气体,或者把它看作热运动非常剧烈的破损晶格,两方面
各自能够说明一些问题。

7.1 液体 —— 稠密的实际气体

　　在描述实际气体的状态方面,范德瓦耳斯方程虽在数值上不尽准确,但

---

[1]　有时也把整个 X—H⋯Y 的结合方式叫做氢键。

它是一个非常漂亮的理论模型。此方程不仅定性或半定量地解释了所有气体的普遍性质,而且还能够对液体和气液相变的行为作一定的解释。

范德瓦耳斯方程(1.35)可以写成

$$p = \frac{\nu RT}{V - \nu b} - \frac{\nu^2 a}{V^2}. \tag{1.44}$$

图 1-54 中给出了各个温度下的范德瓦耳斯等温线。(1.44)式右端两项中的第一项是动理压强 p_k,在 $V \to \nu b$ 的极限时 $p_k \to \infty$,这反映了原子的不可入性;第二项内压强 p_U 是负的,温度不太高时,它叠加到前一项上使 p-V 等温线在高密度(即小体积)区呈现凹陷。不过当温度足够高时,此凹陷不出现,p-V 等温线呈单调下降趋势。以上两种情况之间的分野是一条临界等温线,在其上有个拐点 K,它实际上就是 3.2 节中提到的临界点(见下文)。

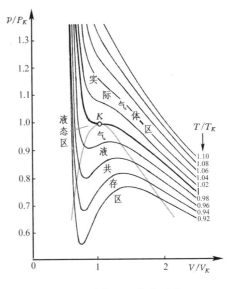

图 1-54 范德瓦耳斯等温线

在图 1-54 中临界等温线以上所有的等温线都单调下降,它们描述的正是 4.4 节所讨论的对象——实际气体。可以预期,在高温低密度(即大体积)的情况下,等温线趋于双曲线(玻意耳定律),因此时 a 和 b 可以忽略。

在图 1-54 中临界等温线以下所有的等温线都有一次回弯,中间有一段(见图 1-55 中曲线的 BCD 段)斜率是正的,这意味着体积愈膨胀,压强愈大,因而无法平衡。这一段是不稳定的,实验中不会实现。热力学第二定律将证明(见第四章 5.5 节),曲线的 AB、DE 两段是亚稳的,它们虽可在谨慎的实验条件下实现,但极易失稳。真正稳定的是 A、E 之间的水平线,它正是 3.2 节中所讲的气液共存线(对照前面的图 1-19 和图 1-21)。A 点以上是纯液态,E 点以下是纯气态。水平线 AE 的高低由等面积法则确定,即图中 ABC 和 CDE 两块阴影面积相等[见第四章 5.5 节(3)],此高度给出的压强值是该温度下的饱和蒸气压。

刚才我们分别考查了临界温度以上和以下的情况,正好处于临界温度时会产生怎样的现象? 在 T_K 等温线上临界点 K 以下肯定是气态,在 K 点状态的界限是模糊不清的,因为在这里 V_L 和 V_G^{mol} 的差别和表面张力都消失了,气液之间已没有分界面,相变是连续过渡的。在临界温度以下人们可以通过等温压缩使气体液化,在临界温度以上就不可能了。例如从表 1 – 9 可知,水和二氧化碳的临界温度高于室温($T \approx 300\,K$),通过等温压缩可以使它们液化;空气($N_2 + O_2$)的临界温度远低于室温,在室温下无论加多大的压力,也不能使空气液化。

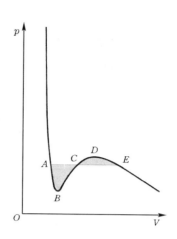

图 1 – 55 非稳态和亚稳态

下面我们试从范德瓦耳斯方程导出临界参量的表达式。如前所述,临界点 K 是临界等温线上的拐点,在该处曲线的一、二阶导数皆为 0:

$$\left(\frac{\partial p}{\partial V} \right)_T = - \frac{\nu R T}{(V - \nu b)^2} + \frac{2 \nu^2 a}{V^3} = 0,$$

$$\left(\frac{\partial^2 p}{\partial V^2} \right)_T = \frac{2 \nu R T}{(V - \nu b)^3} - \frac{6 \nu^2 a}{V^4} = 0.$$

由以上两式和物态方程(1.44)可求得 K 点的全部参量:

$$\left. \begin{array}{ll} 临界温度 & T_K = \dfrac{8 a}{27 R b}, \\[2mm] 临界体积 & V_K = 3 \nu b, \\[2mm] 临界压强 & p_K = \dfrac{a}{27 b^2}. \end{array} \right\} \tag{1.45}$$

由此可见,从范德瓦耳斯方程中的常量 a、b 可以确定各临界参量。实际上人们往往反过来从实验中测得的临界参量求范德瓦耳斯修正量 a、b.

三个临界参量之间还有一个简单的关系:

$$K \equiv \frac{\nu R T_K}{p_K V_K} = \frac{8}{3} = 2.667. \tag{1.46}$$

这个无量纲的比值 K 叫做临界系数。按照范德瓦耳斯方程,K 应该是一个与物质无关的常数,实际并不如此(见表 1 – 9),其数值对 2.667 的偏离反映了范德瓦耳斯方程的近似性。

我们可以利用临界参量把范德瓦耳斯方程无量纲化,引入无量纲参量:

$$\left. \begin{array}{ll} 对应温度 & \tau = T/T_K, \\[2mm] 对应体积 & \omega = V/V_K, \\[2mm] 对应压强 & \pi = p/p_K. \end{array} \right\} \tag{1.47}$$

表 1 - 9 临界参量

物　质	T_K/K	$V_K^{mol}/(L \cdot mol^{-1})$	p_K/atm	临界系数 K
氦(He)	5.12	0.058	2.26	3.20
氢(H_2)	33.24	0.064	12.80	3.32
氮(N_2)	126.3	0.090	33.54	3.43
氧(O_2)	154.78	0.078	50.14	3.25
二氧化碳(CO_2)	304.20	0.094	72.85	3.64
水(H_2O)	674.14	0.056	217.6	4.54
二氧化硫(SO_2)	430.7	0.012	77.808	3.78

范德瓦耳斯方程化为

$$\left(\pi + \frac{3}{\omega^2}\right)(3\omega - 1) = 8\tau \quad \text{或} \quad \pi = \frac{8\tau}{3\omega - 1} - \frac{3}{\omega^2}. \tag{1.48}$$

此式称为对应态方程,在理论上它应是适用于任何物质的普遍方程。

　　指望从范德瓦耳斯方程来对液态作些定量的讨论是不现实的,但我们可以得到一些重要的定性概念。从表 1 - 9 中可见,一般物质临界压强 p_K 的数量级是 $10 \sim 10^2$ atm,所以在标准状态下对应压强 $\pi \ll 1$。作为粗略近似,我们在对应态方程(1.48)中令 $\pi = 0$,由此来估算动理压强 $\pi_k = 8\tau/(3\omega - 1)$ 和内压强 $\pi_U = -3/\omega^2$ 的数量级。由 $\pi_k + \pi_U = 0$ 条件得 $8\tau\omega^2 = 3(3\omega - 1)$,取 $\tau = 0.8$,则得 $\omega = 0.543$,$\pi_k = |\pi_U| = 10.2$,即 10 的数量级。考虑到临界压强 p_K 的数量级为 $10 \sim 10^2$ atm,故动理压强 p_k 和内压强 p_U 的数量级为 $10^2 \sim 10^3$ atm。因此我们得到的概念是:液体里内压强的数值几乎和动理压强相等,它们比外压强大一个多数量级。亦即,在液体中分子力与分子运动的作用是可以匹敌的。这与通常实际气体的概念大不一样,在那里内压强只是微小的修正项,而外压强几乎就是动理压强。

　　在 2.3 节我们曾用一对分子之间的结合能 E_B 来衡量分子力,用分子平均动能 $\frac{1}{2} m v^2$ 来衡量分子运动,后者的数量级为 kT。如前所述,液体存在于三相点 $T_③$ 和临界点 T_K 之间。表 1 - 10 以惰性元素为例给出 E_B(以开尔文为单位)、$T_③$、T_K 和比值 $E_B/T_③$、E_B/T_K,可以看出,这两个比值的数量级确实为 1。

　　从实际气体的角度来逼近液体,给了我们

表 1 - 10 惰性元素的结合能与液态的特征温度[1]

物质	E_B/K	$T_③/K$	T_K/K	$E_B/T_③$	E_B/T_K
Ne	36.5	24.5	44.4	1.49	0.82
Ar	120	84	151	1.43	0.79
Kr	171	116	209	1.47	0.82
Xe	221	161	290	1.37	0.76

---

　　[1] 引自 A. J. Walton, *Three Phases of Matter*, 2nd Ed., Clarendon Press Oxford, 1983, p. 395.

一些数量级的概念,但丝毫没给出结构方面的信息。在结构方面液体更像非晶态固体。

7.2 液体 —— 濒临瓦解的晶格

我们说气体没有结构,意思是说其中分子的位置没有关联,能够测出这种关联的实验手段是 X 射线、中子、电子等的衍射。衍射实验所获得的结构信息可用径向分布函数(radial distribution function, 缩写为 RDF) 来

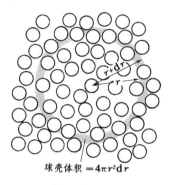

图 1 – 56 围绕给定中心
原子的径向分布

表达。如图 1 – 56 所示,取任一分子为中心,以半径 r 作球面,设此球面上分子的平均数密度为 $n(r)$,则夹在半径为 r 和 $r + dr$ 两球面之间的球壳内分子平均分子数为

$$g(r)\,dr = 4\pi r^2 n(r)\,dr,$$
$$(1.49)$$

$g(r)$ 就是径向分布函数,

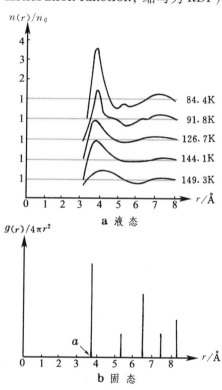

图 1 – 57 氩的径向分布函数

$n(r)$ 可称为径向数密度。在气体中 $n(r) = n_0$ 为常量,这就是所谓分子之间没有关联。如果有关联,则 $n(r)$ 或大或小,将偏离整体的平均数 n_0.

图 1 – 57a 给出液态氩(Ar)在不同温度和相应的饱和蒸气压下的径向数密度曲线(为了看起来清楚,在图中各曲线的位置上下错开一格),图 1 – 57b 是固态氩的径向数密度曲线。[❶]氩的晶体是面心立方密堆的,最左边第

---

❶ 同前,pp. 399～400. 液态氩的原始数据来自 A. Eisenstein, and N. Ginrich, *Phys. Rev.*,**62**, 261 (1942).

一个峰在 $r=$ 最近邻距离 a 上，向右各峰的位置依次为 $r=\sqrt{2}a$、$\sqrt{3}a$、$2a$、$\sqrt{5}a$。所有峰都是非常尖锐的，这表明，在晶体中分子排列得非常规则。氩的 $T_③=84\,K$，$T_K=151\,K$，图 1-57a 中各曲线对应的液态温度都在此区间。图中最上面的那条曲线的温度很接近三相点 $T_③$，也就是说，其状态最接近固体，$n(r)$ 的起伏比较大，即分子之间的位置关联比较强。不过除了第一峰的位置大体上与晶体中最近邻的距离 a 相对应外，后面的峰与固态径向分布的联系很不明显。这表明液态中分子的排列与非晶态中的相似，是近程有序的。随着温度的升高，该图中下面曲线的峰就变得愈来愈平缓。最下面那条曲线的温度很接近临界点 T_K，即其状态最接近气体，分子之间的关联已变得很弱了。

虽然从径向分布函数看，液体与非晶态固体相似，其实二者有很大区别。非晶态固体没有液体的那种流动性，即其中分子的排列是不随时间变的。液体则不然，在其中分子有较大的活动余地。衍射实验表明，在三相点附近液态氩中分子之间的平均距离只比固体中增加了 1% 左右，但从固态氩熔化时体积的膨胀估算，分子间距却增加了 5%。一种可能的解释是空洞理论，即液态中分子的瞬时排列基本上与非晶态相似，只是从中拿掉一些分子，形成一些空洞。有了这些空洞，其它分子就可以活动了。因此液态中的局部结构是暂时的，分子之间的伙伴关系随时间不断改变着。用 X 射线衍射得到的是时间平均图像，中子衍射可测动态结构。中子衍射表明，液态中分子在局部结构改组之前大约在原地附近能振动 10 次到 100 次。这便是液态中分子结构的大致图像。

7.3 表面张力的由来

在《新概念物理教程·力学》第五章 2.5 节介绍过液体的表面具有表面能和表面张力，现在我们试从分子理论对它们的由来作些解释。

我们暂时先假定液体表面附近分子的密度和内部一样，它们的间距大体上对应势能曲线的最低点，即相互处在平衡位置上。由图 1-41b 可以看出，分子间的距离开始从平衡位置拉开时，分子间的吸引力先加大后减小，这里只涉及吸引力加大的一段。如图 1-58a 所示，设想内部某个分子 A 欲向表面迁徙，它必须排开分子 1、2，并克服两侧分子 3、4 和后面分子 5 对它的吸引力。用势能的概念来说，就是它处在图 1-58a 左边的势阱中，需要有大小为 E_a 的激活能才能越过势垒，跑到表面上去。然而表面某个分子 B 要想挤向内部，它只需排开分子 $1'$、$2'$ 和克服两侧分子 $3'$、$4'$ 的吸引力即可，后面没有其它分子拉它。所以它所处的势阱（图 1-58a 中右边的那个）

较浅,只要较小的激活能 E_d' 就可越过势垒,潜入液体内部。这样一来,由于表面分子向内扩散比内部分子向表面扩散来得容易,表面分子会变得稀疏了,其后果是它们之间的距离从平衡位置稍为拉开了一些,于是相互之间产生的吸引力加大了,这就是图1 – 58b 所示的情况。此

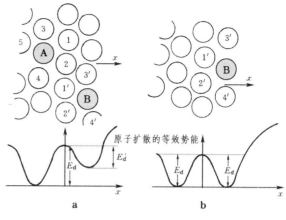

图 1 – 58 表面张力的由来

时分子 B 需克服分子 3′、4′ 对它的吸引力比刚才大,从而它的势阱也变深了,直到 E_d' 变得和 E_d 一样时,内外扩散达到平衡。所以在平衡状态下液体表面层内的分子略为稀疏,分子间距比平衡位置稍大,在它们之间存在切向的吸引力。这便是表面张力的由来。

在刚才的讨论中未考虑液面外是否有气体。如果有,则分子 B 背后有气体的分子拉它,这显然会使上述差距减小,从而减小表面张力。事实也确实如此。如果液面外只是它的饱和蒸气,当温度逐步上升到临界点时,饱和蒸气的密度增到与液态的密度相等,液面两侧的不对称性消失,表面张力也就消失了。

在分子组成的液体中,水的表面张力比较大。这和水的比热和汽化热比较大的原因是一样的,都是因为在液态水中保留了相当数量的氢键。若加表面活性剂(如肥皂、洗涤剂)破坏表面层里的氢键,就可降低其表面张力。例如肥皂液的表面张力只有纯水的 1/3 左右。

为什么肥皂水容易起沫? 这是因为肥皂膜特别稳定,不易破裂,其道理要从肥皂分子说起。肥皂是硬脂酸钠,在水溶液中分解为正负离子 Na^+ 和 $C_{17}H_{35}COO^-$,其中 COO^- 是亲水的羧基头,$C_{17}H_{35}$ 链是疏水(亲油)的碳氢尾,这种"两亲离子"(amphipathic ion)倾向于按图 1 – 59 所示的方式排列在水的表面。如果肥皂膜受到扰动,则表面扩张的地方两亲离子的面密度减小,使表面的性能更像纯水,即表面张力增加;表面收缩的地

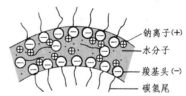

图 1 – 59 马兰戈尼效应

方则情况相反,表面张力减小。这就产生了一种恢复力,使受扰表面恢复平衡。这种效应称为马兰戈尼(Marangoni)效应。

本章提要

1. **温度**：热的强度(正比于分子运动平均动能)；

   热量：热传递的数量。

2. **热力学第零定律**：在与外界影响隔绝的条件下,如果确定状态的物体 C 分别与物体 A、B 达到热平衡,则物体 A 和 B 也是相互热平衡的。—— 测温的理论基础

3. **温标**

   三要素：测温物质,测温属性,固定标准点。

   日常用温标：华氏温标(°F),摄氏温标(°C)；

   科学用温标：理想气体温标(K),

   $\qquad\qquad$ → 热力学温标　国际温标(见第四章 1.4 节)。

4. **量热学基本概念**

   热量：单位 J(焦耳), cal(卡)。

   $$1\,\text{cal} = 4.184\,\text{J}\;(\text{热功当量})$$

   热容量：单位质量物质温度升高或降低 1 K 时所吸收(或放出)的热量。

   潜热：单位质量物质相变时所吸收(或放出)的热量。

5. **物质聚集态**

   气体：　分子运动(动能) ≫ 分子力(势能)

   固体：　分子运动(动能) ≪ 分子力(势能)

   液体：　分子运动(动能) ～ 分子力(势能)

6. **状态参量**

   强度量：　压强 p,温度 T 等；

   广延量：　体积 V,摩尔数 ν 等。

7. **聚集态转化与共存的有关概念和规律**

   气液共存的杠杆定则,蒸发曲线,临界点 K,临界温度 T_K；

   三相点 $T_{③}$；

   熔化曲线,升华曲线。

8. **气体**

   (1) 理想气体

   $\quad$ 压强公式

   $\qquad$ 非相对论情形　$p = \dfrac{2}{3} n \bar{\varepsilon}$,　$\qquad \varepsilon = \dfrac{1}{2} m v^2$；

   $\qquad$ 极端相对论情形　$p = \dfrac{1}{3} n \bar{\varepsilon}$,　$\qquad \varepsilon = cp$,　p —— 粒子动量。

物态方程　　$pV = \nu RT$,　　$[R = kN_A = 8.31451 \text{ J}/(\text{mol·K}) \approx 2 \text{ cal}/(\text{mol·K})]$

阿伏伽德罗定律：　　标准状态下摩尔体积 $\omega_0 = 22.41410$ L/mol

道尔顿分压定律：　　$p = \sum_\alpha p_\alpha$,　　$p_\alpha = n_\alpha kT$.

（2）实际气体

范德瓦耳斯物态方程

$$\left(p + \frac{\nu^2 a}{V^2}\right)(V - \nu b) = \nu RT;$$

压强 $p =$ 动理压强 p_k + 内压强 p_U, $\begin{cases} p_k = \dfrac{2}{3} n \bar{\varepsilon} = \dfrac{\nu RT}{V - \nu b}, \\[2mm] p_U = -\dfrac{\nu^2 a}{V^2}. \end{cases}$

对应态方程　　$\left(\pi + \dfrac{3}{\omega^2}\right)(3\omega - 1) = 8\tau,$

$\left.\begin{array}{l} \text{对应温度}\quad \tau = T/T_K,\quad T_K = 8a/27Rb; \\ \text{对应体积}\quad \omega = V/V_K,\quad V_K = 3\nu b; \\ \text{对应压强}\quad \pi = p/p_K,\quad p_K = a/27b^2. \end{array}\right\}$

→ 范德瓦耳斯气液相平衡（见第四章 5.5 节）。

9. 固　体　　热运动形式：格波。

晶体结构：

对称性：平移,转动,镜像反射。

单晶　多晶

缺陷 $\begin{cases} \text{面缺陷：晶界,} \\ \text{线缺陷：位错,} \\ \text{点缺陷：空位、填隙原子、杂质原子。} \end{cases}$

非晶态：短程有序,长程无序

准晶态：长程取向有序

10. 液　体

动理压强 ~ 内压强 ≫ 外压强。

径向分布函数：短程有序；分子游动,定居时间 ~10^{-10} s.

表面张力的由来：表面层分子间距稍大,存在切向吸引力。

11. 化学键

（1）离子键：正负离子间的库仑作用, ~10^2 kcal/mol.

（2）共价键：量子交换作用, ~10^2 kcal/mol.

饱和性、方向性, σ 键、π 键。

（3）金属键：电子共有化，$\sim 10^2 \, \text{kcal/mol}$.

　　　无饱和性和方向性，原子紧密排列。

（4）范德瓦耳斯键：电偶极作用，$\sim 1 \sim 10 \, \text{kcal/mol}$.

（5）氢　键：氢原子同时与两个电负性原子的结合，$\sim 1 \sim 10 \, \text{kcal/mol}$.

思考题

1－1. 给物质同等的热量，一定使它提高同等的温度吗? 给物质以热量，一定会使它的温度提高吗?

1－2. 对测温属性随温度变化的函数关系应有什么规定? 必须作线性变化吗? 必须是升函数吗? 没有任何限制吗?

1－3. 日常温度计多用水银或酒精作测温物质，用水岂不更便宜? 设想一下，如果有人用水来作温度计的测温物质，会产生什么问题? 用水温度计测两盆凉水的温度时，若显示出水柱的高度一样，是否两盆水的温度一定相等? 这违反热力学第零定律吗?

1－4. 用 $p_③$ 代表定体气体温度计测温泡在水的三相点时其中气体的压强值。有三个定体气体温度计：第一个用氧做测温物质，$p_③ = 200 \, \text{mmHg}$；第二个也用氧，$p_③ = 400 \, \text{mmHg}$；第三个用氢，$p_③ = 200 \, \text{mmHg}$. 用这三个温度计测量同一对象时其中气体的压强值分别为 p_1、p_2、p_3，由它们所确定的温度待测值分别为 $T_1 = \dfrac{273.16 \, \text{K}}{200 \, \text{mmHg}} p_1$, $T_2 = \dfrac{273.16 \, \text{K}}{400 \, \text{mmHg}} p_2$, $T_3 = \dfrac{273.16 \, \text{K}}{200 \, \text{mmHg}} p_3$. 试问

（1）你预计 T_1、T_2、T_3 三个数值都一样吗?

（2）两个氧温度计的数值 T_1、T_2 会一样吗? 若不同，哪个更接近真值?

（3）T_1、T_2、T_3 三个数值中哪个最接近真值?

1－5. 在上题中两个氧温度计在三相点时气体的体积可以一样吗?

1－6. 载人橡皮艇在白天还是夜晚吃水深?

1－7. 节日向天空释放许多彩色氢气球，这些气球最后的结局如何?

1－8. 如本题图，两相同的玻璃泡用玻璃管连通，中间有一水银滴作活塞。当两边所充气体的温度分别为 10°C 和 20°C 时水银滴平衡于玻璃管中央。现将两边的温度各提高 10°C，水银滴会不会移动? 若动，朝哪边动?

本题的结论与两边充的气体是否相同有无关系? 若一边是混合气体呢?

思考题 1－8

1－9. 在非相对论情形下 (1.28) 式可写成

$$\overline{v_x^{\,2}} = \overline{v_y^{\,2}} = \overline{v_z^{\,2}} = \frac{1}{3} \overline{v^2}.$$

若有重力场存在，此式成立吗? 理想气体的压强公式成立吗?

1–10. 如本题图,在封闭容器内贮有一定气体,它处于热平衡态。

（1）取一水平面元 ΔS_1,考虑重力场的作用,从上到下的动量流产生的压强 $p_1^{(+)}$ 和从下到上的动量流产生的压强 $p_1^{(-)}$ 相等吗?

（2）在与 ΔS_1 同一水平面上取另一面元 ΔS_2,从左到右的动量流产生的压强 $p_2^{(+)}$ 和从右到左的动量流产生的压强 $p_2^{(-)}$ 与前面的 $p_1^{(+)}$、$p_1^{(-)}$ 孰大孰小?

（3）在与 ΔS_1、ΔS_2 不同的高度上取水平面元 ΔS_3,试比较通过此面元从上到下的动量流产生的压强 $p_3^{(+)}$ 和从下到上的动量流产生的压强 $p_3^{(-)}$ 与 $p_1^{(+)}$、$p_1^{(-)}$ 的关系,以及两处分子数密度 n_1、n_3 和平均动能 $\overline{\varepsilon_1}$、$\overline{\varepsilon_3}$ 的大小。

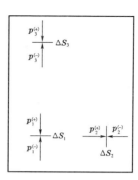

思考题 1–10

1–11. 在推导理想气体的压强公式时为什么没考虑分子间的碰撞?

1–12. 在推导理想气体的压强公式时有没有用到热平衡条件?

1–13. 试证明道尔顿分压定律等效于道尔顿分体积定律,即 $V = V_\alpha + V_\beta + \cdots$,其中 V 是混合气体的体积,V_α、V_β、$\cdots$ 是各组分的分体积。所谓某一组分的"分体积",是指混合气体中该组分单独存在,而温度和压强与混合气体的温度和压强相同时所具有的体积。

1–14. 在气象上"含湿度" d 定义为空气中水蒸气重量 W_v 与其中干燥空气重量 W_a 之比:

$$d = \frac{W_v}{W_a}.$$

试证明水蒸气分压 p_v 与大气总压强 p 的关系为

$$p_v = \frac{pd}{0.623 + d},$$

这里 0.623 是水蒸气摩尔质量与干燥空气平均摩尔质量之比。

1–15. 本题图中给出一些 CO_2 在临界点附近的等温线。

（1）$p = 7.4 \times 10^6 Pa$、$V^{mol} = 11 \times 10^{-5} \ m^3/mol$ 时其平衡温度为多少?此时 CO_2 处于什么聚集态?

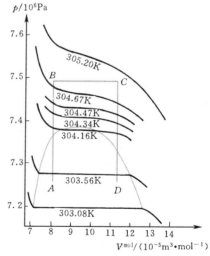

思考题 1–15

（2）10^{-2} mol 的 CO_2 在 $T = 303.56 \ K$、$V = 10 \times 10^{-7} \ m^3$ 的条件下压强为多少?此时处于什么聚集态?

（3）叙述一下,当系统沿路径 $A \rightarrow B \rightarrow C \rightarrow D$ 时相的变化情况。

（4）在 $p\text{-}T$ 图上画出 V^{mol} 分别为 $8 \times 10^{-5} m^3/mol$、$10 \times 10^{-5} m^3/mol$ 和 $12 \times 10^{-5} m^3/mol$ 的等体线,并指出图上不同区域属于何相。

（5）在 $V^{\text{mol}}\text{-}T$ 图上画出 $p = 7.43 \times 10^6 \text{Pa}$ 的等压线。

1 - 16. 按本章例题 5 的方法，估算烧掉每一摩尔的甲烷（沼气，家用气体燃料的主要成分）所得到的热量。甲烷燃烧的化学反应式为

$$\text{CH}_4 + 2\text{O}_2 \rightarrow \text{CO}_2 + 2\text{H}_2\text{O}.$$

实验值为 190 kcal/mol，供比较。

1 - 17. 按本章 6.2 节例题 5 的方法，估算每克葡萄糖（一种典型的醣）的含热量。葡萄糖氧化的化学反应式为

$$\text{C}_6\text{H}_{12}\text{O}_6 + 6\text{O}_2 \rightarrow 6\text{CO}_2 + 6\text{H}_2\text{O}.$$

实验值为 3.81 kcal/g，供比较。

习　题

1 - 1. 在什么温度下华氏温标和摄氏温标给出相同的读数？

1 - 2. 用定体气体温度计测量某物质的沸点。原来测温泡在水的三相点时，其中压强 $p_③ = 500 \text{ mmHg}$；当测温泡浸入待测物质中时，测得的压强值为 $p = 734 \text{ mmHg}$。当从测温泡中抽出一些气体，使 $p_③$ 减为 200 mmHg 时，重新测得 $p = 293.4 \text{ mmHg}$。当再从测温泡中抽出一些气体，使 $p_③$ 减为 100 mmHg 时，测得 $p = 146.68 \text{ mmHg}$。试确定该物质沸点在理想气体温标下的温度。

1 - 3. 设一定体气体温度计是按摄氏温标刻度的，在冰点和沸点时测温泡中气体的压强分别为 0.400 atm 和 0.546 atm。

（1）当气体压强为 0.100 atm 时，待测温度是多少？

（2）当温度计在沸腾的硫磺中（硫的沸点为 $444.60°\text{C}$），气体的压强是多少？

1 - 4. 当温差电偶的一个触点保持在冰点，另一个触点保持在任一温度 t 时，其温差电动势由下式确定：

$$\mathscr{E} = \alpha t + \beta t^2,$$

式中 $\alpha = 0.21 \text{ mV/}°\text{C}$，$\beta = -1.0 \times 10^{-4} \text{ mV/}(°\text{C})^2$。

（1）试计算当 $t = -100°\text{C}$、$200°\text{C}$、$400°\text{C}$ 和 $500°\text{C}$ 时温差电动势 $\mathscr{E}$ 的数值，并在此温度范围内作 $\mathscr{E}\text{-}t$ 图。

（2）$\mathscr{E}$ 为测温属性，用以下线性方程来定义温标 t^*：

$$t^* = a\mathscr{E} + b,$$

并规定冰点为 $t^* = 0°$，汽点 $t^* = 100°$，求 a 和 b 的值，并作 $\mathscr{E}\text{-}t^*$ 图。

（3）求出与 $t = -100°\text{C}$、$200°\text{C}$、$400°\text{C}$ 和 $500°\text{C}$ 对应的 t^* 值，并作 $t\text{-}t^*$ 图。

（4）试比较温标 t 和温标 t^*。

1 - 5. 用 L 代表液体温度计中液柱的长度，定义温标 t^* 与 L 之间的关系为

$$t^* = a\ln L + b,$$

式中 L 的单位为 cm，a 和 b 为常量，规定冰点为 $t_i^* = 0°$，汽点为 $t_s^* = 100°$。设在冰点时液柱的长度 $L_i = 5.0 \text{ cm}$，在汽点时液柱的长度 $L_s = 25.0 \text{ cm}$，试求 $t^* = 0°$ 到 $t^* = 10°$ 之间和 $t^* = 90°$ 到 $t^* = 100°$ 之间液柱的长度差。

1－6. 定义温标 t^* 与测温属性 X 之间的关系为

$$t^* = \ln(kX),$$

式中 k 为常量。

（1）设 X 为定体稀薄气体的压强，并假定在水的三相点为 t^*=273.16°，试确定温标 t^* 与理想气体温标之间的关系。

（2）在温标 t^* 中冰点和汽点各多少度？

（3）在温标 t^* 中是否存在 0 度？

1－7. 一氧气瓶的容积是 32 L，其中氧气的压强是 130 atm. 规定瓶内氧气压强降到 10 atm 时就要充气，以免混入其它气体而需洗瓶。今有一玻璃室，每天需用 1.0 atm 氧气 400 L，问一瓶氧气能用几天。

1－8. 水银气压计中混进了一个空气泡，因此它的读数比实际的气压小。当精确的气压计读数为 768 mmHg 时，它的读数只有 748 mmHg，此时管内水银面到管顶的距离为 80 mm. 问当此气压计的读数为 734 mmHg 时，实际气压应是多少？设空气的温度保持不变。

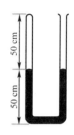

习题 1－9

1－9. 截面积为 1.0 cm² 的粗细均匀的 U 形管，其中贮有水银，高度如本题图所示。今将左侧的上端封闭，右端与真空泵相接，抽空后左侧的水银将下降多少？设空气的温度保持不变，压强为 750 mmHg.

1－10. 本题图所示为一粗细均匀的 J 形管，其左端是封闭的，右侧和大气相通。已知大气压强为 750 mmHg，h_1 = 20 cm，h_2 = 200 cm，今从 J 形管右侧灌入水银，当右侧灌满水银时，左侧的水银柱有多高？设温度保持不变。

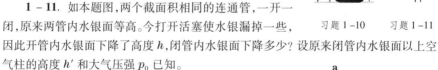

习题 1－10　　　习题 1－11

1－11. 如本题图，两个截面积相同的连通管，一开一闭，原来两管内水银面等高。今打开活塞使水银漏掉一些，因此开管内水银面下降了高度 h，闭管内水银面下降多少？设原来闭管内水银面以上空气柱的高度 h' 和大气压强 p_0 已知。

1－12. 本题图所示为测量低气压的麦克劳压力计（McLeod gauge）。使压力计中的管 a 与待测容器相连，把贮有水银的瓶 V 缓缓上提，水银进入容器 R，将 R 中的气体与待测容器的气体隔开，继续上提瓶 V，水银就进入两根相同的毛细管 b 和 c 内。当 b 中水银面与 c 的顶端对齐时（如图所示），停止上提瓶 V，这时测得两根毛细管内水银面的高度差为 h = 23 mm. 设容器 R 的容积 V_R = 130 cm³，毛细管的直径 d = 1.1 mm，求待测容器中的气压。

1－13. 用本题图所示的容积计测量某种矿物的密度，操作步骤和实验数据如下：

（1）打开活栓 K，使管 A 和罩 C 与大气相通。上下移动 D，

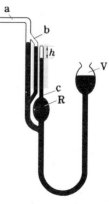

习题 1－12

使水银面与刻度 n 对齐。

（2）关闭 K,往上举 D,使水银面达到刻度 m 处。这时测得 B、D 两管内水银面的高度差 $h_1 = 12.5\,\text{cm}$.

（3）打开 K,把 400g 的矿物投入 C 中使水银面重新与 n 对齐,关闭 K.

（4）往上举 D,使水银面重新达到 m 处,这时测得 B、D 两管内水银面的高度差 $h_2 = 23.7\,\text{cm}$.

已知罩 C 和 A、B 管的容积共为 1000 cm³,求矿物的密度。

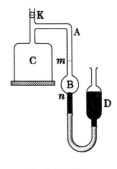

习题 1 - 13

1 - 14. 潜水艇气箱的容积为 20L,其中充满了压缩空气。气箱在20°C时的压力计读数为 $p = 120\,\text{kg/cm}^2$, 若取 10 m 高水柱的压强值为 $1\,\text{kg/cm}^2$,试问,若该气箱位于 30m 水深处,其温度为 5°C,则可利用该气箱中的空气排出潜水艇水槽中多少体积的水?

1 - 15. 按重量计,空气是由 76% 的氮,23% 的氧,约 1% 的氩组成的(其余组分很少,可以忽略),试计算空气的平均摩尔质量及在标准状态下的密度。

1 - 16. 如本题图,用排水集气法收集某种气体。气体在温度为 20°C、压强为 767.5 mmHg 时的体积为 150 cm³,已知水在 20°C 时的饱和蒸气压为 17.5 mmHg,试求此气体在 0°C 干燥时的体积。

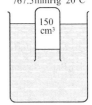

习题 1 - 16

1 - 17. 把 $1.0\times10^5\,\text{N/m}^2$、$0.5\,\text{m}^3$ 的氮气压入一容积为 $0.2\,\text{m}^3$ 的容器中。容器中原已充满同温、同压下的氧气,试求混合气体的压强和两种气体的分压。设容器中气体温度保持不变。

1 - 18. 已知范德瓦耳斯方程中的常量 a 对 CO_2 和 H_2 分别为 $3.592\,\text{atm}\cdot(\text{L}\cdot\text{mol}^{-1})^2$ 和 $0.2444\,\text{atm}\cdot(\text{L}\cdot\text{mol}^{-1})^2$,试计算这两种气体在 $V^{\text{mol}}/\omega_0 = 1$, 0.01 和 0.001 时的内压强。$\omega_0 = 22.41\,\text{L/mol}$.

1 - 19. 试计算压强为 100 atm 密度为 100g/L 的氧气的温度,已知氧气的范德瓦耳斯方程中的常量 $a = 1.360\,\text{atm}\cdot(\text{L}\cdot\text{mol}^{-1})^2$, $b = 0.031831\,\text{L/mol}$.

1 - 20. 用范德瓦耳斯方程计算密闭于容器内质量 $M = 1.1\,\text{kg}$ 的 CO_2 的压强。已知容器的容积 $V = 20\,\text{L}$,气体的温度 $t = 13°\text{C}$. 试将计算结果与用理想气体物态方程计算的结果比较。已知 CO_2 的范德瓦耳斯常量 $a = 3.592\,\text{atm}\cdot(\text{L}\cdot\text{mol}^{-1})^2$, $b = 0.042671\,\text{L/mol}$.

1 - 21. 1880 年克劳修斯提出另一种不同于范德瓦耳斯方程的实际气体物态方程:

$$\left[p + \frac{\nu^2 a}{T(V + \nu c)^2} \right](V - \nu b) = \nu R T,$$

式中 a、b、c 是有关气体的常量。

（1）试用这些常量将临界参量 T_K, V_K, p_K 表示出来。

（2）已知 CO_2 的临界参量 $T_K = 304.20\,\text{K}$, $p_K = 72.85\,\text{atm}$, $\rho_K = 0.468\,\text{g/cm}^3$,求出 CO_2 的克劳修斯方程中的常量 a、b、c 来。

1 - 22. 试证明:

（1）面心立方密堆积的堆积因数为$\dfrac{\pi}{3\sqrt{2}}=0.7405$；

（2）体心立方密堆积的堆积因数为$\dfrac{\sqrt{3}\pi}{8}=0.6802.$

第二章 热平衡态的统计分布律

§1. 麦克斯韦速度分布律

1.1 统计规律与分布函数的概念

统计规律是对大量偶然事件整体起作用的规律,它表现了这些事物整体的必然联系。

为了说明统计规律性,先看一个演示实验。如图 2 – 1 所示,在一块竖直木板的上部钉上许多铁钉,下部用竖直的隔板隔成许多等宽的狭槽。从板顶漏斗形的入口处可投入小球。板前覆盖玻璃,以使小球留在狭槽内。这种装置叫做伽耳顿板。

如果从入口投入一个小球,则小球在下落过程中先后与许多铁钉碰撞,最后落入某个狭槽。重复几次实验,可以发现,小球每次落入的狭槽

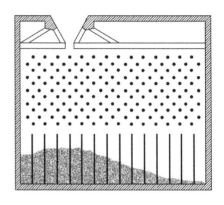

图 2 – 1 伽耳顿板

是不完全相同的。这表明,在一次实验中小球落入哪个狭槽是偶然的。

如果同时投入大量的小球,则可看到,最后落入各狭槽的小球数目是不相等的。靠近入口的狭槽内小球较多,远些的狭槽内小球较少。我们可以把小球按狭槽的分布用笔在玻璃板上画一条曲线来表示。若重复此实验,则可发现:在小球数目较少的情况下,每次所得的分布曲线彼此有显著差别,但当小球数目较多时,每次所得到的分布曲线彼此近似地重合。

总之,实验结果表明,尽管单个小球落入哪个狭槽是偶然的,少量小球按狭槽的分布情况也带有一些偶然性,但大量小球按狭槽的分布情况则是确定的。这就是说,大量小球整体按狭槽的分布遵从一定的统计规律。

如何用数学函数来描述小球按狭槽的分布? 我们可以先在坐标纸上取横坐标 x 表示狭槽的水平位置,纵坐标 h 为狭槽内积累小球的高度。这样,我们就如图 2 – 2a 所示得到小球按狭槽分布的一个直方图(histogram)。设第 i 个狭槽的宽度为 Δx_i,其中积累小球的高度为 h_i,则直方图中此狭槽内小球占据的面积为 ΔA_i,此狭槽内小球的数目 ΔN_i 正比于此面积: $\Delta N_i = C\Delta A_i = Ch_i\Delta x_i$. 令 N 为小球总数,

$$N = \sum_i \Delta N_i = C \sum_i \Delta A_i = C \sum_i h_i \Delta x_i,$$

式中 $\sum_i h_i \Delta x_i$ 是小球占据的总面积 A. 于是每个小球落入第 i 个狭槽的概率为

$$\Delta \mathscr{P}_i = \frac{\Delta N_i}{N} = \frac{\Delta A_i}{A} = \frac{h_i \Delta x_i}{\sum_j h_j \Delta x_j}.$$

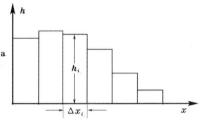

小球经多次与铁钉碰撞后落下来的最后位置 x 实际是连续取值的，只不过因为狭槽有一定宽度，伽耳顿板实验对于落下来的小球只作了粗的位置分类。要对小球沿 x 的分布作更细致的描述，我们可以一步步地把狭槽的宽度减小、数目加多，如图 2 - 2b、c 所示。在所有 $\Delta x_i \to 0$ 的极限下，直方图的轮廓变成连续的分布曲线（图 2 - 2d），上式中的增量变为微分，求和变为积分：

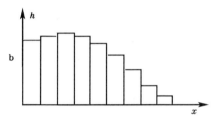

$$d\mathscr{P}(x) = \frac{dN}{N} = \frac{h(x)\,dx}{\int h(x)\,dx}.$$

令　　$$f(x) = \frac{h(x)}{\int h(x)\,dx},$$

则有　　$d\mathscr{P} = f(x)\,dx,$

或　　$$f(x) = \frac{d\mathscr{P}}{dx} = \frac{1}{N}\frac{dN(x)}{dx}, \quad (2.1)$$

式中 $f(x)$ 称为小球沿 x 的分布函数。用话来叙述上式，就是小球落在 x 附近 dx 区间的概率 $d\mathscr{P}$ 正比于区间的大小 dx，分布函数 $f(x)$ 代表小球落入 x 附近单位区间的概率 $\dfrac{d\mathscr{P}(x)}{dx}$，或者说，$f(x)$ 是小球落在 x 处的概率密度。

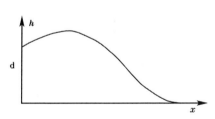

图 2 - 2 小球按狭槽分布

数学中研究概率的理论叫概率论，概率密度是概率论中的一个概念。这里再介绍几个概率论中的概念和术语，对今后的讨论是有好处的。以伽耳顿板实验为例,偶然现象中每种出现的可能性,譬如小球落入第 i 个狭槽,或落在 x 处,叫做一个事件。用来描述事件的变量,如 i 或 x,叫做随机变量。随机变量可以是离散的(如 i),也可以是连续取值的(如 x)。随机变量离散时,我们可以说,某事件 i 的概率 $\mathscr{P}_i$;随机变量连续时,我们要说发生在随机变量某个区间,譬如在 x 附近一个微分区间 $\mathrm{d}x$ 里的概率 $\mathrm{d}\mathscr{P}(x) = f(x)\,\mathrm{d}x$,或者说在 x 处的概率密度 $f(x)$,但不能说随机变量为 x 的概率是多少(为什么?)。由于实现所有可能事件的概率为1,故有

$$\int f(x)\,\mathrm{d}x = 1, \tag{2.2}$$

此式称为归一化条件,是所有概率密度,或者说,分布函数都应遵守的规律。

经典物理中统计分布的随机变量(如速率、速度分量或能量)多是连续取值的,故需要引入分布函数的概念。因随机变量往往不止一个,故分布函数常是高维空间里的多元函数。量子物理中随机变量离散化,概率密度的概念可以不要,但有时因随机变量(常常是能量)取值很密,我们也把它看成连续的而使用概率密度的概念。

1.2 速度空间与速度分布函数

在气体中分子以各种不同的速率沿各个方向运动着。宏观物理量是微观量的统计平均值,例如热力学温度 T 正比于分子动能的平均值[见 (1.32) 式]。计算统计平均值并不需要知道每个分子的速度,但需知道分子速度取各种数值的概率。在经典物理学中速度的取值被看做是连续的,在这种情况下我们需要引入速度空间的概念来描述分子速度的概率分布。

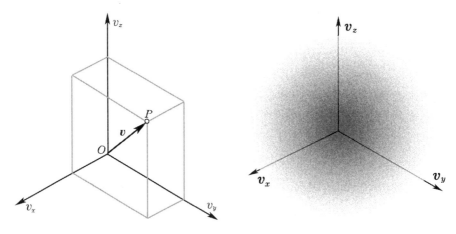

图 2 – 3 分子在速度空间的代表点　　　图 2 – 4 分子在速度空间的分布

设气体中某个分子的速度为 $\boldsymbol{v}$,它是一个矢量。取直角坐标系如图 2 –3

所示,从原点 O 引矢量 $\overrightarrow{OP} = \boldsymbol{v}$,其顶点 P 的坐标正好是速度 $\boldsymbol{v}$ 的三个分量 (v_x, v_y, v_z)。我们把 P 看作是此分子的代表点。若另一分子的速度为 $\boldsymbol{v}'$,则我们如法炮制,得到另一个坐标为 (v_x', v_y', v_z') 的代表点 P'. 如此类推,我们可以得到所有分子的代表点,如图 2–4 所示。这样一个以分子速度分量为坐标架构起来的"空间",称为速度空间。

在速度空间内点 (v_x, v_y, v_z) 处取一边长分别为 $(\mathrm{d}v_x, \mathrm{d}v_y, \mathrm{d}v_z)$ 的立方体元,如图 2–5 所示。设气体中分子总数为 N,此体元内包含分子代表点的个数为 $\mathrm{d}N(v_x, v_y, v_z)$,则分子代表点出现在此体元里的概率为 $\mathrm{d}N/N$. 在小范围内作线性近似,可以认为 $\mathrm{d}N$ 正比于体元的"体积" $\mathrm{d}v \equiv \mathrm{d}^3 v \equiv \mathrm{d}v_x \mathrm{d}v_y \mathrm{d}v_z$,即

$$\frac{\mathrm{d}N(v_x, v_y, v_z)}{N} = f(v_x, v_y, v_z)\mathrm{d}v_x \mathrm{d}v_y \mathrm{d}v_z, \tag{2.3}$$

式中的 $f(v_x, v_y, v_z)$ 代表速度空间单位体元内的概率,即概率密度。在速

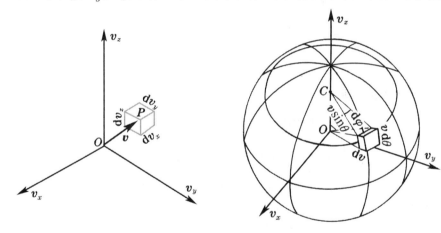

图 2–5 速度空间直角坐标系的体元　　图 2–6 速度空间球坐标系的体元

度空间里各处概率密度 $f(v_x, v_y, v_z)$ 的大小不同,反映了气体分子的代表点在速度空间里分布的疏密不同,故 $f(v_x, v_y, v_z)$ 又称为气体分子的**速度分布函数**。

描述分子的速度分布不一定用直角坐标,也可以用球坐标。如图 2–6 所示,以 v_z 为极轴,θ 为极角(即速度矢量 $\boldsymbol{v}$ 与极轴间的夹角),φ 为方位角(即 $\boldsymbol{v}$ 在 $v_x v_y$ 面上的投影与 v_x 轴间的夹角),$v = |\boldsymbol{v}|$ 为速度的大小(速率),则在 v 到 $v + \mathrm{d}v$、θ 到 $\theta + \mathrm{d}\theta$、$\varphi$ 到 $\varphi + \mathrm{d}\varphi$ 之间体元的"体积"为 $\mathrm{d}^3 v = v^2 \sin\theta\, \mathrm{d}v\, \mathrm{d}\theta\, \mathrm{d}\varphi$,(2.3) 式的球坐标表示式为

$$\frac{\mathrm{d}N(v,\ \theta,\ \varphi)}{N} = f(v,\ \theta,\ \varphi)v^2\sin\theta\,\mathrm{d}v\,\mathrm{d}\theta\,\mathrm{d}\varphi. \qquad (2.4)$$

有时无需指明采用了什么坐标系,上式又可简写为

$$\frac{\mathrm{d}N(\boldsymbol{v})}{N} = f(\boldsymbol{v})\mathrm{d}^3 v \quad \text{或} \quad f(\boldsymbol{v})\mathrm{d}\boldsymbol{v}. \qquad (2.5)$$

分布函数 $f(\boldsymbol{v})$ 要受到一些给定物理条件的限制,这些条件总是以积分形式出现的。若气体中分子总数 N 给定,则

$$\iiint \mathrm{d}N(\boldsymbol{v}) = N \quad \text{或} \quad \iiint f(\boldsymbol{v})\ \mathrm{d}\boldsymbol{v} = \iiint \frac{\mathrm{d}N(\boldsymbol{v})}{N} = 1. \qquad (2.6)$$

若气体中分子总动能 U 给定,则

$$\iiint \varepsilon\,\mathrm{d}N(\boldsymbol{v}) = U \quad \text{或} \quad \iiint \varepsilon f(\boldsymbol{v})\ \mathrm{d}\boldsymbol{v} = \iiint \varepsilon\,\frac{\mathrm{d}N(\boldsymbol{v})}{N} = \frac{U}{N} = \bar{\varepsilon}, \qquad (2.7)$$

式中 $\varepsilon = \frac{1}{2}mv^2$ 是一个分子的动能,$\bar{\varepsilon}$ 是分子的平均动能。若采用直角坐标,上两式的具体形式是

$$\begin{cases} \displaystyle\int_{-\infty}^{\infty}\mathrm{d}v_x\int_{-\infty}^{\infty}\mathrm{d}v_y\int_{-\infty}^{\infty}\mathrm{d}v_z\,f(v_x,\ v_y,\ v_z) = 1, & (2.6\mathrm{a}) \\[2mm] \displaystyle\frac{1}{2}m\int_{-\infty}^{\infty}\mathrm{d}v_x\int_{-\infty}^{\infty}\mathrm{d}v_y\int_{-\infty}^{\infty}\mathrm{d}v_z(v_x^2+v_y^2+v_z^2)f(v_x,\ v_y,\ v_z) = \bar{\varepsilon}. & (2.7\mathrm{a}) \end{cases}$$

若采用球坐标,则有

$$\begin{cases} \displaystyle\int_0^{2\pi}\mathrm{d}\varphi\int_0^{\pi}\sin\,\mathrm{d}\theta\int_0^{\infty}v^2\,\mathrm{d}v\,f(v,\ \theta,\ \varphi) = 1, \\[2mm] \displaystyle\frac{1}{2}m\int_0^{2\pi}\mathrm{d}\varphi\int_0^{\pi}\sin\theta\,\mathrm{d}\theta\int_0^{\infty}v^4\mathrm{d}v\,f(v,\ \theta,\ \varphi) = \bar{\varepsilon}, \end{cases}$$

在速度分布各向同性的情况下,$f=f(v)$ 与 θ、φ 无关,对角度的积分可以预先完成:

$$\int_0^{2\pi}\mathrm{d}\varphi\int_0^{\pi}\sin\theta\ \mathrm{d}\theta = 4\pi,$$

即整个球面的立体角,上式化为

$$\begin{cases} \displaystyle\int_0^{\infty}4\pi v^2\,f(v)\ \mathrm{d}v = 1, & (2.6\mathrm{b}) \\[2mm] \displaystyle\frac{1}{2}\,m\int_0^{\infty}4\pi v^4\,f(v)\ \mathrm{d}v = \bar{\varepsilon}. & (2.7\mathrm{b}) \end{cases}$$

(2.6)式和(2.7)式,以及它们在不同坐标系中的具体形式(2.6a)、(2.6b)、(2.7a)、(2.7b),是分布函数应满足的归一化条件(normalization condition)。下面我们将看到,归一化条件对确定分布函数的具体形式起着重要的作用。下面我们讨论热平衡态下速度分布函数的具体形式。

1.3 麦克斯韦分布律的导出

因分子不断碰撞,分子的速度不可能保持整齐划一,从而它具有一定的分布。在外界条件(温度、压强或体积)固定时,分布是否在碰撞的过程中达到动态平衡而趋于不变?答案是肯定的。目前我们暂时将这结论接受下来,承认这样的平衡分布存在,并设法将它求出。后面 4.3 节的玻耳兹曼 H 定理将有助于澄清这一点。届时将证明,平衡分布是唯一不随时间变化的分布,且所有非平衡分布在分子碰撞过程中都要向它趋近。非平衡分布向平衡分布趋近的过程叫做弛豫(relaxation)。

上节的速度分布函数 $f(\boldsymbol{v})$ 是一般的,亦即它可以是热平衡的,也可以是非热平衡的,本节将讨论热平衡态下的速度分布函数。热平衡态的分布函数是麦克斯韦于 1859 年首先得到的,称为麦克斯韦分布函数。为了有别于一般的速度分布函数,我们用下标 M 来标志"麦克斯韦"速度分布函数。用 $f_M(\boldsymbol{v})\mathrm{d}\boldsymbol{v} = f_M(v_x, v_y, v_z)\mathrm{d}v_x\mathrm{d}v_y\mathrm{d}v_z$ 代表热平衡态下分子代表点在速度空间体元 $\mathrm{d}\boldsymbol{v} = \mathrm{d}v_x\mathrm{d}v_y\mathrm{d}v_z$ 内的概率,用 $f_M(v_x)\mathrm{d}v_x$, $f_M(v_y)\mathrm{d}v_y$, $f_M(v_z)\mathrm{d}v_z$ 分别代表热平衡态下分子代表点的速度分量在 v_x 到 $v_x+\mathrm{d}v_x$、v_y 到 $v_y+\mathrm{d}v_y$、v_z 到 $v_z+\mathrm{d}v_z$ 区间内的概率。麦克斯韦假定:在热平衡态下分子速度任一分量的分布应与其它分量的分布无关,即速度三个分量的分布是彼此独立的。这就是说,气体分子在速度空间的代表点处于体元 $\mathrm{d}v_x\mathrm{d}v_y\mathrm{d}v_z$ 内的概率等于它们速度分量分别处于 $\mathrm{d}v_x$, $\mathrm{d}v_y$, $\mathrm{d}v_z$ 区间内概率的乘积:

$$f_M(v_x, v_y, v_z)\mathrm{d}v_x\mathrm{d}v_y\mathrm{d}v_z = f_M(v_x)\mathrm{d}v_x f_M(v_y)\mathrm{d}v_y f_M(v_z)\mathrm{d}v_z, \tag{2.8}$$

此外,对于宏观上静止的气体来说,速度的分布应是各向同性的, 即❶

$$f_M(v_x, v_y, v_z) = f_M(v^2) = f_M(v_x^2+v_y^2+v_z^2). \tag{2.9}$$

由(2.8)式和(2.9)式可得

$$f_M(v_x^2+v_y^2+v_z^2) = f_M(v_x)f_M(v_y)f_M(v_z). \tag{2.10}$$

取上式的对数,得

$$\ln f_M(v_x^2+v_y^2+v_z^2) = \ln f_M(v_x) + \ln f_M(v_y) + \ln f_M(v_z). \tag{2.11}$$

可以猜出,(2.11)式有个简单的解:

$$\ln f_M(v_i) = A - Bv_i^2, \qquad (i=x, y, z) \tag{2.12}$$

或

$$f_M(v_i) = C_i\,\mathrm{e}^{-Bv_i^2}, \qquad (i=x, y, z) \tag{2.13}$$

式中 $C_i = \mathrm{e}^A$。由此按(2.9)式有

---

❶ 为了说明麦克斯韦分布函数具有什么形式,我们几度改变 f_M 宗量的写法。这与数学中表示函数的习惯不同,它们在物理上指的都是同一分布律。

$$f_M(v) = f_M(v_x, v_y, v_z) = C\,e^{-B(v_x{}^2 + v_y{}^2 + v_z{}^2)} = C\,e^{-B\,v^2}, \qquad (2.14)$$

式中 $C = C_x\,C_y\,C_z = C_i^3$. 现在我们有了热平衡速度分布函数的基本形式,剩下的任务是求出其中的参量 C、B,[1] 它们由归一化条件决定。因(2.14)式是各向同性的,可将它代入归一化条件的球坐标表示式(2.6b)和(2.7b)来计算。这里遇到的定积分属"高斯积分"类型,是热学里经常出现的一类积分,我们把这类积分列入数学附录A中供读者参考,这里就直接引用结果了:

$$\int_0^\infty 4\pi v^2 \cdot C\,e^{-B\,v^2}\,dv = C\left(\frac{\pi}{B}\right)^{3/2} \overset{\text{应}}{=\!=\!=} 1,$$

$$\frac{1}{2}\,m\int_0^\infty 4\pi v^4 \cdot C\,e^{-B\,v^2}\,dv = \frac{1}{2}\,m\cdot 4\pi C\cdot\frac{3\sqrt{\pi}}{8}\left(\frac{1}{B}\right)^{5/2}$$

$$\overset{\text{应}}{=\!=\!=}\overline{\varepsilon} = \frac{3}{2}\,kT,$$

上面最后一步推导的依据是第一章的(1.32)式。从这里我们可以得到 C 和 B 两个参量的表达式:

$$C = \left(\frac{m}{2\pi kT}\right)^{3/2}, \quad B = \frac{m}{2kT}. \qquad (2.15)$$

把它们代回(2.14)式,我们得到麦克斯韦速度分布函数的最终表达式:

$$f(v) = f_M(v) = \left(\frac{m}{2\pi kT}\right)^{3/2}e^{-mv^2/2kT}. \qquad (2.16)$$

在图 2 - 7a 中给出它的曲线,此函数是单调下降的。

在速度分布各向同性的情况下,人们常把(2.6b)式被积函数中的 $f(v)$ 与前面的因子 $4\pi v^2$(速度空间中半径为 v 的球壳面积)写在一起,即令

$$F_M(v) \equiv 4\pi v^2 f_M(v), \qquad (2.17)$$

用 $F_M(v)$ 计算热平衡态下与速率 v 有关的物理量 Q 的平均值 $\overline{Q}$ 时,公式如下:

$$\overline{Q} = \int_0^\infty Q F_M(v)\,dv. \qquad (2.18)$$

$F_M(v)$ 的含义是速度空间单位厚度球壳内的概率,从而在厚度为 dv 的球壳内的概率为 $F_M(v)\,dv$. $F_M(v)$ 的曲线如图 2 - 7b 所示,中间有个极大值。在图 2 - 7 的两张图里我们都给出高低两个温度下的曲线,以便显示出分布曲线随温度变化的趋势。

因 $C_x = C_y = C_z = C^{1/3} = (m/2\pi kT)^{1/2}$,我们还可按(2.13)式立即写出速度分量的麦克斯韦分布函数:

---

[1] 这里我们假定 C 和 B 都是常量,其实 C 是 v^2 的任意函数也可以满足(2.10)式或(2.11)式。§4 以后讨论的量子气体的分布函数正属于 C 与 v^2 有关的情况。

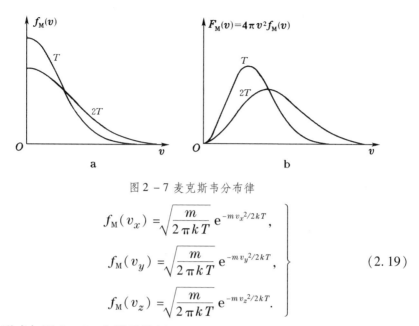

图 2 - 7 麦克斯韦分布律

$$f_{\mathrm{M}}(v_x) = \sqrt{\frac{m}{2\pi k T}}\, e^{-mv_x{}^2/2kT}, \quad \left.\begin{array}{l} \\ \\ \\ \end{array}\right\}$$

$$f_{\mathrm{M}}(v_y) = \sqrt{\frac{m}{2\pi k T}}\, e^{-mv_y{}^2/2kT}, \qquad (2.19)$$

$$f_{\mathrm{M}}(v_z) = \sqrt{\frac{m}{2\pi k T}}\, e^{-mv_z{}^2/2kT}.$$

函数形式与图 2 - 7a 中所示类似。

下面我们利用麦克斯韦速度分布律计算一些有兴趣的平均值。

1.4 方均根速率

气体作为整体可静止,也可以一定的速度 $\boldsymbol{u}$ 流动。在后一种情况下,我们可以变换到与气体共动的参考系中,这时气体便成为静止的了。在气体静止的参考系中分子的运动(或者说相对于气体整体运动的运动)称为热运动(thermal motion)。下面引入的方均根速率、平均速率等概念,都是对热运动而言的。

方均根速率(root-mean-square speed)v_{rms} 定义为 $\sqrt{\overline{v^2}}$,即运算顺序是先平方,再取平均,然后开方。由(2.18)式,v^2 的平均值为

$$\overline{v^2} = \int_0^\infty v^2 F_{\mathrm{M}}(v)\,\mathrm{d}v = 4\pi\left(\frac{m}{2\pi k T}\right)^{3/2}\int_0^\infty v^4\, e^{-mv^2/2kT}\,\mathrm{d}v = \frac{3kT}{m}.$$

故
$$v_{\mathrm{rms}} = \sqrt{\overline{v^2}} = \sqrt{\frac{3kT}{m}}. \qquad (2.20)$$

这当然会与平均动能 $\bar{\varepsilon} = \frac{1}{2} m \overline{v^2} = \frac{3}{2} kT$ 的结果一致,因为(2.16)式中的归一化常数就是这样定的。

例题 1 试计算 $0°\mathrm{C}(T=273\ \mathrm{K})$ 下 N_2、O_2、H_2 气体分子的方均根速率。

解:分子质量 $m = M^{mol}/N_A$，故(2.20)式可写为

$$v_{rms} = \sqrt{\frac{3N_A kT}{M^{mol}}} = \sqrt{\frac{3RT}{M^{mol}}}.$$

题中三种气体分子的摩尔质量分别为 $M_{N_2}^{mol} = 28 \times 10^{-3} kg/mol$，$M_{O_2}^{mol} = 32 \times 10^{-3} kg/mol$，$M_{H_2}^{mol} = 2 \times 10^{-3} kg/mol$，而 $R = 8.31 J/(mol \cdot K)$，代入上式,得

$$\begin{cases} v_{rms}(N_2) = 493 \, m/s, \\ v_{rms}(O_2) = 461 \, m/s, \\ v_{rms}(H_2) = 1845 \, m/s. \end{cases}$$

0°C 时空气中的声速为 $332 \, m/s$，比上述 N_2、O_2 分子的方均根速率小,但同数量级。

例题2 试计算下列气体在大气中的逃逸速度与方均根速度之比: $H_2(2)$, $He(4)$, $H_2O(18)$, $N_2(28)$, $O_2(32)$, $Ar(40)$, $CO_2(44)$, 括弧内的数字是摩尔质量。设大气的温度为 290 K,已知地球质量 $M_\oplus = 5.98 \times 10^{24} kg$,地球半径 $R_\oplus = 6378 \, km$.

解:逃逸速度可由分子动能 $\frac{1}{2}mv^2$ 等于相对于无穷远的引力势能 $\frac{GM_\oplus m}{R_\oplus}$ 求得:

$$v_逃 = \sqrt{\frac{2GM_\oplus}{R_\oplus}}$$

而

$$v_{rms} = \sqrt{\frac{3kT}{m}},$$

二者之比为

$$K = \frac{v_逃}{v_{rms}} = \sqrt{\frac{2GM_\oplus m}{3R_\oplus kT}} = \sqrt{\frac{2GM_\oplus M^{mol}}{3R_\oplus N_A kT}}, \tag{2.21}$$

式中 $M^{mol} = N_A m$ 为气体的摩尔质量。将 $G = 6.67 \times 10^{-11} m^3/(kg \cdot s^2)$，$N_A k = $ 普适气体常量 $R = 8.31 J/(mol \cdot K)$ 和其它数据代入,得各种气体的 K 值如下表:

气 体	H_2	He	H_2O	N_2	O_2	Ar	CO_2
K	5.88	8.32	17.65	22.0	23.53	26.31	27.59

当代宇宙学告诉我们,宇宙中原初的化学成分绝大部分是氢(约占 3/4)和氦(约占 1/4)。任何行星形成之初,原始大气中都应有相当大量的氢和氦。但是现在地球的大气里几乎没有 H_2 和 He,而其主要成分却是 N_2 和 O_2. 为什么? 在一个星球上,大气分子的热运动促使它们逸散,万有引力阻止它们逃脱。方均根速度标志着前者动能的大小,逃逸速度标志着后者势能的大小,上题中的比值 K 标志着二者抗衡中谁占先的问题。K 值愈大,表示引力势能愈大,分子不易逃脱。K 刚刚大过 1 显然不足以有效地阻止气体分子的散失,因为这时仅仅具有平均热运动动能的分子被引力拉住,但是按麦克斯韦分布律,气体中有大量的分子速率大过、甚至远大过方均根速度,它们仍然可以逃脱。对于某种气体需要多大的 K 值才能将它保住? 上题的结果表明, $K \approx 6 \sim 8$ 是不够大的, 这未能把地球大气里的 H_2

表 2 - 1 月球和行星的有关数据

星球	质量 $M/M_\oplus$	半径 $R/R_\oplus$	温度 T/K
月 球	0.012	0.272	343
水 星	0.056	0.383	703
金 星	0.82	0.952	733
地 球	1	1	290
火 星	0.108	0.531	240
木 星	318	11.22	124
土 星	95.1	9.46	94

和 He 保住。K 大到 22~24 肯定是够了，因为这数值没有让 N_2 和 O_2 散失。我们不妨仿照上题对太阳系里各个行星和我们的月球作些估算，并与它们现存的大气进行比较，将是很有意思的。所需数据见表 2 - 1，计算的结果用曲线示于图 2 - 8. 给出各星球的表面温度是比较困难的，因为它们不均匀，且有昼夜和季节的剧

烈变化。表中给的温度值是取较高的。实际上月球和水星根本没有大气，火星有 0.008 atm 的稀薄大气，其中主要是 CO_2（95.6%，指体积比，下同），其余是 N_2（2.7%）、Ar（1.6%）等。金星大气达 90 atm 之多，其中主要是 CO_2（96.4%），其余为 N_2（3.4%）、水汽（0.14%）等。地球的情况我们最清楚，大气中 N_2（78%）、O_2（21%）、Ar（~1%）和数量不定的水汽。木星和土星基本上是气体星球，主要成分是 H_2 和 He. 我们大体上可以在图 2 - 8 中 $K \approx 9$ ~10 处画一条横

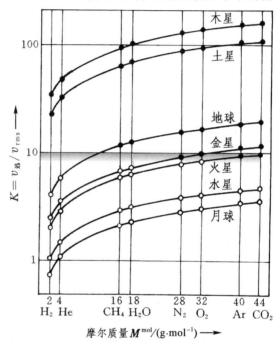

图 2 - 8 行星大气中逃逸速率与方均根速率之比

线，以它作为行星大气成分逃逸与否的界限还是比较符合实际的。当然，处于横线上的气体成分在某个星球大气中实际上也可能很少，例如地球大气中就只有很少量的 CO_2. 影响行星大气成分的因素并不仅是逃逸，星球表面通过各种物理、化学过程会释放或吸收某些气体成分，实际情况比上述模型要复杂得多。再者，利用等温大气模型进行计算，也不大合理。我们不能对上面的计算期望过高。

将地球与它邻近的两个行星的大气组成比较,是很有意思的。表 2－2[1] 中列出金星、地球、火星大气中 CO_2、N_2、O_2 三种成分的分压,其中"行星地球"是指具有如下大气的地球模型:用天体物理理论,把地球、金星、火星当作"正常的"太阳系行星,认为它们大气的形成过程遵循同样的规律,根据它们在太阳系中所处的位置,以及它们的质量和轨道参数,由金星和火星大气组成推断出地球的大气。由表中的数据可见,这与实际的地球在大气组成上相距甚远。与"行星地球"相比,实际地球的大气中 N_2 和 O_2 特别多,而 CO_2 特别少。所以我们的地球在太阳系中是一颗很不寻常的行星。这如何解释?

表 2－2 地球与相邻行星
大气组成的比较
(单位: 各组分分压 /atm)

成 分	金星	行星地球 实际地球	火 星
CO_2	90	$\dfrac{3 \times 10^{-1}}{3 \times 10^{-4}}$	5×10^{-3}
N_2	1	$\dfrac{3 \times 10^{-2}}{0.78}$	5×10^{-5}
O_2	0	$\dfrac{3 \times 10^{-4}}{0.21}$	10^{-4}

对于地球大气中 N_2 特别多的解释,目前尚无很明确的定论。但对于 CO_2 少,尤其是 O_2 特别多,有一点看法是肯定的,这是生命过程参与的结果。地球在形成之初含量最多的是氢,其次是氦和碳等轻元素。当气相物质向宇宙空间消散的同时,中间逐步形成一个固体内核。大约到了 45 亿年前固体核心以外的气相物质消散殆尽,固体核心开始向外释放气体,形成次生大气。地球早期的次生大气的成分很可能和它的近邻一样,主要是较重的 CO_2. 不同的是,地球表面凝聚了液态水。

30 多亿年前,地球大气中的 CO_2 浓度比现在高 10 倍,氧的浓度大约只有现在的千分之一,生命过程在这样的环境里开始了。在无氧的条件下厌氧生物生活在 10m 以下的深水里,但不能到水面上来,因为那时阳光里的短波紫外辐射直射地表不受阻拦。水里的这些低级厌氧生物也能少量释放氧。到了距今大约 6 亿年时,地球大气中的氧浓度达到现在的百分之一,大气中的臭氧浓度也明显增加了,形成阳光紫外线的屏障,生物得以出现在水面。这种水面生物通过光合作用有效地吸收二氧化碳释放氧,使大气中氧的浓度增长比较快。到了距今大约 4 亿年时,地球大气中氧的浓度达到现在的十分之一,臭氧层高度上升到 20 km 左右,地表形成了适合生命存在的条件,生物从海洋登上了陆地。此后陆地绿色植物的光合作用大量向大气输送氧,使氧的浓度经过几次小的起伏,与腐败有机物的氧化达到某种平衡,大体稳定在目前的水平上。可见,今日的大气,今日的天空,以及它完美的生态功能,是自然界万物无与伦比协作的成果。生命的出现,使地球演化进入了一个新的阶段。原始的行星地球之所以演化为今日绿色的地球,生命起了决定性作用。生命所需要的氧是生命自己创造的。生物圈这个生态系统是由生命控制的动态系统。

自从 1961 年第一位宇航员加加林在外层空间看到那高悬于天际的蔚蓝色地球以来,环顾我们的左邻右舍,一侧是失控的温室效应造成高达 460°C 的干热金星,另一侧

---

[1]　数据引自王明星,《大气化学》,北京:气象出版社. 1991. 18。

是失控的冰川效应造成的零下几十摄氏度的冰冷火星，人类应该更加意识到自身与自

然的关系。人类及其文明是
生物圈演化到一定阶段的产
物，一部人类文明史是地球
生命圈向智慧圈转变的历
史。当前人类的智慧已有能
力把生物圈置于自己的控制
之下(图 2 – 10)，人类的活

图 2 – 10 地球在我们手中
1994 年一次关于环境教育的
国际科学教育会议的会徽

图 2 – 9 高悬天际蔚蓝色的地球

动已成为生态系统进一步演化不可忽视的因素。我们打算把地球引到何处? 片面地强
调"征服自然"、"人定胜天"，无限制地向地球索取，甚至于"焚林而田,竭泽而渔"，必
然导致环境污染，物种大量灭绝，非再生资源耗尽，加以人口膨胀危机，核子战争的威
胁，凡此种种，最终走向人与自然共同毁灭的结局，并非杞人之忧。金星和火星就是我
们的龟鉴!

1.5 平均速率

平均速率定义为

$$\bar{v} = \int_0^\infty v F_M(v) \, \mathrm{d}v = 4\pi \left(\frac{m}{2\pi kT} \right)^{3/2} \int_0^\infty v^3 \mathrm{e}^{-mv^2/2kT} \mathrm{d}v = \sqrt{\frac{8kT}{\pi m}}. \quad (2.22)$$

例题3   试计算 0°C($T = 273\,\mathrm{K}$)下 N_2、O_2、H_2 气体分子的平均速率。

解:分子质量 $m = M^{\mathrm{mol}}/N_A$，故(2.22)式可写为

$$\bar{v} = \sqrt{\frac{8N_A kT}{\pi M^{\mathrm{mol}}}} = \sqrt{\frac{8RT}{\pi M^{\mathrm{mol}}}}.$$

题中三种气体分子的摩尔质量分别为 $M_{N_2}^{\mathrm{mol}} = 28 \times 10^{-3}\,\mathrm{kg/mol}$, $M_{O_2}^{\mathrm{mol}} = 32 \times 10^{-3}\,\mathrm{kg/mol}$,
$M_{H_2}^{\mathrm{mol}} = 2 \times 10^{-3}\,\mathrm{kg/mol}$，而 $R = 8.31\,\mathrm{J/(mol \cdot K)}$，代入上式,得

$$\begin{cases} \bar{v}(N_2) = 454\,\mathrm{m/s}, \\ \bar{v}(O_2) = 425\,\mathrm{m/s}, \\ \bar{v}(H_2) = 1700\,\mathrm{m/s}. \end{cases}$$

数值比例题 2 中的方均根速率略小。∎

例题 4   在标准状态下氮气中的每个分子平均每秒碰撞 7.58×10^9 次,在相继两次碰撞之间走了多远?(这距离称为平均自由程,见第五章 1.2 节。)

解:氮分子相继两次碰撞之间平均时间相隔 $1s/(7.58 \times 10^9)$,即 $1.32 \times 10^{-10}s$,在这段时间内它平均走了 $\bar{v} \times 1.32 \times 10^{-10}s = 454 \text{m/s} \times 1.32 \times 10^{-10}s = 0.599 \times 10^{-7}m.$ ∎

方均根速率和平均速率是分子速率按两种不同方式的平均,它们的数值略有差异。在不同的问题中需要不同的平均速率,例如算分子的平均动能和压强时需要用方均根速率,讨论平均自由程问题时需用到平均速率的概念。

1.6 泻流速率

器壁上有个小孔,单位时间由单位面积泻出气体分子的数量,称为小孔泻流流量,记作 Γ. 设器壁垂直于 x 方向,气体的分子数密度为 n,则显然有 $\Gamma = n \overline{v_x}^{(+)}$,上标 $(+)$ 表示只对 $v_x > 0$ 的范围平均。我们把 $v_{泻} = \overline{v_x}^{(+)}$ 叫做平均泻流速率 。平均泻流速率可通过速度分量的麦克斯韦分布来求得:

$$v_{泻} = \overline{v_x}^{(+)} = \int_0^\infty v_x f_M(v_x) dv_x = \sqrt{\frac{m}{2\pi kT}} \int_0^\infty u e^{-mu^2/2kT} du$$

$$= \sqrt{\frac{kT}{2\pi m}} = \frac{1}{4} \bar{v}. \tag{2.23}$$

例题 5   若一盛有混合气体的容器由含大量小孔的疏松器壁构成,泄漏的气体被抽入收集箱中。试分析箱内质量不同的组分浓度之比与漏气容器中原来浓度比的关系。

解:按 (2.23) 式,在给定温度下小孔泻流通量 $\Gamma = n v_{泻}$ 正比于数密度 n,反比于 $\sqrt{m}$. 设容器中原有两种气体,它们的数密度和分子质量分别为 n_1、n_2 和 m_1、m_2,逸出的通量分别为 Γ_1、Γ_2,则收集箱内两种气体数密度之比为

$$\frac{n_1'}{n_2'} = \frac{\Gamma_1}{\Gamma_2} = \frac{n_1 v_{泻1}}{n_2 v_{泻2}} = \frac{n_1}{n_2} \sqrt{\frac{m_2}{m_1}}. \tag{2.24}$$

即经过泻流后质量小的组分将相对富集起来。∎

天然铀中同位素的丰度为 ^{238}U 占 99.3%,^{235}U 占 0.7%. 核工业中需要把可裂变的 ^{235}U 从天然铀中分离出来。办法是把固态铀转换成气体化合物 UF_6,然后用上题里描述的泻流分离法逐级提高 ^{235}U 的浓度。氟(F)的原子量是 19,所以 $m_1/m_2 = (235 + 19 \times 6)/(238 + 19 \times 6) = 349/352$;又 $n_1 = 0.7\%$,$n_2 = 99.3\%$,由上式可以算出,经过一级泻流 ^{235}U 的丰度将由 0.7% 提高到 0.703%. 如果想把 ^{235}U 浓缩到 99% 以上,至少需要几级泻流?这问题留给读者自己去考虑,答案是 2232 级(习题 2 − 5)。

§2. 玻耳兹曼密度分布

2.1 等温气压公式

在上节里没有考虑外场(譬如重力场)的作用,气体的密度在空间里分布均匀。若存在外场,则气体分子的数密度 $n = n(\boldsymbol{r})$ 是空间坐标 $\boldsymbol{r}$ 的函数。作为一个特例,我们先看平衡气体在重力场中密度随高度的变化。

设平衡气体的压强随高度变化的函数关系为 $p = p(z)$. 如图 $2-11$ 所示,在气体中取一柱体,其上下端面水平,面积为 ΔS,柱体的高为 $\mathrm{d}z$. 此气柱上下端面所受压力分别为 $(p + \mathrm{d}p)\Delta S$ 和 $p\Delta S$,二者之差与气柱所受重力 $nmg\mathrm{d}z\Delta S$ 平衡 (m—— 分子质量, g—— 重力加速度):

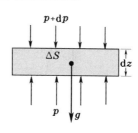

图 $2-11$ 压强梯度
与重力平衡

$$\mathrm{d}p\Delta S = -nmg\mathrm{d}z\Delta S,$$

或
$$\frac{\mathrm{d}p}{\mathrm{d}z} = -nmg. \tag{2.25}$$

按 (1.33) 式, $p = nkT$. 热平衡气体是等温的, T 不随高度 z 改变,故上式可写为

$$\frac{\mathrm{d}n}{\mathrm{d}z} = -\frac{nmg}{kT}, \quad \text{或} \quad \frac{\mathrm{d}n}{n} = -\frac{mg}{kT}\mathrm{d}z. \tag{2.26}$$

取某个地点(譬如地面)的高度为 $z = 0$, 令该处的 $n = n_0$, 对上式积分后得

$$\ln\frac{n}{n_0} = -\frac{mgz}{kT},$$

或
$$n(z) = n_0\, \mathrm{e}^{-mgz/kT}. \tag{2.27}$$

若用压强 $p = nkT$ 来表示,则有

$$p(z) = p_0\, \mathrm{e}^{-mgz/kT}, \tag{2.28}$$

此式称为等温气压公式。在实际中等温气压公式常反过来写成

$$z = -H\ln\frac{p}{p_0}, \tag{2.29}$$

式中
$$H = \frac{kT}{mg} = \frac{RT}{M^{\mathrm{mol}}g} \tag{2.30}$$

称为标高, $R = N_A k$ 为普适气体常量, $M^{\mathrm{mol}} = N_A m$ 为摩尔质量。上式表明,大气分子的标高 H 与温度成正比,与摩尔质量成反比,即温度愈高,分子愈轻,它们相对而言就愈多地分布在高层大气。这与上节讨论大气逃逸问题的物理图像是一致的。

在登山运动和航空驾驶中,往往根据上式,从测出的压强变化估算上升的高度。

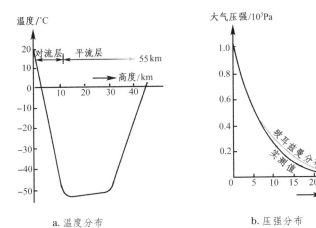

a. 温度分布   b. 压强分布

图 2 – 12 实际大气压强随高度的分布

以上都是根据等温大气模型来讨论的,实际上大气并不等温。图 2 – 12a 给出地面以上几十公里内实测的大气温度随高度的变化,可见等温大气的压强分布式(2.28) 只能是近似的。图 2 – 12b 给出中纬度地区夏季大气压强随高度变化的实测值(黑线)与等温模型的理论值(灰线) 的比较。

作为微粒在重力场中随高度分布的另一个例子,我们看第一章 2.3 节里提到过的布朗运动实验。皮兰除了用实验证明爱因斯坦等人方均位移正比于时间的结论外,还研究了悬浮液中布朗粒子数密度随高度的分布。他用显微镜观测悬浮于不同高度的微粒数目,证实了(2.27) 式的确成立。它还根据该式求得了阿伏伽德罗常量 $N_A = R/k$ 的数值。应注意,由于浮力作用,悬浮在液体中布朗粒子的有效质量为 $m\left(1 - \dfrac{\rho_{粒}}{\rho_{液}}\right)$。测得高度分别为 z_1、z_2 两处的密度分别为 n_1、n_2 时,按(2.27) 式不难求得

$$N_A = \frac{RT\rho_{粒}}{m(\rho_{液}-\rho_{粒})g(z_2-z_1)} \ln\frac{n_1}{n_2}. \qquad (2.31)$$

皮兰当时测得的结果是 $N_A = (6.5 \sim 6.8) \times 10^{23}/\text{mol}$.

2.2 玻耳兹曼密度分布律

在(2.27) 式中的 mgz 是气体分子在重力场中的势能,将 mgz 代之以粒子在任意保守力场中的势能 $U(r)$,就可将该式推广到任意势场:

$$n(r) = n_B(r) = n_0\, e^{-U(r)/kT}, \qquad (2.32)$$

$n_B(r)$ 称为玻耳兹曼密度分布律,它反映了热平衡态下分子数密度在任意外场中的分布。

作为(2.32)式除重力场以外的例子,我们看回转体中微粒的径向分布。
在回转体中质元受到一惯性离心力,其作用可用离心势能

$$U_{离}(r) = -\int_0^r f_{惯离}\, \mathrm{d}r = -\int_0^r m\omega^2 r\, \mathrm{d}r = -\frac{1}{2}\, m\omega^2 r^2$$

来描述,式中ω是旋转的角速度。将此式代入(2.32)式,即得粒子数的径向
分布

$$n(r) = n_0\, \mathrm{e}^{m\omega^2 r^2/2kT}. \tag{2.33}$$

上式可应用于分离大分子或微粒的超速离心机,它们的转速可高达
$10^3 \mathrm{r/s}$,产生的离心加速度可达$10^6 g$(g——重力加速度)。

台风是由气体回转运动形成的热带风暴。在处于热带的北太平洋西部
洋面上局部积聚的湿热空气大规模上升至高空的过程中,周围低层空气乘
势向中心流动,在科里奥利力的作用下形成了空气旋涡。为了说明旋转大
气内气压的分布,我们需把(2.33)式改用压强来表示。仍采用等温大气模
型,则$p = nkT$,$p_0 = n_0 kT$,上式化为

$$p(r) = p_0\, \mathrm{e}^{m\omega^2 r^2/2kT}. \tag{2.34}$$

按上式,气流的旋转使台风中心(称台风眼)的气压p_0比周围的低很多,低
气压使云层裂开变薄,有时还可看到日月星光。惯性离心力将云层推向四
周,形成高耸的壁,狂风暴雨均发生在台风眼之外。在台风眼内往往风和日
丽,一片宁静。

2.3 麦克斯韦-玻耳兹曼能量分布律

麦克斯韦速度分布律[(2.16)式]描绘分子在速度空间的分布,其中
指数上的$\frac{1}{2}mv^2 = \varepsilon_k$是分子的动能:

$$f_M(v) = \left(\frac{m}{2\pi kT}\right)^{3/2} \mathrm{e}^{-\varepsilon_k/kT}, \tag{2.16'}$$

玻耳兹曼密度分布律[(2.32)式]描绘分子在位形空间❶的分布,其中指数
上的$U(r) = \varepsilon_p$是分子的势能:

$$n_B(r) = n_0 \mathrm{e}^{-\varepsilon_p/kT}, \tag{2.32'}$$

力学里把速度和位置合起来称作"运动状态",或者叫做"相"(见《新概念
物理教程·力学》第三章3.2节),在统计物理学里把速度空间与位形空间
合起来,叫做相空间(phase space)。由于速度分布与密度分布是相互独

---

❶ 位形空间(configuration space)就是平常的空间,其中的坐标描绘质点的位置。
由于在统计物理中另有速度空间的概念,为了不至于把两个空间混淆,把平常的空间称
为位形空间。

立的,以上两个分布可以乘起来,组成分子在相空间的分布:

$$f_{MB}(\boldsymbol{r}, \boldsymbol{v}) = n_B(\boldsymbol{r})f_M(\boldsymbol{v}) = n_0 \left(\frac{m}{2\pi kT}\right)^{3/2} e^{-\varepsilon/kT}, \tag{2.35}$$

式中 $\varepsilon = \varepsilon_k + \varepsilon_p$ 为分子的总能量。$f_{MB}(\boldsymbol{r}, \boldsymbol{v})$ 称为麦克斯韦-玻耳兹曼能量分布律,简称 MB 分布。

　　这里我们强调声明:在 2.2 节讨论玻尔兹曼密度分布时我们曾把指数上的重力势能推广到一般外势能而未作严格论证。此处把 MB 分布写成(2.35)式的形式,意味着我们又一次不加证明地把指数上的能量 $\varepsilon = \varepsilon_k + \varepsilon_p$ 推广为分子的总能量,即在动能项 ε_k 里既包括分子的平动动能,也包括分子内部的转动动能和振动动能;在势能项 ε_p 里既包括外势能,也包括分子内原子之间的相互作用势能。作这样的推广对理解下节里讲述的能量按自由度均分定理是有帮助的。在 §4 中我们将看到, MB 分布是两种不同量子分布共同的经典极限,以上广义的理解将得到认可。

§3. 能均分定理与热容量

3.1 自由度

　　前面讨论分子热运动时, 我们只考虑分子的平动。实际上,除单原子分子(如惰性气体)外, 一般分子的运动并不限于平动, 它们还有转动和振动。为了确定能量在各种运动形式间的分配,需要引用"自由度"的概念。

　　决定一物体的位置所需的独立坐标数,称为这物体的自由度(degree of freedom)。

　　如果一质点在空间自由运动,则它的位置需要用三个独立坐标,如 x、y、z 决定,因此这质点有三个自由度。如果一质点被限制在一平面或曲面上运动, 则它的位置只需用两个独立坐标决定,因此它就只有两个自由度。同理,被限制在一直线或曲线上运动的质点只有一个自由度。

　　刚体除平动外还有转动。由于刚体的一般运动可分解为质心的平动和绕通过质心轴的转动, 所以刚体的位置可决定如下(见图 2 – 13):(1)用三个独立坐标决定质心的位置;(2)用两个独立坐标,如三个方向余弦中的两个, 决定转轴的方位(因 $\cos^2\alpha + \cos^2\beta + \cos^2\gamma = 1$, 三个方向余弦中只有两个是独立的);(3)用一个独立坐标,如 φ, 决定刚体

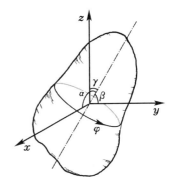

图 2 – 13 分子运动的自由度

绕此轴的角度。因此总起来说,自由运动的刚体有六个自由度,其中三个是平动的,三个是转动的。当刚体的运动受到某种限制时,其自由度也会减少。例如,绕定轴转动的刚体只有一个自由度。

非刚性物体,包括流体,可以有任意多个自由度。

现在根据上述概念来确定分子自由度的数目。单原子分子(如氦、氖、氩等),可看作是质点,有三个自由度。双原子分子(如氢、氧、氮、一氧化碳等)是由一根化学键联结起来的线状分子,绕此线的转动惯量可忽略不计,但两原子之间的距离可伸长或缩短,故需用三个独立坐标决定其质心位置,两个独立坐标决定其联线方位,一个独立坐标决定两质点间距。这就是说,双原子分子有三个平动自由度,两个转动自由度,一个振动自由度,共六个自由度。多原子分子(由三个或三个以上原子组成的分子)自由度的数目,要根据其结构的情形而定。一般地讲,如果一个分子由 n 个原子组成,则它最多有 $3n$ 个自由度,其中 3 个是平动的, 3 个是转动的, 其余 $3n-6$ 个是振动的。但分子的运动受到某种限制时,其自由度的数目就会减少。

3.2 能量按自由度均分定理

对于非相对论性理想气体,第一章4.2节(1.28)式可写成

$$m \overline{v_x^2} = m \overline{v_y^2} = m \overline{v_z^2}$$

$$m \overline{v^2} = m \overline{v_x^2} + m \overline{v_y^2} + m \overline{v_z^2} = 3m \overline{v_x^2}.$$

于是按(1.32)式,理想气体分子的平均平动动能 $\bar{\varepsilon} = \frac{1}{2} m \overline{v^2} = \frac{3}{2} kT$, 我们有

$$\frac{1}{2} m\overline{v_x^2} = \frac{1}{2} m \overline{v_y^2} = \frac{1}{2} m \overline{v_z^2} = \frac{1}{2} kT,$$

即平均动能是在三个平动自由度上平分的,每个自由度分到 $\frac{1}{2} kT$. 对于转动、振动自由度情况怎样?

根据经典统计物理学的原理可以导出一个定理:在热平衡状态下,物质(气体、液体和固体)分子的每一个自由度都具有相同的平均动能,在温度 T 下其数值为 $\frac{1}{2} kT$. 此定理叫做能量按自由度均分定理,或简称能均分定理(theorem of equipartition of energy)。因此, 如果某种气体的分子有 t 个平动自由度, r 个转动自由度, s 个振动自由度,则分子的平均平动、转动、振动动能就分别为 $\frac{t}{2} kT$、$\frac{r}{2} kT$、$\frac{s}{2} kT$, 从而分子的平均总动能为 $\frac{1}{2}(t+r+s) kT$.

分子振动时除动能外还有势能。在振幅不大的情况下,我们假定分子振动是简谐的,这时分子振动平均势能等于平均动能。所以在分子运动的总能量中还应当加一势能项 $\frac{s}{2} kT$, 使总能量达到

$$\bar{\varepsilon} = \frac{1}{2}(t + r + 2s)\, kT. \tag{2.36}$$

对于单原子分子, $t = 3$, $r = s = 0$, $\bar{\varepsilon} = \frac{3}{2}kT$; 对于双原子分子, $t = 3$, $r = 2$, $s = 1$, $\bar{\varepsilon} = \frac{7}{2}kT$, 等。

　　碰撞的结果使能量在三个平动自由度之间均分,这可以由空间各向同性去理解。但为什么碰撞能使其它自由度,譬如每个转动自由度或振动自由度也分到同样份额的能量? 这就不那么好想象了。下面我们利用 MB 分布 (2.35) 式作些说明。

　　我们先看怎样从麦克斯韦分布得到每个平动自由度的平均能量。由于在动能表达式中 3 个自由度的动能是相加的:

$$(\varepsilon_k)_{\text{平动}} = \frac{1}{2}mv_x^2 + \frac{1}{2}mv_y^2 + \frac{1}{2}mv_z^2,$$

在麦克斯韦分布函数里三个因子相乘 [见 (2.8) 式和 (2.19) 式]:

$$f_M(\boldsymbol{v}) = \prod_{i=x,y,z} f_M(v_i) \tag{2.37}$$

其中

$$f_M(v_i) = \sqrt{\frac{m}{2\pi kT}}\, e^{-mv_i^2/2kT}, \quad (i = x, y, z) \tag{2.38}$$

从而三个自由度动能平均值的计算是独立进行的:

$$\overline{\frac{1}{2}mv_i^2} = \frac{1}{2}m\int_{-\infty}^{\infty} v_i^2 f_M(v_i)\, dv_i$$

$$= m\int_0^{\infty} v_i^2 f_M(v_i)\, dv_i \xlongequal{\text{令}} \mathscr{T}, \quad (i = x, y, z)$$

令 $a = m/2kT$, 则

$$f_M(v_i) = \sqrt{\frac{a}{\pi}}\, e^{-av^2}, \tag{2.39}$$

从而

$$\mathscr{T} = 2akT\sqrt{\frac{a}{\pi}}\int_0^{\infty} v_i^2\, e^{-av_i^2}\, dv_i,$$

利用附录 A 中的高斯积分公式,上式中的积分为 $\mathscr{G}_3 = \sqrt{\pi}/4a^{3/2}$, 于是

$$\mathscr{T} = 2akT\sqrt{\frac{a}{\pi}}\,\frac{\sqrt{\pi}}{4a^{3/2}} = \frac{1}{2}kT. \tag{2.40}$$

　　对于某个转动自由度,其动能构成 ε_k 中的一项 [参见《新概念物理教程·力学》第四章 3.6 节 (4.43) 式]

$$(\varepsilon_k)_{\text{转动}} = \frac{1}{2}I\omega^2,$$

式中 I 为转动惯量, ω 为角速度。在指数上的此项构成 MB 分布 (2.35) 式的一个归一化因子:

$$f_M(\omega) = \sqrt{\frac{I}{2\pi kT}}\, e^{-I\omega^2/2kT} = \sqrt{\frac{a}{\pi}}\, e^{-a\omega^2}, \quad \left(a = \frac{I}{2kT}\right)$$

仍用高斯积分计算,可得此转动自由度的平均动能为

$$\overline{\frac{1}{2}I\omega^2} = \frac{1}{2}I\int_{-\infty}^{\infty}\omega^2 f_M(\omega)\, d\omega = I\int_0^{\infty}\omega^2 f_M(\omega)\, d\omega = 2akT\sqrt{\frac{a}{\pi}}\,\frac{\sqrt{\pi}}{4a^{3/2}} = \frac{1}{2}kT. \tag{2.41}$$

现在考虑某个振动自由度,它有原子相对于整个分子质心的动能$(\varepsilon_k)_{振动}$和原子间的相互作用势能$(\varepsilon_p)_{振动}$。平均动能的情况与上述类似,我们将得到同样的结果$\frac{1}{2}kT$. 振动自由度的势能可写成简谐形式[参见《新概念物理教程·力学》第三章1.3节(3.4)式]:

$$(\varepsilon_p)_{振动} = \frac{1}{2}\kappa\xi^2,$$

式中κ为等效的劲度系数,ξ为该自由度的位移。此项构成MB分布(2.35)式的一个归一化因子:

$$n_B(\xi) = \sqrt{\frac{\kappa}{2\pi kT}}\, e^{-\kappa\xi^2/2kT} = \sqrt{\frac{a}{\pi}}\, e^{-a\xi^2}, \quad \left(a = \frac{\kappa}{2kT}\right)$$

用高斯积分可算得此振动自由度的平均势能为

$$\overline{\frac{1}{2}\kappa\xi^2} = \frac{1}{2}\kappa\int_{-\infty}^{\infty}\xi^2\, n_B(\xi)\,\mathrm{d}\xi = \kappa\int_0^{\infty}\xi^2\, n_B(\xi)\,\mathrm{d}\xi = 2\,a\,kT\sqrt{\frac{a}{\pi}}\frac{\sqrt{\pi}}{4a^{3/2}} = \frac{1}{2}kT. \quad (2.42)$$

总之,用MB分布进行计算,对于每个自由度,无论平动动能、转动动能、振动动能和振动势能,它们的平均值最后都化为用高斯积分表达的相同式子,结果都等于$\frac{1}{2}kT$. 这就是能均分定理。

3.3 理想气体的热容量

除了分子各自由度的动能和分子内部原子间的相互作用势能外,一般在分子之间还存在相互作用势能。所有这些分子的动能和势能的总和,叫做物质的内能。

对于理想气体,分子间的相互作用可以忽略,其内能只有(2.36)式所包括的分子动能和分子内部势能。1摩尔物质的内能称为摩尔内能,按经典的能均分定理,摩尔内能为

$$U^{\text{mol}} = N_A\,\bar{\varepsilon} = \frac{1}{2}(t+r+2s)N_A kT = \frac{1}{2}(t+r+2s)RT. \quad (2.43)$$

R为普适气体常量。利用此结果可以从理论上确定理想气体的热容量。

气体升温过程所需热量的多寡与它所处的外部条件有关。最简单的,也是最常见的情况是升降温时维持体积不变或压强不变,这样定义的热容量分别叫做定体热容量和定压热容量。在定体过程中气体吸收的热量全部用来增加内能;在定压条件下升温气体要膨胀,气体吸收的热量一部分增加内能,另一部分用来对外作功。所以,定压热容量比定体热容量大。对于液体和固体,由于升温时体积膨胀很小,定压热容量与定体热容量相差甚少。这里我们只讨论理想气体的定体热容量,将定压热容量留到第三章去讨论。

考虑摩尔热容量。设使1摩尔某物质温度升高$\mathrm{d}T$所需热量为$\mathrm{d}Q$,在定体过程中$\mathrm{d}Q$全部用于增高内能,令U^{mol}代表该物质的摩尔内能,则$\mathrm{d}Q = \mathrm{d}U^{\text{mol}}$,于是摩尔定体热容量为

$$C_V^{\text{mol}} = \frac{\mathrm{d}Q}{\mathrm{d}T} = \frac{\mathrm{d}U^{\text{mol}}}{\mathrm{d}T}, \quad (2.44)$$

引用(2.43)式的结果,得

$$C_V^{mol} = \frac{1}{2}(t+r+2s)R. \tag{2.45}$$

若采用卡为热量单位,数值特别简单,因$R \approx 2\,cal/(mol \cdot K)$,$C_V^{mol} \approx (t+r+2s)\,cal/(mol \cdot K)$,只与分子内部自由度的数目有关。所以,对于单原子分子

$$C_V^{mol} = \frac{3}{2}R \approx 3\,cal/(mol \cdot K),$$

对于双原子分子

$$C_V^{mol} = \frac{7}{2}R \approx 7\,cal/(mol \cdot K),$$

以上是根据经典的能均分定理得到的结论,实际情况怎样呢? 表2-3给出几种气体摩尔定体热容量的实验值。按上述理论,理想气体的摩尔热容量与温度无关,表2-4和表2-5给出一些气体在不同温度下的摩尔热容量。

表2-3　0°C下几种气体的摩尔定体热容量的实验值

单原子分子气体	He	Ne	Ar	Kr	Xe	单原子 N
C_V^{mol}/R	1.49	1.55	1.50	1.47	1.51	1.49
双原子分子气体	H_2	O_2	N_2	CO	NO	Cl_2
C_V^{mol}/R	2.53	2.55	2.49	2.49	2.57	3.02
多原子分子气体	CO_2	H_2O	CH_4	C_2H_4	C_3H_6	NH_3
C_V^{mol}/R	3.24	3.01	3.16	4.01	6.17	3.42

表2-4 在不同温度下几种双原子气体 C_V^{mol}/R 的实验值

温度/°C	H_2	O_2	N_2	CO
0	2.440	2.519	2.500	2.501
200	2.515	2.704	2.543	2.564
400	2.534	2.938	2.676	2.723
600	2.582	3.111	2.837	2.895
800	2.663	3.232	2.979	3.036
1000	2.761	3.317	3.092	3.144
1200	2.865	3.386	3.179	3.224
1400	2.967	3.448	3.246	3.285

表2-5 在不同温度下氢的 C_V^{mol}/R 的实验值

温度/°C	-233	-183	-76	0	500	1000	1500	2000	2500
C_V^{mol}/R	1.50	1.64	2.20	2.44	2.553	2.761	3.014	3.214	3.366

将经典理论与实验数据比较可以看出:对于单原子分子气体,C_V^{mol}/R的理论值与实验值符合得很好;对于双原子分子气体,理论值显然与实验

不符。根据能均分定理,一切双原子分子气体都应具有相同的摩尔热容量,其值约为 7/2,且不随温度而改变。实际上在常温下其数值多数在 5/2 左右,且因气体而稍异。当温度升高时摩尔热容量都在增加,双原子分子气体的摩尔热容量向 7/2 逼近。表 2 – 5 中所给的氢气摩尔热容量 C_V^{mol}/R 表现

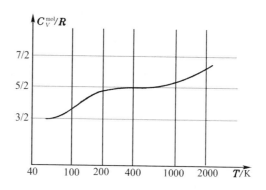

图 2 – 14 氢分子摩尔热容量随温度的变化

得更特别,在低温下为 3/2 左右,常温下增加到 5/2,高温时向 7/2 逼近,中间有两个转折(见图 2 – 14)。其实,其它双原子分子气体摩尔热容量随温度变化的一般趋势也都和氢气一样,只不过转折发生在不同的温区。

用能均分的观点看实验结果,好像可以这样解释:双原子分子在低温时只有平动,常温时开始转动,高温时才有振动,似乎一些自由度的运动在温度不够高时被"冻结"了。在经典物理学中这是不可理解的,要用量子理论才能解释。问题的要害是在经典物理学中能级连续分布,而实际上它们是离散的。在 § 4 里我们将用量子理论对此作些定性的说明。

3.4 固体的热容量

在固体中粒子(原子、离子或分子)排列成晶体点阵,它们既无平动自由度,也无转动自由度,只有振动自由度。每个粒子有相互垂直的三个振动自由度,按能均分定理,连动能带势能,每个粒子平均具有热运动能量 $3kT$,故所有固体的摩尔内能都应该是

$$U^{mol} = 3N_A kT = 3RT, \tag{2.46}$$

从而摩尔热容量为❶

$$C^{mol} = 3R \approx 6 \; cal/(mol \cdot K). \tag{2.47}$$

这论断早为实验所确立,称为杜隆(Dulong)–珀替(Petit)定律。在室温下一些固体的摩尔热容量如表 2 – 6 所示。从表中可以看

表 2 – 6 几种固体在室温下的摩尔热容量

物质	C^{mol}/R	物质	C^{mol}/R
铝 Al	3.09	铜 Cu	2.97
金刚石 C	0.68	锡 Sn	3.34
铁 Fe	3.18	铂 Pt	3.16
金 Au	3.20	银 Ag	3.09
镉 Cd	3.08	锌 Zn	3.07
硅 Si	2.36	硼 B	1.26

❶ 对于固体,热膨胀作的功可以忽略,不必区分定体热容量和定压热容量。

出,除金刚石、硅、硼外,各金属的摩尔热容量都与杜隆-珀替定律符合得相当好。这几个例外都是很硬的晶体,硬意味着弹性模量大,从而振动频率 ω 高。与低温下气体类似,它们偏离杜隆-珀替定律同样是因振动能级的离散性在起作用,关于这一点我们也将在下节里作些简短的说明。

§4. 量子气体中粒子按能级的分布

4.1 能级与量子态

本章以上各节讨论的都是经典气体,从本节起将讨论量子气体。第一章 2.2 节里我们曾议论过,按照量子力学,微观粒子能量的取值是离散的。若我们把能量 ε 所取的数值 ε_0、ε_1、ε_2、ε_3、$\cdots$ 从小到大像阶梯一样排列起来,则阶梯的每级叫做一个能级(energy level)。一般说来,粒子的活动空间愈大,其能级的间隔就愈小,即能级的分布愈密。在空间趋于 ∞ 的情形下,能量的分布趋于连续。

量子力学的最基本概念之一是量子态(quantum state),每个量子态由一组完备的"量子数"来表征。这个问题的细节我们不在这里展开,仅仅指出,一个能级上可以有一个量子态,也可以有 $g(g>1)$ 个量子态。对于后者,我们说能级是简并的(degenerate),g 称为简并度(degeneracy)。

打个比方,有座楼房,各层有一定数目的房间,一个人住进各层所需的费用逐层增加。每层相当于一个能级,每间房相当于一个量子态,各层的房间数相当于简并度,住进各层所需费用相当于该能级的能量。

4.2 麦克斯韦-玻耳兹曼分布

在 §2 里我们在连续分布的概念下讨论了热平衡态的分布律 —— 麦克斯韦-玻耳兹曼能量分布律,下面将在离散能级的框架下重新讨论这个问题。固然从经典物理观念出发会视"能级离散性"为异端,然而离散能级把积分化为求和,使数学公式看起来显得简单,对热平衡态概念理解的深化不无好处。

现考虑由 N 个无相互作用粒子组成的系统(如理想气体),设这些粒子是全同的。已知单个粒子的能级和量子态的情况,即各能级 a、b、c、$\cdots$ 的能量 ε_a、ε_b、ε_c、$\cdots$ 和简并度 g_a、g_b、g_c、$\cdots$,试问各能级上粒子数 N_a、N_b、N_c、$\cdots$ 怎样分布? 这就是说,楼房盖好了, 如何分配给大家住?

在总能量 U 给定的条件下, 一般说来,粒子数在各能级上可能有多种分布(见图 2-15),粒子在各能级之间的搬迁(在量子力学中称为跃迁)改变着它们的分布。有没有不变的分布? 有的,那就是与宏观的热平衡态对

应的分布,即热平衡分布,简称平衡分布或热分布。除此之外的分布都是非
热平衡分布,简称非平衡分布或非热分布。怎样求得热平衡分布? 为此先
看平衡分布是怎样达到的。

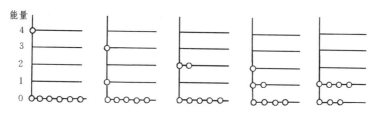

粒子总数 $N = 7$　　总能量 $U = 4$

图 2 – 15 粒子按能级的分布

在第一章里讲的理想气体是经典的,它的微观模型如下: 气体由大量
分子组成,每个分子可看成是弹性球,在大部分时间里它们彼此离得很远,
各按自己的速度和动能依惯性作匀速直线运动,在偶尔的邂逅过程中作弹
性碰撞,相互交换着动量和能量。在这个模型里,分子的能量(动能)连续
取值,即能级是无限稠密的。对于给定的能量,速度或动量可以连续地取空
间各个方向,即每个能级的简并度是 ∞. 我们先利用这样一个经典的模型
来定性地说明气体趋于热平衡的过程。

设想将一高速气流注入到一个盛有同种气体的封闭绝热容器里。停止
注入后,两部分气体分子开始混合。原属高速流的分子多分布在高能级上,
且在同一能级内各量子态上的分布极不平均。通过分子间的碰撞,能量逐
渐从动能大的分子传给动能小的分子(见第一章4.1节),而且分子运动的
方向也朝四面八方散射开来。这就是说,高层的居民开始向下搬迁,把节
省下来的钱交给低层的居民,让他们适当地搬高一些。同时在同一层内居
民也从较拥挤的房间搬到较空旷的房间。这样的过程会持续到什么时候为
止? 实验事实告诉我们,密封在闭合容器里的气体迟早会达到一种宏观性
质不再变化的状态,即热平衡态。在热平衡态下分子在能级之间的跃迁并
不停止,但粒子数按能级的分布却不再改变了。这就是所谓动态平衡。所
以,从微观的角度看,热平衡是动态的平衡。

现在我们来求热平衡分布。我们坚持把粒子的能级和量子态作离散处
理,经典气体可看成是能级密度和简并度趋于无穷的极限情形。设想在某
时刻各能级上的粒子数为 N_a、N_b、N_c、$\cdots$,从而每个量子态上的平均粒子
数为 $n_a = N_a/g_a$, $n_b = N_b/g_b$, $n_c = N_c/g_c$, $\cdots$。气体中粒子因"碰撞"不断发
生着各种跃迁,每个能级上的粒子数随跃迁的过程而改变着。现在考虑某
个能级,譬如说能级 a 上粒子数的时间变化率 dN_a/dt,它与所有涉及能级 a

上粒子的碰撞过程发生的概率有关。

　　为了分析起来简单，我们考虑两体碰撞，一对粒子分别从能级 (a, b) 跃迁到能级 (a', b')，如图 2-16a 所示；此外，每一碰撞过程都有其逆过程，上述过程的逆过程是一对粒子分别从能级 (a', b') 跃迁到能级 (a, b)，如图 2-16b 所示。应注意，因为各能级一般包含多个粒子和多个量子态，上述正、逆过程都是由许多元过程组成的，在单位时间内发生的概率是所有这些元过程

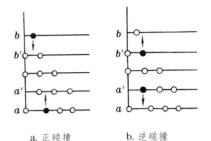

　　　　　　a. 正碰撞　　　　　b. 逆碰撞

图 2-16 碰撞引起的跃迁过程

发生概率之和。由于微观动力学的时间反演不变性，元碰撞过程是可逆的（参见《新概念物理教程·力学》第三章 2.4 节❶），它们具有相同的概率。将上述元过程的概率记作 $\gamma(a, b; a', b')$，下面来计算这类过程的综合概率。

　　先讨论一个粒子从能级 a 跃迁到能级 a' 的过程。在能级 a 上有 N_a 个粒子，能级 a' 上有 g'_a 个量子态，一种朴素的考虑是：每个粒子有 g'_a 个去处供选择，N_a 个粒子共有 $N_a g'_a$ 种方式的跃迁。同理，一个粒子从能级 b 跃迁到能级 b' 有 $N_b g'_b$ 种方式。两跃迁综合起来共有 $N_a N_b g'_a g'_b$ 种方式供选择，即正过程 $(a, b \to a', b')$ 的综合概率为 $\gamma(a, b; a', b') N_a N_b g'_a g'_b = \gamma(a, b; a', b') g_a g_b g'_a g'_b n_a n_b = \Gamma(a, b; a', b') n_a n_b$，这里

$$\Gamma(a, b; a', b') = \gamma(a, b; a', b') g_a g_b g'_a g'_b.$$

同理，逆过程 $(a, b \leftarrow a', b')$ 的综合概率为 $\Gamma(a, b; a', b') n'_a n'_b$。

　　正过程 $(a, b \to a', b')$ 使能级 a 上的粒子数减少，它对 $\mathrm{d}N_a/\mathrm{d}t$ 的贡献是负的；逆过程 $(a, b \leftarrow a', b')$ 使能级 a 上的粒子数增加，它对 $\mathrm{d}N_a/\mathrm{d}t$ 的贡献是正的。正、逆过程合起来的贡献是 $\Gamma(a, b; a', b')(n'_a n'_b - n_a n_b)$。

　　并非任何碰撞过程都是允许的，它们至少得满足动量守恒和能量守恒的条件。如果气体在整体上静止，我们只需考虑能量守恒。能级 a 上粒子数的时间变化率等于所有可能碰撞过程的贡献之和：

$$\frac{\mathrm{d}N_a}{\mathrm{d}t} = g_a \frac{\mathrm{d}n_a}{\mathrm{d}t} = \sum_{b;\, a',b'} \Gamma(a, b; a', b')(n'_a n'_b - n_a n_b), \quad (2.48)$$

此式可称为离散化的玻耳兹曼动理方程（Boltzmann kinetic equation）。因为玻耳兹曼原始的方程是在经典力学的基础上推导的，各变量都连续取

---

　　❶ 在《新概念物理教程·力学》中只讨论了经典的弹性碰撞过程。分子碰撞是在电磁相互作用下发生的跃迁过程，在量子力学中这种过程也是可逆的。

值,形式与此不太一样。

热平衡分布是不随时间改变的分布,即热平衡分布要求所有能级上 $\mathrm{d}n_a/\mathrm{d}t=0$. 由(2.48)式可见,如果对于所有可能的碰撞过程都有

$$n_a' n_b' = n_a n_b, \qquad (2.49)$$

即每种碰撞的正、逆过程相互平衡,则总的平衡可以保证。满足(2.49)式条件的平衡称为细致平衡(detailed balancing)。上面的分析表明,细致平衡可以保证总体的平衡,然而总体的平衡是否一定要求有细致平衡? 4.3 节中的 H 定理将回答这个问题,答案是肯定的。

现在我们试图从细致平衡条件(2.49)式求出平均粒子数分布 n_a 的表达式。碰撞过程必须满足粒子数守恒(即两个粒子碰撞后仍是两个粒子)和能量守恒:

$$\varepsilon_a' + \varepsilon_b' = \varepsilon_a + \varepsilon_b.$$

取(2.49)式的对数:

$$\ln n_a' + \ln n_b' = \ln n_a + \ln n_b, \qquad (2.50)$$

它也具有守恒律的形式,很显然,如果取量子态上平均粒子数的对数为碰撞守恒量的线性函数:

$$\ln n_a = \alpha - \beta \varepsilon_a = \beta(\mu - \varepsilon_a), \quad (\mu = \alpha/\beta) \qquad (2.51)$$

则(2.50)式一定满足。(2.51)式两端取指数,即得我们要求的热平衡分布:

$$n_a = \mathrm{e}^{\beta(\mu-\varepsilon_a)} = C\mathrm{e}^{-\beta \varepsilon_a}, \qquad (2.52)$$

此式就是麦克斯韦–玻耳兹曼分布(MB 分布)的离散能级版本,式中的常数 β 和 μ(或 $C = \mathrm{e}^{\beta\mu}$)由以下归一化条件来求得:

$$\begin{cases} \sum_a N_a = \sum_a g_a n_a = \sum_a g_a e^{\beta(\mu-\varepsilon_a)} = C\sum_a g_a \mathrm{e}^{-\beta \varepsilon_a} = N, & (2.53) \\[2mm] \sum_a N_a \varepsilon_a = \sum_a g_a n_a \varepsilon_a = \sum_a g_a \varepsilon_a e^{\beta(\mu-\varepsilon_a)} = C\sum_a g_a \varepsilon_a \mathrm{e}^{-\beta \varepsilon_a} = U, \end{cases}$$
$$(2.54)$$

式中 N 和 U 分别为气体的总粒子数和总能量。与经典的 MB 分布(2.35)式比较可知 $\beta = 1/kT$(T—— 热力学温度,k—— 玻耳兹曼常量)。μ 称为化学势,它的物理意义将在以后的章节逐步阐明,目前我们权当它是归一化常量 C 的另一种写法。

第一章 1.2 节里"热平衡态"的解说词是"宏观性质不再变化"的状态,从上面的讨论我们看到,这个概念需要精确化:热平衡态是与特定能量分布相联系的,这种分布是在动态过程中达到的,"温度"是这种分布的重要参量,它反映了微观粒子的平均能量。但不是所有宏观状态中都如此,非热平衡分布中可能连"温度"的概念都不存在,自然说不上粒子的平均能量与温度有什么联系。

4.3 H 定理

当玻耳兹曼导出他著名的动理方程后,引进一个 H 函数。(2.48) 式是玻耳兹曼动理方程的离散版本,用这版本的方式书写的话, H 函数定义为

$$H = \sum_a g_a(n_a \ln n_a - n_a). \tag{2.55}$$

求 H 的时间变化率:

$$\frac{\mathrm{d}H}{\mathrm{d}t} = \sum_a \ln n_a \, g_a \frac{\mathrm{d}n_a}{\mathrm{d}t},$$

将 (2.48) 式代入,得

$$\frac{\mathrm{d}H}{\mathrm{d}t} = \sum_a \sum_{b; \, a', b'} \Gamma(a, b; a', b') \ln n_a (n_{a'} n_{b'} - n_a n_b)$$

$$= \sum_{a, b; \, a', b'} \Gamma(a, b; a', b') \ln n_a (n_{a'} n_{b'} - n_a n_b)$$

注意,原来在 (2.48) 式里的碰撞过程 $(a, b \rightleftharpoons a', b')$ 中只对四个能级里的 b、a'、b' 三个求和,未对 a 求和,而在上式中对 a 也求和了。上式最后一步的写法特别强调了四个能级在求和运算时的对称地位。我们知道,对之进行求和的指标叫做"傀标(dummy index)",傀标的符号是可以随意代换的,并不影响运算结果。上式中 a、b、a'、b' 都是傀标,其中 a、b 都代表初态,求和时把能级 a 叫做 b,把 b 叫做 a,是无所谓的,所得结果相同。故有

$$\frac{\mathrm{d}H}{\mathrm{d}t} = \sum_{b, a; \, a', b'} \Gamma(b, a; a', b') \ln n_b (n_{a'} n_{b'} - n_a n_b).$$

因 $\Gamma(b, a; a', b') = \Gamma(a, b; a', b')$,将此式与前式相加除以 2,得

$$\frac{\mathrm{d}H}{\mathrm{d}t} = \frac{1}{2} \sum_{a, b; \, a', b'} \Gamma(a, b; a', b') (\ln n_a + \ln n_b)(n_{a'} n_{b'} - n_a n_b).$$

再将初态的指标 a、b 与末态的指标 a'、b' 对换,有

$$\frac{\mathrm{d}H}{\mathrm{d}t} = \frac{1}{2} \sum_{a', b'; \, a, b} \Gamma(a', b'; a, b) (\ln n_{a'} + \ln n_{b'})(n_a n_b - n_{a'} n_{b'}),$$

由微观过程的可逆性有 $\Gamma(a', b'; a, b) = \Gamma(a, b; a', b')$,也将此式与前式相加除以 2,得

$$\frac{\mathrm{d}H}{\mathrm{d}t} = \frac{1}{4} \sum_{a, b; \, a', b'} \Gamma(a, b; a', b') (\ln n_a + \ln n_b - \ln n_{a'} - \ln n_{b'})$$

$$\times (n_{a'} n_{b'} - n_a n_b)$$

即

$$\frac{\mathrm{d}H}{\mathrm{d}t} = \frac{1}{4} \sum_{a, b; \, a', b'} \Gamma(a, b; a', b') \ln\left(\frac{n_a n_b}{n_{a'} n_{b'}}\right)(n_{a'} n_{b'} - n_a n_b). \tag{2.56}$$

在上式的每一项中当 $n_{a'} n_{b'} - n_a n_b > 0$ 时 $\ln\left(\dfrac{n_a n_b}{n_{a'} n_{b'}}\right) < 0$, $n_{a'} n_{b'} - n_a n_b < 0$

时 $\ln\left(\dfrac{n_a\,n_b}{n_{a'}\,n_{b'}}\right)>0$，$n_{a'}n_{b'}-n_a\,n_b=0$（即达到细致平衡）时 $\ln\left(\dfrac{n_a\,n_b}{n_{a'}\,n_{b'}}\right)=0$. 所以我们永远有

$$\frac{\mathrm{d}H}{\mathrm{d}t}\leqslant 0, \tag{2.57}$$

等式只有在细致平衡时成立。上式称为玻耳兹曼 H 定理，它的意义在于指出：H 函数在任何非平衡分布下总是单调下降的，最后在满足细致平衡的条件下才不再变化。显然这时 H 达到了它的极小值。使 $\mathrm{d}H/\mathrm{d}t=0$，即 H 达到极小值的分布正好是麦克斯韦–玻耳兹曼分布。可见，任何非平衡分布在碰撞过程（或者用量子的语言，粒子在相互作用下的跃迁过程）中都趋向平衡的麦克斯韦-玻耳兹曼分布。

4.4 能级的离散性对热容量的影响

在3.3节和3.4里我们都谈到低温下能均分定理的失效，并指出这是能级的离散性造成的后果。现在我们就定性或半定量地对此作些说明。

（1）气体热容量问题

当能级是离散的时候，热平衡态下粒子数服从麦克斯韦-玻耳兹曼分布（2.52）式：

$$n_a=\mathrm{e}^{\beta(\mu-\varepsilon_a)}=C\mathrm{e}^{-\beta\varepsilon_a},$$

各能级上的粒子数为 $g_a n_a$. 上式中 $C=\mathrm{e}^{\beta\mu}$ 是一归一化常量，能级 ε_a 和简并度 g_a 要由量子力学的理论求出，这里我们直接给出转动能级和振动能级的结果：

$$\begin{cases} \text{转动}\quad \varepsilon_l=l(l+1)\dfrac{\hbar^2}{2I},\quad g_l=2l+1, \\ \qquad l=0,1,2,3,\cdots \\ \text{振动}\quad \varepsilon_n=\left(n+\dfrac{1}{2}\right)\hbar\omega,\quad g_n=1, \\ \qquad n=0,1,2,3,\cdots \end{cases} \tag{2.58} \tag{2.59}$$

式中 I 是双原子分子中两原子绕共同质心的转动惯量，ω 是振动的角频率。以上两式中都有一个表征能级间隔大小的量，即 $\hbar^2/2I$ 和 $\hbar\omega$，它们都具有能量的量纲，在（2.52）式中指数上与参量 β 组合在一起，成为无量纲的量。参量 $\beta=1/kT$，所以我们不妨也将它们看作某个特征温度 Θ，即

$$\begin{cases} k\Theta_{\text{转}}=\hbar^2/2I, \tag{2.60} \\ k\Theta_{\text{振}}=\hbar\omega, \tag{2.61} \end{cases}$$

在表 2-7 里给出一些双原子分子转动、振动能级的特征温度。

表 2-7 某些双原子分子转动、振动能级的特征温度

气体	$\Theta_{\text{转}}/\mathrm{K}$	$\Theta_{\text{振}}/10^3\,\mathrm{K}$
H_2	85.4	6.10
N_2	2.86	3.34
O_2	2.70	2.23
CO	2.77	3.07
NO	2.42	2.69
HCl	15.1	4.14

可以看出，对于振动能级，特征温度一般都在 10^3 K 数量级，从而在常温（10^2 K）下 $\beta k\Theta_{\text{振}}\sim 10$；对于转动能级，除氢和含氢的分子（如 HCl）外，特征温度都大约为 2 K～3 K，比室温低两个数量级，甚

至低于它们的液化点。由于氢原子的质量特别小，从而氢分子的转动惯量 I 也小，$\Theta_{转}$ 特别高，比它的液化点高出 4 倍，但不到室温的 1/3. 在讨论热容量问题时所谓温度的高低，要与这些特征温度来比较。故而为了说明在低温下一些自由度的运动被冻结的理由，把各能级 ε_a 到基态（最低能级 ε_0）的间隔以相应的特征温度 $k\Theta$ 为单位来衡量是很方便的：

$$\text{转动} \quad \frac{\varepsilon_l - \varepsilon_0}{k\Theta_{转}} = l(l+1), \tag{2.62}$$

$$\text{振动} \quad \frac{\varepsilon_n - \varepsilon_0}{k\Theta_{振}} = n. \tag{2.63}$$

所谓"低温"，是指 $T \ll \Theta$，即 $\beta k\Theta \gg 1$. 现在对于转动自由度取 $\beta k\Theta_{转} = \Theta_{转}/T \approx 3$，对于振动自由度取 $\beta k\Theta_{振} = \Theta_{振}/T = 10$，看各能级上粒子数与基态粒子数之比（$g_a n_a/g_0 n_0$）的数量级，数据列于表 2 – 8 中。由此表中的数据可见，在低温下几乎全部粒子都停留在基态上，激发态上的粒子数微乎其微。亦即，这些自由度的运动似乎被"冻结"了，对热容量的贡献可以忽略不计。

表 2 – 8 转动、振动自由度被冻结的情况

氢分子转动能级（略高于液化点 $\beta k\Theta \sim 3$）				氮、氧等分子振动能级（常温下 $\beta k\Theta \sim 10$）			
量子数 l	简并度 $2l+1$	能级间隔 $l(l+1)$	粒子数比 $(2l+1)$ $\times e^{-l(l+1)\beta k\Theta}$	量子数 n	简并度	能级间隔 n	粒子数比 $e^{-n\beta k\Theta}$
0	1	0	1	0	1	0	1
1	3	2	7×10^{-3}	1	1	1	5×10^{-5}
2	5	6	8×10^{-8}	2	1	2	2×10^{-9}
3	7	12	2×10^{-15}	3	1	3	9×10^{-14}
4	9	20	8×10^{-26}	4	1	4	4×10^{-18}

在 $T \gg \Theta$，$\beta k\Theta \ll 1$ 的高温区，能级间隔就显得很小了，我们可以把能级分布看成是连续的，从而一切结果趋于经典情形，能均分定理生效。

总之，在常温下，对于所有双原子分子气体 $\beta k\Theta_{转} \ll 1$，$\beta k\Theta_{振} \gg 1$，因而转动自由度取经典值，振动自由度冻结，故 $C_V^{mol} \approx \frac{5}{2}R$，只有在上千摄氏度的温度下才趋于 $\frac{7}{2}R$. 在略高于液化点的低温区里，除氢气（或含氢的化合物）外，情况与常温同，而氢气的 $\beta k\Theta_{转} \gg 1$，转动自由度也冻结，$C_V^{mol} \approx \frac{3}{2}R$.

（2）固体热容量问题

用经典的能均分定理处理晶格的热容量问题不涉及振动的频谱，但用量子理论时就要知道频谱。在第一章 5.3 节里我们曾提到，这方面最简化的模型，是假定所有粒子具有同样的频率。爱因斯坦率先采用了这个模型。与前面处理气体分子的振动一样，单一频率 ω_E 决定一个特征温度 Θ_E，它们之间的关系是 $k\Theta_E = \hbar\omega_E$，$\Theta_E$ 称为爱因斯坦温度。用统计物理理论推导出来的爱因斯坦固体热容量公式为：❶

---

❶ 可参看，譬如，汪志诚，《热力学·统计物理》，第二版. 北京：高等教育出版社. 1993. 262。

$$C^{mol} = 3R \left(\frac{\Theta_E}{T} \right)^2 \frac{e^{\Theta_E/T}}{(e^{\Theta_E/T} - 1)^2}. \quad (2.64)$$

用此式作 C^{mol}–T 曲线去拟合金刚石的实验数据(最佳拟合的爱因斯坦温度取 Θ_E $=1320$ K),如图 2–17 所示,情况大体上还是不错的,然而在定量上有差距,特别是在低温区,实验测得 $C^{mol} \rightarrow 0$ 的趋势比上式所预言的慢。

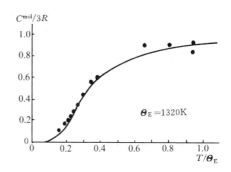

图 2–17 爱因斯坦理论曲线与金刚石热容量的拟合

德拜(Debye)改进了爱因斯坦的理论,他把固体看作连续弹性媒质,简正振动是固体中的声波,其频谱包括一支纵波,两支横波,振动频率从 0 到一个上限 ω_D(德拜频率),它由自由度总数决定。德拜频率规定了一个特征温度 $\Theta_D = \hbar \omega_D / k$,叫做德拜温度。低温区域往往是检验各种固体理论模型的试金石,在 $T \ll \Theta_D$ 的低温极限下,德拜模型给出热容量的渐近规律是 $C^{mol} \propto (T/\Theta_D)^3$ (称为德拜 T^3 律),而爱因斯坦模型所给的渐近规律是 $C^{mol} \propto (\Theta_E/T)^2 e^{-\Theta_E/T}$. 将两模型的理

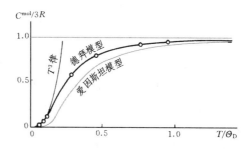

图 2–18 固体热容量量子理论与实验的比较

论曲线和低温实验数据画在一起(图 2–18)即可看出,德拜模型更好地为实验所支持。

4.5 玻色–爱因斯坦分布和费米–狄拉克分布

在 4.2 节中推导麦克斯韦–玻耳兹曼分布时我们用了一个朴素的假设:当一个粒子跃迁到一个新的能级 a 时,它到其上每个量子态的概率都一样,不管该态上原来有没有粒子占据着,因而它的跃迁概率正比于简并度 g_a,与 N_a 无关。实际上这假设并不符合微观粒子的本性。

微观世界是量子力学统治的王国,与宏观世界不同,在这里所有同类粒子是绝对不可分辨的,即所谓微观粒子的全同性。量子王国里物理量取值的离散性是粒子全同性的保证,保证了它们的各种参量,如静质量、电荷、自旋等精确相等;另一方面,海森伯不确定性原理(见第一章 2.2 节)使得粒子轨道的概念不复存在,当粒子彼此靠近时变得不可区分。粒子的全同性决定了量子的统计法只有两种,按这两种统计法所有微观粒子分成两大类:一类叫做玻色子(boson),如光子、π 介子等属之。另一类叫做费米子

表 2 – 9 玻色子和费米子

	玻 色 子				费 米 子					
粒子	光子	介子	胶子	$W^\pm$, Z^0	电子	质子	中子	中微子	μ, τ	夸克
自旋	1	0, 1	1	1	1/2	1/2	1/2	1/2	1/2	1/2

(fermion),如电子、质子、中子等属之。❶ 设能级 a 所属量子态 i 上原有的粒子数为 N_{ai},量子力学告诉我们,对于玻色子,每个新粒子跃迁到其上的概率正比于 $1+N_{ai}$,对于费米子此概率正比于 $1-N_{ai}$,从而跃迁到整个能级 a 的概率正比于 $\sum_{i=1}^{g_a}(1\pm N_{ai})=g_a\pm N_a=g_a(1\pm n_a)$. 下面我们分别看看这两种粒子所表现的行为。

先看玻色子。考虑一个粒子跃迁到量子态 ai 上的概率问题。假定此量子态上已有 N_{ai} 个粒子(譬如说,$N_{ai}=4$),若粒子是可分辨的,我们把这 4 个粒子叫做 ①②③④,把新跳上去的粒子叫做 ⓪。按照上述玻耳兹曼统计法,⓪ 跳上去的概率与 N_{ai} 无关,我们把这时的概率当作 1. 与此事件同时在气体中还可能发生下列四个事件,如图 2 – 19 所示:(1) ⓪②③④ 已在量子态 ai 上,新跳上去的粒子是 ①;(2) ①⓪③④ 已在量子态 ai 上,新跳上去的粒子是 ②;(3) ①②⓪④ 已在量子态 ai 上,准备跳上去的粒子是 ③;(4) ①②③⓪ 已在量子态 ai 上,新跳上去的粒子是 ④。由于各粒子是平等的,这四个事件与最初的那个事件的概率相等,都是 1. 在经典统计法看来,这五个是不同的事件,但对于玻色子来说粒子不可辨,它们都是一个粒子跳上已有 4 个粒子占据的量子态 ai,属同一事件,以上五件事的概率应算在这同一事件的概率之内,故此事件的概率为 $1+N_{ai}=5$.

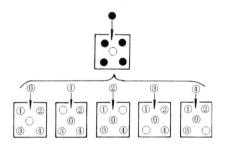

图 2 – 19 玻色子跃迁的概率

再看费米子。费米子服从泡利不相容原理(Pauli exclusion principle),即每个量子态上至多有一个粒子。所以费米子到一个量子态的跃迁概率正比于 $1-N_{ai}$,即它跃迁到空态($N_{ai}=0$)的概率正比于 1,跃迁到已有一个粒子占据的态($N_{ai}=1$)的概率为 0,第二个费米子总被拒之门外。费米

---

❶ 由偶数个费米子组成的复合粒子,如 α 粒子,是玻色子;由奇数个费米子组成的复合粒子,如 ^{3}He 核,是费米子。

统计法是粒子全同性另一种可能的表现。

上面我们用形象化的方式描述了两种量子统计法的跃迁概率,不是正规的推导。在量子力学中这些结论是可用二次量子化的理论严格导出的。[1] 知道了跃迁的概率,我们就可以与4.2节完全平行地推导这两种微观粒子的热平衡分布了。即过程$(a, b \to a', b')$的综合概率为$\gamma(a, b; a', b')$

$$N_a N_b (g_a' \mp N_a')(g_b' \mp N_b') = \gamma(a, b; a', b') g_a g_b g_a' g_b' n_a n_b (1 \mp n_a')(1 \mp n_b')$$
$$= \tilde{\Gamma}(a, b; a', b') \tilde{n}_a \tilde{n}_b, 这里$$

$$\tilde{\Gamma}(a, b; a', b') = \gamma(a, b; a', b') g_a g_b g_a' g_b'$$
$$\times (1 \mp n_a)(1 \mp n_b)(1 \mp n_a')(1 \mp n_b'),$$

$$\tilde{n}_a = \frac{n_a}{1 \mp n_a}, \quad \tilde{n}_b = \frac{n_b}{1 \mp n_b}, \quad \cdots\cdots.$$

正、逆两过程$(a, b \leftrightarrows a', b')$合起来对$\mathrm{d}N_a/\mathrm{d}t$的贡献是$\tilde{\Gamma}(a, b; a', b')$ $(\tilde{n}_a' \tilde{n}_b' - \tilde{n}_a \tilde{n}_b)$。代替玻耳兹曼方程(2.48)式的是

$$\frac{\mathrm{d}N_a}{\mathrm{d}t} = g_a \frac{\mathrm{d}n_a}{\mathrm{d}t} = \sum_{b; a', b'} \tilde{\Gamma}(a, b; a', b')(\tilde{n}_a' \tilde{n}_b' - \tilde{n}_a \tilde{n}_b), \quad (2.65)$$

细致平衡的条件为

$$\tilde{n}_a' \tilde{n}_b' = \tilde{n}_a \tilde{n}_b, \quad (2.66)$$

取(2.66)式的对数:

$$\ln \tilde{n}_a' + \ln \tilde{n}_b' = \ln \tilde{n}_a + \ln \tilde{n}_b, \quad (2.67)$$

与(2.51)式类似地,我们有

$$\ln \tilde{n}_a = \alpha - \beta \varepsilon_a = \beta(\mu - \varepsilon_a), \quad (2.68)$$

由此得

$$\tilde{n}_a = \frac{n_a}{1 \mp n_a} = \mathrm{e}^{\beta(\mu - \varepsilon_a)},$$

从中可将n_a解出

$$n_a = \frac{\mathrm{e}^{\beta(\mu - \varepsilon_a)}}{1 \pm \mathrm{e}^{\beta(\mu - \varepsilon_a)}},$$

或

$$\begin{cases} n_a = \dfrac{1}{\mathrm{e}^{\beta(\varepsilon_a - \mu)} - 1}, & (玻色子) \quad (2.69) \\[3mm] n_a = \dfrac{1}{\mathrm{e}^{\beta(\varepsilon_a - \mu)} + 1}, & (费米子) \quad (2.70) \end{cases}$$

(2.69)式称为玻色–爱因斯坦分布(Bose-Einstein distribution,简称BE分布),(2.70)式称为费米–狄拉克分布(Fermi-Dirac distribution,简称FD分布),两式中的常数μ和β由以下归一化条件来求得:

---

[1] 参见曾谨言,《量子力学》卷 Ⅱ,北京:科学出版社. 1993,第三章。

$$\begin{cases} \sum_a N_a = \sum_a g_a n_a = \sum_a \dfrac{g_a}{e^{\beta(\varepsilon_a - \mu)} \pm 1} = N, & (2.71) \\[4mm] \sum_a N_a \varepsilon_a = \sum_a g_a n_a \varepsilon_a = \sum_a \dfrac{g_a \varepsilon_a}{e^{\beta(\varepsilon_a - \mu)} \pm 1} = U, & (2.72) \end{cases}$$

我们将会看到,对于这两种量子统计分布仍有 $\beta = 1/kT$, μ 为化学势。用归一化条件从 U 和 N 求 μ 和 kT 并不简单,一般要经过复杂的数值计算。为了让读者有个大致的概念,这里先给出计算的结果。通常以数密度 $n = N/V$ 和温度 kT 作为自变量来表示化学势 μ 和能量密度 $u = U/V$ 的。在图 2 – 20 和 2 – 21 对于三种统计分布给出这样的曲线,进一步的说明见以下两节。

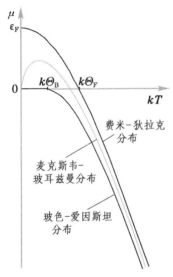

图 2 – 20 化学势与温度的关系

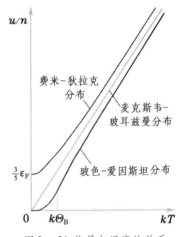

图 2 – 21 能量与温度的关系

从这两种量子统计回过头看,经典的麦克斯韦-玻耳兹曼分布(MB 分布)是它们在 $n_a \ll 1$ 情形下的近似,因这时 $1 \mp n_a \approx 1$, $\tilde{n}_a \approx n_a$,(2.69)、(2.70) 式过渡到(2.52) 式。温度升高时粒子更多地分布到能量较高的能级上,从而使布居在每个能级上的粒子数 n_a 减小,图 2 – 20 和图 2 – 21 中的曲线也都显示,麦克斯韦-玻耳兹曼分布是两种量子统计在高温下的渐近归宿。

在 4.3 节里我们证明了麦克斯韦-玻耳兹曼分布情形的 H 定理。对于费米子和玻色子,H 函数应定义为

$$H = \sum_a g_a \big[n_a \ln n_a \pm (1 \mp n_a) \ln(1 \mp n_a) \big]. \qquad (2.73)$$

由此式和(2.65) 式同样可以证明 H 定理(2.57) 式成立。这问题将不在这里讨论,留给读者自己去推导(思考题 2 – 29)。

§5. 费米气体

5.1 $T=0\,\mathrm{K}$ 时的简并费米气体

我们从 $T=0\,\mathrm{K}$ 的情况出发。对于费米子，由于泡利不相容原理，每个量子态上只能容纳一个粒子，粒子从能量最低的量子态填充起，一级一级地填充上去，直到排完为止。这是在泡利不相容原理允许下总能量最低的唯一可能性。就这样，粒子填满了从 0 到某一最高能量 ε_F 的所有能级。ε_F 称为费米能。理想气体中粒子的能量主要是平动动能，它对应于一定的动量 p. 与费米能 ε_F 对应的动量 p_F 叫做费米动量。

以上分析也反映在费米-狄拉克分布函数 (2.70) 式上❶

$$n(\varepsilon) = \frac{1}{\mathrm{e}^{(\varepsilon-\mu)/kT}+1} \xrightarrow{T=0\,\mathrm{K}} \begin{cases} 0, & \varepsilon > \mu \\ 1, & \varepsilon < \mu \end{cases} \qquad (2.74)$$

显然，这里的 μ 就是费米能 ε_F，即 $T=0\,\mathrm{K}$ 时的化学势 $\mu_0 = \varepsilon_F$，低于这个能量分布函数呈高度为 1 的平台，到了这个能量分布函数又突然下了个台阶降到 0，如图 2-22 所示。这时费米气体处于高度简并状态。

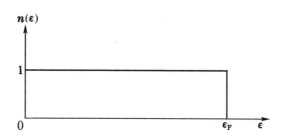

图 2-22 简并理想费米气体中的粒子分布 $(T=0\,\mathrm{K})$

费米气体中的粒子即使在绝对 0 度下也在激烈地运动着，形成一定的内能和动理压强，后者称为简并压 (degeneracy pressure)。令粒子的平均动能为 $\bar{\varepsilon}$，则内能密度

$$u = n\bar{\varepsilon},$$

据第一章 4.2 节的推导，简并压强为

$$\begin{cases} \text{非相对论性情形} \quad p = \dfrac{2}{3}n\bar{\varepsilon}, & (1.29\mathrm{N}) \\[2mm] \text{极端相对论性情形} \quad p = \dfrac{1}{3}n\bar{\varepsilon}, & (1.29\mathrm{R}) \end{cases}$$

显然，粒子的平均动能 $\bar{\varepsilon} \propto \varepsilon_F$. 这里我们不加推导地给出：

---

❶　$\varepsilon > \mu$ 时 $\mathrm{e}^{(\varepsilon-\mu)/kT} \xrightarrow{T\to 0\,\mathrm{K}} \mathrm{e}^{+\infty} = \infty,\ n(\varepsilon) \to 1/(\infty+1) = 0$;

　　$\varepsilon < \mu$ 时 $\mathrm{e}^{(\varepsilon-\mu)/kT} \xrightarrow{T\to 0\,\mathrm{K}} \mathrm{e}^{-\infty} = 0,\ n(\varepsilon) \to 1/(0+1) = 1.$

$$\begin{cases} 非相对论性情形 \quad \bar{\varepsilon} = \frac{3}{5}\varepsilon_F, & (2.75N) \\[2mm] 极端相对论性情形 \quad \bar{\varepsilon} = \frac{3}{4}\varepsilon_F, & (2.75R) \end{cases}$$

于是 $T=0\,\mathrm{K}$ 时的简并压强为

$$\begin{cases} 非相对论性情形\ p_0 = \frac{2}{3}\cdot\frac{3}{5}n\varepsilon_F = \frac{2}{5}n\varepsilon_F, & (2.76N) \\[2mm] 极端相对论性情形\ p_0 = \frac{1}{3}\cdot\frac{3}{4}n\varepsilon_F = \frac{1}{4}n\varepsilon_F. & (2.76R) \end{cases}$$

5.2 $T>0\,\mathrm{K}$ 时的简并费米气体

现在看温度 $T>0\,\mathrm{K}$ 的情况。由于泡利不相容原理,费米能级下面的粒子只能跃迁到高于费米能级的空能级上,同时在自己原来所在能级上留下一个空位,此即通常所说的"粒子-空穴对(particle-hole pair)"。

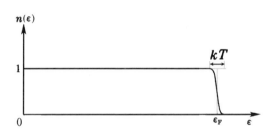

图 2-23 简并 理想费米气体中的粒子分布($T>0\,\mathrm{K}$)

在温度不高, 即 $kT\ll\varepsilon_F$ 的情况下, 由于用来激发粒子到高能级的能量一般只有 kT 的数量级,粒子-空穴对只能在费米能级上下宽度为 kT 的狭窄范围内形成,将费米分布台阶的棱角磨圆,形成有一定坡度的过渡带,带宽为 kT 的数量级(见图 2-23)。随着温度的升高,此过渡带逐渐加宽。可以预期,当温度 T 达到乃至大大超过 ε_F/k 的数量级时,费米分布的整个平台就垮掉了,气体的简并解除。所以, ε_F/k 是费米气体的一个特征温度,即费米简并温度,我们将它记作 Θ_F:

$$\Theta_F = \varepsilon_F/k, \qquad (2.77)$$

前已指出, $T=0\,\mathrm{K}$ 时化学势 $\mu=\varepsilon_F$,随着温度升高, μ 将下降。大约在 $T=\Theta_F$ 时, μ 下降到 0. 温度继续升高时, μ 变为负的, 继续下降。当温度远大于 Θ_F 时, μ 渐近地趋于经典气体的化学势。经典气体服从麦克斯韦-玻耳兹曼分布, 在体积给定的条件下, 其化学势 $\mu_{MB}\propto -kT\ln kT$.

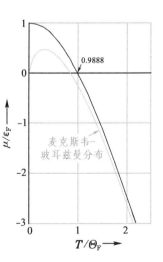

图 2-24 费米气体化学势随温度变化的曲线

费米气体的化学势随着温度变化的曲线示于图 2 – 24。

现在看费米气体的能量（内能）。前已指出，$T=0\,K$ 时费米气体中粒子的平均动能 $\bar{\varepsilon} \propto \varepsilon_F$（对于非相对论情形，$u/n = \bar{\varepsilon} = \frac{3}{5}\varepsilon_F$）。随着温度升高 $u/n = \bar{\varepsilon}$ 将增高。当温度远大于 Θ_F 时 $u/n = \bar{\varepsilon}$ 渐近地趋于经典气体的 $\bar{\varepsilon}_{MB} = \frac{3}{2}kT$. 费米气体的能量随温度变化的曲线示于图 2–25。

下面我们要关心的问题是，费米能 ε_F 和费米简并温度 Θ_F 与气体的状态有怎样的关系。在这里重要的参量的粒子的数密度 $n = N/V$. 在统计物理学中有 ε_F 和 Θ_F 依赖 n 的函数关系的推导，这里我们用第一章 2.2 节提到过的海森伯不确定度关系作些定性半定量的探讨。

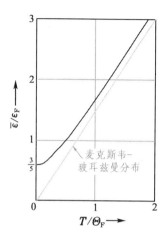

图 2–25 费米气体能量
随温度变化的曲线

5.3 粒子之间的量子关联与量子简并

考虑一对粒子 1 和 2，用位矢 r_1、r_2 来描述它们的空间位置，令 $\mathscr{F}(r_1)$ 和 $\mathscr{F}(r_2)$ 代表它们在空间出现的概率密度，$\mathscr{F}(r_1, r_2)$ 代表粒子 1、2 分别出现在 r_1、r_2 附近单位体积内的联合概率。在经典物理中，如果粒子间没有相互作用，它们在空间出现的概率分布彼此独立。用数学式子来表达，就是联合概率等于单个粒子概率的乘积：

$$\mathscr{F}(r_1, r_2) = \mathscr{F}(r_1)\mathscr{F}(r_2) \quad 或 \quad \mathscr{F}(r_1, r_2) - \mathscr{F}(r_1)\mathscr{F}(r_2) = 0.$$

如果粒子间有相互作用，一个粒子的存在将影响其它粒子在其附近出现的概率。我们说，粒子的概率分布有关联（corelation），关联函数定义如下：

$$\mathscr{C}(r_1, r_2) \equiv \mathscr{F}(r_1, r_2) - \mathscr{F}(r_1)\mathscr{F}(r_2). \tag{2.78}$$

若粒子之间存在吸引力，其它粒子出现在某个粒子附近的概率较远处大，则 $\mathscr{C}(r_1, r_2) > 0$；若粒子之间存在排斥力，其它粒子出现在某个粒子附近的概率较远处小，则 $\mathscr{C}(r_1, r_2) < 0$；若粒子之间无相互作用，$\mathscr{C}(r_1, r_2) = 0$. 在粒子分布均匀各向同性的情况下，关联函数 $\mathscr{C}$ 与粒子的相互方位无关，只与它们之间的间距 $r_{12} = |r_1 - r_2|$ 有关，即

$$\mathscr{C}(r_1, r_2) = \mathscr{C}(r_{12}), \tag{2.79}$$

一般说来 $\mathscr{C}(r_{12})$ 随距离 r_{12} 的增大而减小（虽然不一定是单调递减的），当 r_{12} 超出粒子间相互作用力程时 $\mathscr{C}(r_{12}) \to 0$. 这个长度称为关联长度。

    微观粒子具有波粒二象性(参见《新概念物理教程·量子物理》第一章 §2),其位置(空间坐标)x 和动量 p 有一定的量子涨落,它们的取值不能被同时确定下来,其不确定度 Δx 和 Δp 服从第一章2.2节提到过的海森伯不确定度关系:

$$\Delta x \Delta p \approx h = 2\pi\hbar, \tag{1.20}$$

由于这种不确定性,粒子"轨道"的概念已不适用,或者用一种准经典 (quasi-classical)的眼光来看,认为粒子的轨道有些模糊,有一定的弥散度。即使粒子之间没有经典意义下的相互作用,当它们弥散的轨道在空间发生一定程度的重叠时,粒子的概率分布也有一定的关联,这种关联叫做量子关联。海森伯不确定度关系式里的 Δx 在数量级上可看做是这种量子关联的长度,当 r_{12} 大过 Δx 时量子关联 $\mathscr{C}(r_{12}) \to 0$,粒子将显示经典的行为。

    那么,什么因素影响着动量的不确定度 Δp 呢? 温度就是一个。在理想气体中平均平动动能 $\overline{p^2/2m}$(或相对论情形 $\overline{cp}$)$= \dfrac{3}{2}kT$,我们可以认为,为此式所决定的 p 就是温度造成动量不确定度 Δp 的数量级:

$$\Delta p \sim \sqrt{3mkT} \quad (\text{或相对论情形} \sim 3kT/2c), \tag{2.80}$$

由此,按海森伯不确定度关系,位置的不确定度,即量子关联长度,为

$$\Delta x \approx \frac{2\pi\hbar}{\Delta p} \sim \frac{2\pi\hbar}{\sqrt{3mkT}}, \tag{2.81N}$$

$$\left(\text{或相对论情形} \sim \frac{4\pi c\hbar}{3kT}\right). \tag{2.81R}$$

    设气体中粒子的数密度为 $n = N/V$(N—— 粒子总数,V—— 体积),粒子平均占有的体积为 $n^{-1} = V/N$,粒子之间的平均距离为 $n^{-1/3}$。如果由上式所决定的量子关联长度大于此距离,则几乎所有粒子都处于强烈的量子关联之中,整个气体必表现出显著的量子特征。我们把这种表现出显著量子特征的气体称做简并气体(degenerate gas),相应的特征温度称做简并温度(degeneracy temperature)。令上式中的 $\Delta x = n^{-1/3}$,$T =$ 简并温度 Θ,略去所有纯数值系数,即可得到简并温度的参量依赖关系:

$$\Theta \sim \frac{\hbar^2 n^{2/3}}{mk}, \tag{2.82N}$$

$$\left(\text{或相对论情形} \sim \frac{c\hbar n^{1/3}}{k}\right). \tag{2.82R}$$

以上结论对费米气体和玻色气体都适用。对于费米气体,严格的统计物理理论推导给出

$$k\Theta_{\mathrm{F}} = \varepsilon_{\mathrm{F}} = \begin{cases} \left(\dfrac{6\pi^2}{g}\right)^{2/3} \dfrac{\hbar^2 n^{2/3}}{2m} = \dfrac{7.596}{g^{2/3}} \dfrac{\hbar^2 n^{2/3}}{m}, & (\text{非相对论性情形}) \quad (2.83\mathrm{N}) \\ \left(\dfrac{6\pi^2}{g}\right)^{1/3} c\hbar n^{1/3} = \dfrac{3.898}{g^{1/3}} c\hbar n^{1/3}, & (\text{极端相对论性情形}) \quad (2.83\mathrm{R}) \end{cases}$$

式中 g 为因粒子自旋引起的简并度。对于自旋为 $1/2$ 的费米子 $g=2$，上式可写为

$$k\Theta_F = \varepsilon_F = \begin{cases} 4.785\,\dfrac{\hbar^2 n^{2/3}}{m}, & \text{(非相对论性情形)} & (2.84\text{N}) \\[3mm] 3.094\,c\hbar n^{1/3}, & \text{(极端相对论性情形)} & (2.84\text{R}) \end{cases}$$

再结合 (2.76) 式我们得到 $T=0\,\text{K}$ 时的简并压公式：

$$p_0 = \begin{cases} \dfrac{2}{5}n\varepsilon_F = 1.914\,\dfrac{\hbar^2 n^{5/3}}{m}, & \text{(非相对论性情形)} & (2.85\text{N}) \\[3mm] \dfrac{1}{4}n\varepsilon_F = 0.774\,c\hbar n^{4/3}. & \text{(极端相对论性情形)} & (2.85\text{R}) \end{cases}$$

5.4 金属中的自由电子气

金属中的自由电子可看成是理想费米气体，先估算一下它的费米温度 Θ_F. 假定固体中每个原子贡献一个自由电子，则 $n=3\times10^{28}/\text{m}^3$. 电子的质量 $m=0.9\times10^{-30}\,\text{kg}$，由自旋引起的简并度 $g=2$，$g^{-2/3}\approx0.6$，按 (2.84N) 式算来，$\Theta_F\approx4\times10^4\,\text{K}$，比室温大两个数量级。显然这时经典理论已完全不能用，必须用量子的费米统计来分析它。作为 0 级近似，对于远小于 Θ_F 的温度 T 都可看作近似是绝对 0 度。所以对于金属中的自由电子，室温也可看作绝对 0 度。

现在让我们来估算一下金属中自由电子气的简并压。按 (2.85N) 式计算，简并压 $p_0 \approx 7\times10^9\,\text{Pa}\approx7\times10^4\,\text{atm}$.

在《新概念物理教程·力学》第五章 1.2 节末尾我们曾提到，"… 一个引人注目的现象是，尽管各种材料的软硬可以差别很大，它们的弹性模量却差不多同为 $10^{10}\,\text{Pa}$（约 $10^5\,\text{atm}$）的数量级。个中的奥秘需要用量子理论来解释，…"。我们先把一些金属材料体弹性模量 K 的数据引在下表中：

表 2 – 10 几种金属材料的体弹性模量

材 料	Li	Na	K	Al	Fe	Cu	Ag	Au
$K/10^{10}\text{Pa}$	1.21	0.83	0.40	7.8	16.7	16.1	10.4	16.9

从量子理论看，各种材料抗压缩的基本原因就是原子中外层电子的费米简并压。压缩系数 κ 的定义是

$$\kappa = \lim_{\Delta p\to0}\frac{1}{V}\left|\frac{\Delta V}{\Delta p}\right| = -\frac{1}{V}\frac{\partial V}{\partial p}. \tag{2.86}$$

对于简并的电子气，压强与体积的关系由 (2.85N) 式决定，即 $p\propto n^{5/3}=\left(\dfrac{N}{V}\right)^{5/3}\propto V^{-5/3}$，倒过来，$V\propto p^{-3/5}$，故 (2.86) 式给出

$$\kappa = \frac{3}{5p},$$

体弹性模量 K 定义为压缩系数 κ 的倒数，故

$$K = \frac{1}{\kappa} = \frac{5}{3}p. \tag{2.87}$$

把上面估算的简并压数值代入，刚好得 $K=10^{10}\,\text{Pa}\approx10^5\,\text{atm}$. 这就是对各种物质材料弹性模量的数量级如此整齐划一的解释。从表 2 – 10 里的数据看，我们的理论值对碱金

属适用得特别好，对其它金属小了一个多数量级。这是因为我们是用每个原子有一个自由电子的模型来估算简并压的，非碱金属原子中的外层电子不止一个，简并压应当更大些。

5.5 白矮星[❶]

在上节里我们看到，由于原子内电子的简并压，金属材料的体弹性模量普遍具有 $10^{10} \sim 10^{11}$ Pa 的数量级。其实这结论不限于金属，对固体和液体等一切凝聚体都适用。所以外界压强不到这个数量级，固体和液体的密度不会发生显著的变化。在我们星球上的天然环境里，只有地心附近才有这样大的压强，可以期望，在那里物质的密度会有明显的增大。的确，据地球物理学家估计，地心处铁的密度是 13 g/cm³，而在平常的环境下只有 7.86 g/cm³. 不过，在这样的条件下，密度值仍没有数量级的变化。亦即，在地球上物质密度的最大数量级也不过每立方厘米一二十克。然而这并不表明，宇宙间物质密度的数量级仅限于此。

天狼星是我们的天空中最明亮的恒星，1862 年天文上发现它有一颗暗淡的伴星，叫天狼星 B。根据它对天狼星运动的影响估计，其质量与太阳同数量级，但它的光度却比它明亮的伙伴小 4 个数量级。人们曾经假定它的温度很低，是一颗冷红星。使人震惊的事情发生在 1914 年，天文学家考查了这颗伴星的光谱，惊讶地发现这颗星并不冷，发的光是白色的，表面温度有 8000 K，比太阳的温度还高 2000 K. 怎样解释它的光度却如此之小呢？唯一的可能是它的直径很小，当初估计只有太阳的 2.7% 左右，从而密度有 6 ×10⁴ g/cm³ 之多，比地球上物质的最大密度大 3000 倍！[❷] 这是人们发现的第一颗"白矮星"。后来陆续发现许多白矮星，有的密度比这还要大得多。

什么力量把白矮星压缩到非常高的密度？是万有引力。恒星是自引力系统，这样的系统是不稳定的[见《新概念物理教程·力学》(第二版) 第七章 3.4 节]，没有其它因素与之抗衡，星球就要坍缩。正常的恒星不坍缩，是因为它们的内部有能源(热核聚变)，产生大量的光和热，与引力抗衡。当能源耗尽时，引力将使星球收缩。在经典物理学中没有阻止这种坍缩的机制，阻止引力坍缩的第一道防线是电子的简并压。现在让我们来考查一下，随着星球的收缩，简并压和引力压强变化的情况。

(2.85N) 式告诉我们，电子的简并压 $p_{简}$ 正比于 $n^{5/3}$，在星体总质量 M 不变的情况下，电子总数 N 不变，故其数密度 n 反比于星球的体积 V，而 V 正比于星球半径 R 的三次方。所以 $p_{简} \propto n^{5/3} \propto V^{-5/3} \propto R^{-5}$. 此外，若讨论不同质量的星球，则 $n \propto M$，$p_{简} \propto M^{5/3}$. 总之，

$$p_{简} \propto M^{5/3}/R^5. \tag{2.88}$$

现在考虑引力在星球内部产生的压强。考虑半径从 r 到 $r+dr$ 的一层。这层物质上、下的压差为

$$dp_{引} = -\rho g\, dr = -\frac{4\pi R^3 M g}{3}\, dr,$$

---

❶ 有关白矮星和中子星，可参看 S. L. Shapiro, S. A. Teukolsky, *Black Holes, White Dwarfs and Neutron Stars: The Physics of Compact Objects*, Wiley-Interscience, New York, 1983.

❷ 有关天狼星 B 的半径，20 世纪 20 年代的估计比实际大了 4 倍，1979 年的测定值为太阳半径的 0.74%，1978 年测定其质量是太阳的 1.053 倍，从而其密度是 3.8 × 10⁶ g/cm³，是地球上物质最大密度的十几万倍。

式中的负号表示压强随半径的缩小而增大，g 为该处的引力加速度，$\rho = 3M/4\pi R^3$ 是星体的密度（假定星球的密度是均匀的 ❶）。有球体的引力场理论知［参见《新概念物理教程·力学》（第二版）第七章 4.1 节 (7.39) 式］

$$g = \frac{GMr}{R^3},$$

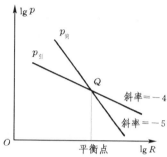

从而　　　　　　　$\mathrm{d}p_{引} = -\frac{3GM^2}{4\pi R^6}\,r\,\mathrm{d}r.$

将上式积分

$$p_{引}(R) - p_{引}(0) = -\frac{3GM^2}{4\pi R^6}\int_0^R r\,\mathrm{d}r = -\frac{3GM^2}{8\pi R^4}.$$

因在星球表面引力压强 $p_{引}(R) = 0$，故星球中心的引力压强为

$$p_{引} = p_{引}(0) = \frac{3GM^2}{8\pi R^4} \propto M/R^4. \qquad (2.89)$$

图 2 - 26　白矮星中的
电子简并压与引力压强

如图 2–26 用对数坐标作压强与星球半径之间函数关系的图解，$\lg p_{简}$–$\lg R$ 为斜率=–5 的直线，而 $\lg p_{引}$–$\lg R$ 为斜率=–4 的直线。当星球缩小时，$p_{简}$ 比 $p_{引}$ 增加得快，两条直线有个交点 Q，它代表电子简并压与引力的平衡点，与之对应的半径 R 是平衡半径，它反比于 $M^{1/3}$。如果平衡点所代表的状态就是白矮星，平衡半径是白矮星的半径，则恒星的质量愈大，坍缩成的白矮星就愈小，密度就愈大。

5.6 中子星

5.5 节所述白矮星的理论对恒星的质量没有限制，似乎任何质量的恒星在核燃料耗尽后都坍缩成白矮星。这是不对的。因为随着星球的坍缩，简并电子气由非相对论性的向相对论性的过渡，简并压的表达式由 (2.85N) 式向 (2.85R) 式过渡，后者给出

$$p_{简} \propto \frac{M^{4/3}}{R^4}, \qquad (2.90)$$

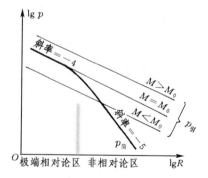

即 $\lg p_{简}$–$\lg R$ 曲线的斜率由 –5 向 –4 过渡（见图 2 – 27），在极端相对论段与 $\lg p_{引}$–$\lg R$ 的直线平行。若原来恒星的质量 M 较小，$\lg p_{引}$–$\lg R$ 直线较低，它可以在非相对论区和 $\lg p_{简}$–$\lg R$ 曲线相交而找到平衡点。若原来的 M 较大，随着 M 的增大，简并压的相对段正比于 $M^{4/3}$，

图 2 – 27　钱德拉塞卡极限

而引力产生的压强正比于 M^2，即 $p_{引}$ 增长得比 $p_{简}$ 快。当 M 超过某临界值 M_0 时，$\lg p_{引}$–$\lg R$ 直线不再与 $\lg p_{简}$–$\lg R$ 曲线相交（见图 2 – 27），亦即，此时因电子的简并压太小而使引力找不到平衡点，其后果是白矮星继续坍缩下去。

电子简并压被摧垮后，还有抵挡引力坍缩的防线吗？有的，是中子简并压。当强大

---

❶　实际上星球密度并不均匀，但用均匀的假设得到的结果数量级差不多。

的引力把相对论性的简并电子气压向原子核,电子 e^- 开始与那里的质子 p 发生逆 β 衰变而化作中子 n 和中微子 ν_e:

$$e^- + p \to n + \nu_e.$$

这过程使星球内的原子核由普通的核变为富中子核。原子核中出现过多的中子,就会使核结构变得松散。在 $\varepsilon_F \approx m_0 c^2$ 的情形下白矮星的密度达到 10^8g/cm^3 的数量级。当密度超过 $4 \times 10^{11} \text{g/cm}^3$ 时,中子开始从原子核中分离出来,成为自由中子。当密度达到 $4 \times 10^{14} \text{g/cm}^3$ 时(这相当于原子核的密度),物质中的原子核大部分瓦解,形成自由中子气体。这种由中子气构成的星球,叫做中子星。❶

让我们来估算一下恒星坍缩为中子星的临界质量 M_0. 首先要找简并压公式 (2.85R) 里电子数密度 n 与星球质量 M 的关系。在一个原子里有 Z(原子序数)个电子,❷ 它的核里有 A(原子量)个核子(质子和中子)。在原子中电子的质量可以忽略,

---

❶ 如前所述,白矮星是在天文学家还不知道它是什么的情况下发现的,物理学家在它被发现之后才有简并气体的概念。中子星的发现与此情况不同,早在 1932 年发现中子不久,朗道(L. D. Landau)即提出由中子组成致密星的设想。1934 年巴德(W. Baade)和茨威基(F. Zwicky)也提出中子星的概念,并指出中子星可能产生于超新星爆发。1939 年奥本海默(J. R. Oppenheimer)和沃尔科夫(G. M. Volkoff)通过计算建立了第一个中子星的模型。但是在观测上找到中子星,却是 30 年后的事情。

1967 年 10 月,英国剑桥的一位研究生贝尔(J. Bell)和她的导师休伊什(A. Hewish)发现一个奇怪的射电源,它以非常稳定的周期 1.337 s 发射脉冲讯号。不久,这类完全新奇的射电源被命名为脉冲星(pulsar)。1968 年秋,天文学家几乎同时发现:蟹状星云和船帆座(Vela)里的脉冲星都是超新星爆发的遗迹。经过多方认证,脉冲星就是理论物理学家早已预言的中子星。脉冲星的发现震动了天文学界和物理学界,被誉为 20 世纪 60 年代天文学四大发现之一,休伊什于 1974 年获得诺贝尔物理学奖。

近年来所有天文学和天体物理学的书籍对脉冲星或中子星都有介绍,《新概念物理教程·力学》(第二版)中提到它们的地方有第四章 1.2 节和第七章 4.2 节,读者都可以参考。

❷ 这里我们把原子中的全部电子都算进去,而不是只考虑外层电子。原子内电子与电子、以及电子与原子核之间有静电作用,本来不能看作是理想气体。然而简并的费米气体有个很奇特的性质,即密度愈大愈像理想气体。这是因为静电的库仑能 $\propto Ze^2/r \propto 1/r$,式中 Z 为原子序数,即每个原子中的电子数;e 为电子电荷,r 为电子到核的平均距离,在数量级上等于原子的半径。把原子内的全部电子都考虑进去,则在它的体积(数量级为 r^3)里有 Z 个电子,于是电子的数密度 $n \sim Z/r^3$,即 $r \sim (Z/n)^{1/3}$,从而

$$\text{库仑能} \propto \left(\frac{n}{Z} \right)^{1/3}.$$

然而,费米能量

$$\varepsilon_F \propto n^{2/3},$$

随着密度 n 的增大,ε_F 比库仑能增长得快,两者之比会愈来愈大。当密度大到一定程度,ε_F 远超过库仑能时,在热力学问题上后者就可以不考虑了。具体的数量级估算告诉我们,当电子密度比固体中大 3 个多数量级,即 $n \gg 5 \times 10^{31}/\text{m}^3$ 时,原子中的库仑能即可忽略。在白矮星内这条件是满足的,故在那里全部电子可看成是高度简并的理想费米气体。

令 m_N 代表核子的质量, 则一个原子的质量为 Am_N, 故星球里共有 M/Am_N 个原子, $N = ZM/Am_N$ 个电子. 于是

$$n = \frac{N}{V} = \frac{ZM}{Am_N} \frac{3}{4\pi R^3}.$$

由 (2.85R) 式知星球内的电子简并压为

$$p_{简} = 0.774 \left(\frac{3ZM}{4\pi Am_N} \right)^{4/3} \frac{c\hbar}{R^4}, \tag{2.91}$$

令它和 (2.89) 式中的 $p_{引}$ 相等:

$$0.774 \left(\frac{3ZM}{4\pi Am_N} \right)^{4/3} \frac{c\hbar}{R^4} = \frac{3GM^2}{8\pi R^4},$$

满足此式的质量 M 即为白矮星的临界质量 M_0, 它等于

$$M_0 = \frac{3}{4} \sqrt{\frac{\pi}{g}} \left(\frac{Z}{Am_N} \right)^2 \left(\frac{c\hbar}{G} \right)^{3/2}.$$

取 $g = 2$, $Z/A = 1/2$,[1] 则有 $M_0 = 8.8 \times 10^{29}$ kg. 太阳的质量约为 $M_\odot \approx 2 \times 10^{30}$ kg, 故 $M_0 \approx 0.44 M_\odot$. 这便是按均匀密度计算得到的结论, 它只定性地成立. 按非均匀模型推导, 从内到外随着密度的减小, 电子气由相对论性向非相对论性过渡, 所得严格的结果是[2]

$$M_0 = 1.44 M_\odot, \tag{2.92}$$

此极限是印度学者钱德拉塞卡 (S. Chandrasekhar) 于 1933 年提出的, 称为钱德拉塞卡极限。50 年后, 他因此项工作获得 1983 年的诺贝尔物理学奖。[3]

---

❶ 除氢外, 这是原子序数在铁 ($Z = 26$, $A = 56$) 以前所有元素近似满足的关系式。

❷ 可参看 M. Schwarzschild, *Structure and Evolution of the Stars*, Princeton University Press, 1958.

❸ 关于钱德拉塞卡极限的提出, 有一段有趣的轶事。爱丁顿爵士 (Sir A. S. Eddington) 是英国有威望的天文学家。1930 年钱德拉塞卡在印度马德拉斯 (Madras) 大学毕业后, 立即进入英国剑桥的三一学院。在此同时, 他因在一次物理竞赛中获胜而被奖给一本爱丁顿写的书《恒星内部组成》, 这本书引起了他很大的兴趣。爱丁顿在书中宣称: 所有恒星在能源耗尽后坍缩成地球大小的白矮星。钱德拉塞卡非常仔细地阅读了此书, 认为有些地方写得不够严格。1933 年他用相对论性简并态的理论形成了白矮星的完整理论, 提出了 $1.44 M_\odot$ 质量极限的概念。当他提交论文准备在皇家天文学会报告时才发现, 在日程上爱丁顿就同一主题紧接着他发言。他们俩几个月来一直在一起工作, 爱丁顿事前并未提起此事。在钱德拉塞卡报告后爱丁顿对他提出了尖锐的批评, 根本否认相对论性简并的存在, 认为自然界一定有阻止无限引力坍缩的机制。事后钱德拉塞卡反复检查了自己的工作, 相信自己是对的。著名的物理学家, 如玻尔、泡利, 私下里肯定钱德拉塞卡的思路, 但无人愿意公开向爱丁顿的权威挑战。由于与爱丁顿观点的分歧, 钱德拉塞卡意识到难以在英国的大学里长期地呆下去。1937 年在访问美国之机接受了芝加哥大学的聘任, 此后他就一直在美国工作下去。早年与爱丁顿令人沮丧的经历成为他的反面教训, 后来他和来自中国的研究生李政道、杨振宁讨论问题时特别尊重他们的物理思想和创见。

质量超过钱德拉塞卡极限的恒星坍缩后形成中子星,由中子的简并压与引力抗衡。中子简并压也有极限。在均匀密度模型里中子简并压的公式与电子唯一不同之处,是没有 $(Z/A)^2$ 因子,所以它的质量极限比电子的约大4倍。实际情况比这复杂得多。除了密度不均匀外,中子之间的相互作用是强相互作用,它与电子之间的电磁相互作用不同,即使在强简并的条件下中子气也不能看作是理想气体。所以对中子简并压所设下的质量极限 M_0' 难以估算得很准确。[1] 大体说来在 $2\sim3\,M_\odot$ 之间:

$$M_0' \sim (2\text{~}3)\,M_\odot, \tag{2.93}$$

这极限称为奥本海默(Oppenheimer)极限。

质量超过奥本海默极限的恒星坍缩时,在物理学中再也不知还有什么力量能够抵挡。一般认为星体将无限坍缩下去,形成"黑洞"。[2]

§6 玻色气体

6.1 简并玻色气体的化学势 玻色-爱因斯坦凝聚

下面我们分几步来研究玻色-爱因斯坦分布函数(2.69)式

$$n(\varepsilon) = \frac{1}{e^{(\varepsilon-\mu)/kT} - 1}$$

(1) μ 是负的

在任何温度下所有能级上 $n(\varepsilon)$ 的数值必须是非负的且小于 ∞ ,否则就没有物理意义了。考虑最低能级(基态)上的 $\varepsilon_0=0$ 粒子数 n_0:

$$n_0 = n(\varepsilon_0) = \frac{1}{e^{-\mu/kT} - 1},$$

要求当 $T\to0$ K 时, $\infty > n_0 > 0$,则需有[3]

$$\mu < 0. \tag{2.94}$$

(2) 动量空间的凝聚

现在考虑任一 $\varepsilon_a > 0$ 的激发态 a. 当 $T\to0$ K 时

$$\frac{n_a}{n_0} = \frac{e^{-\mu/kT} - 1}{e^{(\varepsilon_a-\mu)/kT} - 1} \leqslant \frac{e^{-\mu/kT}}{e^{(\varepsilon_a-\mu)/kT}} = e^{-\varepsilon_a/kT} \to 0,$$

而基态上的粒子数

---

[1] 中子是由夸克组成的。近些年来产生了一些争议,即那样高密度的星体内物质是以中子形态存在呢,还是以夸克形态存在? 所谓"中子星"也许应叫做"夸克星"。从而这类星体内的物态性质有了更大的不确定性。

[2] 黑洞是广义相对论预言的一种天体,见《新概念物理教程·力学》第八章5.3节。

[3] 若 $\mu > 0$,当 $T\to0$ K 时 $e^{-\mu/kT}\to0$, $n_0\to-1$;

若 $\mu = 0$,当 $T\to0$ K 时 $e^{-\mu/kT}=1$, $n_0 = 1/0 = \infty$ 。

$$N_0 = g_0 n_0 = \frac{g_0}{e^{-\mu/kT} - 1} \xrightarrow{T \to 0} \text{总粒子数 } N,$$

式中 g_0 为基态的简并度。上述分析表明，绝对 0 度时玻色气体的全部粒子集中到基态上，形成一个"凝聚体"，称为玻色–爱因斯坦凝聚（BE 凝聚）（BE condensation）。❶应注意：BE 凝聚是动量空间（或速度空间）的凝聚，不可与通常位形空间的凝聚混为一谈。

下面看接近绝对 0 度时化学势 μ 的情况. 由上式知

$$e^{-\mu/kT} = 1 + \frac{g_0}{N_0},$$

从而
$$\frac{\mu}{kT} \to -\ln\left(1 + \frac{g_0}{N_0}\right) \to -\ln\left(1 + \frac{g_0}{N}\right) = O\left(\frac{1}{N}\right) \approx 0, \qquad (2.95)$$

（3）临界温度

温度大于 0 K 时，起初只有极少量粒子"蒸发"到激发态上，形成 BE 凝聚体的"饱和蒸气"。随着温度的升高，所有激发态上粒子数总和 $N^{(+)} = N - N_0$ 增加，凝聚在基态上的粒子数 N_0 减少。当温度 T 高到某个临界值 Θ_B 时 $N^{(+)}$ 超过 N_0，我们可认为此时 BE 凝聚体已基本上销融。这相当于发生了某种相变，相变点 Θ_B 称做玻色–爱因斯坦凝聚点（BE 凝聚点）。当 $T > \Theta_B$ 时 N_0 不再具有 N 的数量级，从（2.95）式可以看出，μ 值由 0 变负。所以在 $T < \Theta_B$ 时，$\mu = 0$；$T > \Theta_B$ 时，$\mu < 0$. 这个临界温度 Θ_B 可令归一化条件（2.71）式中 $\mu = 0$ 求得：

$$\sum_a \frac{g_a}{e^{\varepsilon_a/k\Theta_B} - 1} = N. \qquad (2.96)$$

由此式将 Θ_B 作为 N 的函数（或者说，在给定的体积 V 下作为数密度 $n = N/V$ 的函数）解出来，并不容易。我们仍采取 §5 中对费米气体用过的办法给出定性的结果。5.3 节从量子关联的概念得到的（2.82）式对玻色气体也适用，例如在非相对论情形下我们有

$$\Theta_B \sim \frac{\hbar^2 n^{2/3}}{mk},$$

严格的统计物理理论推导给出

---

❶ 玻色统计法原本是孟加拉青年物理学家玻色（N. Bose）针对光量子提出来的，最初提交英国的 *Philosophical Magazine* 发表而被退回。1924 年 6 月他将此稿寄给爱因斯坦，请求他推荐给德国的 *Zeitschrift für Physik* 杂志。爱因斯坦当时已负盛名，潜心于统一场论的研究。但他却被此稿所吸引，亲自把它译成德文并加了译者注，在该刊上发表了。此后爱因斯坦又相继于 1924–1925 年发表两篇文章，进一步探讨这个问题，把玻色的方法推广到实物原子系统。玻色–爱因斯坦凝聚的思想是爱因斯坦在第二篇文章中提出的。

$$\Theta_B = \frac{3.31}{g^{2/3}} \frac{\hbar^2 n^{2/3}}{mk} \propto n^{2/3}, \quad (2.97)$$

在 Θ_B 以上温度继续升高时,化学势 μ 从 0 开始下降。当温度远高于 Θ_B 时,μ 渐近地趋于经典的化学势 $\mu_{MB} \propto -kT\ln kT$. 玻色气体的化学势随着温度变化的曲线示于图 2–28。

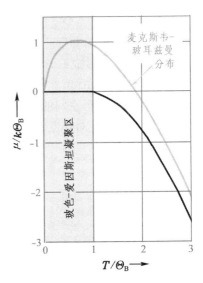

图 2–28 玻色气体化学势随温度变化的曲线

6.2 激发态上的粒子数与能量

BE 凝聚体中的粒子没有动能,只有激发态上的粒子荷带能量。现在来研究 $T < \Theta_B$ 时激发态上粒子数密度 $n^{(+)} = N^{(+)}/V$ 和能量密度 $u = U/N$ 随温度增长的规律。仍采用 5.3 节中量子关联的概念作定性的考虑。这时粒子间的平均距离是 $[n^{(+)}]^{-1/3}$,将 (2.81) 式中的关联长度 Δx 与它联系起来,亦即不在 BE 凝聚体中的粒子相互间的关联长度不得小于此距离。

$$\Delta x \approx [n^{(+)}]^{-1/3} \approx \frac{2\pi\hbar}{\Delta p} \sim \begin{cases} \dfrac{2\pi\hbar}{\sqrt{3mkT}}, & （非相对论情形） \\[2ex] \dfrac{4\pi c\hbar}{3kT}. & （极端相对论情形） \end{cases}$$

由此得到

$$n^{(+)} \sim \begin{cases} \dfrac{(3mkT)^{3/2}}{(2\pi\hbar)^3} \propto (kT)^{3/2}, & （非相对论情形） \quad (2.98N) \\[2ex] \left(\dfrac{3kT}{4\pi c\hbar}\right)^3 \propto (kT)^3. & （极端相对论情形） \quad (2.98R) \end{cases}$$

激发态中粒子的平均动能 $\overline{\varepsilon^{(+)}}$ 是正比于温度的:

$$\overline{\varepsilon^{(+)}} \propto kT,$$

从而能量密度

$$u = n^{(+)}\overline{\varepsilon^{(+)}} \propto \begin{cases} (kT)^{5/2}, & （非相对论情形） \quad (2.99N) \\ (kT)^4. & （极端相对论情形） \quad (2.99R) \end{cases}$$

非相对论性玻色气体的化学势随着温度变化的曲线示于图 2–29,图中 $\overline{\varepsilon} = u/n = n^{(+)}\overline{\varepsilon^{(+)}}/n$. 在 BE 凝聚点 Θ_B 以下 $\overline{\varepsilon} \propto (kT)^{5/2}$,$\Theta_B$ 以上 $\overline{\varepsilon}$ 连续增长。当温度远高于 Θ_B 时,$\overline{\varepsilon}$ 渐近地趋于经典气体的 $\overline{\varepsilon}_{MB} = \frac{3}{2}kT$.

令人感兴趣的是热容量:

$$C_V = \frac{dU}{dT} = \frac{du}{dT} V = \frac{5}{2}\frac{uV}{T} \propto T^{3/2}.$$
$$(2.100)$$

当 T 从 $0\,\mathrm{K}$ 升高到 Θ_B 时, C_V^{mol} 从 0 增大到 $1.925R$. 我们知道, C_V^{mol} 的经典极限是 $3R/2 = 1.5R$, 所以在 BE 凝聚点 C_V^{mol} 比经典值高出 28%. $T \gg \Theta_B$ 时 C_V^{mol} 渐近地下降到经典值, 在 BE 凝聚点形成 λ 形尖点。计算表明, [1] 在这里热容量本身连续, 它对 T 的导数不连续(见图 $2-30$)。对于 U 来说 C_V^{mol} 是它的一阶导数, 所以 U 对 T 的一阶导数连续, 二阶

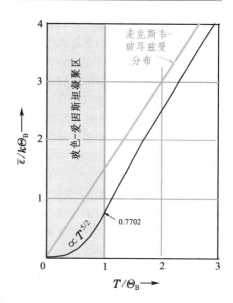

图 2-29 玻色气体平均能量
随温度变化的曲线

导数不连续。通常的相变(如气液相变)伴有潜热, 这意味着在相变点内能 U 不连续, 有跃变。U 连续的相变称为连续相变。U 连续但它对 T 的一阶导数(热容量)有跃变的连续相变称为二级相变, 而把通常那种 U 不连续的相变称为一级相变(见 6.3 节下文)。按

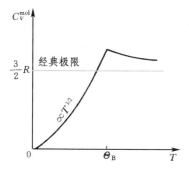

图 2-30 玻色气体的热容量

此称谓, U 本身及其对 T 的一阶导数连续但二阶导数不连续的相变, 应当叫做三级相变。所以 BE 凝聚点发生的相变属于三级相变。

6.3 从液氦的 λ 相变到理想气体 BE 凝聚的实现

1928 年荷兰物理学家凯索姆(W. H. Keesom)发现, 在 2.2 K(按后来更精确的测量, 应是 2.19 K)这个神秘的温度下反复出现一些反常的现象: 在此温度下液氦的密度有个极大值, 容量曲线有个非常陡峭的尖峰(见图 $2-31$), 像希腊字母 λ, 后来这个温度被称作 λ 点。通过层层杜瓦瓶人们观察到, 当温度降到这突变点以下时, 液氦的沸腾停止了, 它因气泡的消失而变得透明了, 但没有固化。肯定地说, 液氦在这里发生了某种基本的变化。凯索姆把 λ 点上、下的液氦分别称作 He I 和 He II, 并倾向于认为,

---

[1] 朗道、栗弗席兹,《统计物理学》, 北京: 人民教育出版社. 1964. §59。

这是一种相变（λ 相变）。狭义地说，"相变"指的是物质聚集态的变化，如气态变液态、液态变固态，等等。有的固态物质因晶型不同而形成同素异形体，人们也称之为不同的相。但在液氦之前还没见过液态物质有不同的相。通常的相变都伴有潜热（如汽化热、熔化热等）现象和状态参量（如密度）的突变，且在相变点两相是共存的。但液氦在 λ 点发生的变化没有潜热，没有状态参量的突变，且两相不共存。这能否

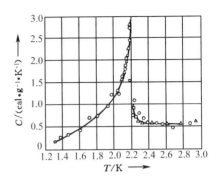

图 2−31 液氦的 λ 相变

也算得是一种"相变"？正好当时在莱顿大学有一位天资慧敏的理论物理学家厄任费斯特（P. Ehrenfest），他坚决主张把相变的概念推广到液氦中发生的情况，把 λ 相变叫做"二级相变"，而把通常那种相变叫做"一级相变"。这在历史上是首次提出这一重要物理概念的。

在凯索姆发现 λ 相变几年之后，苏联的卡皮查经过艰苦卓绝的实验，于 1937 年报导了 He II 更加惊人的奇妙现象 —— 超流性（黏滞系数=0）。液氦之所以非同寻常，在于它的"量子性"。所有其它液体在它们固化之前量子效应尚未明显表露出来，而液氦在未固化之前已经成为"量子液体"，以至于不能固化，并表现出一系列魔术般的奇特的现象（参见第四章6.3节）。40 年代朗道提出有关二级相变更加普遍而深刻的理论，并且提出一个量子液体的模型，成功地解释了超流现象。卡皮查、朗道二人分别于 1978 年和 1962 年获得诺贝尔物理学奖。

我们不难看到玻色气体热容量的图 2–30 和液氦热容量的图 2–31 之间相似之处。液氦是液体，其粒子数密度 n 具有 $10^{19}/cm^3$ 的数量级，按（2.97）式估算，$\Theta_B = 3.1$ K，与液氦的 λ 点相当接近。^{4}He 是玻色子，1938 年英国物理学家伦敦（F. London）主张把液氦的 λ 相变和超流解释为 BE 凝聚。但液氦不是理想气体，在它的原子之间有相当强的相互作用，不能认为 He II 超流相是地道的 BE 凝聚。此后几十年，爱因斯坦提出的 BE 凝聚这个预言便成了物理学界虔切求证的圣果。

氢原子是最简单的、从而是理论上研究得最清楚的原子。它由电子和质子两个费米子组成，是个玻色子。人们首先会想到，让稀薄的氢原子气体降温来产生 BE 凝聚。但氢原子的化学性质是很活泼的，首先，两个氢原子会结合成一个氢分子，但这需要二者的电子自旋反向（参见《新概念物理教程·量子物理》第二章1.5节）。为防止这一点，人们需设法使气体中所有原子的自旋取向一致，这样的气体叫做"自旋极化"气体；其次，装载气体的容器器壁应具有很好的化学惰性，液氦是理想的选择。在起初的实验里把自旋极化氢压缩成液氦中的气泡，可惜在液氦壁上电子自旋翻转的速率还不够小，未来得及使气体降到 BE 凝聚点的温度。用磁阱来约束气体成为最有希望的努力方向。然而只有自旋磁矩与磁场反向的原子才能被磁阱俘获，这样的原子磁矩方向是不稳定的，在碰撞时很容易产生自旋弛豫。为了减少碰撞，气体的密度要限制在

$n \approx 10^{14}/\mathrm{cm}^3$ 左右,从而相应的 BE 凝聚点降到 $10\,\mu\mathrm{K}$ 的数量级,这反过来又增加了实验的难度。

原子物理学家为了对研究对象的基本结构和运动变化规律进行精密的观察和测量,总希望把原子捉到掌心里把玩,即让原子在可控制的条件下处于静止和无相互作用的理想状况,这时原子辐射谱线的多普勒增宽和碰撞增宽(见《新概念物理教程·光学》第七章 3.4 节)都被压缩到最小。近二三十年来碱金属原子的激光冷却和囚禁技术获得长足的发展。由于多普勒效应,迎面飞来频率略低的失谐光子可被原子共振吸收,原子因接受了光子的反向动量而减速。所以处在上下、前后、左右六路激光交叉点上的稀薄原子气体可因之而冷却。各种捕陷原子的磁阱技术在 20 世纪八九十年代发展得愈来愈精致完善。用射频场把磁阱内原子激发到塞曼分裂的非囚禁自旋态上,可以将动能较大的原子放逐出阱外。采用这种“蒸发冷却技术”终于使磁阱内的气体降到为 BE 凝聚所需的极低温度。虽然追求氢原子气体 BE 凝聚的研究历史更长,碱金属蒸气的 BE 凝聚工作却捷足先登,于 1995 年三家美国研究组获得了成功,他们分别是:①Colorado 大学 JILA 小组将 2 000 个 ^{87}Rb 原子气体的温度从 170 nK 降到 20 nK,数密度 n 从 $2.6 \times 10^{12}/\mathrm{cm}^3$ 降到 $1 \times 10^{11}/\mathrm{cm}^3$,观察到了 BE 凝聚现象。[1] ②MIT 电子学实验室的一个研究组研究 Na 原子气体,5×10^5 个原子,n 大于 $10^{14}/\mathrm{cm}^3$ 密度,在 $2\,\mu\mathrm{K}$ 的温度附近表现出 BE 凝聚的突然转变。[2] ③Rice 大学的一个研究组也报了 ^{7}Li 气体在 400 nK 的 BE 凝聚相变。[3] 爱因斯坦提出的 BE 凝聚理论 70 年后得到了实验的验证,物理学界的夙求终于如愿以偿。三年后,氢原子气体的 BE 凝聚也于 1998 年为 MIT 材料科学实验室的一个研究组 D. Kleppner 等人攻克(10^9 个原子,$4.8 \times 10^{15}/\mathrm{cm}^3$ 的峰值密度,$50\,\mu\mathrm{K}$ 的转变温度)。[4] JILA 小组的 E. A. Cornell 和 C. E. Wieman,MIT 电子学小组的 W. Ketterle,三人分享了 2001 年诺贝尔物理奖,Kleppner 也获得 2005 年沃耳夫(Wolf)奖。

BE 凝聚的观测采用的是共振吸收成像技术:突然关闭磁阱,让发生 BE 凝聚的原子按各自的速度自由飞散,在不同的延迟时间后原子的空间分布用共振脉冲光来探测。在同样时间内速度大的原子飞得远,所以探测到的原子空间分布反映了它们飞散前的速度分布。BE 凝聚未形成时原子的速度具有单一的高斯分布,形成 BE 凝聚后出现双速度分布——零速度附近的一个密度高峰和一个高斯分布的外围,前者是 BE 凝聚内的原子;后者是能量 $\varepsilon > 0$ 的“饱和蒸气”。图 2-32 所示为经计算机处理后显示的 ^{87}Rb 原

---

[1]　M. H. Anderson, J. R. Ensher, M. R. Matthews, C. E. Wieman, E. A. Cornell, *Science*, **269**(1995), 198.

[2]　K. B. Davis, M. -O. Mewes, M. R. Andrews, N. J. van Druten, D. S. Durfee, D. M. Kurn, W. Ketterle, *Phys. Rev. Lett.* **75**(1995), 3969.

[3]　C. C. Bradley, C. A. Sackett, J. J. Tollett, R. G. Hulet, *Phys. Rev. Lett.* **75**(1995), 1687.

[4]　D. G. Fried, T. C. Killian, L. Willmann, D. Landhuis, S. C. Moss, D. Kleppner, T. J. Greytak, *Phys. Rev. Lett.* **81**(1998), 3811.

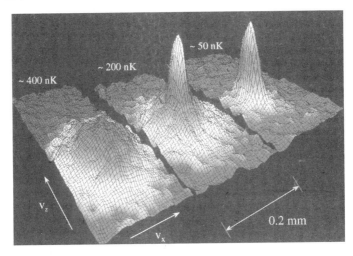

图 2 – 32 ^{87}Rb 原子气体的 BE 凝聚

子气体形成 BE 凝聚的过程,在温度为 400 nK 时速度呈单一且较平缓 的高斯分布, 200 nK 时速度分布已向中心集中, 50 nK 时明显地出现中心的高峰和外围的平缓分布,这意味着 BE 凝聚的形成。

　　激光是相干的光子束,其中的光子有固定的相位关系。BE 凝聚是一种宏观的量子现象,其中的原子处于单一的量子态,由统一的波函数来描述,它们是相干的(coherent)。把处于 BE 凝聚态的原子从势阱中释放出来,就会形成像激光那样的相干原子束,称为原子激射。当两团处于 BE 凝聚态的原子气合并时会发生类似光学里那种干涉现象 —— 因波函数的相位差不同,密度有的地方增大,有的地方减小。图 2-33 所示为两 Na 原子气的 BE 凝聚体合并时产生干涉的现象,左右两图的差别是重叠的

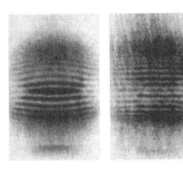

图 2-33 两 Na 原子气的 BE 凝聚
体合并时产生干涉的现象

程度不同。激光是 20 世纪中叶物理学中一项重大的发明,其影响之深远和应用之广泛已是有目共睹的。可以预期,用内部结构复杂得多的原子做载体,原子激射的发明将会产更加深远的影响。

6.4 光子气体

　　热辐射又称黑体辐射,是与一定温度 T 的物体达到热平衡的电磁辐射。从经典理论看, 热辐射是由各种频率和沿各个方向传播的电磁波组成的;在量子理论中可以把热辐射看作理想光子气体。光子是静质量等于 0 的玻色子,它的能量 ε 与电磁波角频率 ω 的关系式为

$$\varepsilon = \hbar\omega,$$

速率总等于 c. 一定温度的物体与辐射场通过发射和吸收光子来达到热平衡,所以辐射

场中的总光子数是不定的,在这一点上很像BE凝聚点以下的简并玻色气体。所以热辐射可以看作是凝聚点 $\varTheta_B$ 无穷大的玻色气体,其化学势 μ 永远为 0. 另一个与上节不同的情况,光子永远是相对论性的。按(2.98R)式和(2.98R)式,数密度 n 和能量密度 u 与温度的依赖关系为:

$$n \propto T^3 \tag{2.101}$$

$$u = a T^4 \propto T^4 \tag{2.102}$$

(2.102)式称为斯特藩–玻耳兹曼定律,式中 $a = 7.566 \times 10^{-16} \text{J/m}^3 \cdot \text{K}^4$ 称为斯特藩–玻耳兹曼常量。这定律首先是在实验中发现的,并得到热力学理论的支持。

由上式还可得到光子气的物态方程:

$$p_光 = \frac{1}{3} u = \frac{1}{3} a T^4 \tag{2.103}$$

上式表明,热辐射的压强(光压)只与温度有关,且随温度急剧增长。在通常的温度下光压非常小,例如 $T = 300 \text{K}$ 时 $p_光 = 2.04 \times 10^{-6} \text{N/m}^2$,探测起来都很困难。但在恒星内部它的数值却是可观的(见表2 – 11),虽然它比分子的动理压强 $p = nkT$ 还小 3~4 个数量级,但在任何较严格的恒星理论模型里光压都是不可忽略的因素。

有关热辐射谱的问题在量子物理课中要详细讨论,❶ 我们就不在此处展开了。

表 2 – 11 太阳内部的光压与分子动理压强

到中心的距离 $r/R_\odot$	温度 T/K	密度 $\rho/(\text{g}\cdot\text{cm}^{-3})$	光压 $p_光/\text{atm}$	分子动理压强 p/atm	$p_光/p$
0.0	15.5×10^6	160	1.46×10^8	3.09×10^{11}	$\sim 5 \times 10^{-4}$
0.1	13.0×10^6	89	7.20×10^7	1.44×10^{11}	$\sim 5 \times 10^{-4}$
0.2	9.5×10^6	41	2.05×10^7	4.86×10^{10}	$\sim 4 \times 10^{-4}$
0.3	6.9×10^6	13.3	5.72×10^6	1.14×10^{10}	$\sim 5 \times 10^{-4}$
0.4	4.8×10^6	3.6	1.34×10^6	2.15×10^9	$\sim 6 \times 10^{-4}$
0.5	3.4×10^6	1.0	3.37×10^5	4.24×10^8	$\sim 8 \times 10^{-4}$
0.6	2.2×10^6	3.5×10^{-1}	5.91×10^4	9.60×10^7	$\sim 6 \times 10^{-4}$
0.7	1.2×10^6	8.0×10^{-2}	5.23×10^3	1.20×10^7	$\sim 4 \times 10^{-4}$
0.8	7.0×10^5	1.8×10^{-2}	6.06×10^2	1.57×10^6	$\sim 4 \times 10^{-4}$
0.9	3.1×10^5	2.0×10^{-3}	2.33×10^1	7.73×10^4	$\sim 3 \times 10^{-4}$
0.99	5.2×10^4	5.0×10^{-5}	1.84×10^{-2}	3.24×10^2	$\sim 6 \times 10^{-5}$
0.999	1.4×10^4	1.0×10^{-5}	9.69×10^{-5}	1.75×10^1	$\sim 6 \times 10^{-6}$
1.0	6.0×10^3	0	3.26×10^{-6}	——	——

§7. 宏观态的概率和熵

7.1 宏观态的概率

在 §4 讲过玻耳兹曼引入的 H 函数和 H 定理,无论对于经典气体还是量子气体,H 函数总是随时间单调下降的,热平衡态时 H 达到极小。H 函数

---

❶ 可参阅《新概念物理教程·量子物理》第一章 §1.

代表什么? 下面我们来证明,它与给定平均粒子数分布 $|n_a|$ 时气体的总量子态数目 Ω 有关。

我们只讨论量子统计情形,把经典的麦克斯韦–玻耳兹曼统计看作它们的极限就行了。在4.1节中谈的是单个粒子的量子态(单粒子态),这里将讨论的是气体的总量子态。在计算量子态数目的时候注意粒子的全同性,将它们重新排列时不引起新的量子态。

先看玻色子。对于某个能级 a,给定了其中的粒子数,总量子态的数目 Ω_a 就是把 N_a 个没有区别的粒子多少不限地安插到 g_a 个盒子(单粒子态)内的排列数。我们可以把某种排列用图2–34所示方式表达出来,其中 g_a-1 条

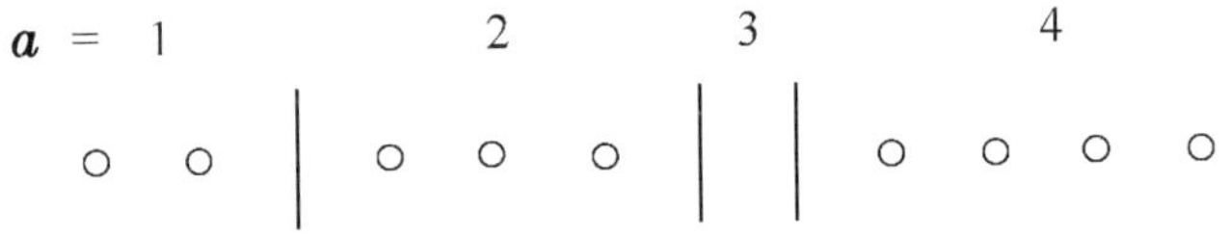

$$a = \quad 1 \qquad\qquad 2 \qquad\qquad 3 \qquad\qquad 4$$

图 2 – 34 把 9 个粒子放到 4 个盒子中的排列

竖杠代表 g_a 个盒子间的隔板, N_a 个小圆圈代表粒子。所以 Ω_a 就是把 N_a 个粒子安插到 N_a+g_a-1 个位置上的排列数:

$$\Omega_a = \binom{N_a+g_a-1}{N_a} = \frac{(N_a+g_a-1)!}{N_a!(g_a-1)!},$$

气体的总量子态数目 Ω 是各能级量子态数目的乘积:

$$\Omega = \prod_a \Omega_a = \prod_a \binom{N_a+g_a-1}{N_a} = \prod_a \frac{(N_a+g_a-1)!}{N_a!(g_a-1)!}, \qquad (2.104)$$

取上式的对数:

$$\ln\Omega = \sum_a [\ln(N_a+g_a-1)! - \ln N_a! - \ln(g_a-1)!],$$

设所有的 $g_a \gg 1$, $N_a \gg 1$,利用斯特令公式(Stirling formula)❶

$$\ln N! \approx N\ln N - N, \quad (N \gg 1)$$

得到下列近似式:

$$\ln\Omega \approx \sum_a \left[(N_a+g_a)\ln(N_a+g_a) - N_a \ln N_a - g_a \ln g_a \right]$$

$$= \sum_a g_a\{(1+n_a)[\ln(1+n_a)+\ln g_a] - n_a(\ln n_a + \ln g_a) - \ln g_a\}$$

$$= -\sum_a g_a[n_a\ln n_a - (1+n_a)\ln(1+n_a)]. \qquad (2.105)$$

再看费米子。对于某个能级 a,在给定其中粒子数后,总量子态的数目

❶ $\ln N! = \sum_{n=1}^{N} \ln n \approx \int_0^N \ln x \, dx = \left[x\ln x - x \right]_0^N = N\ln N - N.$

Ω_a 就是把 N_a 个没有区别的粒子单个地安插到 g_a 个盒子(单粒子态)内的排列数:

$$\Omega_a = \binom{g_a}{N_a} = \frac{g_a!}{N_a!\,(g_a-N_a)!},$$

气体的总量子态数目 Ω 是各能级量子态数目的乘积:

$$\Omega = \prod_a \Omega_a = \prod_a \binom{g_a}{N_a} = \prod_a \frac{g_a!}{N_a!\,(g_a-N_a)!}, \qquad (2.106)$$

取上式的对数:

$$\ln\Omega = \sum_a \left[\ln g_a! - \ln N_a! - \ln(g_a-N_a)! \right],$$

设所有的 $g_a \gg 1$, $N_a \gg 1$, $g_a-N_a \gg 1$, 就可利用斯特令公式得下列近似式:

$$\ln\Omega \approx \sum_a \left[g_a \ln g_a - N_a \ln N_a - (g_a-N_a)\ln(g_a-N_a) \right]$$

$$= \sum_a g_a \left\{ \ln g_a - n_a(\ln n_a + \ln g_a) - (1-n_a)\left[\ln(1-n_a)+\ln g_a\right] \right\}$$

$$= -\sum_a g_a \left[n_a \ln n_a + (1-n_a)\ln(1-n_a) \right]. \qquad (2.107)$$

$n_a \ll 1$ 时 $\ln(1 \pm n_a) \approx \pm n_a$, (2.105) 式和 (2.107) 式都化为

$$\ln\Omega = -\sum_a g_a(n_a \ln n_a - n_a), \qquad (2.108)$$

即两量子统计的 $H = -\ln\Omega$ 趋于同一经典极限 (2.55) 式。

我们看到,玻耳兹曼 H 函数就是量子态数目 Ω 的负对数,H 下降就是 Ω 上升,H 的极小就是 Ω 的极大。所以 H 定理意味着:从非热平衡态趋于热平衡态的过程是量子态数目 Ω 单调上升到极大的过程。而这一点又该怎样理解?原来 Ω 意味着概率,请看下面的比喻。

掷一个骰子,从 1 到 6 每面出现的概率是 1/6. 同时掷两个骰子,点数的总和可以从 2 到 12,但概率就不等了。例如,掷出总数为 2 只有一种可能性,即两个骰子都是 1,概率是 1/6×1/6 =1/36. 要掷得总数为 3,有两种可能性:1+2 和 2+1,概率是 2/36 = 1/18. 以此类推,出现各种总数的概率如图 2-35 所示,其中出现总数为 7 的概率最大,它等于 6/36 =1/6,因为出现这情况

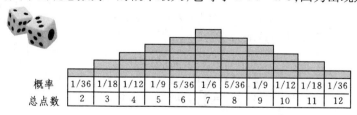

概率	1/36	1/18	1/12	1/9	5/36	1/6	5/36	1/9	1/12	1/18	1/36
总点数	2	3	4	5	6	7	8	9	10	11	12

图 2-35 骰子的概率分布

有 6 种可能性：1+6, 2+5, 3+4, 4+3, 5+2, 6+1. 假如你和人家打赌，两骰子总数出现几？你就该押在 7 上。我们把两骰子点数之和为某个特定数（譬如 7）叫做一个"事件"，把出现此特定数的每种可能性叫做一个"元事件"。元事件出现的概率叫做"元概率"，在这里都是 1/36. 各事件往往由数量不等的元事件组成，它们的概率正比于元事件的数目。

与上述例子类比，一个宏观系统，譬如我们所考虑的理想气体，它的粒子数出现某种分布，这是一个事件。体现这种分布的一个量子态，是一个元事件。我们假定，每个量子态出现的概率，即元概率是相等的。所以出现某种粒子数分布的概率正比于其中量子态的数目 Ω. 在物理学里出现一种粒子数分布的事件代表一个宏观态。推而广之，任何一个宏观态都包含大量的量子态，宏观态出现的概率正比于其中量子态的数目 Ω.

这里可能会有个疑问，为什么元概率相等？这不是理论问题，应该由实验的结果来证实。我们大量地掷骰子，如果出现各种事件的频率确实符合图 2 – 28 中所示的概率分布，我们就相信元概率相等的假设。若出现系统的偏离，我们就不得不怀疑骰子被灌了铅。在统计物理学中把各量子态的元概率相等，称为"先验的等概率假说"，亦即把这个假说作为统计物理学的基本前提，不再作任何进一步的解说，把它的正确性交给实验去检验。当代大量的实验结果都与统计物理学理论的预言符合得非常好，所以我们相信，制订统计物理游戏规则的那位"上帝"是个诚实的赌徒，他没有在骰子里灌铅。

有了概率的概念，我们就可以说，粒子数的平衡分布是最概然分布(most probable distribution)。热平衡态是出现概率最大的宏观事件。大到什么程度？

我们以麦克斯韦-玻耳兹曼分布为例作个估计。假定 $\{n_{a0}\}$ 是平衡分布，它满足(2.52)式：

$$n_{a0} = e^{\beta(\mu-\varepsilon_a)},$$

令 $a=0$ 是能级中最低的能级，则 $\ln(n_{a0}/n_{00})=\beta(\varepsilon_0-\varepsilon_a)$. 设想粒子数分布对平衡态有所偏离：

$$n_a = n_{a0}(1+\delta_a), \quad (\delta_a \ll 1)$$

但保持总粒子数 N 和总能量 E 不变：

$$\begin{cases} \delta N = \sum_a g_a n_{a0} \delta_a = 0 \\ \delta E = \sum_a g_a n_{a0} \varepsilon_a \delta_a = 0. \end{cases}$$

现在来计算此分布的概率 Ω 与平衡分布概率 Ω_0 之比。

$$\ln\left(\frac{\Omega}{\Omega_0}\right) = -\sum_a g_a(n_a \ln n_a - n_{a0} \ln n_{a0})$$

$$= -\sum_a g_a n_{a0}\left[(1+\delta_a)\ln(1+\delta_a) + \delta_a \ln n_{a0}\right]$$

$$\approx -\sum_a g_a n_{a0}\left\{(1+\delta_a)(\delta_a - \delta_a{}^2/2) + \delta_a\left[\ln n_{00} + \beta(\varepsilon_0 - \varepsilon_a)\right]\right\}$$

$$= -(1 + \ln n_{00} + \beta\varepsilon_0)\delta N + \beta\delta E - \sum_a g_a n_{a0}\delta_a{}^2/2$$

$$= -N\overline{\delta^2}/2,$$

这里 $\overline{\delta^2}$ 是 $\delta_a{}^2$ 的平均值:

$$\overline{\delta^2} = \frac{1}{N}\sum_a g_a n_{a0}\delta_a{}^2. \tag{2.109}$$

由此得

$$\frac{\Omega}{\Omega_0} = \mathrm{e}^{-N\overline{\delta^2}/2}. \tag{2.110}$$

设我们的气体约有 1/6 摩尔, 故 $N \approx 10^{23}$. 即使只有 $\overline{|\delta|} \approx 10^{-10}$ 的偏离, $\overline{\delta^2} \approx 10^{-20}$, Ω/Ω_0 也会有 $\mathrm{e}^{-1000} \approx 10^{-434}$ 之小. 这几乎难以令人置信. 如此小的偏离, 在宏观实验中是很难察觉的, 它们的概率竟小到几乎不可能出现. 因此我们得出这样的结论: 一个宏观系统巨大数量的量子态中, 绝大部分处于最概然分布附近极其狭窄的区域里一组相对说来极少的分布中, 它们在实验中表现出相同的宏观性质.

7.2 玻耳兹曼熵关系式

尽管分子的微观动力学是可逆的, 但大量的事实告诉我们, 宏观过程是不可逆的. 热量总是从高温物体传到低温物体, 而不会自发地倒过来; 俗话说, 覆水难收, 如果你把一杯水倒进一桶水里, 你再也无法取回同样的一杯水来. 什么道理? 这是概率在起作用. 温度或物质不均匀的分布是非平衡态, 而均匀分布是平衡态, 前者的概率比起后者是微乎其微的, 所以前者向后者自发地过渡很自然, 而后者向前者过渡的概率之小, 堪称旷世奇迹. 宏观的热力学理论中把这一切归结到一条定律中, 即热力学第二定律(见第四章), 并引进了"熵"这样一个物理量来刻画它. 按热

图 2-36 玻耳兹曼墓碑上的熵关系式
书作者摄于维也纳中央墓地. 碑上没有墓志铭, 只有一个公式, 式中的 W 即本书里的 Ω, log 即 $\log_e$ = ln.

力学第二定律,没有外部的干预,一个孤立系统的熵只能自发地增加,而不会减少。处于热平衡态时熵达到极大,这就是所谓"熵增加原理"。然而,在宏观的理论框架里熵的本质是看不清楚的,玻耳兹曼在引进 H 函数之后给了熵(记作 S)一个微观的定义,即

$$S = k \ln \Omega, \tag{2.111}$$

式中的 k 是玻耳兹曼常量,Ω 是微观量子态的数目,即宏观态出现的概率。不难看出,熵与 H 的关系是 $S = -kH$,即 H 相当于负熵。从上面的分析可见,熵增加原理的本质是概率的法则在起作用。

有关热学中的熵,我们以后(特别是在第四章里)还要详细讨论,这里就暂且打住,只把上面得到的公式归纳一下,以便查考。从(2.55)和(2.73) H 函数的表达式,或(2.105)、(2.107)和(2.108) $\ln\Omega$ 的表达式,我们得到三种统计分布熵的表达式:

$$\begin{cases} \text{麦克斯韦-玻耳兹曼统计} \ S = -k \sum_a g_a (n_a \ln n_a - n_a), & (2.112) \\ \text{玻色-爱因斯坦统计} \ S = -k \sum_a g_a \left[n_a \ln n_a - (1 + n_a) \ln (1 + n_a) \right], & (2.113) \\ \text{费米-狄拉克统计} \ S = -k \sum_a g_a \left[n_a \ln n_a + (1 - n_a) \ln (1 - n_a) \right]. & (2.114) \end{cases}$$

7.3 信息熵与遗传密码

大家都说,当代的社会是信息社会。什么是信息? 早年间信息不过是消息的同义语,现代的社会里信息的概念甚广,不仅包含人类所有的文化知识,还概括我们五官所感受的一切。信息的内容既有量的差别,又有质的不同。短短的一首名诗和一本无聊的作品相比,所含信息的价值是无法比拟的。对信息价值的评估,显然超出了自然科学的范围,目前尚没有为大家所接受的客观准则。不得已求其次,采用电报局的办法,只计字数不问内容,单在信息量的问题上下功夫,这正是当代"信息论"这门科学的出发点。

信息往往需要以语言文字或符号系统(如音符、数学公式、图表)为载体,比较不同载体传达的信息数量的多寡,是很困难的。1948 年信息论的创始人香农(C. E. Shannon)从概率的角度给出信息量的定义。

平常说缺乏信息就是情况不明。譬如说,想找一个人,只知道他住在这幢宿舍楼里,但不知道房间号。如果这幢楼有 50 套房间,我们只能假定他住在每套房间的概率都是 1/50。若有人说,此人住在三层。如果这幢楼有 5 层,每层 10 套房,则此人住在三层每套房间的概率加大到 1/10,而住在其它层的概率减为 0。若最后打听到此人的房间号码,则他住在这里的概率加大到 1,在所有其它地方的概率都化为 0。由此可见,信息的获得意味着在各种可能性中概率分布的集中。

通常的事物常具有多种可能性,最简单的情况是具有两种可能性,如是和否、黑和白、有和无、生和死等。现代计算机普遍采用二进制,数据的每一位非 0 即 1,也是两种可能性,在没有信息的情况下每种可能性的概率都是 1/2。在信息论中,把从两种可能性中作出判断所需的信息量叫做 1 比特(bit),这就是信息量的单位,[❶] 那么,从四种可

---

❶ bit = binary information unit

能性中作出判断需要多少信息量?

两人玩一种游戏,甲从一副扑克牌中随机地抽出一张,让乙猜它的花色,规则是允许乙提问题,甲只回答是与否,看乙能否在猜中之前提的问题最少。若乙问:是黑桃吗?如果是,他提一个问题就猜中了。如果不是呢?则还剩下三种可能性,再提一个问题乙没有把握猜中。这种问法是不行的。乙应该提"是黑的吗",如果是,再问"是黑桃吗";如果不是,就问"红心吗"。无论什么情况,他胜券稳操。因为得到一个问题的答案后,他只面临两种可能性,再一个问题就足以使他获得所需的全部信息。所以从四种可能性中作出判断需要 2 bit 的信息量。

如此类推,从八种可能性中作出判断需要 3 bit 的信息量,从十六种可能性中作出判断需要 4 bit 的信息量,等等。所以一般地说,从 N 种可能性中作出判断所需的比特数为 $n = \log_2 N$,换成自然对数,则有 $n = K \ln N$,式中 $K = 1/\ln 2 = 1.4427$. 如果用概率来表达,在对 N 种可能性完全无知的情况下,我们只好假定,它们的概率 P 都是 $1/N$,$\ln P = -\ln N$,即这时为作出完全的判断所缺的信息量为

$$S = -K \ln P. \tag{2.115}$$

香农把这叫做信息熵,它意味着信息量的缺损。

以上是各种可能性概率相等的情况。天气预报员说,明天有雨,这句话给了我们 1 bit 的信息量。如果她说有 80% 的概率下雨,这句话包含多少信息量? 对于这种概率不等情况,信息论中给信息熵的定义是

$$S = -K \sum_{a=1}^{N} P_a \ln P_a, \tag{2.116}$$

此式的意思是说,如果有 $a = 1, 2, \cdots, N$ 等 N 种可能性,各种可能性的概率是 P_a,则信息熵等于各种情况的信息熵 $-K \ln P_a$ 按概率 P_a 的加权平均。如果所有的 $P_a = 1/N$,则上式归结为 (2.115) 式。

把 (2.116) 式运用到上述天气预报的问题上,令 $a = 1$ 和 2 分别代表下雨和不下雨的情况,则 $P_1 = 0.80$,$P_2 = 0.20$,按 (2.116) 式信息熵为

$$S = -K(P_1 \ln P_1 + P_2 \ln P_2) = -\frac{1}{\ln 2}(0.80 \times \ln 0.8 + 0.2 \times \ln 0.2) = 0.722,$$

即比全部所需信息 (1 bit) 还少 0.722 bit,所以预报员的话所含的信息量只有 0.278 bit. 同理,若预报员的话改为明天有 90% 概率下雨,则依上式即可算出信息熵 $S = 0.469$,从而这句话含信息量 $I = 1 - S = 0.531$ bit. 可见,信息熵 S 的减少意味着信息量 I 的增加。在一个过程中 $\Delta I = -\Delta S$,即信息量相当于负熵。

从信息熵的公式不难看出,它和玻耳兹曼的熵公式极为相似,只是比例系数和单位不同。热学里比例系数为 $k = 1.381 \times 10^{-23}$ J/K,从而熵的单位为 J/K;信息论里比例系数为 $K = 1/\ln 2$,熵的单位为 bit。两者相比,有

$$1 \text{ bit} = k \ln 2 = 0.957 \times 10^{-23} \text{ J/K}. \tag{2.117}$$

这换算关系有什么物理意义吗? 热力学的熵增加原理告诉我们,要使计算机里的信息量存储增加一个 bit,它的熵减少 $k \ln 2$ J/K,这只能以环境的熵至少增加这么多为代价,即在温度 T 下处理每个 bit,计算机至少消耗能量 $kT \ln 2$ (焦耳)。这是能耗的理论下限,

实际上当代最先进的微电子元件,每 bit 的能耗也在 $10^8 kT$ 的数量级以上。

"龙生龙,凤生凤,老鼠的儿子会打洞。"大自然最精彩的杰作莫过于物种的变异和遗传。早在 1944 年量子力学的创始人之一薛定谔(E. Schrödinger)就在他著名的小册子《生命是什么?》里预言:❶ "生命的物质载体是非周期性晶体,遗传基因分子正是这种有大量原子秩序井然地结合起来的非周期性晶体;这种非周期性晶体的结构,可以有无限可能的排列,不同样式的排列相当于遗传的微型密码;……"他所说的这种"非周期性晶体",就是存在于细胞核染色体中的 DNA 分子。1953 年沃森(J. D. Watson,年青的细菌遗传学博士)和克里克(F. H. C. Crick,一位二战前受过传统物理学训练的人,战后转为生物物理学研究生)共同发现了 DNA 分子的双螺旋结构,它由两股互补的逆平行分子链组成(见图 2 - 37)。分子链由四种核苷酸组成,每种核苷酸有它特有的碱基,所以也可以说分子链是有四种碱基组成的,它们是腺嘌呤(A)、鸟嘌呤(G)、胸腺嘧啶(T)、胞嘧啶(C),遗传信息就包含在 A、G、T、C 这四个字母编写的语言中。

英文有 26 个字母,若干字母组成一个单词。遗传密码有 4 个字母,多少个字母组成一个单词? 生物大多数的遗传性状都要通过各种蛋白质表现出来。蛋白质的种类繁多,单就人体内有的就不下 10 万种,但它们都由 20 种氨基酸组成,只是排列结构不同。$\log_2 20 = 4.322 \text{bit}$,决定一种氨基酸至少需要这么多的信息量。DNA 含有的遗传信息指挥着蛋白质合成时的氨基酸顺序,这密码中的一个字符只包含 $\log_2 4 = 2 \text{bit}$ 的信息,显然不足以决定一种氨基酸。两个字符 $\log_2 4^2 = 4 \text{bit}$ 也不够,三个字符 $\log_2 4^3 = 6 \text{bit}$ 就有得多余了。20 世纪 50 年代核物理学家伽莫夫(G. Gamow,大爆炸宇宙论的创始人)用信息论的方法推测,20 种氨基酸取决于核苷酸三联密码,即 DNA 这部分所用的语言中,每个单词都是用三个字母组成的。这些推测相继得到实验证实,20 世纪 60 代年三联密码逐一被破译。

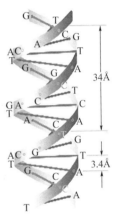

图 2 - 37 DNA
双螺旋结构

计算机程序可以拷贝,遗传密码也需要转录和复制。据估计,DNA 中复制每一 bit 的能耗仅 $100 kT$,这是当代最先进的微电子元件能耗的百万分之一。

DNA 双螺旋每股都右向盘绕,螺旋直径 $2 \times 10^{-7} \text{cm}$,每圈间距 10 个核苷酸对,这相当于 20 bit 的信息量。$1 \mu m$ 的 DNA 约有 300 圈,即 6000 bit 信息量。对于简单的生命,如病毒,其环状 DNA 长度为 $(1.5 \sim 80) \mu m$,信息量的数量级在 $(10^4 \sim 10^5) \text{bit}$ 之间;细菌的 DNA 长度可达 1mm,含信息量 10^7bit;对于人类,46 条染色体中 DNA 总长 2 m,含信息量达 10^{10}bit 之多。像我们这本 300 多页的书约含 10^6 个字符,若用来记载人体 DNA 密码,每字符 2 bit,需要 5000 册。这已经是汗牛充栋的巨帙了,若想把自然界几

---

❶ 薛定谔,《生命是什么?——话细胞的物理学观》,中译本,上海:上海人民出版社,1973 年。

十亿个物种的遗传密码都记录下来,需要怎样大的图书馆才容得下呀!

地球的年龄为46亿年,30多亿年前开始出现生命。从上述情况看,生命从最简单的形式开始就采取了基因进化的方式,信息的储存和传递在加速生物物种的进化方面起了不可估量的作用。

总之,DNA遗传密码历史之悠久,信息量之巨大,运作机制之精巧,复制能耗之节省,都令我们叹为观止。大自然确是运用信息论最杰出的能手!

本章提要

1. 经典统计分布:

$$\left.\begin{array}{l}\text{麦克斯韦速度分布} \\ \text{(速度空间的分布)} \\ \text{玻耳兹曼密度分布} \\ \text{(位形空间的分布)}\end{array}\right\} \xrightarrow{\text{乘积}} \begin{array}{l}\text{麦克斯韦-玻耳兹曼能量分布} \\ \text{(相空间的分布)}\end{array}$$

能量连续,能量按自由度均分。

2. **麦克斯韦速度分布律**

(1) 速度分量的分布 $f_M(v_i) = \sqrt{\dfrac{m}{2\pi kT}}\, e^{-mv_i^2/2kT},\quad (i = x, y, z)$

归一化条件 $\begin{cases}\displaystyle\int_{-\infty}^{\infty} f_M(v_i)\, dv_i = 1. \\[2mm] \dfrac{1}{2}m\displaystyle\int_{-\infty}^{\infty} v^2 f_M(v)\, dv = \dfrac{1}{2}kT.\end{cases}$

(2) 速度分布 $f_M(\boldsymbol{v}) = f_M(v_x) f_M(v_y) f_M(v_z)$

$$= f_M(v) = \left(\dfrac{m}{2\pi kT}\right)^{3/2} e^{-mv^2/2kT},$$

归一化条件 $\begin{cases}\displaystyle\int_0^{\infty} 4\pi v^2 f(v)\, dv = \int_0^{\infty} F_M(v)\, dv = 1. \\[2mm] \dfrac{1}{2}m\displaystyle\int_0^{\infty} 4\pi v^4 f_M(v)\, dv = \dfrac{1}{2}m\int_0^{\infty} v^2 F_M(v)\, dv = \dfrac{3}{2}kT.\end{cases}$

(3) 分子热运动的几种平均速率

方均根速率: $v_{rms} = \sqrt{\overline{v^2}},$

$$\overline{v^2} = \int_0^{\infty} v^2 F(v)\, dv = \int_0^{\infty} 4\pi v^4 f(v)\, dv.$$

麦克斯韦分布时 $v_{rms} = \sqrt{\dfrac{3kT}{m}} = \sqrt{\dfrac{3RT}{M^{mol}}}.$

平均速率：　　$\bar{v} = \displaystyle\int_0^\infty v F(v)\,\mathrm{d}v = \int_0^\infty 4\pi\,v^3 f(v)\,\mathrm{d}v.$

麦克斯韦分布时 $\bar{v} = \sqrt{\dfrac{8kT}{\pi m}} = \sqrt{\dfrac{8RT}{\pi M^{\mathrm{mol}}}}.$

泻流速率：　　$v_{\tilde{\mathcal{A}}} = \overline{v^{(+)}} = \displaystyle\int_0^\infty v_x f(v_x)\,\mathrm{d}v_x.$

麦克斯韦分布时 $v_{\tilde{\mathcal{A}}} = \sqrt{\dfrac{kT}{2\pi m}} = \sqrt{\dfrac{RT}{2\pi M^{\mathrm{mol}}}}.$

3. **玻耳兹曼密度分布律**　　$n_{\mathrm{B}}(\boldsymbol{r}) = n_0 \mathrm{e}^{-U(\boldsymbol{r})/kT},$

特例：等温气压公式 $p(z) = p_0\,\mathrm{e}^{-z/H},$　　标高 $H = \dfrac{kT}{mg} = \dfrac{RT}{M^{\mathrm{mol}}g}.$

4. **麦克斯韦-玻耳兹曼能量分布律**

$$f_{\mathrm{MB}}(\boldsymbol{r},\,\boldsymbol{v}) = n_{\mathrm{B}}(\boldsymbol{r})f_{\mathrm{M}}(\boldsymbol{v}) = n_0\left(\frac{m}{2\pi kT}\right)^{3/2}\mathrm{e}^{-\varepsilon/kT},$$

其中 $\varepsilon = \dfrac{1}{2}mv^2 + U(\boldsymbol{r}).$

5. **能均分定理**

自由度：决定物体位置所需独立坐标数。

热平衡时，理想气体中分子每个自由度获动能 $\dfrac{1}{2}kT$，

振动自由度还有势能 $\dfrac{1}{2}kT$.

$$\bar{\varepsilon} = \frac{1}{2}(t + r + 2s)\,kT,$$

其中 t—平动自由度，r—转动自由度，s—振动自由度。

理想气体摩尔定体热容量

$$C_V^{\mathrm{mol}} = \frac{1}{2}(t + r + 2s)\,R = \begin{cases} 3R/2, & \text{单原子分子；} \\ 7R/2, & \text{双原子分子。} \end{cases}$$

实际上在室温下振动自由度不激发（量子效应），

$$C_V^{\mathrm{mol}} = \begin{cases} 3R/2, & \text{单原子分子；} \\ 5R/2, & \text{双原子分子。} \end{cases}$$

固体的摩尔热容量 —— 杜隆-珀替定律： $C^{\mathrm{mol}} = 3R.$

6. **量子统计分布**

能级离散，粒子按能级 ε_a 分布

$$\left.\begin{array}{l} \text{费米-狄拉克分布} \\[2pt] n_a = \dfrac{1}{\mathrm{e}^{\beta(\varepsilon_a - \mu)} + 1} \\[6pt] \text{玻色-爱因斯坦分布} \\[2pt] n_a = \dfrac{1}{\mathrm{e}^{\beta(\varepsilon_a - \mu)} - 1} \end{array}\right\} \xrightarrow[\text{经典极限}]{n_a \ll 1,\; \mathrm{e}^{\beta\mu} \ll 1} \begin{array}{l} \text{麦克斯韦-玻耳兹曼分布} \\[4pt] n_a = \mathrm{e}^{\beta(\mu - \varepsilon_a)} \end{array}$$

$$归一化条件\begin{cases} \sum_a \dfrac{g_a}{e^{\beta(\varepsilon_a-\mu)}\pm 1} = N, \\[3mm] \sum_a \dfrac{g_a\,\varepsilon_a}{e^{\beta(\varepsilon_a-\mu)}\pm 1} = U, \end{cases}$$

7. 简并费米气体

(1) 非相对论性

$T = 0$ K 时填满 0 到 ε_{F} 的能级, $\mu = \varepsilon_{\mathrm{F}}$,

费米能量 $\varepsilon_{\mathrm{F}} = \left(\dfrac{6\pi^2 n}{g}\right)^{2/3}\dfrac{\hbar^2}{2m} \propto n^{2/3}$,   简并温度 $\Theta_{\mathrm{F}} = \dfrac{\varepsilon_{\mathrm{F}}}{k}$,

简并压 $p_0 = \dfrac{2}{5} n \varepsilon_{\mathrm{F}}$.

$T > 0$ K 时在费米能级附近出现粒子-空穴对,

(2) 极端相对论性 ($T = 0$ K)

费米能量 $\varepsilon_{\mathrm{F}} = \left(\dfrac{6\pi^2 n}{g}\right)^{1/3} c\hbar \propto n^{1/3}$,   简并温度 $\Theta_{\mathrm{F}} = \dfrac{\varepsilon_{\mathrm{F}}}{k}$,

简并压 $p_0 = \dfrac{1}{4} n \varepsilon_{\mathrm{F}}$.

8. 简并玻色气体

(1) 非相对论性

玻色-爱因斯坦凝聚点 $\Theta_{\mathrm{B}} = 3.31\left(\dfrac{n}{g}\right)^{2/3}\dfrac{\hbar^2}{mk} \propto n^{2/3}$.

$T < \Theta_{\mathrm{B}}$ 时 $\mu \approx 0$, 出现玻色-爱因斯坦凝聚。

$$\begin{cases} 激发态上粒子数密度\ n^{(+)} = n\left(\dfrac{T}{\Theta_{\mathrm{B}}}\right)^{3/2}, \\[3mm] \mathrm{BE}\ 凝聚相粒子数密度\ n_0 = n\left[1 - \left(\dfrac{T}{\Theta_{\mathrm{B}}}\right)^{3/2}\right]. \end{cases}$$

热容量 $C_V^{\mathrm{mol}} = 1.925\ R\left(\dfrac{T}{\Theta_{\mathrm{B}}}\right)^{3/2} \propto T^{3/2}$.

在 $T = \Theta_{\mathrm{B}}$ 处导数突变,曲线呈 λ 形。

(2) 极端相对论性   光子气

$\mu = 0$, 粒子数不定,随温度涨落: $n \propto T^3$,

斯特藩-玻耳兹曼定律: $u = aT^4$, $a = 7.566\times 10^{-16}\mathrm{J}/(\mathrm{m}^3\cdot\mathrm{K}^4)$

光压 $p_{\text{光}} = \dfrac{1}{3}u = \dfrac{a}{3}T^4$.

9. 玻耳兹曼动理方程:

$$\dfrac{\mathrm{d}N_a}{\mathrm{d}t} = g_a\dfrac{\mathrm{d}n_a}{\mathrm{d}t} = \sum_{b;a',b'} \Gamma(a,\ b;\ a',\ b')(n_a'n_b'-n_a n_b).$$

10. 玻耳兹曼 H 定理：

$$H \equiv \sum_a g_a \left[n_a \ln n_a \mp (1 \pm n_a) \ln(1 \pm n_a) \right] \xrightarrow[\text{经典极限}]{n_a \ll 1} \sum_a g_a (n_a \ln n_a - n_a),$$

玻耳兹曼动理方程 $\rightarrow \dfrac{\mathrm{d}H}{\mathrm{d}t} \leqslant 0$，即 H 单调下降，平衡态时极小。

H 函数的物理意义： $\quad H = -\ln\Omega, \quad \Omega = \prod_a \Omega_a$

Ω ——气体总量子态数目，即宏观态概率。

玻耳兹曼熵 $\quad S = k \ln\Omega = -kH.$

11. 信息熵： $\quad S = -\dfrac{1}{\ln 2} \sum_a P_a \ln P_a, \qquad P_a$ ——出现情况 a 的概率。

思考题

2-1. 随机变量连续时，为什么必须引入概率密度和分布函数的概念？为什么我们不能说分子速率 $v =$ 某特定值(譬如 $300\,\mathrm{m/s}$) 的概率是多少？

2-2. $f(\boldsymbol{v})$ 是分子速度分布函数，下列表达式的涵义是什么？

(1) $f(\boldsymbol{v})\mathrm{d}\boldsymbol{v}$, (2) $Nf(\boldsymbol{v})\mathrm{d}\boldsymbol{v}$, (3) $f(v_x)\mathrm{d}v_x$,

(4) $Nf(v_x)\mathrm{d}v_x$, (5) $\displaystyle\int_{v_0}^{\infty} f(v_y)\,\mathrm{d}v_y$, (6) $N\displaystyle\int_{-\infty}^{0} f(v_z)\,\mathrm{d}v_z$.

2-3. 如果某气体的速度分布各向同性，即 $f(\boldsymbol{v}) = f(v)$，其中 $v = |\boldsymbol{v}|$，而 $F(v) \equiv 4\pi v^2 f(v)$，下列表达式的涵义是什么？

(1) $F(v)\mathrm{d}v$, (2) $NF(v)\mathrm{d}v$, (3) $\displaystyle\int_0^{\theta} F(v)\mathrm{d}v$,

(4) $N\displaystyle\int_{v_0}^{\infty} F(v)\mathrm{d}v$, (5) $\displaystyle\int_0^{\infty} vF(v)\mathrm{d}v$, (6) $\displaystyle\int_0^{\infty} v^2 F(v)\mathrm{d}v$.

2-4. 如果某气体中所有分子的速率 v 都一样，从而分子的平均动能 $\bar{\varepsilon} = \dfrac{1}{2}mv^2$, 你能根据公式 $\bar{\varepsilon} = \dfrac{3}{2}kT$ 说它的温度 $T = \dfrac{2\bar{\varepsilon}}{3k} = \dfrac{mv^2}{3k}$ 吗？

2-5. 试从分子碰撞的角度来分析，所有分子的速率长期保持一样是不可能的。

2-6. 两容器分别贮有氧气和氢气，如果压强、体积和温度都相同，它们分子速度的分布是否相同？

2-7. 两容器A和B贮有同种气体，且温度相同，但压强不同，它们分子的速度分布是否相同？若压强也相同但体积不同呢？

2-8. 氢气瓶置于恒温器中，徐徐通入一些氧气，一些速率大(如速率大于某一数值 v_0) 的氢分子具备与氧反应的条件而化合成水，瓶内剩余的氢分子的速率分布有何改变？

2 – 9. 我们看到,对于麦克斯韦速率分布,

$$v_{\mathrm{rms}} > \bar{v},$$

对于其它速率分布结论如何?试计算这样一种分布的 v 方均根和 $\bar{v}$:一半分子的速率为 v ,另一半分子的速率为 $2v$.

　　如果你要论证上述不等式并非对所有分布律成立,请举出一个反例;如果你认为它对所有分布律都成立,请给予普遍的证明。

2 – 10. 在本题图所示的麦克斯韦速率分布曲线下 A 、 B 两块面积相等,分界线处的速率 v_0 属哪种速率概念(如 v_{rms} 、 $\bar{v}$ 、 $v_{\max}$ 、 $v_{\text{泻}}$ 等)?

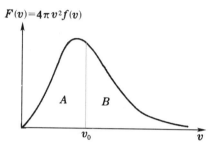

$$F(v) = 4\pi v^2 f(v)$$

思考题 2 – 10

2 – 11. 在第一章 4.2 节里我们提到,把《新概念物理教程·力学》里的一道例题予以重新解释,认为有 1/6 的分子朝 $+x$ 方向运动,可以得到正确的压强公式。本章 1.5 节却证明,通过垂直于 $+x$ 方向器壁上小孔的泻流速率 $v_{\text{泻}} = \bar{v}/4$. 一个是 1/6,一个是 1/4,对于这一点你想得通吗?

2 – 12. 试说明:在混合气体每一组分的分子速度分布与它们在此温度下单独存在时的速度分布相同。

2 – 13. 如本题图,某气体分子的速率分布函数是温度为 T 的麦克斯韦分布和温度为 $9T$ 的麦克斯韦分布(图中灰线)的叠加(图中黑线),你说它的温度是多少?

2 – 14. 北方的冬天寒风凛冽。风大,表示空气分子的速度大;寒表示温度低,即空气分子的速度小。这不矛盾吗?

2 – 15. 试用伽利略变换来推导,在以速度 u 流动的气体中分子速度的平衡分布为

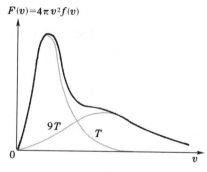

$$F(v) = 4\pi v^2 f(v)$$

思考题 2 – 13

$$f(v) = \left(\frac{m}{2\pi kT}\right)^{3/2} \exp\left(-\frac{m\,|v-u|^2}{2kT}\right).$$

这时热运动的方均根速率和平均速率应该怎样定义?

2 – 16. 强劲气流的温度可能比贮在容器内静止气体的温度低吗?如果可能,把此气流注入容器内的静止气体中,最后达到的温度可能比静止气体原来的温度还高吗?

2 – 17. 温度为 T_1 的气体 A 和温度为 T_2 的气体 B 混合,经过一段弛豫过程后达到热平衡,你认为下列两种情况中哪个弛豫时间较短?(1)A 是氢气,B 是氮气;(2)A 是氧气,B 是氮气。为什么?

2 – 18. 等离子体可看作由正负带电粒子组成的混合气体,其中带正电的粒子是某

种物质(譬如氢)的正离子,带负电的粒子往往是电子.文献中常有"等离子体中的电子温度为 T_e、离子温度为 T_i"的说法,且 $T_e \neq T_i$. 温度是热平衡态下的概念,为什么二者可以有不同的温度?

2 – 19. 大气的成分主要是氮和氧.试根据等温大气模型来分析:氮、氧的比例随高度变化吗?在特定高度上这比例随温度变化吗?怎样变化?

2 – 20. 研究古气候变化的一种手段是在地球的南北极或我国青藏高原的冰川上钻取冰芯,从冰芯气泡内氧同位素 ^{18}O 和 ^{16}O 的比例推断出当时大气的温度.根据是这些冰芯来自当时的降水,气泡来自当时某高度的大气,其中氧同位素的比例反映那里大气的温度.试解释,为什么大气温度影响氧同位素的比例?氧同位素 ^{18}O 与 ^{16}O 的比例随温度怎样变化?

2 – 21. 试确定下列物体的自由度:

(1) 穿在刚性细丝的小珠可以沿细丝滑动,而细丝可以在平面内绕固定点转动;

(2) 在平面内运动的刚性细棒;

(3) 弹簧一端固定,一端系个质点.这质点有几个转动自由度?几个振动自由度?

2 – 22. 一辆自行车有几个自由度?

2 – 23. 宏观物体的自由度随温度变化吗?

2 – 24. 能均分定理适用于布朗运动的粒子吗(即认为布朗粒子和它们所在媒质的分子一样,平均说来具有 $\frac{3}{2}kT$ 的平动动能)?

2 – 25. 能均分定理适用于网球吗?如果说适用,为什么躺在地上的网球并不像布朗粒子那样漂忽不定?

2 – 26. 能均分定理对非理想气体适用吗?

2 – 27. 多原子分子的平动自由度有3,转动自由度有3,若在常温下振动自由度不激发,按能均分定理 C_V^{mol} 应等于 $3R$,但在表 2 – 3 中最后一行给出多原子分子气体的 C_V^{mol}/R 都明显都大于3,这是因为有部分振动自由度激发了,还是其它什么原因?

2 – 28. 0℃时水蒸气的 $C_V^{mol}/R \approx 3$,冰的 $C^{mol}/R \approx 4$(已超出杜隆-珀替定律的数值3很多),而液态水的 C^{mol}/R 竟高达9,你能解释吗?

2 – 29. 根据玻耳兹曼动理方程证明量子气体的 H 函数[见(2.73)式]服从 H 定理,即 $\frac{dH}{dt} \leq 0$.

2 – 30. 一些半导体器件的设计中把电子拘禁在薄层内,形成二维电子气.其费米能量 ε_F 与电子数密度 n 的什么幂次成正比?

2 – 31. 白矮星的物质基本上是氦,下面是白矮星的一组典型数据:质量 $M \approx 10^{30}$ kg,密度 $\rho \approx 10^{10}$ kg/m³,中心温度 $T \approx 10^7$ K. 这样的高温下,氦原子实际上已全部电离,故可以把白矮星看作是 N 个氦核和 $2N$ 个电子组成的系统.在这样高的温度下电子气是强简并的吗?

2 – 32. 理想气体的玻色-爱因斯坦凝聚与气体凝结为液体类似吗?它们在概念上有何本质不同?

2-33. 尽管理想气体 BE 凝聚的理论于1924–1925年就提出来了,直到1995年才在实验上观察到。你能想象困难在哪里吗?

2-34. 1995年美国物理学家 C. Wieman 和 E. Cornell 首先在原子铷(^{87}Rb) 蒸气中产生了 BE 凝聚。在他们的实验里原子的数密度为 $2.6\times10^{12}/\text{cm}^3$,需要把温度降到什么数量级才能实现 BE 凝聚?

习　题

2-1. 根据麦克斯韦分布律计算足够多的点,以 $\mathrm{d}N/\mathrm{d}v$ 为纵坐标, v 为横坐标,作 $1\,\text{mol}$ 氧气在 100 K 和 400 K 时的分子速率分布曲线。

2-2. 对应速率分布函数极大值的速率 $v_{\max}$ 称为最概然速率(most probable speed)。试证明,对于麦克斯韦速率分布

并求:
$$v_{\max}=\sqrt{\frac{2kT}{m}}.$$

(1)速率 v 与 $v_{\max}$ 相差不到 $v_{\max}$ 的 1% 的分子占分子总数的百分数;

(2)速度分量 v_x 与 $v_{\max}$ 相差不到 $v_{\max}$ 的 1% 的分子占分子总数的百分数;

(3)速度分量 v_x、v_y 和 v_z 同时与 $v_{\max}$ 相差不到 $v_{\max}$ 的1%的分子占分子总数的百分数。

这些百分数怎样随温度变化?

〔注:因速率间隔很小,可按微分概率处理,不必积分。〕

2-3. 根据麦克斯韦分布律求速率倒数的平均值 $\overline{\left(\dfrac{1}{v}\right)}$,并与平均值的倒数 $\dfrac{1}{\bar{v}}$ 比较。

2-4. 一容器的器壁上开有一直径为 $0.20\,\text{mm}$ 的小圆孔,容器贮有 $100\,^{\circ}\text{C}$ 的水银,容器外被抽成真空。已知水银在此温度下的蒸气压为 $0.28\,\text{mmHg}$.

(1)求容器内水银蒸气分子的平均速率;

(2)每小时有多少克水银从小孔逸出?

2-5. 用泻流分离法从天然铀中将 ^{235}U 同位素浓缩到99%(见 1.6 节最后一段),需要几级泻流?

2-6. 如本题图,一容器被一隔板分成两部分,其中气体的压强、分子数密度分别为 p_1、n_1 和 p_2、n_2. 两部分气体的温度相同,都等于 T,摩尔质量也相同,均为 M^{mol}. 试证明:如隔板上有一面积为 A 的小孔,则每秒通过小孔的气体质量为

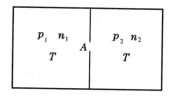

习题 2-6

$$M=\sqrt{\frac{M^{\text{mol}}}{2\pi RT}}A(p_1-p_2).$$

2-7. 气体分子局限于二维运动,速度的每个分量都服从麦克斯韦分布律,求方均根速率、平均速率和最概然速率。

$$\left[\,答: v_{\text{rms}} = \sqrt{\frac{2kT}{m}}\,, \quad \bar{v} = \sqrt{\frac{\pi kT}{2m}}\,, \quad v_{\text{max}} = \sqrt{\frac{kT}{m}}\,.\right]$$

2 – 8. 气体分子局限于一维运动,速率服从麦克斯韦分布律,求方均根速率、平均速率和最概然速率。

$$\left[\,答: v_{\text{rms}} = \sqrt{\frac{kT}{m}}\,, \quad \bar{v} = \sqrt{\frac{2kT}{\pi m}}\,, \quad v_{\text{max}} = 0\,.\right]$$

2 – 9. 气体分子速率分布各向同性,速度分布函数为

$$f(\boldsymbol{v}) = f(v) = \begin{cases} 常量, & 0 \leqslant v \leqslant v_0; \\ 0, & v > v_0. \end{cases}$$

式中 $v = |\boldsymbol{v}|$,分别在一维、二维和三维的情况下求 (1)平均速率; (2)方均根速率。

答:	一 维	二 维	三 维
(1) $\bar{v}/v_0$	$\dfrac{1}{2} = 0.5$	$\dfrac{2}{3} = 0.667$	$\dfrac{3}{4} = 0.75$
(2) v_{rms}/v_0	$\sqrt{\dfrac{1}{3}} = 0.577$	$\sqrt{\dfrac{1}{2}} = 0.707$	$\sqrt{\dfrac{3}{5}} = 0.775$

2 – 10. 误差函数 $\text{erf}(x)$ 的定义为

$$\text{erf}(x) = \frac{2}{\sqrt{\pi}} \int_0^x e^{-x^2}\, dx$$

(参见数学附录 B)。试证明:速度分量 v_x 在 0 到 v_{max} 之间的分子数为 $\Delta N = \dfrac{N}{2}\text{erf}(1) = 0.4214N$,$N$ 为分子总数。

2 – 11. 同上题,试证明:速度分量 $v_x \geqslant v_0$ 的分子数为 $\Delta N = \dfrac{N}{2}[1 - \text{erf}(x_0)]$,其中 $x_0 = v_0/v_{\text{max}}$.

2 – 12. 同上题,试证明速率 $v \leqslant v_0$ 的分子数为

$$\Delta N = N\left[\text{erf}(x_0) - \frac{2}{\sqrt{\pi}} x_0 e^{-x_0^2}\right],$$

其中 $x_0 = v_0/v_{\text{max}}$.

$\left[\,提示: d(xe^{-x^2}) = e^{-x^2}dx - 2x^2 e^{-x^2}dx.\,\right]$

2 – 13. 同上题,求速率 $v \geqslant v_0$ 的分子数。

2 – 14. 利用数学附录 B 中的表格计算出速率 $v \geqslant v_{\text{max}}$ 和 $2v_{\text{max}}$ 的分子百分比的具体数值。

2 – 15. 利用数学附录 B 中所给的级数计算出速率 $v \geqslant 10v_{\text{max}}$ 的分子百分比的具体数值。

2 – 16. 求速率大于某一 v_0 的气体分子每秒与单位面积器壁的碰撞次数。

2 – 17. 试根据麦克斯韦分布律证明:分子平动动能在 ε 到 $\varepsilon + d\varepsilon$ 区间的概率为

$$f(\varepsilon)d\varepsilon = \frac{2}{\sqrt{\pi}}(kT)^{3/2} e^{-\varepsilon/kT}\sqrt{\varepsilon}\,d\varepsilon,$$

其中 $\varepsilon = \dfrac{1}{2}mv^2$. 根据上式求分子平动动能的最概然值。

2 – 18. 飞机起飞前机舱中压力计的指示为 $1.0\,\text{atm}$,温度为 $27°\text{C}$;起飞后,压力计的指示为 $0.80\,\text{atm}$,温度未变,试计算飞机距地面的高度。

2 – 19. 上升到什么高度处大气压强减为地面的 75%? 设空气的温度为 0°C.

2 – 20. 设地球大气是等温的,温度为 $t = 5.0$°C,海平面上的气压为 $p_0 = 750$ mmHg,今测得某山顶的气压 $p = 590$ mmHg,求山高。已知空气的平均摩尔质量为 28.97 g/mol.

2 – 21. 温度为 27°C 时,1 mol 氧气具有多少平动动能? 多少转动动能?

2 – 22. 常温下 3.00 g 的水蒸气和 3.00 g 的氢气混合,求定体比热。

2 – 23. 试推导由定体热容量求分子质量和摩尔质量的公式。设氩的定体比热 $c_V = 75$ cal/(kg·K),求氩原子的质量和原子量。

2 – 24. 一粒小到肉眼刚好能看到,质量约为 10^{-11} kg 的灰尘落入一杯冰水中,由于表面张力而浮在表面上作布朗运动。试问它的方均根速率有多大。

2 – 25. 有一种生活在海洋中的单细胞浮游生物,完全依赖热运动能量的推动在海水中浮游,以便经常与新鲜食物接触。已知海水的温度为 27°C,这种生物的质量为 10^{-13} kg,试问它们的方均根速率。

2 – 26. 在 25°C 下观察到直径为 10^{-6} m 的烟尘微粒的方均根速率为 4.5×10^{-3} m/s,试估算微粒的密度。

2 – 27. 按 FD 分布式

$$n(\varepsilon) = \frac{1}{e^{(\varepsilon - \mu)/kT} + 1}$$

分别计算 $T = 0.05\,\Theta_F$ 和 $0.02\,\Theta_F$ 时足够多的 $n(\varepsilon)$ 数值,在坐标纸上作 $n(\varepsilon)$-$\varepsilon/\varepsilon_F$ 曲线。μ 可近似地取为 ε_F.

2 – 28. 同上题,计算 $T = 5\Theta$ 和 10Θ(Θ 为某一特征温度) 时一系列 $n(\varepsilon)$ 的数值,并在坐标纸上作 $n(\varepsilon)$-$\varepsilon/k\Theta$ 曲线,并与同一温度下 MB 分布的曲线比较。μ 可近似地按下式计算:

$$\frac{\mu}{kT} = -\frac{3}{2}\ln\frac{T}{\Theta}.$$

2 – 29. 按 BE 分布式

$$n(\varepsilon) = \frac{1}{e^{(\varepsilon - \mu)/kT} - 1}$$

分别计算 $T = 0.5\Theta_B$、Θ_B、$1.5\Theta_B$ 时足够多的 $n(\varepsilon)$ 数值,在坐标纸上作 $n(\varepsilon)$-$\varepsilon/k\Theta_B$ 曲线。$T \leqslant \Theta_B$ 时取 $\mu = 0$;$T = 1.5\,\Theta_B$ 时取 $\mu = -0.25\,k\,\Theta_B$.

第三章 热力学第一定律

§1. 从能量守恒到热力学第一定律

1.1 能量守恒定律的建立

能量守恒定律无疑是 19 世纪最伟大的发现之一,它不仅适用于无机界,也适用于生命过程,是自然界中最为普遍的规律。尽管在历史上能量及其守恒的思想有悠久的渊源,目前科学界公认,能量守恒定律的奠基人是迈耶(1842)、焦耳(1843)和亥姆霍兹(1847)。

迈耶(R. J. Mayer)1840 年作为一位年轻的随船医生航行到爪哇。给病人抽血时,看到从静脉管流出的血液要比在德国时看到的鲜红得多,此事给他深刻的印象。迈耶从拉瓦锡(A. L. Lavoisier)那里得知,人的体温是靠血液的氧化来维持的。在热带,人体散热少,血液氧化少,故静脉血与动脉血的颜色差别小。回国后,他一直专心致志地思考着这个问题。一次,他和朋友在路上看到四匹马架了一辆驿车奔驰而过,他问朋友:马的肌肉之力产生了什么物理效果? 朋友说:使车产生了位移。他反问:若马拉车回到原地呢? 在他看来,马拉车最主要的物理效果是靠增加食物的氧化来作功,通过摩擦使路面和轴承变热。所以,动物可以用散热和作功两种方式使环境变热,它们之间必然有确定的比例。

迈耶早年不熟悉物理,所以他有幸未被"热质说"搞糊涂,径直达到了显然是正确的结论;但他也因物理知识的欠缺而吃尽了苦头。1841 年他给《物理年鉴(Annalen der Physik)》投了一篇稿。该文的语言是非专业性的,晦涩难懂,未获录用。1842年迈耶得以在《化学与药学年鉴(Annalen der Chemie und Pharmacie)》杂志上发表一篇短文,给出了 365 kg·m/Cal 的热功当量值(合 3.57 J/cal)。尽管此数值比正确值小了 17%,且文中对如何得来未作说明,但它却比焦耳早了一年,算得上是世界上发表热功当量值的第一篇文章。迈耶在 1845 年自行刊印了一本小册子,对自己的观点作了较详细的说明。从这里人们得知,他是根据气体的定体热容和定压热容推算出热功当量的。他的计算方法完全正确,但由于缺乏准确的数据,致使计算的结果误差很大。

在19世纪40年代和50年代,除少数人外,迈耶的贡献长期未得到科学界的承认,他深邃的能量守恒思想也未获得理解。同乡们的嘲笑和讥讽给了他巨大的压力,他疗养了三年。60 年代以后科学界开始给予迈耶公正的评价,方使他晚年聊以自慰。

焦耳(J. P. Joule) 精确测定热功当量的不朽功勋已在第一章 2.1 节有所叙述,这里不作过多的重复。焦耳所做的大量实验对建立热力学第一定律的重大意义,我们在下面(1.3 节) 还要详细分析。

亥姆霍兹(H. von Helmholtz) 是能量守恒的第三个独立发现者。他曾在著名生理学家缪勒(J. Müller) 的实验室里工作多年, 并受过良好的数学训练, 同时也很熟悉力学。亥姆霍兹坚信"永动机"是不可能的, 且反对"生机论", 主张一切生理现象都必须服从物理和化学的规律。他早年论述能量守恒的重要论文, 是 1847 年在给《年鉴》投稿失败后, 以小册子形式单独刊印。在此文中亥姆霍兹总结了许多人的工作, 一举把能量的概念从机械运动推广到热、电、磁, 乃至生命过程, 提出了普遍的能量守恒原理, 为深入地理解自然界的统一性提供了有力的理论武器。

能量守恒定律这样一条自然界普遍规律的确立, 是许多人、多学科共同完成的。除了物理学家的严谨, 这里还需要与其它学科, 特别是生命科学的配合, 以开拓广阔的思维, 有生物学背景的科学家在此处起了不可磨灭的作用。所以当代分子生物学家, 苏联的伏肯斯坦说:"我们可以稍微夸张地说, 如果物理学赠给生物学以显微镜, 则生物学报答物理学以能量守恒定律。"❶

人们有时说, 热力学第一定律就是能量守恒定律。细推敲起来, 二者还有些区别。更确切地说, 热力学第一定律是能量守恒定律在涉及热现象宏观过程中的具体表述。要将热力学第一定律精确地表述出来, 需要内能、功和热量的概念。"功"的概念是力学中已有的, 不过在热力学中要推广; 在第一章 2.1 节里我们已有了"热量"的概念, 并将它和"温度"区分开来, 这里我们还必须引入"内能"这个重要的概念, 并也将它和"热量"区别开来。

1.2 广义功

在力学里, "功"的定义为力和位移的乘积(标积), 例如将一根金属丝拉长 Δl 所需的功为 $\Delta A = T\Delta l$(T—— 丝中的张力), 将液膜表面积扩展 ΔS 所需的功为 $\Delta A = \gamma\Delta S$($\gamma$——表面张力系数❷), 力矩 M 的功则为 $\Delta A = M\Delta\varphi$($\Delta\varphi$—— 角位移❸),

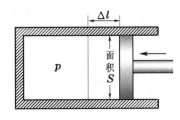

图 3–1 气缸内气体推动活塞作功

等等。在热学中讨论得最多的是 pVT 系统(如第一章§3 所述), 研究对象是封闭在气缸里的物质, 其体积可通过活塞来改变, 如图 3 – 1 所示。设活塞的面积为 S, 在气体压力 f 的作用下将活塞移动距离 Δl, 则气体作功

$$\Delta A = f\Delta l = pS\Delta l = p\Delta V, \qquad (3.1)$$

式中 $p = f/S$ 为活塞上的压强, $\Delta V = S\Delta l$ 为气缸体积的改变。以上的例子都

---

❶ M. V. Volkenstein, *Physics and Biology*, Academic Press, 1982.

❷ 见《新概念物理教程·力学》第五章 2.5 节。

❸ 见《新概念物理教程·力学》(第二版) 第四章 4.6 节(3)。

是机械功。

"功"的概念还可以扩充到其它领域,例如加电压 $\mathscr{V}$ 到一段阻值为 R 的电阻丝上(见图 3-2),使电流 $I = \mathscr{V}/R$(欧姆定律)在其中通过,从而在时间 Δt 内搬运了电荷 $\Delta q = I\Delta t$,在此过程中外电源的电动势对它所作的电功为

$$\Delta A = \mathscr{V}\Delta q = I^2R\Delta t, \qquad (3.2)$$

这便是著名的焦耳定律。[1]其它一些非机械功,如电极化功、磁化功等,就不在此地一一列举了。

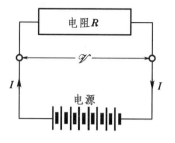

图 3-2 外电源对电阻 R 作电功

把上述 T、γ、p、$\mathscr{V}$ 等强度量[2]看作"广义力",记作 Y,把 Δl、ΔS、ΔV、Δq 等广延量看作"广义位移",记作 ΔX,则广义功可概括地写为

$$\Delta A = Y\Delta X. \qquad (3.3)$$

1.3 内能是个态函数

内能是个态函数,这里的"态"指的是热平衡态。热平衡态由一些宏观的状态变量(如温度、压强、体积)来描述。所谓"态函数",就是那些物理量,它们的数值由系统的状态唯一地确定,而与系统如何达到这个状态的过程无关。在第二章 3.3 节里我们从微观的角度给出了内能的定义,即物质中分子的动能和势能的总和。由分子运动的微观理论(分子动理论)知道,温度反映了分子的动能的多少,亦即,其平均值是温度的函数;分子间的势能与密度(或者说体积)有关。所以内能 U 由体积 V 和温度 T 所决定:

$$U = U(V, T), \qquad (3.4)$$

它是个态函数。现在我们根据实验事实给它一个宏观上的操作定义。

在第一章 2.1 节里我们扼要地提到焦耳的各种热功当量实验。归纳起来,他的实验对象是盛在不传热的量热器里的工作物质(水或气体),通过搅拌、摩擦、压缩、通电等各种方式对它作功(见图 3-3),测量它温度的升高。大量实验证明,无论用什么方式作功,使系统从同一初态达到同一末态(譬如,都是在相同的压强 p 下温度由 T_1 升到 T_2),作功的数量是一样的(正因为如此,焦耳才能够得到统一的热功当量值)。在焦耳的实验中没有

---

❶ 参见《新概念物理教程·电磁学》. 第三章 1.4 节

❷ 热力学的状态变量有强度量(intensive quantity)和广延量(extensive quantity)两类。广延量与系统中物质之量成正比,是可相加的;强度量则与状态中物质之量无关,非相加的。

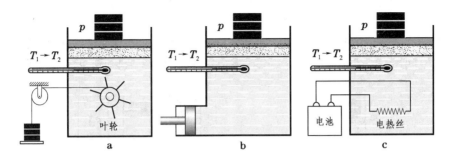

图3-3 焦耳实验证明内能是态函数

热量传递给系统,这样的过程是绝热的(adiabatic),在绝热过程中作的功叫做绝热功。上述实验事实可以表述为:绝热功 $A_{绝热}$ 只与过程的初态和末态有关。功代表传递的能量,在热力学中定义系统内能 U 的增量为绝热功:

$$\Delta U = U_2 - U_1 = A_{绝热}, \tag{3.5}$$

式中 $A_{绝热}$ 是外界对系统所作的绝热功, U_1 和 U_2 分别代表初态和末态的内能。由于绝热功的上述性质,如此定义的内能是个态函数。

1.4 热力学第一定律的数学表述

除作功外,还可以通过热量的传递来改变系统的内能。一般说来,在一个热力学过程中既作功又传热,这时系统内能的增量为

$$\Delta U = A + Q, \tag{3.6}$$

式中 A 是外界对系统所作的功, Q 是外界传递给系统的热量(用已通过热功当量转换成能量的单位来表示)。应当注意,在此普遍的情况下 A 和 Q 的多寡不仅由系统的初态1和末态2决定,而且还与从状态1到状态2的具体过程有关。但是由于内能 U 是态函数, A 与 Q 之和,即 ΔU 只由初、末态决定,与过程无关。(3.6)式便是热力学第一定律的数学表达式。在这里我们看到内能和热量的重要区别,即内能是态函数,而热量不是,它的数值依赖于过程。所以我们可以说,在一定体积或压强下,某温度的气体具有多少内能,但不能说它"具有多少热量"。顺便说起,有时人们说"热能"(本书前面也曾用过这个词儿),它的确切说法应该是"内能"。有了"内能"的概念后,今后我们不再用"热能"的说法,以免与"热量"混淆。

最后,我们就功和热量的正负号问题作些说明。如前所述,(3.6)式中的 A 和 Q 分别代表外界对系统所作的功和外界传递给系统的热量。它们都是代数量,可正可负。外界对系统作负功,表示系统对外界作正功,外界传递给系统负热量,表示系统传递给外界正热量,反之亦然。分别用 A' 和 Q'

代表系统对外界所作的功和系统传递给外界的热量,以示与 A、Q 区别。

1.5 准静态过程

　　一个系统的热平衡态可用少数宏观参量(如 p、V、T) 来描述,它在参量空间(p–V–T 相图) 里由一个点来表示。例如图 3 – 4 所示的气缸-活塞

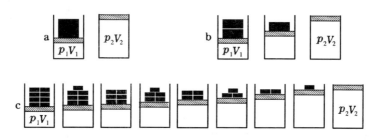

图 3 – 4 从非准静态过程向准静态过程逼近

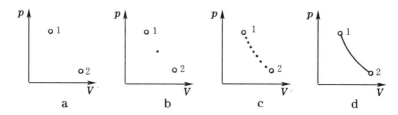

图 3 – 5 只有准静态过程才能够在相图上用曲线表示出来

系统,当活塞上的压力减小时,气缸内物质的体积膨胀,系统的状态由 $(p_1$、$V_1)$过渡到$(p_2$、$V_2)$。把这过程的一头一尾标在 p-V 图上,构成1、2两个点。能否在图上把其间的全过程在图上完整地描绘出来?这要看过程是怎样进行的。若如图 3 –4a 所示,将压在活塞上的一个大砝码一下子去掉,使系统由状态1突变到状态2,则系统从失去平衡到恢复平衡,中间经历非常复杂的弛豫过程:起初,只有砝码附近的物质"感受到"压力突然减小而开始膨胀;而后减压的影响以声速在物质中向远处传播;最后,在整个系统中激发起的弹性波因内摩擦而耗散掉,系统恢复平静,达到新的平衡态。在中间的非平衡状态下系统中各处没有统一的压强(可能也没有统一的温度),我们无法在 p-V 图上把它们表示出来(见图 3 – 5a)。若如图 3 –4b 所示,把情形 a 里的大砝码分为两个,先去掉一个,待系统恢复平衡后再去掉另一个,则我们可在 p-V 图上除了初、末态外还可标出一个中间点(见 图 3 – 5b)。若如图 3 –4c 所示,把砝码分成很多小份,每次去掉一小份,待系统中压强分布的不均匀性可以忽略后再去掉下一小份,则我们在 p-V 图上可以得到一系列中间点(见图 3 – 5c)。设想把砝码无限地分下去,且足够缓

慢地减少它们的个数,则我们可在 p–V 图上得到一条连续的曲线(见图 3 – 5d),将系统经历的中间过程详细地描绘出来。这种进行得足够缓慢,以致于系统连续经过的每个中间态都可近似地看成平衡态的过程叫做准静态过程(quasi-steady process)。我们看到,只有准静态过程才能在相图上用曲线表示出来。

在热传递过程中也有类似的问题,当外界与系统有温度差 ΔT 时,热量由外界传递给系统。不过,在系统中热量是从边界逐步传到内部的。如果 ΔT 太大,系统在过程中间处于温度不均匀的非平衡态,亦即,此过程不是准静态的。准静态的传热过程要求把温差 ΔT 分割成无穷多小段 dT,外界(可调恒温器)的温度足够缓慢地一小段一小段地增加,保证温度每升高一小段后系统中温度的不均匀性来得及达到可忽略的程度。

在准静态过程中我们可以将热力学第一定律[(3.6)式]运用到中间的每个元过程,从而将它写成 微分形式:

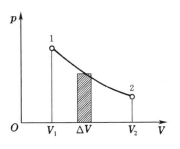

图 3 – 6 准静态过程的功

$$\mathrm{d}U = \mathrm{d}A + \mathrm{d}Q, \qquad (3.7)$$

在式中我们把功和热量的微分写成 $\mathrm{d}A$ 和 $\mathrm{d}Q$,表示 A 和 Q 不是态函数,它们的改变量与过程有关。在数学上我们说,它们不是"全微分"。

非准静态过程的功一般是无法计算的,准静态过程的功可计算如下:按(3.1)式,体积膨胀时系统对外界作功 $\mathrm{d}A'$ $= p\mathrm{d}V$。❶ 在 p–V 图上这相当于曲线元 $\mathrm{d}V$ 下面的面积(见图 3 – 6 中阴影部分)。从初态 1 到末态 2 的整个过程中系统对外界所作的功是 1 到 2 曲线下面的面积,即下列积分:

$$A' = \int_1^2 \mathrm{d}A' = \int_1^2 p\mathrm{d}V, \qquad (3.8)$$

对于准静态过程,外界对系统作功为

$$A = \int_1^2 \mathrm{d}A = -\int_1^2 p\mathrm{d}V, \qquad (3.8')$$

所以,对于 pVT 系统的准静态过程热力学第一定律可写为

$$\Delta U = U_2 - U_1 = Q - \int_1^2 p\mathrm{d}V. \qquad (3.9)$$

---

❶ (3.1)式是系统对外界作功。按前面的约定,应写作 $\Delta A'$.

§2. 气体的热容量 内能和焓

2.1 热容量 焓

物体的热容量就是该物体在一定的条件下温度升高(或降低)1 K 时吸收(或放出)的热量。严格地说,热容量 C 是随温度变化的, 定义它时应取温升 $\Delta T \to 0$ 的极限:

$$C = \lim_{\Delta T \to 0} \frac{\Delta Q}{\Delta T}, \tag{3.10}$$

按热力学第一定律

$$\Delta Q = \Delta U + p\Delta V,$$

在体积恒定的条件下 $\Delta V = 0$, $\Delta Q = (\Delta U)_V$, 故定体热容量为

$$C_V = \lim_{\Delta T \to 0} \frac{(\Delta U)_V}{\Delta T} = \left(\frac{\partial U}{\partial T}\right)_V. \tag{3.11}$$

在压强恒定的条件下 $\Delta p = 0$, $p\Delta V = \Delta(pV)$, 按热力学第一定律

$$\Delta Q = (\Delta U + p\Delta V)_p = [\Delta(U + pV)]_p \equiv (\Delta H)_p,$$

式中

$$H \equiv U + pV \tag{3.12}$$

是新定义的一个态函数,它的名称叫做焓(enthalpy), 于是定压热容量为

$$C_p = \lim_{\Delta T \to 0} \frac{(\Delta H)_p}{\Delta T} = \left(\frac{\partial H}{\partial T}\right)_p. \tag{3.13}$$

反过来,如果知道了热容量 C_V 或 C_p 随温度 T 变化的规律,我们可以通过对(3.11) 式和(3.13) 式的积分求出内能 U 或焓 H 随温度 T 变化的函数关系:

$$U(V, T) - U_0 = \int_{T_0}^{T} C_V \, \mathrm{d}T + f(V), \tag{3.14}$$

$$H(p, T) - H_0 = \int_{T_0}^{T} C_p \mathrm{d}T + g(p), \tag{3.15}$$

式中 T_0 是任意的标准温度,若以它为起点计算 U 或 H, 可取 $U_0 = U(V, T_0)$ 和 $H_0 = H(p, T_0)$ 为 0;❶ $f(V)$ 和 $g(p)$ 的函数形式与物质的物态方程有关,目前暂且还是未知的。❷

---

❶ 像在力学里势能的标准点可以任意选择一样(见《新概念物理教程·力学》第三章 2.1 节),在热力学中态函数之值也是相对于某个任意选定的标准状态的。不过为了统一,一些学科(如热化学)对热力学函数起算的标准状态有具体的规定(见下面 2.5 节)。

❷ 只根据热力学第一定律一般无法从物态方程求出这里的 $f(V)$ 或 $g(p)$,但根据热力学第二定律能够导出一个关系式[见第四章 2.1 节(4.7) 式或(4.9) 式],由它和物态方程就可进一步求出这些未知函数。理想气体是个例外,它的 $f(V)$ 和 $g(p)$ 为常量,可划归 U_0 和 H_0 之内。

我们在第二章 3.3 节里已从微观的角度讨论了理想气体的定体热容量, 它只依赖于被激发起来的自由度, 其数目与温度有关(参见第二章 3.3 节的表 2 - 4 和表 2 - 5, 以及图 2 - 14)。由于理想气体分子间相互作用势能可以忽略, 其内能 U 和定体热容量 C_V 都只是温度 T 的函数, 与体积 V 无关, 即(3.14)式中 $f(V)$ = 常量。此常量可归并到 U_0 里, 故可取 $f(V)=0$. 于是理想气体的内能为

$$U(T) = \int_{T_0}^{T} C_V \mathrm{d}T + U_0, \tag{3.16}$$

因理想气体的 $pV = \nu RT$ [见第一章 1.3 节(1.14)式] 也是 T 的函数, 故它的焓也只是 T 的函数:

$$H(T) = U(T) + pV = U(T) + \nu RT = \int_{T_0}^{T} C_V \mathrm{d}T + \nu RT + U_0,$$

因此(3.11)式和(3.13)式中的偏微商都可写作全微商, 故得理想气体的定压热容量为

$$C_p = \frac{\mathrm{d}H}{\mathrm{d}T} = \frac{\mathrm{d}U}{\mathrm{d}T} + \nu R = C_V + \nu R,$$

或

$$C_p - C_V = \nu R, \tag{3.17}$$

式中 ν 为气体的摩尔数。故对于理想气体的摩尔热容量有

$$C_p^{\mathrm{mol}} - C_V^{\mathrm{mol}} = R, \tag{3.18}$$

在第二章 3.3 节中已从分子动理论给出理想气体的摩尔定体热容量 C_V^{mol}, 加上 R 就是摩尔定压热容量 C_p^{mol}, 即

$$C_V^{\mathrm{mol}} = \frac{1}{2}(t+r+2s)R, \qquad C_p^{\mathrm{mol}} = \left[\frac{1}{2}(t+r+2s)+1\right]R. \tag{3.19}$$

因 $R \approx 2\,\mathrm{cal/(mol \cdot K)}$, 对于单原子分子有

$$C_V^{\mathrm{mol}} = \frac{3}{2}R \approx 3\,\mathrm{cal/(mol \cdot K)}, \qquad C_p^{\mathrm{mol}} = \frac{5}{2}R \approx 5\,\mathrm{cal/(mol \cdot K)},$$

对于双原子分子

$$C_V^{\mathrm{mol}} = \frac{7}{2}R \approx 7\,\mathrm{cal/(mol \cdot K)}, \qquad C_p^{\mathrm{mol}} = \frac{9}{2}R \approx 9\,\mathrm{cal/(mol \cdot K)}.$$

但实际上在常温下振动自由度冻结, 故 $C_V^{\mathrm{mol}} \approx \frac{5}{2}R$, $C_p^{\mathrm{mol}} \approx \frac{7}{2}R$.

2.2 焦耳实验及其改进

前面我们只根据微观理论论断理想气体的内能与体积无关, 实际的情况如何呢? 按照热力学第一定律最容易想到的验证办法是做绝热自由膨胀实验。这类实验的原理性装置如图 3 - 7 所示, 将一绝热容器用可以抽掉的挡板隔为两部分, 一部分抽成真空, 另一部分充有气体。突然将挡板抽掉,

气体便迅速地充满整个容器(这当然不是一个准静态过程).选体积 V 和温度 T 作为状态变量,态函数 $U=U(V,T)$ 的增量可写成

$$\Delta U = \left(\frac{\partial U}{\partial T}\right)_V \Delta T + \left(\frac{\partial U}{\partial V}\right)_T \Delta V.$$

在此过程中没有阻碍气体膨胀的压力,故气体不对外作功($A'=A=0$),由于器壁是绝热的($Q'=Q=0$),按热力学第一定律,上式中 $\Delta U=0$. 因 $\Delta V \neq 0$,判断其系数 $\left(\frac{\partial U}{\partial V}\right)_T$ 是否为 0(即内能是否依赖于体积),要看 ΔT 是否为 0(即有无温度变化).

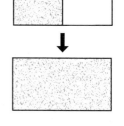

图 3-7 自由膨胀

早在 1807 年盖吕萨克就做了这类实验,但焦耳并不知道,他在 1845 年更仔细地做了这类实验.他们所用的装置都是由活门隔开的连通器(见图 3-8),B 侧真空,A 侧充气,打开活门让气体向真空中自由膨胀.他们两人的实验不同之处是,盖吕萨克直接监视气体温度的变化,而焦耳则将整个装置浸在水中,监视水温的变化.结果他们都没发现温度有变化.

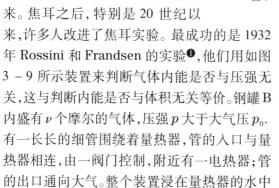

a 盖吕萨克实验　　　　b 焦耳实验

图 3-8 自由膨胀实验装置

盖吕萨克和焦耳的实验都不能作为气体内能与体积无关的定论,因为温度的变化即使有也相当小,他们的方法都不足以检测出来.焦耳之后,特别是 20 世纪以来,许多人改进了焦耳实验.最成功的是 1932 年 Rossini 和 Frandsen 的实验[1],他们用如图 3-9 所示装置来判断气体内能是否与压强无关,这与判断内能是否与体积无关等价.钢罐 B 内盛有 ν 个摩尔的气体,压强 p 大于大气压 p_0. 有一长长的细管围绕着量热器,管的入口与量热器相连,由一阀门控制,附近有一电热器;管的出口通向大气.整个装置浸在量热器的水中保持恒温.做实验时将活门稍微打开,让气体

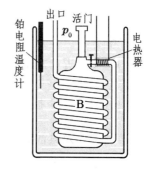

图3-9 Rossini-Frandsen实验

❶　F. D. Rossini and M. Frandsen, *Bureau of Standards Jour. Res.* ,**9**(1932),733.

缓慢地流过长管进入大气。同时用电热器加热来保持整个装置的温度恒定，直到钢罐内的气压降到大气压强 p_0. 在此过程中气体对外作功由下式给出（见思考题 3-16）：

$$A' = p_0 (\nu V_0^{mol} - V_B), \quad (3.20)$$

式中 V_B 是量热器的体积，V_0^{mol} 是气体在大气压强 p_0 与大气温度 T 下的摩尔体积。在此过程中系统吸收的热量 Q 可由电热器所耗的电能求出，从而按热力学第一定律，气体内能的变化为

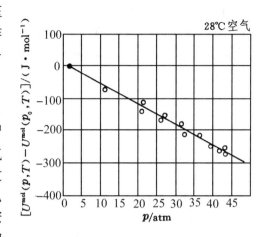

图 3-10 气体内能与压强关系的实验结果

$$\Delta U = U(p, T) - U(p_0, T) = Q - A'. \quad (3.21)$$

实验是在 $p = 10 \sim 40\,atm$ 下进行的，此区间的实验结果如图 3-10 所示，ΔU 与 p 呈线性关系，即其斜率恒定。实验数据见下表：

表 3-1　28℃ 时 $\left(\dfrac{\partial U}{\partial p}\right)_T$ 的实验结果

	空气	O_2	92.5% O_2 7.5% CO_2	82.5% O_2 17.5% CO_2	76.9% O_2 23.1% CO_2	63.4% O_2 36.6% CO_2
$\left(\dfrac{\partial U}{\partial p}\right)_T \Big/ \dfrac{J}{atm \cdot mol}$	-6.08	-6.51	-7.41	-8.74	-9.58	-12.04

可以看出，各种气体在高压下都对理想气体有所偏离，CO_2 与 O_2 和空气相比，偏离更大。

2.3 焦耳–汤姆孙效应

由于水的热容量比气体的热容量大得多，焦耳实验中气体的温度变化是不容易测出的。1852 年他和汤姆孙（W. Thomson，1892年被封为开尔文勋爵）又设计了多孔塞实验来确定气体的内能。他们的实验过程如图 3-11 所

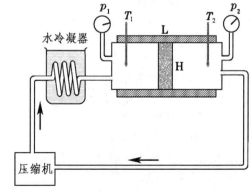

图 3-11 焦耳–汤姆孙节流实验

示,在一个绝热良好的管子 L 中装一个用多孔物质(如棉絮)做成的塞子 H,加压使气体从多孔塞的一侧持续地流到另一侧。实验中维持两侧压强差恒定,使流动过程定常。这样的过程称为节流过程(throttling process)。实验发现,在节流过程中一般会在多孔塞两侧产生温度差。下面来分析节流的热力学过程。

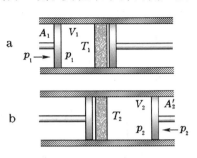

图 3-12 节流过程

我们把节流过程的装置简化如图 3-12,在一两端开口的绝热气缸中有一多孔塞,两侧各有一活塞。开始时多孔塞左边封有一定量气体,通过活塞加压。设其压强、体积、温度分别为 p_1、V_1、T_1,而多孔塞右边没有气体(图 a)。在左、右活塞分别维持压强在 p_1 和 $p_2(p_1 > p_2)$ 的条件下使气体缓慢地通过多孔塞。设当气体全部达到右边后的压强、体积、温度分别为 p_2、V_2、T_2(见图 b)。在上述整个过程中左边的活塞对气体作功 $A_1 = p_1 V_1$,同时气体对右边的活塞作功 $A_2' = p_2 V_2$,即外界对气体作净功 $A = A_1 - A_2' = p_1 V_1 - p_2 V_2$. 因过程是绝热的,即 $Q = 0$,按热力学第一定律,气体内能的变化为

$$U_2 - U_1 = A = p_1 V_1 - p_2 V_2,$$

或 $$U_1 + p_1 V_1 = U_2 + p_2 V_2,$$

即 $$H_1 = H_2, \tag{3.22}$$

这就是说,绝热节流过程是个等焓过程。

实验表明,一般气体(如氮、氧、空气等)在常温常压下节流后温度都降低(即 $T_2 < T_1$),这叫做节流致冷效应(或正节流效应);但对于氢和氦,在常温下节流后温度反而升高($T_2 > T_1$),称为节流致温效应(或负节流效应)。各种节流效应统称焦耳-汤姆孙效应。

焦耳-汤姆孙效应的强弱和正负可借助 T-p 图上的等焓线(见图 3-13 中的黑线)和焦耳-汤姆孙系数来分析。描述等焓线的方程为

$$H(p, T) = 常量.$$

应注意,图 3-13 上的等焓线并不是描述节流过程的曲线,因节流过程不是准静态过程,除了两端点外其中间过

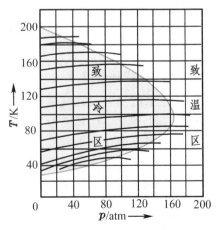

图 3-13 氢的等焓线

程在相图上是画不出来的。要从实验上得到通过相图上某(T_1, p_1)点的等焓线，我们需要以它为起点做大量不同终点的节流实验，从而得到同一等焓线上一系列的其它点(T_2, p_2)、(T_3, p_3)、(T_4, p_4)、$\cdots$（见图3-14），将这些点联成光滑曲线，就是通过该点的等焓线。等焓线的斜率

$$\alpha = \left(\frac{\partial T}{\partial p}\right)_H \qquad (3.23)$$

图 3-14 等焓线的绘制

称为焦耳-汤姆孙系数。由于节流是个降压过程，故$\alpha > 0$代表致冷，即效应是正的；$\alpha < 0$代表升温，即效应是负的；$\alpha = 0$是以上两种情况的分界，效应为0.

为什么节流效应有正有负？从微观角度来理解，是因为气体分子间相互作用既有吸引，又有排斥。我们不妨用范德瓦耳斯模型来作些定性的说明。范德瓦耳斯气体的物态方程为

$$\left(p + \frac{a}{(V^{\mathrm{mol}})^2}\right)(V^{\mathrm{mol}} - b) = RT,$$

其中a代表吸引力，b代表排斥力。现考虑其摩尔焓$H^{\mathrm{mol}} = U^{\mathrm{mol}} + pV^{\mathrm{mol}}$. 按(3.14)式，在热容量为常量的温区里摩尔内能可写成

$$U^{\mathrm{mol}} = C_V^{\mathrm{mol}} T + f(V^{\mathrm{mol}}) + 常量,$$

其中$f(V^{\mathrm{mol}})$是分子间势能对摩尔内能的贡献，它的函数形式需要在下一章里利用热力学第二定律和物态方程求得[见(4.8)式]，这里先引用一下结果：

$$f(V^{\mathrm{mol}}) = -\frac{a}{V^{\mathrm{mol}}}.$$

按范德瓦耳斯物态方程

$$pV^{\mathrm{mol}} = RT - \frac{a}{V^{\mathrm{mol}}}\left(1 - \frac{b}{V^{\mathrm{mol}}}\right) + bp,$$

故摩尔焓为

$$H^{\mathrm{mol}} = U^{\mathrm{mol}} + pV^{\mathrm{mol}} = (C_V^{\mathrm{mol}} + R)T - \frac{a}{V^{\mathrm{mol}}}\left(2 - \frac{b}{V^{\mathrm{mol}}}\right) + bp + 常量,$$

因绝热节流过程是等焓过程：

$$\Delta H^{\mathrm{mol}} = (C_V^{\mathrm{mol}} + R)\Delta T + \frac{2a}{(V^{\mathrm{mol}})^2}\left(1 - \frac{b}{V^{\mathrm{mol}}}\right)\Delta V^{\mathrm{mol}} + b\Delta p = 0,$$

即

$$\Delta T = -\frac{1}{C_V^{\mathrm{mol}} + R}\left[\frac{2a}{(V^{\mathrm{mol}})^2}\left(1 - \frac{b}{V^{\mathrm{mol}}}\right)\Delta V^{\mathrm{mol}} + b\Delta p\right].$$

在节流膨胀过程中$\Delta V^{\mathrm{mol}} > 0$, $\Delta p < 0$，所以上式方括号里第一项（吸引力的贡献）是正的，对ΔT的贡献是负的（正节流效应）；第二项（排斥力的贡献）是负的，对ΔT的贡献是正的（负节流效应）。两项竞争，正负节流效应都是可能的。对于理想气体$a = 0$, $b = 0$，不存在节流效应。

在$T\text{-}p$图上把各等焓线斜率为0的点标出，联成曲线（见图3-13中的灰线），此曲线把相图上致冷区和致温区分开，称为焦耳-汤姆孙效应的转换曲线。由相图3-13可以看出，转换曲线只存在于一定压强以下，对应于

每个低于此的压强有上、下两个转换温度,二者之间是致冷区。利用节流致冷效应来液化气体,必须将它的温度先降到上转换温度以下。各种气体的上转换温度在$p \to 0$时最大,表3–2中列出了一些气体的最大上转换温度,可以看出,多数气体的上转换温度在室温以上,只有氖、氢、氦的在室温以下。这就说明了上文所述常温下各种气体节流效应的正负。

表3–2 气体的最大上转换温度

气　体	CO_2	Ar	O_2	空气	N_2	Ne	H_2	He
最大上转换温度/K	≈ 1500	780	764	659	621	231	202	≈ 40

2.4 节流膨胀液化气体

在现代科学技术中很多地方需要使用液态气体(如液氮、液氦等)以获得低温,也需要由液态空气中利用气体的沸点不同分离出某种纯气体(如氧气)。所以气体的液化是一种重要的工程技术。实现气体液化有多种途径。最早的方法是压缩法,这必须在该种气体的临界点以下进行(见第一章3.2节)。对于临界点低于室温的气体,就必须先将临界点高的气体液化,用它来对该气体进行预冷。对于临界点较低的气体,常常需要多重逐级预冷。氧和氮就是用这种逐级预冷的办法液化的。但对于临界点十分低的气体(如氢 T_K =33.2 K, 氦 T_K =5.2 K),由于没有这样低温度的液态预冷剂,就得采用其它办法来液化了。主要方法有节流膨胀法和绝热膨胀法。先介绍前者。

如前所述,利用节流效应致冷,必须预冷到最大上转换温度之下。节流最好从处在转换曲线上的压强开始进入致冷区,终止于大气压强,以便得到最大的温度降落。但因等焓线的斜率并不大,一次节流远不足以使气体液化,必须进行多次节流。将前次已冷却的气体去冷却后次新送进的气体,再经节流,可以变得更冷。如此过程反复进行,最终可以达到液化的目的。1895年,林德(C. Linde)用这种方法制成了空气液化机,即所谓"林德机";1898年,杜瓦(J. Dewar)用这种方法得到了液态氢;1908年,卡末林·昂内斯(H. Kamerlingh Onnes)用这种方法得到了液态氦。

节流膨胀液化装置的示意图如图3–15所示,气体被压缩节压缩到100 atm以上,经过预冷进入螺旋管热交换器。热交换螺旋管是一个由双层管壁套起来的足够长的管子; 被压缩的气体进入内层管,到达节流活门时突然膨胀,温度降低。膨胀并冷却了的气体经外层管回流到压缩机,在螺旋管里回流的过程中与内层管里后续的气体进行热交换,使之冷却。如此往复进行,直到气体液化。

利用节流效应来液化气体有两个优点:① 在低温处液化机没有机械运动部件,避免了润滑的困难; ② 温度愈低,等焓线斜率愈大,从而由同一压强落差得到的温度落差也愈大。缺点是预冷手续麻烦,成本昂贵。

现在看绝热膨胀法。气体在有抵抗的情况下膨胀就要对外作功,在绝热的条件下没有热量传入,气体就会因内能的消耗而降温。这便是绝热膨胀法的简单原理。此法的优点是原则上不需要预冷,且

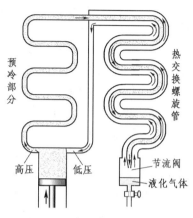

图 3 – 15 节流膨胀液化装置

效率比节流法高。最好将两种方法结合起来。1934 年,卡皮查(R. L. Kapitza) 首先利用绝热膨胀与节流膨胀联合制成氦的液化机,无需再用液态氢预冷。1946 年,柯林斯(Collins) 将卡皮查的氦液化机加以发展和完善,成为目前定型的产品。❶

2.5 化学反应热和生成焓

化学反应常常伴有放热或吸热的现象发生,研究这类现象的学科是热化学。在等温的条件下进行化学反应时系统放出或吸收的热量,叫做反应热。通常规定反应热的符号是吸热为正,放热为负,亦即,按我们以前的理解,化学反应热是外界给系统的热量 Q. 如果化学反应是在密闭容器里进行的,则反应热 Q_V 是定体的, 它等于反应中系统内能的增量:

$$Q_V = \Delta U = U_2 - U_1, \qquad (3.24)$$

式中 U_1 是参加反应物质的内能, U_2 是生成物质的内能。在更多的情况下化学反应是在大气里进行的,则反应热 Q_p 是定压的, 它等于反应中系统焓的增量:

$$Q_p = \Delta H = H_2 - H_1, \qquad (3.25)$$

式中 H_1 是参加反应物质的焓, H_2 是生成物质的焓。在没有特别声明的情况下,"反应热"都是指定压反应热,或称反应焓。

由于内能和焓都是态函数,反应热应具有与反应途径无关的性质。早在热力学第一定律建立之前,化学家们就已发现:

---

❶ 有关柯林斯氦液化机结构的简单介绍, 可参见罗蔚茵、许煜寰,《热学基础》,广州:中山大学出版社. 1990 年. 212。

（1）在给定反应中释放的热量等于在逆反应中吸收的热量——拉瓦锡和拉普拉斯（1780 年）；

（2）反应热只与反应过程的初态和末态有关，无论反应是一步完成的，还是分几步完成的 —— 赫斯定律（G. H. Hess，1840 年）。

在热化学里有两个常用的专门术语，我们在这里特别解释一下。（1）规定（conventional）：内能、焓，以及下面将遇到的熵、自由能、自由焓等热力学态函数的数值都是相对于某个"参考点"而言的，对不同的热力学函数也可以规定不同的参考点。在热化学中把计算反应焓的参考点订为 $p_0 = 1$ atm、$T_0 = 298.15$ K（25°C）的纯元素物质状态，❶ 即规定在此状态下物质的焓为 0. 由纯元素合成某化合物的摩尔反应焓为该化合物的生成焓（enthalpy of formation）。某物质（譬如甲烷）的生成焓记作 $H_f(CH_4)$。不言而喻，所有纯元素在 $p = p_0$、$T = T_0$ 的生成焓为 0. （2）标准（standard）：在任何热力学量之前冠以"标准"二字，如"标准反应热"、"标准生成焓"等，都是指该量在 1 atm 下的数值。本书中用在符号上边加个小圈来表示它是标准量。

看一个例子。甲烷的生成焓应等于下列反应在 25°C 时的标准摩尔反应热 $\Delta \overset{\circ}{H}_a^{mol}$：

$$C(石墨) = 2H_2(气) \longrightarrow CH_4(气) \qquad\qquad (a)$$

如果我们知道其它三个反应的反应热：

$$C(石墨) = O_2(气) \longrightarrow CO_2(气), \qquad \Delta \overset{\circ}{H}_b^{mol} = -393.5\,kJ/mol \qquad (b)$$

$$2H_2(气) = O_2(气) \longrightarrow 2H_2O(液), \qquad \Delta \overset{\circ}{H}_c^{mol} = -571.7\,kJ/mol \qquad (c)$$

$$CH_4(气) + 2O_2 \longrightarrow CO_2(气) + 2H_2O(液), \qquad \Delta \overset{\circ}{H}_d^{mol} = -890.3\,kJ/mol \quad (d)$$

不难看出，反应 a = 反应 b + 反应 c - 反应 d，按赫斯定律我们有

$$\overset{\circ}{H}_f(CH_4) = \Delta \overset{\circ}{H}_a^{mol} = \Delta \overset{\circ}{H}_b^{mol} + \Delta \overset{\circ}{H}_c^{mol} - \Delta \overset{\circ}{H}_d^{mol}$$

$$= [-393.5 - 571.7 - (-890.3)]\,kJ/mol = -74.9\,kJ/mol.$$

设化学反应为

$$a_1 A_1 + a_2 A_2 + \cdots \longrightarrow b_1 B_1 + b_2 B_2 + \cdots,$$

式中 A_1、A_2、$\cdots$ 为反应物，B_1、B_2、$\cdots$ 为生成物，a_1、a_2、$\cdots$，b_1、b_2、$\cdots$ 称为化学计量系数（stoichiometric coefficient）。其反应焓可由反应前后各物质生成焓求得：

---

❶ 碳在 $p_0 = 1$ atm、$T_0 = 298.15$ K 下有石墨、金刚石、球烯等多种同素异形体，碳的规定焓选石墨为零点。

$$\Delta H_{反应} = \sum_{生成物j} b_j H_{fj} - \sum_{反应物i} a_i H_{fi}, \qquad (3.26)$$

表 3 − 3 化合物在 25°C 时的标准生成焓

化合物	$\overset{\circ}{H}_f/(kJ \cdot mol^{-1})$	化合物	$\overset{\circ}{H}_f/(kJ \cdot mol^{-1})$	化合物	$\overset{\circ}{H}_f/(kJ \cdot mol^{-1})$
NaOH(固)	− 426.73	H_2O(气)	− 241.83	CH_3OH(液)	− 238.64
NaCl(固)	− 411.00	H_2O(液)	− 285.84	C_2H_5OH(液)	− 277.63
NaBr(固)	− 359.95	SO_2(气)	− 296.06	$C_6H_{12}O_6$(固)	− 1274.4
Na_2SO_4(固)	− 1384.49	HCl(气)	− 92.31	NO(气)	90.37
$NaNO_3$(固)	− 466.68	CuO(固)	− 155.2	NO_2(气)	33.85
Na_2CO_3(固)	− 1130.9	CuO_2(固)	− 166.69	N_2O(气)	81.55
KOH(固)	− 425.85	$CuSO_4$(固)	− 769.86	NH_3(气)	− 46.19
KCl(固)	− 435.87	CH_4(气)	− 74.85	Ag_2O(固)	− 30.57
$MgCl_2$(固)	− 641.82	C_2H_2(气)	226.75	AgCl(固)	− 127.03
CaO(固)	− 635.09	C_2H_4(气)	5228	$AgNO_3$(固)	− 123.14
Al_2O_3(固)	− 1669.79	C_2H_6(气)	− 84.67	Fe_2O_3(固)	− 822.2
CO(气)	− 110.52	C_6H_6(气)	82.93	Fe_3O_4(固)	− 1120.9
CO_2(气)	− 393.51	CH_3OH(气)	− 201.25	MnO_2(固)	− 519.6

表 3 − 3 中给出了一些化合物在 25°C 时的标准生成焓,试用此表所给数据计算下列光合作用的标准反应热:

$$6CO_2(气) + 6H_2O(液) \overset{h\nu}{\longrightarrow} C_6H_{12}O_6(固) + 6O_2(气)$$

按此反应式可以写出它的摩尔反应焓来:

$$\Delta \overset{\circ}{H}{}^{mol}_{反应} = \overset{\circ}{H}_f(C_6H_{12}O_6) + 6\overset{\circ}{H}_f(O_2) - 6\overset{\circ}{H}_f(CO_2) - 6\overset{\circ}{H}_f(H_2O)$$

$$= [(-1274.4) + 6×0 - 6×(-393.51) - 6×(-285.84)] \text{ kJ/mol}$$

$$= 2\,802 \text{ kJ/mol.}$$

$\Delta \overset{\circ}{H}{}^{mol}_{反应} > 0$ 表明光合作用是一个吸热反应,能量来自日光;逆过程(葡萄糖 $C_6H_{12}O_6$ 的氧化)是放热反应,以食物里的糖分可以给身体提供热量。

有时我们需要计算非标准状态下的反应热,这就得利用物态方程把反应物与生成物的生成焓换算到所需的状态。如果它们是气体的话,通常就利用理想气体的物态方程来计算。例如压强仍是大气压,只是温度不是标准温度 T_0,则生成焓随温度的变化可用下式来计算:

$$H_f(T) = H_f(T_0) + \int_{T_0}^{T} C_p^{mol} dT, \qquad (3.27)$$

从而反应焓

$$\Delta H_{反应}(T) = \sum_{生成物j} b_j H_{fj}(T) - \sum_{反应物i} a_i H_{fi}(T)$$

$$= \sum_{生成物j} b_j H_{fj}(T_0) - \sum_{反应物i} a_i H_{fi}(T_0) + \int_{T_0}^{T} [\sum_{生成物j} b_j C_{pj}^{mol} - \sum_{反应物i} a_i C_{pi}^{mol}] dT$$

$$= \Delta H_{反应}(T_0) + \int_{T_0}^{T} \Delta C_p \mathrm{d}T, \tag{3.28}$$

式中
$$\Delta C_p = \sum_{生成物j} b_j C_{pj}^{\mathrm{mol}} - \sum_{反应物i} c_i C_{pi}^{\mathrm{mol}}, \tag{3.29}$$

如果在此温度范围内热容可看作常量,则有

$$\Delta H_{反应}(T) = \Delta H_{反应}(T_0) + \Delta C_p(T - T_0). \tag{3.29'}$$

例题1　已知在 25°C 时反应

$$H_2(气) + Cl_2(气) \longrightarrow 2HCl(气)$$

的反应焓为 $\Delta H_{反应} = -184.62 \,\mathrm{kJ/mol}$,摩尔定压热容为

$$\begin{cases} C_p^{\mathrm{mol}}(H_2) = 28.6 \,\mathrm{J/(mol \cdot K)} \\ C_p^{\mathrm{mol}}(Cl_2) = 32.2 \,\mathrm{J/(mol \cdot K)} \\ C_p^{\mathrm{mol}}(HCl) = 28.5 \,\mathrm{J/(mol \cdot K)} \end{cases}$$

求 75°C 时的反应焓。

解: $\quad \Delta H_{反应}(75°C) = \Delta H_{反应}(25°C) + \Delta C_p(75 - 25)°C$

$$= [-184.62 + (2 \times 28.5 - 32.2 - 28.6) \times 10^{-3} \times 50] \,\mathrm{kJ/mol}$$

$$= -184.81 \,\mathrm{kJ/mol}. \ \blacksquare$$

§3. 热力学第一定律对理想气体的应用

　　理想气体是热学里最简单的模型,因为它有简单的物态方程 $pV = \nu RT$ 和内能 $U = U(T)$ 与体积 V 无关的简单性质。理想气体也是热学里最重要的模型,因为它的所有热学性质都可具体地推导出来,有了这样一个具体的例子,对我们理解和思考热学的一般问题大有帮助。在本节里我们把热力学第一定律运用到理想气体这个模型上,推导出各种热力学过程中态参量之间的关系(过程方程)、作功和热传递的情况等。最常用的过程有等体过程、等压过程、等温过程、绝热过程,以及能把上述过程都概括进去的多方过程。鉴于等体过程和等压过程已基本上在上节讲热容量时讨论过了,本节不再重复。不言而喻,所有的过程指的都是准静态的,否则很难讨论。

3.1 等温过程

　　温度保持不变的过程叫做等温过程。现在有各种恒温装置可以保证不同精度等温过程的实现。

　　按理想气体的物态方程,它的等温过程方程为

$$pV = 常量, \tag{3.30}$$

它在 p-V 图上对应一条双曲线(见图 3 – 16),叫做等温线。

在等温过程中外界对理想气体作的功为

$$A = -\int_{V_1}^{V_2} p\,\mathrm{d}V = -\nu RT \int_{V_1}^{V_2} \frac{\mathrm{d}V}{V}$$
$$= -\nu RT \ln\frac{V_2}{V_1}, \qquad (3.31)$$

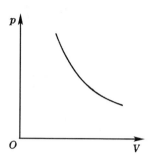

图 3-16 理想气体的等温线

式中 V_1 和 V_2 分别代表初态和末态的体积。当 $V_2 < V_1$(等温压缩)时，$A > 0$，外界对系统作正功；当 $V_2 > V_1$(等温膨胀)时，$A < 0$，外界对系统作负功。据 1.5 节所讲，系统对外作功 $A' = -A$，其数值等于 p-V 图 3-16 中等温线下面的面积。

因理想气体的内能只与温度有关，它在等温过程中内能不变，根据热力学第一定律

$$Q = -A, \qquad (3.32)$$

这就是说，理想气体作等温压缩时，外界对气体所作的功全部化为气体向外释放的热量；而当理想气体作等温膨胀时，它由外界吸收的热量全部用来对外作功。

3.2 绝热过程

与外界不交换热量的过程，叫做绝热过程。除了在良好绝热材料包围的系统内发生的过程是绝热过程外，通常把一些因进行得较快(仍可以是准静态的)而来不及与外界交换热量的过程，也近似地看作是绝热过程。

在绝热过程中 $Q = 0$，据热力学第一定律

$$A = U_2 - U_1 = \int_{T_1}^{T_2} C_V\,\mathrm{d}T, \qquad (3.33)$$

即绝热地压缩理想气体时，外界所作的功全部转化为气体内能的增加，提高了它的温度；理想气体作绝热膨胀时，它消耗本身的内能来对外作功，其结果是降低了自身的温度。所以我们看到，在绝热过程中气体的 p、V、T 三个状态参量都在改变。下面来推导它们之间的依赖关系。

考虑无限小的元过程，对理想气体的物态方程 $pV = \nu RT$ 微分，得

$$p\,\mathrm{d}V + V\,\mathrm{d}p = \nu R\,\mathrm{d}T, \qquad (3.34)$$

将 (3.33) 式用于此元过程，有

$$\text{\dj}A = -p\,\mathrm{d}V = C_V\mathrm{d}T, \qquad (3.35)$$

从以上两式消去 $\mathrm{d}T$，得

$$\frac{C_V + \nu R}{C_V}\, p\,\mathrm{d}V = -V\,\mathrm{d}p,$$

按 (3.17) 式 $C_V + \nu R = C_p$，上式中的 $\dfrac{C_V + \nu R}{C_V} = \dfrac{C_p}{C_V}$. 这两个热容量的比值经常

在绝热过程里出现, 我们用 γ 来表示它:

$$\gamma = \frac{C_p}{C_V},\tag{3.36}$$

于是前式化为

$$\frac{\mathrm{d}p}{p} = -\gamma\frac{\mathrm{d}V}{V}, \quad 或 \quad \frac{\mathrm{d}p}{p} + \gamma\frac{\mathrm{d}V}{V} = 0,$$

在一定温区内 γ 可看作常数, 在此情况下将上式积分, 得

$$\ln p + \gamma\ln V = 常量,$$

或

$$p V^\gamma = 常量.\tag{3.37}$$

此式称为泊松公式, 它描述了理想气体准静态绝热过程中 p、V 的关系, 在 p–V 图上相应的曲线叫绝热线, 因 $\gamma > 1$, 它比等温线陡些(见图 3–17), 这是因为气体作绝热膨胀时, 压强不仅因体积增大而减小, 而且因温度的下降而降低。

利用理想气体的物态方程不难把(3.37)式变换到其它状态参量之间的关系:

$$T V^{\gamma-1} = 常量,\tag{3.38}$$

$$\frac{p^{\gamma-1}}{T^\gamma} = 常量,\tag{3.39}$$

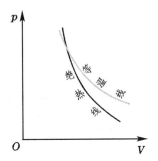

图 3–17 理想气体的绝热线

(3.37)、(3.38)、(3.39)三式组成理想气体全套的绝热过程方程。

有了绝热过程方程, 我们就可以计算准静态绝热过程中的功了。因为对于过程的任意中间态有 $p V^\gamma = p_1 V_1{}^\gamma$, 气体对外作功为

$$A' = \int_{V_1}^{V_2} p\,\mathrm{d}V = p_1 V_1^\gamma \int_{V_1}^{V_2}\frac{\mathrm{d}V}{V^\gamma} = \frac{p_1 V_1}{\gamma-1}\Big[1 - \Big(\frac{V_1}{V_2}\Big)^{\gamma-1}\Big],\tag{3.40}$$

因 $\dfrac{p_1 V_1}{\gamma-1} = \dfrac{\nu R T_1}{\gamma-1} = C_V T_1$, 再利用绝热过程方程(3.38)式不难将上式化为

$$A' = C_V(T_1 - T_2),\tag{3.40'}$$

这就是上面已得到的(3.33)式在 C_V 不随温度改变的情形下采取的形式。

声波是一种疏密波, 是靠介质的弹性来传播的。在《新概念物理教程·力学》第六章 5.1 节中给出一个声速 c_s 的公式:

$$c_s = \sqrt{\frac{\partial p}{\partial \rho}},$$

这公式首先是牛顿推导出来的。要将上式进一步具体化, 需要知道 p 怎样依

赖于 $\rho(=m/V)$ 的函数关系。我们从上面看到,这关系与过程有关。在这一步上当年牛顿却没有走对,他采用了相当于等温的过程方程 $pV=$ 常量,即 $p/\rho=$ 常量,因而 $\partial p/\partial\rho=p/\rho$,于是得到 $c_s=\sqrt{p/\rho}$ 的公式。按此式计算,牛顿得到空气中声速为 $979\,\text{ft/s}$(合 $298.4\,\text{m/s}$)的结果。他自知这数值太小了,找了些牵强的理由来开脱。❶ 这不能怪牛顿,在他写《原理》那个时代热学的研究还没怎么起步。由于空气的导热性能很差,在声频下的振动过程不可能是等温的,而应是绝热的。绝热的过程方程是 $pV^\gamma=$ 常量,即 $p/\rho^\gamma=$ 常量,于是 $\partial p/\partial\rho=\gamma p/\rho$,故正确的声速公式应为

$$c_s=\sqrt{\frac{\gamma p}{\rho}}, \tag{3.41}$$

这公式是 1816 年法国数学家拉普拉斯首先提出来的。空气的主要成分氮和氧都是双原子分子气体,在常温下 $C_V=\dfrac{5\nu}{2}R$,$C_p=\dfrac{7\nu}{2}R$,$\gamma=\dfrac{7}{5}=1.4$,将牛顿的结果乘以 $\sqrt{1.4}$ 得 $353\,\text{m/s}$,这就和实际情况差不多了。实际上 $0\,°\text{C}$ 时空气的声速 $c_s=332\,\text{m/s}$,$25\,°\text{C}$ 时为 $346\,\text{m/s}$.

  例题 2   理想气体的自由膨胀过程是等温过程还是绝热过程?从同一初态 $(p_0,\ V_0)$ 出发膨胀到体积 $2V_0$,系统达到的末态与本节所述的等温或绝热过程一样吗?若不一样,怎样才能使系统通过准静态过程达到自由膨胀的末态?

  解: 理想气体的自由膨胀过程既是等温,又是绝热的,但不是准静态过程。本节所述的等温、绝热过程都是准静态的。

  理想气体自由膨胀过程的末态压强为 $p=p_0/2$,温度 $T=T_0$. 通过准静态等温过程达到的末态与自由膨胀过程的一样,从而内能的变化相同 (ΔU 皆为 0),但作功和吸热的情况不同。在自由膨胀过程中 $Q=A=0$,而在准静态等温过程中 $Q=-A=\nu RT_0\ln 2=p_0V_0\ln 2>0$.

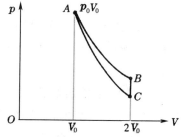

图 3-18 例题2——
理想气体的自由膨胀

  通过准静态绝热过程 AC 达到的末态压强 $p=p_0/2^\gamma<p_0/2$,温度为 $T=T_0/2^{\gamma-1}<T_0$(见图 3-18)。要回到自由膨胀的末态 B,需要通过等体过程加热 $Q=C_VT_0(1-1/2^{\gamma-1})$,使系统从 $T_0/2^{\gamma-1}$ 升温到 T_0. 在前段绝热过程中系统对外作功 $A'=-A=p_0V_0(1-1/2^{\gamma-1})/(\gamma-1)=C_VT_0(1-1/2^{\gamma-1})$,在前后相继的两过程(绝热 AC 和等体 CB)中 $A+Q=0$,在这一点上与

❶   牛顿关于声速的讨论,载于《自然哲学的数学原理》第二卷,他在那里提出理论和实际不符的理由有声波在占全程约 1/10 的空气分子内部传播无需时间、空气中有 1/10 的水蒸气不参与传声。

由 A 直接到 B 的自由膨胀过程或准静态等温过程一样。以上三过程中 $A+Q$ 相等,体现了此量与过程无关,即内能是态函数的特征。∎

例题3　如图 3 – 19 所示,在体积为 V 的密闭大瓶口上插一根截面积为 S 的竖直玻璃管,质量为 m 的光滑小球置于玻璃管中作气密接触,形成一个小活塞。给小球一个上下的小扰动,求它振动的角频率 ω.

解:当小球处于平衡位置时瓶内的压强为 $p = p_0($ 大气压 $) + mg/S$. 当它偏离平衡位置时,瓶内气体因收缩或膨胀而升温或降温,同时压强增大或减小,形成恢复力使小球上下振动。由于气体的导热性能很差,振动又较快,过程可看作是绝热的。但压强的涨落是以声速传播的,传遍整个大瓶体积所需时间远比小球振动的周期为短,过程又可看作是准静态的。故 $pV^{\gamma}=$ 常量,取其微分得

$$V^{\gamma}\,\mathrm{d}p + \gamma pV^{\gamma-1}\,\mathrm{d}V = 0, \qquad 即 \qquad \mathrm{d}p = -\gamma p\,\frac{\mathrm{d}V}{V},$$

其中 $\mathrm{d}V = S\,\mathrm{d}x$,$\mathrm{d}x$ 为小球偏离平衡位置的距离。作用在小球上的恢复力为

$$\mathrm{d}F = S\,\mathrm{d}p = -\frac{\gamma pS^{2}}{V}\,\mathrm{d}x \propto -\,\mathrm{d}x,$$

图 3–19 例题3——
Ruchhardt 测 γ 法

可见,振动是简谐的,其角频率为(参见《新概念物理教程·力学》第六章 1.1 节)

$$\omega = \sqrt{\frac{\gamma pS^{2}}{mV}}. \ \blacksquare$$

上式中 m、p、S、V 已知,因而此题提供了一种通过测小球振动角频率 ω 来测量 γ 的方法。1929 年 Ruchhardt 用这种方法测出了空气和二氧化碳的 γ 值。

3.3 大气的垂直温度梯度

我们在第二章 2.1 节里给出了等温大气模型中密度和压强随高度的分布,并指出它并不符合实际。实际上大气在垂直方向是有温度梯度的,而且这梯度对天气有重大的影响。

地球大气中的最下层里频繁地进行着垂直方向上的对流。例如由于太阳辐射,白昼地面温度升高,较暖的气体缓慢上升,气体压强随之逐渐减少。因气流上升缓慢,过程可视为准静态的。又因为干燥空气导热性能不好,过程又可视为绝热的。所以,大气温度的垂直分布用准静态绝热模型来处理更符合实际。

如图 3 – 20 所示,考虑高度从 z 到 $z+\mathrm{d}z$ 的一层大气,在单位面积上,它的下部受到向上的压力 p,上部受到向下的压力 $p+\mathrm{d}p$,二者之差应与这层

大气的重力 $\rho g\,\mathrm{d}z$ 平衡，即

$$\mathrm{d}p = -\rho g\mathrm{d}z.$$

因 $\rho = n\,\overline{M^{\mathrm{mol}}}/N_{\mathrm{A}}$（$\overline{M^{\mathrm{mol}}}$——空气的平均摩尔质量，$N_{\mathrm{A}}$——阿伏伽德罗常量，$n$——分子数密度），而 $n = p/kT$，故

$$\frac{\mathrm{d}p}{\mathrm{d}z} = -\frac{\overline{M^{\mathrm{mol}}}g}{RT}p, \qquad (3.42)$$

式中 $R = kN_{\mathrm{A}}$.

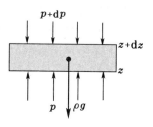

图 3-20 大气温度的垂直梯度

对于绝热过程，从（3.39）式的微分得

$$\frac{\mathrm{d}p}{\mathrm{d}T} = \frac{\gamma}{\gamma-1}\frac{p}{T}, \qquad (3.43)$$

于是

$$\frac{\mathrm{d}p}{\mathrm{d}z} = \frac{\mathrm{d}p}{\mathrm{d}T}\frac{\mathrm{d}T}{\mathrm{d}z} = \frac{\gamma}{\gamma-1}\frac{p}{T}\frac{\mathrm{d}T}{\mathrm{d}z},$$

将（3.42）式代入，得

$$\frac{\mathrm{d}T}{\mathrm{d}z} = -\frac{\gamma-1}{\gamma}\frac{\overline{M^{\mathrm{mol}}}g}{R}. \qquad (3.44)$$

取 $\gamma = 7/5$，$\overline{M^{\mathrm{mol}}} = 29\,\mathrm{g/mol}$，得大气的绝热递减率

$$\frac{\mathrm{d}T}{\mathrm{d}z} = -9.8\,\mathrm{K/km} \approx -10\,\mathrm{K/km}.$$

　　干燥气团上升时会遇到图 3－21 所示的三种情况。第一种情况是大气中温度的垂直梯度超过干气团的绝热递减率 $10\,\mathrm{K/km}$（图 a），这时上升的气团会不断加速，大气处于不稳定状态。第二种情况是大气中温度的垂直梯度小于干气团的绝热递减率 $10\,\mathrm{K/km}$（图 b），这时上升气团将减速，最终要

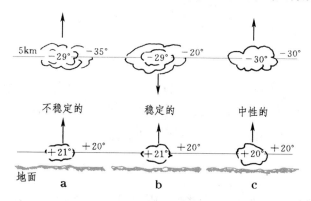

图 3－21 大气结构的垂直稳定度

沉降下来，因而大气处于稳定状态。第三种情况处于以上两种情况之间，大

气中温度的垂直梯度等于干气团的绝热递减率 10 K/km（图 c），这时气团匀速上升，大气的稳定度处于中性状态。

　　上述绝热递减率 [(3.44) 式] 未考虑空气有水分，称为干绝热递减率（dry adiabatic lapse rate, 缩写为 DALR）。除压强、温度外，大气中水蒸气的含量（即湿度）对天气有重大的影响。未饱和的空气中水蒸气的含量最多百分之三 四, 空气的行为与相对湿度没什么关系，干绝热递减率仍适用。对于水蒸气饱和的空气来说就不行了，因为水的汽化热是很可观的，温度、压强变化将引起水的蒸发或凝结，因而吸收或释放大量的汽化热，这就严重地影响着空气的热学状态。所以把热力学第一定律运用到天气问题上，我们还得考虑湿度饱和的空气的绝热递减率。前面我们在推导绝热过程方程时用的是 (3.34) 和 (3.35) 两式：

$$p\,\mathrm{d}V + V\,\mathrm{d}p = \nu R\,\mathrm{d}T, \tag{a}$$

$$đA = -p\,\mathrm{d}V = C_V\,\mathrm{d}T, \tag{b}$$

前者来自理想气体的物态方程，仍旧适用，后者是热力学第一定律，需要把汽化热加进去。令 $\Lambda_{汽化}^{\mathrm{mol}}$ 代表水的摩尔汽化热，$\nu_汽$ 代表气团中水蒸气的摩尔数，则在气团上升的过程中汽化而增加的内能为 ❶ $\Lambda_{汽化}^{\mathrm{mol}}\mathrm{d}\nu_汽$，(b) 式改为

$$-p\,\mathrm{d}V = C_V\,\mathrm{d}T + \Lambda_{汽化}^{\mathrm{mol}}\mathrm{d}\nu_汽, \tag{b$'$}$$

与 (a) 式相加，得

$$V\,\mathrm{d}p = (C_V + \nu R)\,\mathrm{d}T + \Lambda_{汽化}^{\mathrm{mol}}\mathrm{d}\nu_汽,$$

或

$$\nu R T \frac{\mathrm{d}p}{p} = C_p\,\mathrm{d}T + \Lambda_{汽化}^{\mathrm{mol}}\mathrm{d}\nu_汽,$$

用气团中空气的摩尔数 ν 去除此式，令 $c_汽 = \nu_汽 / \nu$ 表示空气中水蒸气的摩尔分数，有

$$R T \frac{\mathrm{d}p}{p} = C_p^{\mathrm{mol}}\,\mathrm{d}T + \Lambda_{汽化}^{\mathrm{mol}}\mathrm{d}c_汽, \tag{3.45}$$

于是

$$\frac{\mathrm{d}p}{\mathrm{d}T} = \left(\frac{C_p^{\mathrm{mol}}}{R} + \frac{\Lambda_{汽化}^{\mathrm{mol}}}{R} \frac{\mathrm{d}c_汽}{\mathrm{d}T} \right) \frac{p}{T}, \tag{3.46}$$

式中 $C_p^{\mathrm{mol}}/R = C_p^{\mathrm{mol}}/(C_p^{\mathrm{mol}} - C_V^{\mathrm{mol}}) = \gamma/(\gamma - 1)$，所以上式除了水蒸气一项外其余部分与 (3.43) 式一样。仿照由该式导出 (3.44) 式的办法，可导出下式：

$$\frac{\mathrm{d}T}{\mathrm{d}z} = -\frac{\gamma - 1}{\gamma} \left(\frac{M^{\mathrm{mol}}g}{R} + \frac{\Lambda_{汽化}^{\mathrm{mol}}}{R} \frac{\mathrm{d}c_汽}{\mathrm{d}z} \right), \tag{3.47}$$

---

　　❶ 严格说，$\Lambda_{汽化}^{\mathrm{mol}}\mathrm{d}\nu_汽$ 来自因汽化而增加的焓 $\mathrm{d}H_{汽化}$，而 $\mathrm{d}H_{汽化} - \mathrm{d}U_{汽化} = \mathrm{d}(p_汽 V) = R T\,\mathrm{d}\nu_汽 \ll \Lambda_{汽化}^{\mathrm{mol}}\mathrm{d}\nu_汽$（$\Lambda_{汽化}^{\mathrm{mol}} = 9.7\,\mathrm{kcal/mol}$，而 $T \sim 300\,\mathrm{K}$ 时 $R T \sim 0.6\,\mathrm{kcal/mol}$），焓与内能的差别可以忽略。

这便是饱和绝热递减率(saturated adiabatic lapse rate,缩写SALR) 的公式,它的绝对值比干绝热递减率小。

图 3 – 22 焚风的形成

焚风(foehn)是经常在阿尔卑斯山区发生的一种干热风。如图3–22所示,潮湿的空气被迫沿着山坡向上运动。气团在上升的过程中温度不断降低。我们知道,饱和蒸气压是随温度的降低而减小的,当气团达到一定的高度,水蒸气从不饱和到饱和,开始凝结。当它超过凝结高度时在迎风的山坡上形成云层并降雨。当空气越过山峰后,它已变成干燥的了。它在沿背风坡下降时形成干热的焚风。图3–23给出了这气团上升和下降时温度随高度变化的曲线。上升到凝结高度之前DALR是干绝热递减率曲线,以后SALR是饱和绝热递减率曲线;下降时DALR又是干绝热递减率曲线。由于SALR 一段曲线的斜率绝对值小[(3.47)式中 $\mathrm{d}c_{汽}/\mathrm{d}z < 0$],在同一高度上,沿背风坡下降时气团的温度比沿迎风坡上升时的温度高。

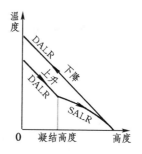

图 3 – 23 干湿气团的温度变化

例题 4 有一上升的气团,在气压为 675 mmHg、温度为 5°C 时达到饱和,在云底上方大约 200 m 的地方,气压和温度分别达到 659 mmHg 和 3.82°C. 求水蒸气摩尔分数的减少。

解:
$$\Delta c_{汽} = \frac{RT}{\Lambda^{\mathrm{mol}}_{汽化}}\left(\frac{\Delta p}{p} - \frac{\gamma}{\gamma-1}\frac{\Delta T}{T}\right) = -5.2\times10^{-4}. \ \blacksquare$$

例题5 如图 3–24,潮湿空气绝热地持续流过山脉,气象站 M_0 和 M_3 测出的大气压强都是 100 kPa,气象站 M_2 测出的大气压强为 70 kPa. 在 M_0 处空气的温度是 20°C,随着空气的上升,在压强为 84.5 kPa 的高度处(图中的 M_1)开始有云形成.空气由此继续上升,经 1500 s 后到达山脊的 M_2 站,在上升过程中空气里水蒸气凝结成雨落下.设每平方米上空潮湿空气的质量为 2000 kg,每千克潮湿空气中凝出 2.45 g

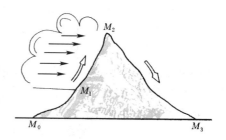

图 3 – 24 例题 4—— 焚风

的雨水,水的汽化热为 45 kJ/mol.

(1) 求出在云底高度处(M_1) 的温度 T_1.

(2) 假设空气密度随高度线性地减少,云底到 M_0 的高度 h_1 是多少?

(3) 试问在山脊 M_2 处测出的温度 T_2 是多少?

(4) 求出由于空气中水蒸气的凝结在 3 小时内形成的降雨量。设在 M_1 和 M_2 之间的降雨是均匀的。

(5) 试问在山脉背面的气象站 M_3 测出的温度 T_3 是多少? 讨论 M_3 处空气的状态, 并与 M_0 处比较。

解:(1) 　　　　　　　$T_1 = (p_1/p_0)^{\frac{\gamma-1}{\gamma}} T_0 = 279.4 \text{ K}.$

(2) 因 $\rho_0 = \overline{M^{\text{mol}}} p_0 / RT_0$, $\rho_1 = \overline{M^{\text{mol}}} p_1 / RT_1$, 及

$$p_0 - p_1 = \frac{1}{2}(\rho_0 + \rho_1) gh_1,$$

由此解出 $h_1 = 1408 \text{ m}.$

(3) 饱和空气的温升可近似地分两步计算,第一步按干绝热过程算

$$T_2' = (p_2/p_1)^{\frac{\gamma-1}{\gamma}} T_1 = 264.8 \text{ K},$$

水蒸气凝结引起的附加温度

$$\Delta T = \frac{\Delta c_{汽} \Lambda^{\text{mol}}_{汽化}}{C_p^{\text{mol}}},$$

其中 $\Delta c_{汽} = \dfrac{2.45/18}{1000/29} = 3.95 \times 10^{-3}$, $C_p^{\text{mol}} = \dfrac{7}{2} R$, $\Lambda^{\text{mol}}_{汽化} = 45 \text{ kJ/(mol·K)}$, 代入上式得 $\Delta T = 6.1 \text{ K}.$

气象站 M_2 处的温度为

$$T_2 = T_2' + \Delta T = 270.9 \text{ K}.$$

(4) 3 小时内降雨($2.45 \text{ g/m}^2 \times 2000/1500 \text{ s}) \times 10800 \text{ s} = 35.3 \text{ kg/m}^2$. 每 kg/m^2 产生 1 mm 的降雨量,因此降雨量为 35.3 mm.

(5) 　　　　　　　$T_3 = (p_3/p_2)^{\frac{\gamma-1}{\gamma}} T_2 = 300 \text{ K} > T_0 = 293.15 \text{ K},$

比 M_0 处干热。∎

3.4 多方过程

气体中实际进行的往往既非等温, 也非绝热,而是介于两者之间的过程。实用中常常用多方过程方程来描述:

$$pV^n = 常量, \quad (3.48)$$

式中 n 为一常数,称为多方指数。利用理想气体的物态方程,不难把它改写为其它状态参量之间的关系:

$$TV^{n-1} = 常量, \quad (3.49)$$

$$\frac{p^{n-1}}{T^n} = 常量. \quad (3.50)$$

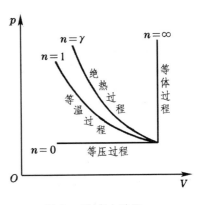

图 3 – 25 多方过程
与其它过程的关系

满足上述公式的过程称为多方过程(polytropic process)。$n=1$ 的多方过程是等温过程，$n=\gamma$ 的多方过程是绝热过程。取 $1<n<\gamma$，可内插等温、绝热两种过程之间的各种过程。其实多方指数 n 的数值也可不限于 1 和 γ 之间，取 $n=0$ 就是等压过程，$n=\infty$ 就是等体过程(见图 3-25) 可见，多方过程是相当大一类过程的概括。

在多方过程中气体对外界作功为

$$A' = \frac{p_1 V_1}{n-1}\Big[1-\Big(\frac{V_1}{V_2}\Big)^{n-1}\Big] = \frac{1}{n-1}(p_1 V_1 - p_2 V_2) = \frac{\nu R}{n-1}(T_1 - T_2), \quad (3.51)$$

上式无论结果还是推导过程都和绝热过程相应的公式(3.40) 完全类似，只是把 γ 换成 n. 下面推导多方过程热容量 C_n 的公式。由热力学第一定律和理想气体的内能公式，有

$$dU = C_V dT = C_n dT - p\,dV, \quad (a)$$

由理想气体物态方程的微分得

$$p\,dV + V\,dp = \nu R\,dT, \quad (b)$$

由多方过程方程(3.48) 的微分得

$$\frac{dp}{p} + n\frac{dV}{V} = 0. \quad (c)$$

从(a)、(b)、(c) 三式消去 dp、dV 和 dT，得

$$C_n = \frac{(n-1)C_V - \nu R}{n-1} = C_V\Big(\frac{\gamma-n}{1-n}\Big). \quad (3.52)$$

例题 6　有一台空气压缩机，压缩前空气的温度为 $27\,℃$，压强为 $0.1\times10^6\,\text{Pa}$，气缸容积为 $0.005\,\text{m}^3$. 压缩后，空气的温度为 $213\,℃$，已知压缩过程消耗的功为 $1.166\,\text{kJ}$. 设过程是多方的，空气是理想气体，求压缩过程的多方指数 n.

解：气缸内空气的摩尔数为

$$\nu = \frac{pV}{RT} = 0.20\,\text{mol},$$

由(3.51) 式得

$$n = 1 + \frac{\nu R}{A'}(T_1 - T_2) = 1.27. \ \blacksquare$$

将理想气体准静态过程的各种公式整理成表 3-4，以备查用。此外，虽然我们在本节内未能推导非理想气体准静态过程的公式，为了避免理想气体模型带来的局限性，我们不加推导地在表 3-5 中给出范德瓦耳斯气体全部准静态过程的相应公式，凡与理想气体有所不同之处皆用阴影衬出。其中一些公式的推导将在下章进行。

表 3 – 4 理想气体准静态过程公式

物态方程 $pV = \nu RT$

过程	过程方程	外界作功 A	吸收热量 Q	内能变化 ΔU	热容量
等体	$V = $ 常量	0	$C_V(T_2 - T_1)$	$C_V(T_2 - T_1)$	C_V
等压	$p = $ 常量	$-p(V_2 - V_1)$	$C_p(T_2 - T_1)$	$C_V(T_2 - T_1)$	$C_p = C_V + \nu R$
等温	$pV = $ 常量	$-\nu RT \ln(V_2/V_1)$	$\nu RT \ln(V_2/V_1)$	0	∞
绝热	$pV^\gamma = $ 常量 $TV^{\gamma-1} = $ 常量 $\dfrac{p^{\gamma-1}}{T^\gamma} = $ 常量	$\dfrac{1}{\gamma-1}(p_2 V_2 - p_1 V_1)$ $= C_V(T_2 - T_1)$	0	$C_V(T_2 - T_1)$	0
多方	$pV^n = $ 常量 $TV^{n-1} = $ 常量 $\dfrac{p^{n-1}}{T^n} = $ 常量	$\dfrac{1}{n-1}(p_2 V_2 - p_1 V_1)$ $= \dfrac{\nu R}{n-1}(T_2 - T_1)$	$C_n(T_2 - T_1)$	$C_V(T_2 - T_1)$	$C_n = \dfrac{\gamma-n}{1-n}C_V$

表 3–5 范德瓦耳斯气体准静态过程公式[*]

物态方程 $p'V' = \nu RT$ $\left(p' = p + \dfrac{\nu^2 a}{V^2} \quad V' = V - \nu b\right)$

过程	过程方程	外界作功 A	吸收热量 Q	内能变化 ΔU	热容量
等体	$V = $ 常量	0	$C_V(T_2 - T_1)$	$C_V(T_2 - T_1)$	C_V
等压	$p = $ 常量	$-p(V_2 - V_1)$	$\displaystyle\int_{T_1}^{T_2} C_p \, dT$ [**]	$C_V(T_2 - T_1)$ $-\nu^2 a\left(\dfrac{1}{V_2} - \dfrac{1}{V_1}\right)$	$C_p = C_V + \dfrac{\nu R}{1 - \dfrac{2\nu a(V-\nu b)^2}{RTV^3}}$
等温	$p'V' = $ 常量	$-\nu RT \ln(V_2'/V_1')$ $-\nu^2 a\left(\dfrac{1}{V_2} - \dfrac{1}{V_1}\right)$	$\nu RT \ln(V_2'/V_1')$	$-\nu^2 a\left(\dfrac{1}{V_2} - \dfrac{1}{V_1}\right)$	∞
绝热	$p'V'^{\gamma'} = $ 常量 $TV'^{\gamma'-1} = $ 常量 $\dfrac{p'^{\gamma'-1}}{T^{\gamma'}} = $ 常量 $\left(\gamma' = \dfrac{C_V + \nu R}{C_V}\right)$	$C_V(T_2 - T_1)$ $-\nu^2 a\left(\dfrac{1}{V_2} - \dfrac{1}{V_1}\right)$	0	$C_V(T_2 - T_1)$ $-\nu^2 a\left(\dfrac{1}{V_2} - \dfrac{1}{V_1}\right)$	0
多方	$p'V'^n = $ 常量 $TV'^{n-1} = $ 常量 $\dfrac{p'^{n-1}}{T^n} = $ 常量	$\dfrac{\nu R}{n-1}(T_2 - T_1)$ $-\nu^2 a\left(\dfrac{1}{V_2} - \dfrac{1}{V_1}\right)$	$C_n(T_2 - T_1)$	$C_V(T_2 - T_1)$ $-\nu^2 a\left(\dfrac{1}{V_2} - \dfrac{1}{V_1}\right)$	$C_n = C_V + \dfrac{\nu R}{1-n}$

[*] 设 C_V 为常量。　[**] C_p 与 V、T 有关，积分无显式。

§4. 循环过程和卡诺循环

4.1 循环过程

17世纪末发明了巴本锅和蒸汽泵,18世纪末瓦特给蒸汽机增添了冷凝器,发明了活塞阀、飞轮、离心节速器等,完善了蒸汽机,使之真正成为动力。其后蒸汽机被应用于纺织、轮船、火车。瓦特伟大功绩的取得在于他对蒸汽的性能有着卓越的了解,他从经济有效性方面改进了蒸汽机。但是他的直接后继者却致力于扩大机器的容量,尽管当时蒸汽机的效率仍然很低。扩大容量是实际工作者的倾向,他们往往喜欢摸着石头过河,而提高经济有效性则需要具有热学理论头脑的思想者,这个人便是一位年轻的法国炮兵军官萨地·卡诺(Sadi Carnot)。在那个时代人们对蒸汽的巨大威力已有充分的认识,但蒸汽只是能量的携带者,动力的真正来源是锅炉下面的火。卡诺确切地把蒸汽机、内燃机等以"火"为动力的机械叫做热机,他要探索的是如何利用较少的燃料获得较多的动力,以提高热机的效率和经济效益。

我们先简单地分析一下蒸汽机的工作过程。如图3-26所示,水泵B将水池A中的水抽入锅炉C中,水在锅炉里被加热变成高温高压的蒸汽,这是一个吸热过程。蒸汽经过管道被送入汽缸D内,在其中膨胀,推动活塞对外作功。最后蒸汽变为废气进入冷凝器E中凝结成水,这是一个放热过程。水泵F再把冷凝器中的水抽入水池A,使过程周而复始,循环不已。从能量转化的角度看,在一个工作循环中工作物质(蒸汽)在高温热源(锅炉)处吸热后增加了自己的内能,然后在汽缸内推动活塞时将它获得内能的一部分转化为机械功,

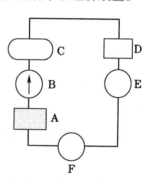

图3-26 蒸汽机工作
过程示意图

另一部分则在低温热源(冷凝器)处通过放热传递给外界。经过这一系列过程,工作物质回到原来的状态。其它热机的具体工作过程虽然各有不同,但能量转化的情况却与上面所述类似,即热机对外作功所需的能量来源于高温热源处所吸热量的一部分,另一部分则以热量的形式释放给低温热源。

为了从能量转化的角度分析各种热机的性能,我们引入循环过程及其效率的概念。普遍地说,如果一系统由某个状态出发,经过任意的一系列过程,最后回到原来的状态,这样的过程称为循环过程。图3-27所示的闭合曲线 $ABCDA$ 即为一个在 p-V 图上表示出来的准静态循环过程。对于任何循环过程系统的内能(和其它一切态函数)不变。在 p-V 图上显示为顺时针闭

合曲线的为正循环,逆时针的为逆循环。

图 3 - 27 中所示的是正循环,在过程 ABC 中系统对外作正功,其数值等于 $ABCNMA$ 所包围的面积;在过程 CDA 中系统对外作负功,其数值等于 $CNMADC$ 所包围的面积。在整个循环过程中系统对外净作正功 A',其数值等于 $ABCDA$ 所包围的面积。同理可知,逆循环对外界净作负功,或者说外界对系统净作正功,其数值 A 等于逆时针闭合曲线所包围的面积。

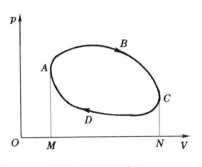

图 3 - 27 循环过程

对于理想气体的任意准静态循环过程有一个重要的性质,即热量 $đQ$ 与温度 T 之比的积分恒等于 0. 现证明如下。按热力学第一定律

$$dU = đQ - pdV,$$

对于理想气体 $dU = C_V dT$, $p = \nu RT/V$, 代入上式,用 T 除全式,得

$$C_V \frac{dT}{T} = \frac{đQ}{T} - \nu R \frac{dV}{V},$$

设 C_V 是常量,由于积分 $\int_{T_1}^{T_2} dT/T = \ln(T_2/T_1)$ 和 $\int_{V_1}^{V_2} dV/V = \ln(V_2/V_1)$ 都只与始态和末态的状态参量 T_1、V_1 和 T_2、V_2 有关,与路径无关,对于循环过程 $T_1 = T_2$, $V_1 = V_2$, $\oint dT/T = 0$, $\oint dV/V = 0$, 于是我们有

$$\oint \frac{đQ}{T} = C_V \oint \frac{dT}{T} + \nu R \oint \frac{dV}{V} = 0. \tag{3.53}$$

我们知道,沿任意闭合回路(循环过程)积分=0 意味着积分与路径(过程)无关(见第四章3.1节),即被积函数是个态函数。我们还知道,热量 Q 本身不是态函数,上式是否表明热温比是个态函数? 是的,至少对于理想气体如此。其实这结论对所有工作物质普遍成立,不过论证这一点需要用到热力学第二定律。热温比这个态函数叫做"熵",这是热学里最重要的概念之一。热力学第二定律和"熵"的概念正是下一章的中心内容。

令高温热源和低温热源给系统的热量分别为 Q_1 和 Q_2,对于正循环 $Q_1 > 0$, $Q_2 < 0$;对于负循环 $Q_1 < 0$, $Q_2 > 0$. 因为对于任何循环 $\Delta U = 0$,按热力学第一定律 $Q = Q_1 + Q_2 = A' = -A$. 故对于正循环 $A' > 0$, $Q_1 > Q_2' = -Q_2$;对于负循环 $A = -A' > 0$, $Q_1' = -Q_1 > Q_2$.

正循环热机的功能是将热量转化为机械功。从上面的分析可以看出,它不能把从高温热源吸收来的热量 Q_1 全部转化为机械功 A',而必须将其

中的一部分 Q_2 排放给低温热源(见图 3-28a)。热量转化为机械能的百分比
称为正循环热机的效率,记作 η. 于是

$$\eta = \frac{A'}{Q_1} = \frac{Q_1 - Q_2'}{Q_1}. \quad (3.54)$$

逆循环热机的功能是制冷,即
通过外界作功 A 从低温热源汲取热
量 Q_2(见图 3-28b),故其制冷功能
可用制冷系数 ε 来描述,其定义是
制冷量 Q_2 与外功 A 之比:

$$\varepsilon = \frac{Q_2}{A} = \frac{Q_2}{Q_1' - Q_2}. \quad (3.55)$$

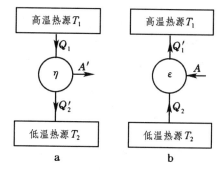

图 3-28 正负循环热机

4.2 理想气体卡诺循环及其效率

为了从理论上研究热机的效率,卡诺提出一种理想的热机,并证明它具
有最高的效率。卡诺热机的循环过程如图
3-29 所示,由两个等温过程和两个绝热
过程组成。正循环中第一个等温过程 AB
是系统与温度为 T_1 的高温热源接触的吸
热过程,相继的过程 BC 是从高温到低温
的绝热膨胀过程,第二个等温过程 CD 是
系统与温度为 T_2 的低温热源接触的放热
过程,最后的过程 DA 是从低温回到高温
的绝热压缩过程。上述循环倒过来进行,
就是逆循环。上述循环过程称为卡诺循环
(Carnot cycle)。现在我们来研究以理想
气体为工作物质的准静态正卡诺循环的

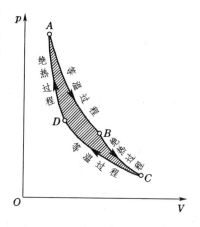

图 3-29 卡诺循环

效率。在从状态 B 到状态 C 和从状态 D 到状态 A 的绝热过程中

$$\left(\frac{V_C}{V_B}\right)^{\gamma-1} = \frac{T_1}{T_2}, \qquad \left(\frac{V_A}{V_D}\right)^{\gamma-1} = \frac{T_2}{T_1},$$

由此

$$\frac{V_C}{V_B} = \frac{V_D}{V_A} \quad \text{或} \quad \frac{V_B}{V_A} = \frac{V_C}{V_D}, \qquad (3.56)$$

在从状态 A 到状态 B 和从状态 C 到状态 D 的等温过程中

$$Q_1 = \nu R T_1 \ln \frac{V_B}{V_A}, \qquad Q_2' = \nu R T_2 \ln \frac{V_C}{V_D}.$$

由此得

$$\frac{Q_1}{T_1 \ln \dfrac{V_B}{V_A}} = \frac{Q_2'}{T_2 \ln \dfrac{V_C}{V_D}}$$

从而结合(3.56)式得

$$\frac{Q_1}{T_1} = \frac{Q_2'}{T_2}, \qquad \text{❶} \qquad (3.57)$$

将(3.57)式代入(3.54)式,得正卡诺循环的效率

$$\eta = \frac{Q_1 - Q_2'}{Q_1} = \frac{T_1 - T_2}{T_1} = 1 - \frac{T_2}{T_1}. \qquad (3.58)$$

即理想气体准静态正卡诺循环的效率只由高、低温热源的温度 T_1 和 T_2 决定。T_1 愈高, T_2 愈低,则效率愈高。

同理,对于逆卡诺循环

$$\frac{Q_1'}{T_1} = \frac{Q_2}{T_2}, \qquad (3.59)$$

故理想气体准静态逆卡诺循环的制冷系数为

$$\varepsilon = \frac{T_2}{T_1 - T_2}. \qquad (3.60)$$

在一般情况下制冷系统的高温热源就是大气,T_1 是室温。上式表明,希望达到的制冷温度 T_2 愈低,制冷系数愈小。

例题7 一定量理想气体经过下列准静态循环过程:

(1) 由状态 V_1、T_A 绝热压缩到状态 V_2、T_B;

(2) 由状态 V_2、T_B 经等体吸热过程达到状态 V_2、T_C;

(3) 由状态 V_2、T_C 绝热膨胀到状态 V_1、T_D;

(4) 由状态 V_1、T_D 经等体放热过程达到状态 V_1、T_A.

求此循环的效率。

---

❶　对于卡诺循环,用(3.53)式来证明(3.57)式特别简单。因为在两个等温过程中 T 为常量,可以从积分号后面提出来,于是有

$$\int_A^B \frac{\mathrm{d}Q}{T_1} = \frac{1}{T_1} \int_A^B \mathrm{d}Q = \frac{Q_1}{T_1}, \quad \int_C^D \frac{\mathrm{d}Q}{T_2} = \frac{1}{T_2} \int_C^D \mathrm{d}Q = \frac{Q_2}{T_2}.$$

对于两个绝热过程

$$\int_B^C \frac{\mathrm{d}Q}{T} = \int_D^A \frac{\mathrm{d}Q}{T} = 0.$$

于是由(3.53)式得

$$\oint \frac{\mathrm{d}Q}{T} = \left(\int_A^B + \int_B^C + \int_C^D + \int_D^A \right) \frac{\mathrm{d}Q}{T} = \frac{Q_1}{T_1} + \frac{Q_2}{T_2} = 0,$$

即

$$\frac{Q_1}{T_1} = -\frac{Q_2}{T_2} = \frac{Q_2'}{T_2}$$

这就是(3.57)式。

解： 循环过程的 p-V 图如图 3-30 所示。对于两绝热过程，有

$$\frac{T_B}{T_A} = \left(\frac{V_1}{V_2}\right)^{\gamma-1}, \quad \frac{T_C}{T_D} = \left(\frac{V_1}{V_2}\right)^{\gamma-1},$$

由此得

$$\frac{T_B}{T_A} = \frac{T_C}{T_D} = \frac{T_C - T_B}{T_D - T_A}.$$

对于两等体过程，有

$$Q_1 = C_V(T_C - T_B), \quad Q_2' = C_V(T_D - T_A),$$

于是

$$\eta = \frac{Q_1 - Q_2'}{Q_1} = 1 - \frac{Q_2'}{Q_1}$$

$$= 1 - \frac{T_D - T_A}{T_C - T_B} = 1 - \frac{T_A}{T_B} = 1 - \left(\frac{V_2}{V_1}\right)^{\gamma-1}.$$

引入压缩比 $r = V_1/V_2$，则

$$\eta = 1 - \frac{1}{r^{\gamma-1}}. \quad \blacksquare$$

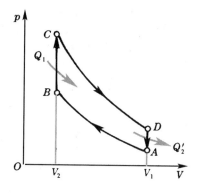

图 3-30 例题 7——奥托循环

本题讨论的循环称为奥托循环（Otto cycle），或定体加热循环，它是四冲程汽油机的工作循环。奥托循环的效率只由压缩比 r 所决定，r 愈大，效率愈高。

例题 8 一定量理想气体经过下列准静态循环过程：

（1）由状态 V_1、T_A 绝热压缩到状态 V_2、T_B；

（2）由状态 V_2、T_B 经等压吸热过程达到状态 V_3、T_C；

（3）由状态 V_3、T_C 绝热膨胀到状态 V_1、T_D；

（4）由状态 V_1、T_D 经等体放热过程达到状态 V_1、T_A。

求此循环的效率。

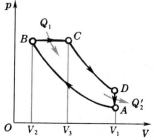

图 3-31 例题 8
——狄塞尔循环

解： 循环过程的 p-V 图如图 3-31 所示。对于等体过程和等压过程，有

$$Q_1 = C_p(T_C - T_B), \quad Q_2' = C_V(T_D - T_A),$$

于是

$$\eta = \frac{Q_1 - Q_2'}{Q_1} = 1 - \frac{Q_2'}{Q_1} = 1 - \frac{C_V(T_D - T_A)}{C_p(T_C - T_B)} = 1 - \frac{1}{\gamma}\frac{T_D - T_A}{T_C - T_B}$$

对于两绝热过程，有

$$\frac{T_B}{T_A} = \left(\frac{V_1}{V_2}\right)^{\gamma-1}, \quad \frac{T_C}{T_D} = \left(\frac{V_1}{V_3}\right)^{\gamma-1}.$$

引入压缩比 $r = V_1/V_2$，定压膨胀比 $\rho = V_3/V_2$ 和绝热膨胀比 $\delta = V_1/V_3$，注意到 $\delta = r/\rho$，最后得到

$$\eta = 1 - \frac{1}{\gamma} \cdot \frac{1}{r^{\gamma-1}} \cdot \frac{\rho^\gamma - 1}{\rho - 1}. \quad \blacksquare$$

本题讨论的循环称为狄塞尔循环（Diesel cycle），或定压加热循环，它是四冲程柴油机的工作循环。

例题9   一定量理想气体经过下列准静态循环过程：

(1) 由状态 V_1、T_1 等温压缩到状态 V_2、T_1；

(2) 由状态 V_2、T_1 等体降温到状态 V_2、T_2；

(3) 由状态 V_2、T_2 等温膨胀到状态 V_1、T_2；

(4) 由状态 V_1、T_2 等体升温到状态 V_1、T_1.

求此循环的制冷系数。

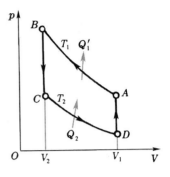

解：循环过程的 p–V 图如图 3–32 所示。对于两等温过程，有

$$Q_2 = \nu R T_2 \ln \frac{V_1}{V_2}, \quad Q_1' = \nu R T_1 \ln \frac{V_1}{V_2}.$$

对于两等体过程，系统与外界的热量交换相抵消，制冷系数为

$$\varepsilon = \frac{Q_2}{Q_1' - Q_2} = \frac{T_2}{T_1 - T_2}. \ \blacksquare$$

图 3 – 32 例题9——
逆向斯特令循环

本题讨论的循环称为逆向斯特令循环(reversed Stirling cycle)，是回热式制冷机的工作循环。

本章提要

1. **热力学第一定律**：

一般表述 $\Delta U = A + Q.$

对准静态元过程 $dU = đA + đQ.$

(1) **内能** U：态函数(增量与过程无关)。

(2) **功** A、**热量** Q：与过程有关。

$$
\left.
\begin{array}{l}
A、Q: \quad 外界 \rightarrow 系统; \\
A'、Q': \quad 系统 \rightarrow 外界,
\end{array}
\right\}
$$

在准静态过程中 $A' = -A, \ Q' = -Q.$

对于 pVT 系统： $dA' = pdV.$

2. **焓**： $H \equiv U + pV.$

(1) **气体热容量**
$$
\begin{cases}
定体 \quad C_V = \left(\dfrac{\partial U}{\partial T}\right)_V, \\[2mm]
定压 \quad C_p = \left(\dfrac{\partial H}{\partial T}\right)_p.
\end{cases}
$$

理想气体 $C_p - C_V = \nu R.$

(2) **节流过程**： 在绝热管内加压使气体通过多孔塞，降压膨胀。

$$p_1、V_1、T_1 \rightarrow p_2、V_2、T_2,$$

$$H_1 = H_2 = 常量.$$

$$\text{焦耳-汤姆孙系数} \; \alpha = \left(\frac{\partial T}{\partial p} \right)_H$$

节流效应
（焦耳-汤姆孙效应）
$$\begin{cases} \text{节流致冷效应（正节流效应）}: T_2 < T_1, \; \alpha > 0, \\ \text{节流致温效应（负节流效应）}: T_2 > T_1, \; \alpha < 0. \end{cases}$$

重要应用：节流膨胀法气体液化，1908 年得到液态氦。

（3）化学反应热与生成焓

化学反应过程 $1 \rightarrow 2$

化学反应热
$$\begin{cases} \text{定体}: \quad Q_V = \Delta U = U_2 - U_1; \\ \text{定压}: \quad Q_p = \Delta H = H_2 - H_1. \end{cases}$$

通常化学反应在大气压下进行，属定压过程，化学反应热即反应焓。

规定反应焓：参考点选为 $p_0 = 1\,\text{atm}$, $T_0 = 298.15\,\text{K}(25\,^\circ\text{C})$。

生成焓 H_f：由纯元素合成某化合物的摩尔反应焓。

标准生成焓 $\overset{\circ}{H}_f$：标准状态（1 atm）下的生成焓。

赫斯定律：反应焓只与初态和末态有关，与中间步骤无关。

—— 可由间接反应的反应焓求生成焓，也可由生成焓求反应焓。

化学反应：　　$a_1 A_1 + a_2 A_2 + \cdots \rightarrow b_1 B_1 + b_2 B_2 + \cdots,$

A_1、A_2、$\cdots$ 反应物，　B_1、B_2、$\cdots$ 生成物；　a_1、a_2、$\cdots$、b_1、b_2、$\cdots$，化学计量系数。

$$\Delta H_{\text{反应}} = \sum_{\text{生成物} j} b_j H_{fj} - \sum_{\text{反应物} i} a_i H_{fi},$$

3. 理想气体的热力学过程

（1）等温过程：　$pV = $ 常量，
$$A = -\nu R T \ln \frac{V_2}{V_1}, \qquad Q = -A.$$

（2）绝热过程：　$Q = 0$
$$\begin{cases} pV^\gamma = \text{常量}, \\ TV^{\gamma-1} = \text{常量}, \qquad \left(\gamma = \dfrac{C_p}{C_V} \right) \\ \dfrac{p^{\gamma-1}}{T^\gamma} = \text{常量}。 \end{cases}$$

$$A = \frac{p_1 V_1}{\gamma - 1} \left[\left(\frac{V_1}{V_2} \right)^{\gamma-1} - 1 \right] = C_V (T_2 - T_1).$$

声速 $c_s = \sqrt{\dfrac{\gamma p}{\rho}}$.

大气绝热递减率
$$\begin{cases} \text{干燥气团}: \dfrac{\mathrm{d}T}{\mathrm{d}z} = -\dfrac{\gamma-1}{\gamma} \dfrac{\overline{M^{\text{mol}}} g}{R} \approx -10\,\text{K/km}; \; (z\text{—高度}) \\ \text{饱和气团}: \dfrac{\mathrm{d}T}{\mathrm{d}z} = -\dfrac{\gamma-1}{\gamma} \left(\dfrac{\overline{M^{\text{mol}}} g}{R} + \dfrac{\Lambda^{\text{mol}}_{\text{汽化}}}{R} \dfrac{\mathrm{d}c_{\text{汽}}}{\mathrm{d}z} \right). \end{cases}$$
$$(c_{\text{汽}} = \nu_{\text{汽}} / \nu \text{—水蒸气摩尔分数})$$

(3) 多方过程:

$$\begin{cases} pV^n = 常量, \\ TV^{n-1} = 常量, \\ \dfrac{p^{n-1}}{T^n} = 常量. \end{cases} \quad n— 多方指数 \quad \begin{cases} n = 0 & 等压过程, \\ n = 1 & 等温过程, \\ n = \gamma & 绝热过程, \\ n = \infty & 等体过程. \end{cases}$$

$$A = \frac{p_1 V_1}{n-1}\Big[\Big(\frac{V_1}{V_2}\Big)^{n-1} - 1\Big] = \frac{\nu R}{n-1}(T_2 - T_1).$$

热容量　　$C_n = C_V\Big(\dfrac{\gamma - n}{1 - n}\Big).$

4. 循环过程　　$\Delta U = A + Q = 0, \quad Q = -A = A'.$

工作在高温热源 T_1 和低温热源 T_2 之间的热机

正循环$(A' > 0)$ 的效率　　$\eta \equiv \dfrac{A'}{Q_1} = \dfrac{Q_1 - Q_2'}{Q_1}$;

逆循环$(A > 0)$ 的制冷系数 $\varepsilon \equiv \dfrac{Q_2}{A} = \dfrac{Q_2}{Q_1' - Q_2}.$

卡诺循环:　　由两等温过程和两绝热过程组成。

理想气体可逆卡诺循环 $\begin{cases} 正循环效率 \quad \eta = \dfrac{T_1 - T_2}{T_1}, \\ \\ 逆循环制冷系数 \quad \varepsilon = \dfrac{T_2}{T_1 - T_2}. \end{cases}$

思考题

3 – 1. 试比较内能、热量和温度三概念的异同与联系。

"焓"一词英文旧称 heat content,即物体中"含有的热量",这名词恰当吗?冰吸收熔化热而融化为水,我们能说"水比冰含有更多的热量"吗?正确的说法应如何?

3 – 2. 给自行车打气时气筒变热,主要是活塞与筒壁摩擦的结果吗?试给此现象以正确的解释。

3 – 3. 在暖水瓶内灌满开水后塞上瓶塞,瓶塞不会跳起来。当你倒些水出来以后再塞上瓶塞,瓶塞过一会儿往往会跳起来。试解释之,并在 p–V 图上画出瓶内空气经历的过程。

3 – 4. 通常在 p–V 图上等温线和绝热线的斜率是负的,

(1) 等温线可能是水平的吗? 绝热线呢?

(2) 绝热线的斜率可以是正的吗? 等温线呢?

3 – 5. 本题图所示的装置中气缸壁和活塞都是绝热的,内装搅拌器,缸里贮有的某物质处于气液两相共存状态。此系统能实现等压膨胀过程吗?等压压缩过程呢?

3－6. 同上题装置,但内贮冰和水的混合物。此系统能实现等压膨胀过程吗?等压压缩过程呢?

3－7. 同上题装置,但内贮理想气体,它从 p-V 图上某点 A 的状态出发,能到达附近所有的点吗?。试在 p-V 图上勾画出系统能够到达状态的范围。

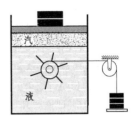

思考题 3－5

3－8. 试论证:沿气液共存的等温线压缩导热气缸内的物质时释放出来的热量,等于系统焓的减少。

以上结论对单相气体是否成立?

3－9. 推断下列过程中 Q、A、ΔU、ΔH 的正负或零值:

(1) 水在 1 atm、25 °C 下蒸发;

(2) 冰在 1 atm、0 °C 下融化;

(3) 理想气体准静态绝热膨胀;

(4) 理想气体准静态等温膨胀;

(5) 理想气体准静态等压加热;

(6) 理想气体准静态等体冷却;

(7) 理想气体向真空绝热膨胀;

(8) 理想气体绝热节流。

3－10. 关于绝热过程的泊松公式(3.37)对混合理想气体适用吗?其中的 γ 应怎样计算?

3－11. 实际气体自由膨胀时温度升高还是降低?内能和焓怎样变化?

3－12. 负热容量意味着此系统在放热的过程中升温,这可能吗?

3－13. 理想气体的定体热容量 C_V 和定压热容量 C_p 都是正的,多方过程的热容量 C_n 是正是负?

3－14. 设居室的四壁基本上是绝热的,但漏气,室内空气的压强与外界的气压平衡。冬季到了,室内开始生火。某甲不懂物理,某乙学过一点物理,某丙比较熟悉热力学的概念。下面是他们的对话:

丙:你们说,屋子里为什么要生火?

甲:为了要暖和呗!

丙:你是说生火使室内空气的温度升高?

甲:是的。

乙:生火使室内空气的能量增加。

甲:用态函数的术语来表达,你说的"能量"指什么?

乙:内能。

丙:不对!这是等压过程,应指的是"焓"。

他们谁说得对? 设空气可看作理想气体。

[提示: 参考第四章习题 4－33。]

3–15. 北京明十三陵中的定陵地下宫是 1958 年开发的。当时发现，在帝王的灵柩前设有"长明灯"，那是装有灯芯的一大缸灯油。当初灯是点燃的，如今 500 多年后早已熄灭了。长明灯不长明，倒不是因为灯油告罄，而是封门后的地下宫内氧气早已耗尽，灯油却剩了满满一大缸。我们假设石壁能够透热，地下的环境是恒温的，试分析从地下宫封门到长明灯熄灭的过程中此系统 Q、A 和 ΔU 的正负或零值。

3–16. 试推导 Rossini-Frandsen 实验中所用的气体对外作功公式(3.20)。式中的压强为什么取大气压 p_0？在此实验中排气的管子为什么要设计得又细又长？此实验中的排气过程是准静态过程吗？

3–17. 自由绝热膨胀、可逆绝热膨胀和绝热节流膨胀三种方法都可以在减压的过程中达到致冷的目的，试比较它们的效率。

3–18. 夏天将冰箱的门打开，让其中的空气出来为室内降温，这方法可取吗？

3–19. 冬天用空调机或电炉取暖，何者较省电？

3–20. 你认为，效率公式(3.58)，即

$$\eta = \frac{T_1 - T_2}{T_1},$$

对非理想气体的可逆卡诺循环成立吗？不妨用范德瓦耳斯气体为例来验证一下你的想法。

习　题

3–1. 0.020 kg 的氦气温度由 17 °C 升到 27 °C. 若在升温的过程中：(1) 体积保持不变；(2) 压强保持不变；(3) 不与外界交换热量，试分别求出气体内能的改变，吸收的热量，外界对气体所作的功。设氦气可看作理想气体，且 $C_V^{\text{mol}} = \frac{3}{2}R$.

3–2. 分别通过下列过程把标准状态下的 0.014 kg 氮气压缩为原体积的一半：(1) 等温过程；(2) 绝热过程；(3) 等压过程。试分别求出在这些过程中内能的改变，传递的热量和外界对气体所作的功。设氮气可看作理想气体，且 $C_V^{\text{mol}} = \frac{5}{2}R$.

3–3. 在标准状态下 0.016 kg 的氧气，分别经过下列过程从外界吸收了 80 cal 的热量。(1) 若为等温过程，求终态体积。(2) 若为等体过程，求终态压强。(3) 若为等压过程，求气体内能的变化。设氧气可看作理想气体，且 $C_V^{\text{mol}} = \frac{5}{2}R$.

3–4. 室温下一定理想气体氧的体积为 2.3 L，压强为 1.0 atm，经过一多方过程后体积变为 4.1 L，压强变为 0.5 atm. 试求：(1) 多方指数 n；(2) 内能的变化；(3) 吸收的热量；(4) 氧膨胀对外界所作的功。设氧的 $C_V^{\text{mol}} = \frac{5}{2}R$.

3–5. 1 mol 理想气体氦，原来的体积为 8.0 L，温度为 27 °C，设经过准静态绝热过程后体积被压缩到 1.0 L，求在压缩过程中外界对系统所作的功。设氦的 $C_V^{\text{mol}} = \frac{3}{2}R$.

3 – 6. 在标准状态下的 0.016 kg 氧气,经过一绝热过程对外界作功 80 J. 求终态的压强、体积和温度。设氧气为理想气体,且 $C_V^{\text{mol}} = \dfrac{5}{2}R$, $\gamma = 1.4$.

3 – 7. 0.0080 kg 氧气,原来温度为 27 °C,体积为 0.41 L. 若:

(1) 经过绝热膨胀体积增为 4.1 L;

(2) 先经过等温过程再经过等体过程达到与(1)同样的终态。

试分别计算在以上两种过程中外界对气体所作的功。设氧气可看作理想气体,且 $C_V^{\text{mol}} = \dfrac{5}{2}R$.

3 – 8. 在标准状态下,1 mol 的单原子理想气体先经过一绝热过程,再经过一等温过程,最后压强和体积均增为原来的两倍,求整个过程中系统吸收的热量。若先经过等温过程再经过绝热过程而达到同样的状态,则结果是否相同?

3 – 9. 一定量的氧气在标准状态下体积为 10.0 L,求下列过程中气体所吸收的热量;

(1) 等温膨胀到 20.0 L;

(2) 先等体冷却再等压膨胀到(1)中所达到的终态。设氧气可看作理想气体,且 $C_V^{\text{mol}} = \dfrac{5}{2}R$.

3 – 10. 证明:当 γ 为常数时,若理想气体在某一过程中的热容量也是常量,则这个过程一定是多方过程。

3 – 11. 某气体服从物态方程 $p(V - \nu b) = \nu R T$,内能为

$$U = C_V T + U_0,$$

C_V 和 U_0 是常量。试证明:在准静态绝热过程中,这气体满足方程

$$p(V - \nu b)^\gamma = \text{常量},$$

其中 $\gamma = C_p / C_V$, $C_p = C_V + \nu R$.

3 – 12. 在 24 °C 时水蒸气的饱和蒸气压为 2.9824×10^3 Pa. 若已知在这条件下水蒸气的焓是 2545.0 kJ/kg,水的焓是 100.59 kJ/kg,求在这条件下水的汽化热。

3 – 13. 分析实验数据表明,在 1 atm 下,从 300 K 到 1200 K 范围内,铜的摩尔定压热容量 C_p^{mol} 可表示为

$$C_p^{\text{mol}} = a + b T,$$

其中 $a = 2.3104$, $b = 5.92$, C_p^{mol} 的单位是 J/(mol·K). 试由此计算在 1 atm 下,当温度从 300 K 升到 1200 K 时铜的焓的改变。

3 – 14. 设 1 mol 固体的物态方程可写作

$$V^{\text{mol}} = V_0^{\text{mol}} + a T + b p,$$

内能可表示为

$$U^{\text{mol}} = c T - a p T,$$

式中 V_0^{mol}、a、b、c 均为常量。试求:

(1) 摩尔焓的表达式;

(2) 摩尔热容量 C_p^{mol} 和 C_V^{mol}.

3 – 15. 试证明:按绝热大气模型,高度 h 与压强 p 的关系为

$$h = \frac{C_p^{\text{mol}} T_0}{M^{\text{mol}} g} \Big[1 - \Big(\frac{p}{p_0} \Big)^{\frac{\gamma-1}{\gamma}} \Big],$$

式中 p_0 和 T_0 为地面 $h = 0$ 处的压强和温度。

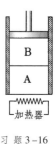

3 – 16. 如本题图,一除底部外都是绝热的气筒,被一隔板隔成体积相等的两部分 A 和 B,其中各盛有 $1\,\text{mol}$ 的氮气,初始温度皆为 $0\,°\text{C}$,压强 $1\,\text{atm}$. 气筒顶部是活塞,其上压强始终保持 $p_0 = 1\,\text{atm}$. 今将 $80.0\,\text{cal}$ 的热量缓慢地供给气体,在下列两种情况下求 A、B 两部分 p、V、T 的变化:

习 题 3–16

(1) 隔板固定而导热(其热容量可忽略);

(2) 隔板可自由滑动且绝热。

3 – 17. 如本题图,用绝热壁作成一圆柱型容器,中间放置一无摩擦的绝热活塞。活塞两侧充有等量的同种气体,初始状态为 p_0、V_0、T_0. 设气体定体热容量 C_V 为常量,$\gamma = 1.5$.

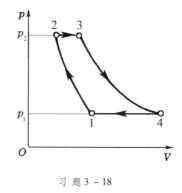

习 题 3 – 17

将一通电线圈放到活塞左侧气体中,对气体缓慢地加热。左侧气体膨胀的同时通过活塞压缩右方气体,最后使右方气体压强增为 $\frac{27}{8} p_0$. 问:

(1) 活塞对右侧气体作了多少功?

(2) 右侧气体的终温是多少?

(3) 左侧气体的终温是多少?

(4) 左侧气体吸收了多少热量?

3 – 18. 设燃气涡轮机内工质进行如本题图所示的循环过程,其中 $1 \to 2$、$3 \to 4$ 是绝热过程,$2 \to 3$、$4 \to 1$ 是等压过程。试证明这循环的效率 η 为

$$\eta = 1 - \frac{T_4 - T_1}{T_3 - T_2},$$

又可写为

$$\eta = 1 - \frac{1}{\varepsilon_p^{\frac{\gamma-1}{\gamma}}},$$

习 题 3 – 18

式中 $\varepsilon_p = p_2/p_1$ 是绝热压缩过程的升压比。设工作物质为理想气体,C_p 为常量。

3 – 19. 试证明:在理想气体准静态绝热膨胀过程中温度变化 ΔT 与压强变化 Δp 的关系为

$$\Delta T = \frac{\gamma - 1}{\gamma} \frac{T}{p} \Delta p.$$

3 – 20. $1\,\text{mol}$ 氩气从初始温度 $300\,\text{K}$ 和初始体积 $10^{-3}\,\text{m}^3$ 分别通过下列三过程膨胀到 $2 \times 10^{-3}\,\text{m}^3$ 的体积,计算温度的降低。

(1) 自由膨胀;

（2）可逆绝热膨胀；

（3）绝热节流膨胀。

设 $C_V^{mol} = 12.6 \, \text{J}/(\text{mol} \cdot \text{K})$，$C_p^{mol} = 20.9 \, \text{J}/(\text{mol} \cdot \text{K})$，在（3）中设氩气服从范德瓦耳斯方程，其中 $a = 0.136 \, \text{m}^6 \cdot \text{Pa/mol}^2$，$b = 3.22 \times 10^{-5} \, \text{m}^3/\text{mol}$。

3-21. 试证明：空气中声速 c_s 与分子方均根速率 v_{rms} 之比为 $\sqrt{7/15} = 0.683$.

3-22. 燃料电池是把化学能直接转化为电能的装置。本题图所示的燃料电池一例，把氢气和氧气连续通入多孔 Ni 电极，Ni 电极是浸在 KOH 电解液中的。在两极进行的化学反应为

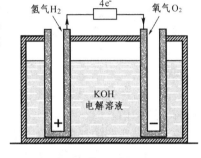

$$\begin{cases} \text{正极} & 2H_2 + 4OH^- \rightarrow 4H_2O + 4e^-, \\ \text{负极} & 2H_2O + 4e^- + O_2 \rightarrow 4OH^-; \end{cases}$$

总效果是

$$H_2(\text{气}) + \frac{1}{2}O_2(\text{气}) \rightarrow H_2O(\text{液}).$$

从表 3-3 查得液态水在 25 °C 时的标准生成焓

习题 3-22

为 $-285.84 \, \text{kJ/mol}$，在此状态下电池的电动势为 $1.229 \, \text{V}$，试求此燃料电池的效率。

3-23. 乙烷（C_2H_6）的生成焓应等于下列反应 25 °C 时的标准摩尔反应热 $\Delta \overset{\circ}{H}^{mol}$：

$$2C(\text{石墨}) + 3H_2(\text{气}) \longrightarrow C_2H_6(\text{气}).$$

不幸，我们不能指望使石墨与氢反应而得到乙烷。容易测得的是石墨、氢和乙烷的燃烧热：

$$C(\text{石墨}) + O_2(\text{气}) \longrightarrow CO_2(\text{气}), \qquad \Delta \overset{\circ}{H}^{mol} = -393.5 \, \text{kJ/mol},$$

$$2H_2(\text{气}) + O_2(\text{气}) \longrightarrow 2H_2O(\text{液}), \qquad \Delta \overset{\circ}{H}^{mol} = -571.7 \, \text{kJ/mol},$$

$$2C_2H_6(\text{气}) + 7O_2 \longrightarrow 4CO_2(\text{气}) + 6H_2O(\text{液}), \qquad \Delta \overset{\circ}{H}^{mol} = -1560 \, \text{kJ/mol},$$

求乙烷的生成焓 $\overset{\circ}{H}_f(C_2H_6)$。

3-24. 甘氨酸（NH_2CH_2COOH）的燃烧反应为

$$4NH_2CH_2COOH(\text{固}) + 9O_2(\text{气}) \longrightarrow 8CO_2(\text{气}) + 10H_2O(\text{液}) + 2N_2(\text{气}).$$

已知甘氨酸的生成焓为 $-528.12 \, \text{kJ/mol}$，试从表 3-2 查出参加反应的其它物质的生成焓，求出甘氨酸的标准摩尔燃烧热。

第四章 热力学第二定律

§1. 热力学第二定律的表述和卡诺定理

1.1 自然现象的不可逆性

落叶永离,覆水难收。欲死灰之复燃,艰乎为力;愿破镜之重圆,冀也无端。人生易老,返老还童只是幻想;生米煮成熟饭,无可挽回。大量成语表明,自然现象,历史人文,大多是不可逆的。故孔夫子在川上有"逝者如斯"之叹。

我们曾经提到,只有理想的无耗散准静态过程是可逆的。现在仔细剖析一下这句话。

摩擦是典型的耗散过程。经验证明,机械功可以通过摩擦全部转化为热,但热不可能全部转化为机械功。扩散是另一典型的耗散过程,两种流体混合后是不能自行分离的。这就是说,耗散过程是不可逆的。

准静态过程是经历一系列平衡态的过程,凡中间态不平衡,都是非准静态过程。气体自由膨胀过程中压强不均匀,是力学不平衡;从高温到低温的热传导过程中温度不均匀,是热学不平衡;燃烧过程中化学势不均匀,是化学不平衡。这些都属于非准静态过程。所有非准静态过程都是不可逆的。生命现象是远离平衡态的过程,那就更复杂了。

无耗散的准静态过程是理想化的过程,严格说来并不存在。自然界发生的过程都是不可逆的。

什么叫"不可逆"? 我们不是可以把自由膨胀了的气体压缩回去吗? 冰箱不是可以把热量从低温抽回高温吗? 在一定的条件下我们也可以让氧化反应逆向进行。但压缩气体需要外界作功,冰箱需要耗电,强制的逆向化学反应也需要能源。所以,上述那些原过程都是自发进行的,而逆过程却要外界付出代价,不能自发地进行。外界付了代价,其状态就发生了变化,不能再自发地复原。或者说,系统的逆过程对外界产生了不能消除的影响。所以在物理学中我们定义:一个系统由某一状态出发,经过某一过程达到另一状态,如果存在另一过程,它能使系统和外界完全复原(即系统回到原来的状态,同时消除了系统对外界引起的一切影响),则原来的过程称为可逆过程;反之,如果用任何方法都不可能使系统和外界完全复原,则原来的过程称为不可逆过程。

1.2 热力学第二定律的语言表述

上述不可逆性的论述表明,自然界的过程是有方向性的,沿某些方向可以自发地进行,反过来则不能,虽然两者都不违反能量守恒定律。克劳修斯首先看出,有必要在热力学第一定律之外建立另一条独立的定律,来概括自然界的这种规律,这就是热力学第二定律。他于 1850 年提出热力学第二定律的一种表述之后,翌年汤姆孙(即开尔文) 提出另一种表述。可以证明,两种表述是等价的。

(1) 热力学第二定律的克劳修斯表述(1850 年)

不可能把热量从低温物体传到高温物体而不引起其它变化。

(2) 热力学第二定律的开尔文表述(1851 年)

不可能从单一热源吸取热量, 使之完全变为有用的功而不产生其它影响。

在第三章中曾介绍过一类"永动机",它们的设计违反能量守恒定律。如果能够从单一热源吸取热量作功,我们就可设计出另一类不违反能量守恒定律的"永动机"。譬如若有办法不以任何代价使海水温度稍微降低一点,把所释放出的热量全部拿来作功,这就是一种永动机,因为它所提供的能源实际上是取之不尽、用之不竭的。人们把这种从单一热源吸热作功的永动机称为第二类永动机,以别于违反能量守恒定律的第一类永动机。所以热力学第二定律的开尔文表述又作:

第二类永动机不可能。

下面我们来论证,克劳修斯和开尔文的两种表述是等价的,论述用反证法。

设克劳修斯的表述不对,如图 4 –1a 所示,热量 Q 可以通过某种方式由低温热源 Θ_2 处传递到高温热源 Θ_1 处而不产生其它影响(任意温标)。那么,我们就可以在这高温热源 Θ_1 和低温热源 Θ_2 之间设计一个卡诺热机,令它在一循环中从高温热源吸取热量 $Q_1 = Q$,一部分用来对外作功 A',另一部分 Q_2' 在低温热源处释放(图 4 –1b)。这样,总的结果是:高温热源没有发生任何变化,而只是从单一的低温热源处吸热 $Q - Q_2'$,并全部用来对外作了功 A',如图 4 –1c 所示。这是违反开尔文表述的。因为上

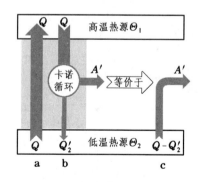

图 4 – 1 否定克劳修斯表述
即否定开尔文表述

述卡诺热机是能够实现的,如果克劳修斯表述不对,开尔文表述也就不对。

现在设开尔文表述不对,我们就可能设计出如图 4 – 2 所示的热机 a,它从高温热源 Θ_1 处吸热 Q,全部变为有用的功 $A = Q$ 而不产生其它影响。这

样,我们就可利用这部热机输出的功 A 去
驱动另一部在高温热源 Θ_1 和低温热源 Θ_2
之间工作的制冷机 b,它在低温热源处吸
收热量 Q_2,在高温热源 Θ_1 处放热 $Q_1' = Q_2$
$+A = Q_2 + Q$. 于是 a、b 两部热机联合起来
总的效果等价于一部热机 c,它从低温热
源吸收热量 Q_2,向高温热源放出热量 Q_2,
此外没有任何其它变化。这是违反克劳修
斯表述的。因为上述制冷机是能够实现
的,如果开尔文表述不对,克劳修斯表述
也就不对。

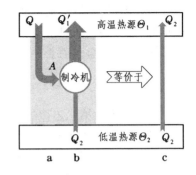

图 4 − 2 否定开尔文表述
即否定克劳修斯表述

　　以上我们从正、反两方面论证了克劳修斯和开尔文两个表述的等价性。

1.3　卡诺定理

　　卡诺定理是卡诺 1824 年提出来的,其表述如下:

　　(1) 在相同的高温热源和相同的低温热源之间工作的一切可逆热机,
其效率都相等,与工作物质无关。

　　(2) 在相同的高温热源和相同的低温热源之间工作的一切不可逆热
机,其效率都小于可逆热机的效率。

　　卡诺当时是按热质说的观点根据能量守恒来论证此定理的(见本章
1.5 节),现在我们用热力学第二定律来论证它。

　　先用反证法论证第(2) 点。如图 4 − 3 所示,设有两部热机,甲和乙,它
们在高温热源 Θ_1 和低温热源 Θ_2 之间工作,分别从高温热源吸热 $Q_{1甲}$ 和
$Q_{1乙}$,向低温热源放热 $Q_{2'甲}$ 和 $Q_{2'乙}$,对外作功 $A'_甲$ 和 $A'_乙$。按热机效率的定
义(3.54) 式有

$$Q_{1甲} = \frac{A'_甲}{\eta_甲}, \quad Q_2'_甲 = Q_{1甲} - A'_甲 = \frac{1 - \eta_甲}{\eta_甲} A'_甲,$$

$$Q_{1乙} = \frac{A'_乙}{\eta_乙}, \quad Q_2'_乙 = Q_{1乙} - A'_乙 = \frac{1 - \eta_乙}{\eta_乙} A'_乙.$$

设甲机是不可逆的,乙机是可逆的,且它们的效率 $\eta_甲 \geqslant \eta_乙$, $A'_甲 = A'_乙$,❶ 则

---

　　❶　热机的容量有大有小,如果甲乙二机容量不相当, $A'_甲 / A'_乙 \neq 1$,不失一般性,
我们可以假定此比值等于或无限近似地等于一个有理数 p/q,即 $qA'_甲 = pA'_乙$,用 q 个
相同的甲类热机来带动 p 个相同的乙类热机逆向运行,同样可达到证明卡诺定理的目
的。把 q 个甲类热机看作一个热机,把 p 个乙类热机也看作一个热机,则它们的容量就
相当了。

由上式得

$$Q_{1甲} \leqslant Q_{1乙}, \qquad Q'_{2甲} \leqslant Q'_{2乙},$$

我们可以用甲机来带动乙机作逆循环运转,组成联合系统。这样一来,在一个循环里低温热源给联合系统热量 $\Delta Q_2 = Q'_{2乙} - Q'_{2甲} \geqslant 0$,联合系统给高温热源 $\Delta Q_1 = Q_{1乙} - Q_{1甲} \geqslant 0$,且 $\Delta Q_1 = \Delta Q_2$. 若取等号,即 $\Delta Q_2 = \Delta Q_1 = 0$,则在一个循环里甲机和乙机都回到原来的状态而对外未产生任何影响,这与甲机不可逆的前提不符;若取不等号,即 $\Delta Q_2 = \Delta Q_1 > 0$,则意味着这联合系统在无需作功的情况

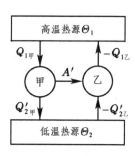

图 4 – 3 用热力学第二定律论证卡诺定理

下使一定的热量 $\Delta Q = \Delta Q_2 = \Delta Q_1$ 从低温热源传到了高温热源。这违反热力学第二定律的克劳修斯表述。故 $\eta_甲 \geqslant \eta_乙$ 的假设不对,只能是 $\eta_甲 < \eta_乙$。以上推理未涉及到甲乙两机的具体性质, 如工作物质, 故普遍有效。至此卡诺定理的第(2)点证讫。

同理,如果我们假设上述甲乙两机都是可逆的,用甲机来带动乙机作逆循环运转,组成联合系统,要不违反热力学第二定律的克劳修斯表述,需有 $\eta_甲 \not> \eta_乙$;用乙机来带动甲机作逆循环运转组成联合系统,要不违反热力学第二定律的克劳修斯表述,需有 $\eta_甲 \not< \eta_乙$. 二者结合起来,只能是 $\eta_甲 = \eta_乙$. 以上推理未涉及到甲乙两机的具体性质,如工作物质,故普遍有效。至此卡诺定理的第(1)点证讫,从而整个定理证讫。

在上面的证明里若选择 $Q'_{2甲} = Q'_{2乙}$ 来代替 $A'_甲 = A'_乙$ 进行推理,则可用不违反热力学第二定律的开尔文表述为理由得到卡诺定理。此处从略,读者可作为练习自行补上(见思考题 4 – 16)。不过这在逻辑上是不必要的,因为我们已经证明了开尔文表述与克劳修斯表述等价。

1.4 热力学温标

第一章 1.3 节末尾指出,理想的温标应和物质属性无关,理想气体温标已朝这个方向迈出了一大步。卡诺定理是与工作物质无关的,W·汤姆孙(即开尔文)看到了这一点,他在卡诺定理的基础上提出了完全不依赖于物质属性的热力学温标。

根据卡诺定理,工作于两个恒定温度之间的一切可逆卡诺热机的效率与工作物质无关,只是两热源温度的函数。现在设有温度为 Θ_1、Θ_2 的两个恒温热源,这里 Θ_1、Θ_2 可以是用任何温标所表达的温度。一个可逆热机工作于 Θ_1、Θ_2 之间,在 Θ_1 处吸热 Q_1,在 Θ_2 处放热 Q'_2,其效率 $\eta = 1 - Q'_2/Q_1$ 与工作物质无关,只是 Θ_1、Θ_2 的函数,因此有

$$\frac{Q_2'}{Q_1} = 1 - \eta = f(\Theta_1, \Theta_2). \tag{4.1}$$

这里的 $f(\Theta_1, \Theta_2)$ 是两个温度 Θ_1、Θ_2 的普适函数,与工作物质的属性及热量 Q_1、Q_2' 的大小都没有关系。

我们知道,按(3.58)式,对于理想气体温标所表达的温度 T_1、T_2,上述函数 $f(T_1, T_2) = T_2/T_1$. 对于任何温标所表达的温度 Θ_1、Θ_2 是否也可规定 $f(\Theta_1, \Theta_2) = \Theta_2/\Theta_1$ 呢? 这就需要证明对于任意三个温度 Θ_1、Θ_2、Θ_3,函数 f 满足下列条件:

$$f(\Theta_3, \Theta_1) f(\Theta_1, \Theta_2) = f(\Theta_3, \Theta_2). \tag{4.2}$$

为证明此式,令上文所述工作于热源 Θ_1、Θ_2 之间的可逆热机为热机 I,并如图 4 – 4a 所示,在温度为 Θ_1、Θ_2 的热源之外再引入一个温度为 Θ_3 的热源,置另一可逆热机 II 工作于恒温热源 Θ_3、Θ_1 之间。工作在两给定热源之间的可逆热机容量是可以设置的,❶ 设置热机 I、II 的容量,使热机 II 在 Θ_1 处所放热 Q_1' 等于热机 I 在该处吸收的热量 Q_1,把这时它在 Θ_1 处所吸收的热量叫做 Q_3. 将热机 I 和热机 II 联合起来看成一个热机,它与热源 Θ_1 无净热量交换,故可看作与一个工作于热源 Θ_3、Θ_2 之间的可逆热机 III 等价(见图 4 – 4b)。对于三热机我们分别有:

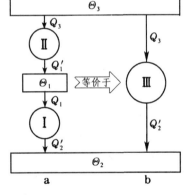

图 4 – 4 热力学温标

$$\begin{aligned}
\text{热机 I} \quad & \frac{Q_2'}{Q_1} = f(\Theta_1, \Theta_2), \\
\text{热机 II} \quad & \frac{Q_1'}{Q_3} = f(\Theta_3, \Theta_1), \\
\text{热机 III} \quad & \frac{Q_2'}{Q_3} = f(\Theta_3, \Theta_2).
\end{aligned} \right\} \tag{4.3}$$

所以

$$f(\Theta_3, \Theta_1) f(\Theta_1, \Theta_2) = \frac{Q_1'}{Q_3} \frac{Q_2'}{Q_1} = \frac{Q_2'}{Q_3} = f(\Theta_3, \Theta_2).$$

此即(4.2)式。此式又可写作

$$f(\Theta_1, \Theta_2) = \frac{f(\Theta_3, \Theta_2)}{f(\Theta_3, \Theta_1)}.$$

今 Θ_3 为任意温度,它既然不出现在上式的左方,就一定会在上式右方的分子和分母中相互消掉。因此,上式必定具有如下形式:

$$f(\Theta_1, \Theta_2) = \frac{\psi(\Theta_2)}{\psi(\Theta_1)}, \tag{4.4}$$

---

❶ 见 1.3 节脚注。

ψ 为另一普适函数。此普适函数的形式是可以选择的,不同的选择定义不同的温标。若选 $\psi(\Theta) = \Theta$,则由(4.1)式和(4.4)式得

$$\frac{Q_2'}{Q_1} = f(\Theta_1, \Theta_2) = \frac{\Theta_2}{\Theta_1}, \tag{4.5}$$

这样选取的温标 Θ 称为热力学温标或开尔文温标。显然,这样定义的温标是与测温物质无关的。

（4.5）式只定义了两个热力学温度的比值,要把热力学温度完全确定下来,还必须附加一个条件。1954 年国际计量大会决定:规定水的三相点（参见第一章 3.2 节）的热力学温度为 273.16 K. 这样一来,热力学温度就完全确定了,这样定出的热力学温度单位 —— 开尔文（K）就是水的三相点的热力学温度的 $\frac{1}{273.16}$.

利用(4.5)式,在恒定热源 Θ_1、Θ_2 之间工作的一切可逆热机的效率可写作

$$\eta = 1 - \frac{Q_2'}{Q_1} = 1 - \frac{\Theta_2}{\Theta_1}. \tag{4.6}$$

下面来证明,热力学温标等于理想气体温标。在第三章 4.2 节中曾证明,以理想气体为工作物质的可逆卡诺循环效率为

$$\eta = 1 - \frac{T_2}{T_1}, \tag{4.6'}$$

这里的 T_1、T_2 是理想气体温标所表达的温度,比较(4.6)和(4.6′)两式可得

$$\frac{\Theta_2}{\Theta_1} = \frac{T_2}{T_1}.$$

上式表明,在热力学温标和理想气体温标中两温度的比值相等。若注意到在两温标里都把水的三相点温度值定为 273.16 K, 于是有

$$\Theta = T,$$

亦即,在理想气体温标可用的范围内,热力学温标与理想气体温标测定值相等,因此,可以用理想气体温度计来测定热力学温度。以后我们将统一用 T 代表二者,在符号上不再区分。由于实际的气体并非严格的理想气体,所以使用实际气体温度计时需要对测量值加以修正。

国际温标   热力学温标虽然可用理想气体温度计来实现,但制作实现热力学温标的标准气体温度计,在技术上非常困难,目前世界上只有少数实验室才能做到。此外,使用标准气体温度计测量温度,操作麻烦,修正繁多。因此,为了统一各国的温度计量,1927 年制定了国际温标 ITS-27,这是一种使用方便、容易实现,并尽可能与热力学温标一致的协议性温标。以后经过 1948 年、1968 年、1975 年、1976 年的四次修改,制定了现行的《1990 年国际温标（ITS-90）》。

1990 年国际温标的下限温度为 0.65 K. 由 0.65 K 到 5.0 K 之间 ITS-90 用 ^{3}He 和 ^{4}He 的蒸气压与温度的关系来定义。由 3.0 K 到氖的三相点(24.5561 K)之间 ITS-90 用氦气体温度计来定义，它设置三个固定点，并利用规定的内插方法来分度。由平衡氢三相点(13.8033 K)到银的凝固点(961.78°C) ITS-90 用铂电阻温度计来定义，它设置一组规定的固定点，并利用所规定的内插方法来分度。银的凝固点(961.78°C)以上 ITS-90 借助于一个固定点和普朗克辐射定律来定义。❶

1.5 历史性的回顾

卡诺定理的提出早在热力学第一定律建立之前约 1/4 个世纪。那时候热质说还占统治地位，卡诺虽然对它有所怀疑，并在私下里做过计算热功当量的尝试，❷ 但在证明他的著名定理时，仍用的是热质说的观点，因为那时除此之外别无成熟的理论可以选择。

卡诺热机是在高温、低温两个热源之间循环工作的理想热机。热质说的观点不认为热可以转化为功，卡诺将热机与水利机械类比，当水从高水位流向低水位时推动水轮机作功。在此过程中水量没有发生变化。所以卡诺认为，在一个循环里热机从高温热源汲取的热质 Q_1 与释放给低温热源的热质 Q_2' 相等，与此同时系统对外作功 A'。水轮机作的功正比于流下的水量和水的落差，与之类比，热机所作的功正比于热质 Q_1 和两热源之间的温差 $T_1 - T_2$，从而热机的效率

$$\eta = \frac{A'}{Q_1} \propto T_1 - T_2.$$

但卡诺不能肯定，从 100°C 到 50°C 温差和从 50°C 到 0°C 温差，热机的效率是否一样，亦即，上式里的比例系数是否与温度有关。经验告诉卡诺，从 100°C 到 50°C 热机的效率比从 50°C 到 0°C 来得低，即上式里的比例系数随温度 T_1 的上升而减少。若把这个比例系数写成 $f(T_1)$，则有

$$\eta = \frac{A'}{Q_1} = f(T_1)(T_1 - T_2).$$

$f(T_1)$ 可称为卡诺函数，卡诺只知道它是个下降的函数，但无法确定它的具体形式。

卡诺用热质说观点论证"卡诺定理"的方法如下：

有两个卡诺热机，甲和乙，设它们工作时由高温热源向低温热源传递的热质分别为 $Q_甲$ 和 $Q_乙$，对外作功分别为 $A'_甲$ 和 $A'_乙$。按照效率的定义，

$$A'_甲 = \eta_甲 \, Q_甲,$$

$$A'_乙 = \eta_乙 \, Q_乙.$$

如果热机甲是不可逆的，乙是

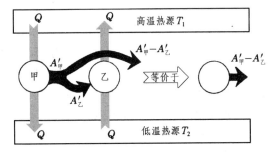

图 4-5 用热质说论证卡诺定理

可逆的，则令甲对乙作功使它逆向运行，如图 4-5 所示。假定在一个循环里 $Q_甲 = Q_乙 = Q$，

❶ 详见凌善康，《物理》，1991，**25**(6)：338。

❷ 我们曾在第一章 2.1 节提到过此事，可参看。

即推动甲运转而从高温热源落到低温热源的热质全部被乙抽运回去。倘若 $\eta_甲 > \eta_乙$，则 $A'_甲 - A'_乙 > 0$，这就是说，甲除了带动乙作功之外，还可向外界输出一部分机械功，这不符合能量守恒，或者说，由甲、乙联合起来组成的这部机器是个不需要有热质流动而持续对外作功的永动机。可见上面 $\eta_甲 > \eta_乙$ 的假设不成立，而应该是 $\eta_甲 \not> \eta_乙$。

如果热机甲、乙都是可逆的，则按上述逻辑，用甲带动乙逆向运行，得 $\eta_甲 \not> \eta_乙$ 的结论；用乙带动甲逆行运行，得 $\eta_乙 \not> \eta_甲$ 的结论。故而 $\eta_甲 = \eta_乙$。至此定理证讫。

在卡诺用热质说论证了上述定理之后，汤姆孙（W. Thomson）以此为依据于1848年提出了与工作物质无关的"热力学温标"的设想。汤姆孙与焦耳有很亲密的关系，在学术上相互切磋与合作。他起初对焦耳热可以转化为机械功的观点持犹豫的态度，因为他深信卡诺定理是对的，而且很重要，但此定理却是在热质说的基础上证明的，与焦耳热转化为功的观点矛盾。

如果我们用焦耳的观点，即后来概括成热力学第一定律的观点，重新审视卡诺的工作，我们就会像在上一章 §4 里所做的那样，得到理想卡诺循环效率的公式（3.58），即 $\eta = (Q_1 - Q_2')/Q_1 = (T_1 - T_2)/T_1$，这相当于说，卡诺函数 $f(T_1) = 1/T_1$.

按热力学第一定律的观点，热机在从高温热源吸热 Q_1 对外作功 A' 的同时，向低温热源释放热量 Q_2'，令不可逆的卡诺热机甲对可逆的卡诺热机乙作功使它逆向运行，并假定 $\eta_甲 > \eta_乙$。如果（1）设 $A'_甲 = A'_乙$，则可得到"联合系统在无需作功的情况下使一定的热量从低温热源传到了高温热源"的结论，这并不违反热力学第一定律（能量守恒定律）。如果（2）设 $Q'_{2甲} = Q'_{2乙}$，则可得到"联合系统把从高温热源吸收的热量全部转化为机械功，而无需把一部分热量传递给低温热源"的结论（详见本章思考题 4 – 17），这也不违反热力学第一定律（能量守恒定律）。

由此可见，如果我们抛弃热质说，又只承认热力学第一定律（能量守恒定律），就得不到卡诺定理。克劳修斯看到了这一点，他意识到除能量守恒定律之外还应有一条定律，作为热力学理论基础的是两条定律，而不是一条定律。他于 1850 年提出了热力学第一、第二两条定律，用小得出乎意料的修正将焦耳的观点与卡诺定理协调了起来。论证方法已如 1.3 节所述，它既保留了卡诺定理的精髓，又与焦耳的观点不矛盾。汤姆孙终于信服了，1851年用自己更加清晰的阐述参与了热力学定律的建立工作。

§2. 卡诺定理的应用

2.1 内能和物态方程的关系

图 4 – 6 表示一种物质经历一微小的可逆卡诺循环，AB 是温度为 T 的等温线，CD 是温度为 $T-\Delta T$ 的等温线，BC 和 DA 都是绝热线。设这循环足够小，$ABCD$ 可被近似地看作是平行四边形。这循环对外作功 $\Delta A'$ 由 $ABCD$ 的面积确定，由图可见，这面积等于 $ABEF$ 的面积（图中 AFH 和 BEG 都与 V 轴垂直）。因此

$$\Delta A' = ABEF \text{ 的面积 } = (\Delta p)_V \cdot (\Delta V)_T, \tag{a}$$

其中 $(\Delta p)_V$ 即图中的 AF 段，它代表在体积不变的条件下压强的减少；

$(\Delta V)_T$ 即图中的 HG 段,它代表在等温过程 AB 中体积的增加。

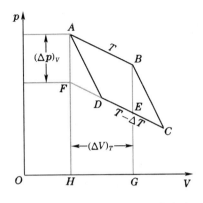

图 4-6 推导内能和物态方程的关系

根据热力学第一定律,在等温过程 AB 中系统从外界吸收的热量 ΔQ_1 为

$$\Delta Q_1 = ABGH \text{ 的面积} + (\Delta U)_T,$$

式中最后一项代表在等温过程 AB 中内能的增量。设 A 点的压强为 p,则 B 点的压强为 $p - (\Delta p)_T$,于是梯形 $ABGH$ 的面积是 $[p - (\Delta p)_T/2](\Delta V)_T$,代入上式,即得

$$\Delta Q_1 = \left[p - \frac{(\Delta p)_T}{2} \right] (\Delta V)_T + (\Delta U)_T. \tag{b}$$

根据卡诺定理,可逆卡诺循环的效率为

$$\eta = \frac{\Delta A'}{\Delta Q_1} = \frac{\Delta T}{T}, \quad \text{或} \quad \Delta A' = \Delta Q_1 \frac{\Delta T}{T}, \tag{c}$$

将(a)、(b)代入(c),并略去三级无穷小量,得

$$(\Delta p)_V (\Delta V)_T = [p(\Delta V)_T + (\Delta U)_T] \frac{\Delta T}{T}.$$

此式可以化为

$$T\left(\frac{\Delta p}{\Delta T}\right)_V = p + \left(\frac{\Delta U}{\Delta V}\right)_T,$$

取卡诺循环趋于无穷小的极限,上式化为偏微商的形式。移项后得

$$\left(\frac{\partial U}{\partial V}\right)_T = T\left(\frac{\partial p}{\partial T}\right)_V - p. \tag{4.7}$$

此式将内能和物质的物态方程联系起来了,知道后者可求出前者。

例题 1 已知范德瓦耳斯气体的物态方程(1.35),求其内能。

解: 范德瓦耳斯方程(1.35)可写作

$$p = \frac{\nu RT}{V - \nu b} - \frac{\nu^2 a}{V^2},$$

故

$$\left(\frac{\partial p}{\partial T}\right)_V = \frac{\nu R}{V - \nu b},$$

按(4.7)式

$$\left(\frac{\partial U}{\partial V}\right)_T = \frac{\nu^2 a}{V^2},$$

$$U = -\frac{\nu^2 a}{V} + T \text{ 的函数}。$$

由上一章(3.14)式知范德瓦耳斯气体内能依赖于温度部分与理想气体一样,皆为

$\int_{T_0}^{T} C_V dT$, 故内能的完整表达式为

$$U(V, T) = \int_{T_0}^{T} C_V \, dT - \frac{\nu^2 a}{V} + U_0. \qquad (4.8)$$

例题 2 已知光子气的物态方程(2.103),求其内能密度 u.

解:
$$p = \frac{1}{3} a T^4, \qquad \left(\frac{\partial p}{\partial T}\right)_V = \frac{4}{3} a T^3,$$

按(4.7)式有

$$u = \left(\frac{\partial U}{\partial V}\right)_T = a T^4,$$

这正是斯特藩–玻耳兹曼定律。

在定压过程中焓的概念比内能重要,用完全类似的办法可以推导出一个与(4.7)式对应的焓的公式来:

$$\left(\frac{\partial H}{\partial p}\right)_T = -T \left(\frac{\partial V}{\partial T}\right)_p + V. \qquad (4.9)$$

此式将焓和物质的物态方程联系了起来,知道后者可求出前者。此式的推导留给读者作为练习(习题 4 - 4)。

2.2 克拉珀龙方程及其在相变问题上的应用

在第一章 §3 里我们讨论过物质的相变问题。如图 1–18 所示,物质状

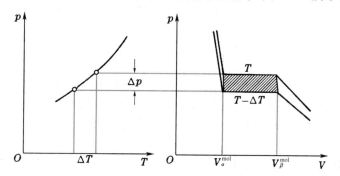

图 4 - 7 推导克拉珀龙方程

态参量之间依赖关系的 p-V-T 曲面在垂直于 V 轴方向上的投影是 p-T 三相图(见图 1–24),在垂直于 T 轴方向上的投影是 p-V 图(见图 1–19 和图 1–21),其上两相共存的那一段是水平的,即除 T 恒定外压强 p 也恒定。如图 4–7 所示,在 p-V 图上温度 T 和 $T-\Delta T$ 两条等温线的水平段之间作一微小可逆卡诺循环,与此相应的压强差为 Δp. 设工作物质在高温线 T 上膨胀时,从 α 相转变到 β 相的物质有 $\Delta \nu$(摩尔),在此过程它吸热 $Q_1-\Delta \nu \Lambda^{\text{mol}}$($\Lambda^{\text{mol}}$ 为相变的摩尔潜热),体积改变了 $\Delta V = \Delta \nu (V_\beta^{\text{mol}} - V_\alpha^{\text{mol}})$($V_\alpha^{\text{mol}}$ 和 V_β^{mol} 分别为 α、β 两相的摩尔体积)。此卡诺循环的面积,即对外作的功为 $A' = \Delta p \Delta V = \Delta p \Delta \nu (V_\beta^{\text{mol}} - V_\alpha^{\text{mol}})$. 根据卡诺定理,此可逆卡诺循环的效率为

$$\eta = \frac{A'}{Q_1} = \frac{\Delta p \Delta \nu \left(V_\beta^{\text{mol}} - V_\alpha^{\text{mol}} \right)}{\Delta \nu \Lambda^{\text{mol}}} = \frac{\Delta T}{T},$$

或

$$\frac{\Delta p}{\Delta T} = \frac{\Lambda^{\text{mol}}}{T \left(V_\beta^{\text{mol}} - V_\alpha^{\text{mol}} \right)}.$$

取 $\Delta T \to 0$ 的极限，有

$$\frac{\mathrm{d}p}{\mathrm{d}T} = \frac{\Lambda^{\text{mol}}}{T \left(V_\beta^{\text{mol}} - V_\alpha^{\text{mol}} \right)}. \tag{4.10}$$

此式称为克拉珀龙方程(B. P. E. Clapeyron, 1834 年)，其中的 $\mathrm{d}p/\mathrm{d}T$ 代表 $p\text{-}T$ 图上相应曲线的斜率。

例题 3 冰在 1 atm 下的熔点为 273.15 K，此时冰和水的摩尔体积分别为 $1.9651 \times 10^{-5} \, \text{m}^3/\text{mol}$ 和 $1.8019 \times 10^{-5} \, \text{m}^3/\text{mol}$，摩尔熔化热为 1.436 kcal/mol，求熔点随压强的变化率。

解: 在这个例子里使用克拉珀龙方程(4.10) 时，α 相为冰，β 相为水，Λ^{mol} 是摩尔熔化热，折合到国际制单位，有

$$\Lambda_{\text{熔化}}^{\text{mol}} = 1.436 \, \text{kcal/mol} \times 4.184 \times 10^3 \, \text{J/kcal} = 6.008 \times 10^3 \, \text{J/mol},$$

$$\frac{\mathrm{d}p}{\mathrm{d}T} = \frac{6.008 \times 10^3}{273.15 \times (1.8019 - 1.9651) \times 10^{-5}} \, \text{N}/(\text{m}^2 \cdot \text{K})$$

$$= -1.348 \times 10^7 \, \text{N}/(\text{m}^2 \cdot \text{K}) = -1.330 \times 10^2 \, \text{atm/K}.$$

其倒数给出熔点随压强升高的关系:

$$\frac{\mathrm{d}T}{\mathrm{d}p} = -\frac{1}{1.330 \times 10^2} \, \text{K/atm} = -7.519 \times 10^{-3} \, \text{K/atm.} \ \blacksquare$$

一般物质熔化时膨胀，按克拉珀龙方程 $\mathrm{d}T/\mathrm{d}P > 0$，熔点随压强的增大而升高。冰和水在这一点上是反常的，熔化时收缩，$\mathrm{d}T/\mathrm{d}P < 0$，熔点随压强的增大而降低。上面得到的数值与实测值符合得很好。这数值很小，即熔点随压强的变化是很不显著的。

例题 4 实验测得在 1 atm 下水的沸点为 373.15 K，水蒸气和水的摩尔体积分别为 $3.0139 \times 10^{-2} \, \text{m}^3/\text{mol}$ 和 $1.8798 \times 10^{-5} \, \text{m}^3/\text{mol}$，摩尔汽化热为 9.7126 kcal/mol，求饱和蒸气压随温度的变化率和沸点与压强的关系。

解: 在这个例子里使用克拉珀龙方程(4.10) 时，α 相是液态水，β 相是水蒸气，p 是两相共存的压强，即饱和蒸气压；Λ^{mol} 是摩尔汽化热，折合到国际制单位，

$$\Lambda_{\text{汽化}}^{\text{mol}} = 9.7126 \, \text{kcal/mol} \times 4.184 \times 10^3 \, \text{J/kcal} = 4.0638 \times 10^4 \, \text{J/mol},$$

$$\frac{\mathrm{d}p}{\mathrm{d}T} = \frac{4.0638 \times 10^4}{373.15 \times (3.0139 \times 10^{-2} - 1.8798 \times 10^{-5})} \, \text{N}/(\text{m}^2 \cdot \text{K})$$

$$= 3.6157 \times 10^3 \, \text{N/m}^2 \cdot \text{K} = 3.568 \times 10^{-2} \, \text{atm/K}.$$

饱和蒸气压等于大气压强的温度就是沸点，上式倒数给出沸点随压强升高的关系:

$$\frac{\mathrm{d}T}{\mathrm{d}p} = \frac{1}{3.568 \times 10^{-2}} \, \text{K/atm} = 28.027 \, \text{K/atm.}$$

上述计算结果与实测数据符合得很好。 $\blacksquare$

大气压强是随高度的增加而减小的,因此水的沸点也随海拔高度的增加而降低。在高原地区,水的沸点低于 $100\,^\circ\mathrm{C}$,食物常不易煮熟。使用压力锅,由于锅内压强可达 2atm 以上,因而水的沸点升高到 $128\,^\circ\mathrm{C}$ 以上,可把食物较快地煮烂。

从例题 4 的计算过程中我们还可以看出,讨论饱和蒸气压问题时,与之平衡的另一态是凝聚态(液态或固态),它们的摩尔体积比蒸气的摩尔体积小得多(通常约小三个数量级),在克拉珀龙方程中可以忽略。通常饱和蒸气可看作是理想气体,$V_汽^{\mathrm{mol}} = RT/p$,故对于蒸气,克拉珀龙方程(4.10)可写作

$$\frac{\mathrm{d}p}{\mathrm{d}T} = \frac{p\Lambda^{\mathrm{mol}}}{RT^2} \quad \text{或} \quad \frac{\mathrm{d}p}{p} = \frac{\Lambda^{\mathrm{mol}}\mathrm{d}T}{RT^2}, \tag{4.11}$$

我们知道,相变潜热是两相之间的焓差,它与化学反应焓有类似的温度依赖关系[参见第三章 2.5 节(3.28)式]:

$$\Lambda^{\mathrm{mol}}(T) = H_\beta^{\mathrm{mol}}(T) - H_\alpha^{\mathrm{mol}}(T) = \Delta H^{\mathrm{mol}}(T_0) + \int_{T_0}^{T} \Delta C_p^{\mathrm{mol}}\mathrm{d}T, \tag{4.12}$$

式中 $\Delta H^{\mathrm{mol}}(T_0) = H_\beta^{\mathrm{mol}}(T_0) - H_\alpha^{\mathrm{mol}}(T_0)$,$\Delta C_p^{\mathrm{mol}} = C_{p\beta}^{\mathrm{mol}} - C_{p\alpha}^{\mathrm{mol}}$。若 $\Delta C_p^{\mathrm{mol}}$ 在一定的温区里可看成是常量,则上式化为如下形式:

$$\Lambda^{\mathrm{mol}}(T) = \Delta H^{\mathrm{mol}}(T_0) + \Delta C_p^{\mathrm{mol}}(T - T_0). \tag{4.12'}$$

代入(4.11)式后两边积分,得

$$\ln\left(\frac{p}{p_0}\right) = A - \frac{B}{T} + C\ln\left(\frac{T}{T_0}\right), \tag{4.13}$$

式中 $A = B/T_0$、$B = [\Delta H^{\mathrm{mol}}(T_0) - \Delta C_p^{\mathrm{mol}}T_0]/R$、$C = \Delta C_p^{\mathrm{mol}}/R$ 都是不依赖于温度的常量。此式称为蒸气压方程。

§3. 克劳修斯不等式与熵定理

3.1 热力学第二定律的数学表述 —— 克劳修斯不等式

现在讨论一个系统 Σ(任意工作物质)的一个较为普遍的循环过程。如果此过程是不可逆的,一般说来,因为中间状态不是平衡态,谈及系统在过程中经历的温度是没有意义的。我们退一步,可以设想:如图 4－8 所示,系统相继与 n 个温度分别为 T_1、T_2、$\cdots$、T_n 的热源接触,最后回到温度为 T_1 的热源,完成循环。令循环过程中各热源传给系统的热量分别为 Q_1、Q_2、$\cdots$、Q_n,系统对外所作的功为 A'_Σ,则按热力学第一定律有:

$$\sum_{i=1}^{n} Q_i = A'_\Sigma. \tag{4.14}$$

我们根据热力学第二定律证明,这时存在下列不等式:

$$\sum_{i=1}^{n} \frac{Q_i}{T_i} \leqslant 0, \tag{4.15}$$

式中等号适用于可逆循环,小于号适用于不可逆循环。

为了证明上述不等式,我们利用一个辅助热源,设其温度为 T_0,并有 n 个可逆卡诺热机分别工作于它与上述 n 个热源之间。令第 i 个卡诺热机从

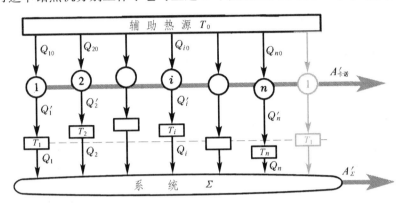

图 4-8 论证克劳修斯不等式

辅助热源获得的热量为 Q_{i0},向热源 T_i 输送的热量 Q_i' 恰好等于它输送给系统 Σ 的热量 Q_i,则按热力学第一定律,所有这些卡诺热机对外作功为

$$A'_{卡诺} = \sum_{i=1}^{n} Q_{i0} - \sum_{i=1}^{n} Q_i' = Q_0 - \sum_{i=1}^{n} Q_i = Q_0 - A'_{\Sigma},$$

即 $$A'_{卡诺} + A'_{\Sigma} = Q_0, \tag{4.16}$$

式中 $Q_0 = \sum_{i=1}^{n} Q_{i0}$ 为所有卡诺热机从辅助热源 T_0 吸取的总热量。如果我们把系统 Σ 和 n 个卡诺热机看作一个大系统 Σ_0,在它的每个组成部分都完成一个循环的同时,它本身就完成了一个循环。因 n 个热源 T_1、T_2、$\cdots$、T_n 与 Σ_0 的热交换得到完全的补偿,Q_0 就是大系统 Σ_0 在此循环里从外界吸取的全部热量,它取自单一热源 T_0。(4.16)式左端 $A'_{卡诺} + A'_{\Sigma} = A'_0$ 是大系统 Σ_0 在此循环里对外所作全部的功,(4.16)式可写作 $A'_0 = Q_0$,正好是大系统 Σ_0 循环过程热力学第一定律的写照。按热力学第二定律必须有

$$Q_0 = A'_0 \not> 0, \tag{4.17}$$

否则大系统从单一热源吸热对外作正功而不产生其它影响(在循环过程中 n 个热源的状态因热量补偿而得到复原),直接违反了热力学第二定律的开尔文表述。

因为我们已假设 n 个卡诺循环是可逆的,按卡诺定理,它们的效率与理

想气体的可逆卡诺循环一样, 即上一章的(3.57)式将对它也适用:

$$\frac{Q_{i0}}{T_0} = \frac{Q'_i}{T_i},$$

或

$$Q_{i0} = T_0 \frac{Q'_i}{T_i} = T_0 \frac{Q_i}{T_i}, \quad (i = 1, 2, \cdots, n)$$

从而

$$Q_0 = \sum_{i=1}^n Q_{i0} = T_0 \sum_{i=1}^n \frac{Q_i}{T_i}. \qquad (4.18)$$

因 $T_0 > 0$, 由(4.17)式和(4.18)式即可得待证的(4.15)式。

　　如果系统 Σ 所进行的循环可逆, 我们把上述讨论运用到它的逆循环上。这时所有卡诺循环也都反向进行, 过程中涉及的所有热量和功反号, 于是(4.17)式变为 $-Q_0 = -A'_0 \not> 0$, (4.15)式变为

$$\sum_{i=1}^n \frac{-Q_i}{T_i} \not> 0,$$

与(4.15)式结合起来看, 对于可逆循环, 我们只能有

$$\sum_{i=1}^n \frac{Q_i}{T_i} = 0.$$

所以, (4.15)式里的等号适用于可逆循环, 小于号适用于不可逆循环。

　　最后我们设想中间热源的数目 $n \to \infty$, 每步的温差 $\Delta T_i = T_{i+1} - T_i$ 无限缩小, 在极限的情形下(4.15)式里的求和化为环路积分:

$$\oint \frac{\mathrm{d}Q}{T} \leqslant 0, \qquad (4.19)$$

与(4.15)式一样, 上式里的等号适用于可逆循环, 小于号适用于不可逆循环。(4.19)式称为克劳修斯不等式, 可认为, 它是热力学第二定律的一种数学表述。

3.2 熵是态函数

　　在热力学里"态函数"的概念十分重要。在第三章里围绕热力学第一定律我们引进了内能、焓等态函数, 在本章里我们将围绕热力学第二定律引进更多的态函数, "熵"是其中最基本的一个。如第三章1.3节所述, 所谓"态函数", 就是那些物理量, 它们的数值由系统的状态唯一地确定, 与系统如何达到此状态的过程无关。功和热量都是与过程有关的量, 它们不是态函数。克劳修斯不等式(4.19)为我们提供了引进一个态函数的可能性。对于可逆过程, 克劳修斯不等式化为等式:

$$\oint_{可逆} \frac{\mathrm{d}Q}{T} = 0, \qquad (4.19')$$

上式表明,对于任何物质,热温比沿任何可逆循环的积分为0;或者说,在两个平衡态之间热温比的积分与可逆过程无关。[1]因此我们可以通过热温比沿可逆过程的积分定义一个态函数,这就是熵(entropy),通常记作 S,它在两状态 1、2 之间的差值定义为

$$\Delta S = S_2 - S_1 = \int_{\substack{1 \\ 可逆}}^{2} \frac{\text{đ}Q}{T}. \tag{4.20}$$

这是热力学里的熵,它是克劳修斯于1854年提出来的。我们在第二章7.2节介绍过玻耳兹曼熵,那是从微观统计理论里提出来的概念。下面3.5节我们将说明,克劳修斯熵和玻耳兹曼熵是一致的。

对于"熵"这样一个重要概念的名称来源应该交代几句。在本章(1.5节)我们曾回顾了卡诺怎样用热质说来证明他的著名定理。卡诺将热机与水利机械类比,当水从高水位流向低水位时推动水轮机作功。在此过程中水量没有发生变化。所以卡诺认为,在一个循环里热机从高温热源汲取的热质 Q_1 与释放给低温热源的热质 Q_2' 相等,与此同时系统对外作功 A'. 卡诺的想法是错的,实际上 $Q_2' < Q_1$. 如果硬要在卡诺热机里找从高温热源传到低温热源时数量不变的量,那就是热温比:

$$\frac{Q_2'}{T_2} = \frac{Q_1}{T_1}.$$

克劳修斯看到了这一点,所以他最初把热温比这个量叫做"转变含量"(德文为 Verwandlungsinhalt)。1865 年他造出 entropy(德文 Entropie)这个字,字根 -tropy 源于希腊文 $\tau\rho o\pi\eta$,"转变"之意,加字头 en-,使其与 energy(能量)具有类似的形式,因这两个概念有密切联系。中译名"熵"字是胡刚复先生造出来的。两数相除谓之"商",热温比亦可称"热温商",加"火"字旁表示热学量。

"熵"的概念比较抽象,很难一次懂得很透彻。但这个概念又很重要,而且随着科学的发展和我们认识的深入,会感到它的意义愈来愈重要。有人

---

[1] 在逻辑上,"沿任何闭合回路积分为0"与"积分与路径无关"是等价的。简单说来,如图 4 - 9 所示,在 A、B 两点间任意取两条路径 L_1 和 L_2,令 $L_2' = -L_2$(即 L_2' 是 L_2 的逆路径),则 $L = L_1 + L_2' = L_1 - L_2$ 是一条闭合路径。如果沿任何闭合路径积分得 0,则

$$0 = \oint_{(L)} = \int_{A(L_1)}^{B} + \int_{B(L_2')}^{A} = \int_{A(L_1)}^{B} - \int_{A(L_2=-L_2')}^{B},$$

或

$$\int_{A(L_1)}^{B} = \int_{A(L_2)}^{B},$$

即积分与路径无关。

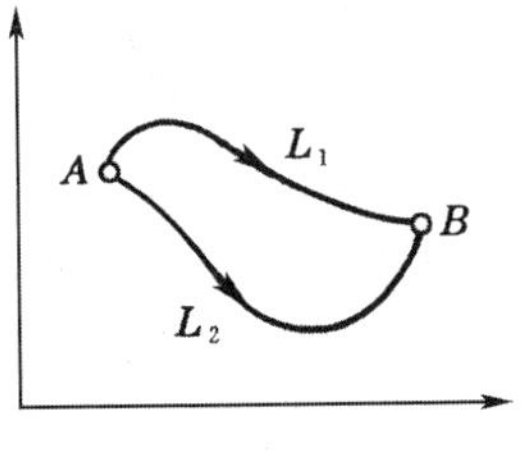

图 4 - 9 "回路积分为0"与 "积分与路径无关"逻辑等价

我们未把被积函数写出来,因为在这里它的具体形式是无关紧要的。

说,"熵"概念的重要性不亚于"能量",甚至超过"能量",这并不夸大。下面我们将从各个侧面将"熵"的概念加以展开,希望读者能逐步加深对它的理解。

3.3 熵的计算

在进一步探究熵的含义之前,我们最好先看看在各种情况下熵是如何计算的以及它的表达式,以便对熵有些具体的概念。

在热力学里有许多态函数,在引入熵之前我们已见过内能、焓两个重要的态函数。因态函数的变化与过程无关,它的改变量可通过任意过程来计算。不过这里有个差别:计算熵变的过程只能是可逆的,而计算内能和焓变化的过程无此限制。

对于 p–V–T 系统通常选 T、V 或 T、p 作状态参量。若选前者, 则有热力学第一定律

$$\dbar Q = \mathrm{d}U + p\mathrm{d}V,$$

而

$$\mathrm{d}U = \left(\frac{\partial U}{\partial T}\right)_V \mathrm{d}T + \left(\frac{\partial U}{\partial V}\right)_T \mathrm{d}V,$$

于是状态 1、2 之间的熵差为

$$\Delta S(T,\ V) = S_2 - S_1 = \int_{1\atop\text{可逆}}^{2} \frac{\dbar Q}{T}$$

$$= \int_{T_1\atop\text{可逆}}^{T_2} \frac{1}{T}\left(\frac{\partial U}{\partial T}\right)_V \mathrm{d}T + \int_{V_1\atop\text{可逆}}^{V_2} \frac{1}{T}\left[\left(\frac{\partial U}{\partial V}\right)_T + p\right]\mathrm{d}V$$

$$= \int_{T_1\atop\text{可逆}}^{T_2} \frac{C_V}{T} \mathrm{d}T + \int_{V_1\atop\text{可逆}}^{V_2} \left(\frac{\partial p}{\partial T}\right)_V \mathrm{d}V. \tag{4.21}$$

上面最后一步推导用到了第三章 2.1 节 (3.11) 式和本章 2.1 节 (4.7) 式。

若选 T、p 为状态参量,则可利用焓来表示:

$$H = U + pV, \qquad \mathrm{d}U + p\mathrm{d}V = \mathrm{d}H - V\mathrm{d}p,$$

于是

$$\dbar Q = \mathrm{d}H - V\mathrm{d}p,$$

而

$$\mathrm{d}H = \left(\frac{\partial H}{\partial T}\right)_p \mathrm{d}T + \left(\frac{\partial H}{\partial p}\right)_T \mathrm{d}p,$$

于是状态 1、2 之间的熵差为

$$\Delta S(T,\ p) = S_2 - S_1 = \int_{1\atop\text{可逆}}^{2} \frac{\dbar Q}{T}$$

$$= \int_{T_1\atop\text{可逆}}^{T_2} \frac{1}{T}\left(\frac{\partial H}{\partial T}\right)_p \mathrm{d}T + \int_{p_1\atop\text{可逆}}^{p_2} \frac{1}{T}\left[\left(\frac{\partial H}{\partial p}\right)_T - V\right]\mathrm{d}p$$

$$= \int_{T_1}^{T_2} \frac{C_p}{T} \mathrm{d}T - \int_{p_1}^{p_2} \left(\frac{\partial V}{\partial T}\right)_p \mathrm{d}p. \tag{4.22}$$

上面最后一步推导用到了第三章2.1节(3.13)式和本章2.1节(4.9)式。

从(4.21)式或(4.22)式可以看出,为了计算熵,需要知道物质的热容量随温度变化的规律和物态方程,这些得借助于微观理论或经验公式。

下面看些较简单的特例。

(1) 理想气体的熵

理想气体的 $\left(\frac{\partial U}{\partial V}\right)_T = 0$,$\left(\frac{\partial H}{\partial p}\right)_T = 0$,熵的计算大为简化。以 T、V 作状态参量,

$$\Delta S(T, V) = S_2 - S_1 = \int_{T_1}^{T_2} \frac{C_V}{T} \mathrm{d}T + \int_{V_1}^{V_2} \frac{p}{T} \mathrm{d}V$$

$$= \int_{T_1}^{T_2} \frac{C_V}{T} \mathrm{d}T + \nu R \int_{V_1}^{V_2} \frac{\mathrm{d}V}{V} = \int_{T_1}^{T_2} \frac{C_V}{T} \mathrm{d}T + \nu R \ln \frac{V_2}{V_1}. \tag{4.23}$$

以 T、p 作状态参量,

$$\Delta S(T, p) = S_2 - S_1 = \int_{T_1}^{T_2} \frac{C_p}{T} \mathrm{d}T - \int_{p_1}^{p_2} \frac{V}{T} \mathrm{d}p$$

$$= \int_{T_1}^{T_2} \frac{C_p}{T} \mathrm{d}T - \nu R \int_{p_1}^{p_2} \frac{\mathrm{d}p}{p} = \int_{T_1}^{T_2} \frac{C_p}{T} \mathrm{d}T - \nu R \ln \frac{p_2}{p_1}. \tag{4.24}$$

例题5　设理想气体的热容量为常量,它经可逆等温过程从状态 (p_1, V_1) 到达状态 (p_2, V_2),求熵的变化。

解: 在热容量为常量的情况下熵变的公式(4.23)和(4.24)简化为

$$\begin{cases} \Delta S(T, V) = C_V \ln \dfrac{T_2}{T_1} + \nu R \ln \dfrac{V_2}{V_1}, & (4.23') \\[3mm] \Delta S(T, p) = C_p \ln \dfrac{T_2}{T_1} - \nu R \ln \dfrac{p_2}{p_1}. & (4.24') \end{cases}$$

在可逆等温过程中 $T_1 = T_2$,故

$$\Delta S = \nu R \ln \frac{V_2}{V_1} = -\nu R \ln \frac{p_2}{p_1}. \quad \blacksquare$$

例题6　设理想气体的热容量为常量,它分别经过可逆绝热、等体、等压、多方过程温度从 T_1 升到 T_2,求熵的变化。

解: 在可逆多方过程中

$$\frac{V_2}{V_1} = \left(\frac{T_2}{T_1}\right)^{\frac{1}{1-n}},$$

代入(4.23′)式,得

$$\Delta S = \left(C_V + \frac{\nu R}{1-n}\right) \ln \frac{T_2}{T_1} = C_n \ln \frac{T_2}{T_1},$$

式中
$$C_n = C_V + \frac{\nu R}{1-n} = \left(1 + \frac{\gamma-1}{1-n}\right)C_V = \frac{\gamma-n}{1-n}C_V \qquad (4.25)$$

为多方过程的热容量。依次取 $n = \gamma$、∞、0，得 $C_n = 0$（绝热）、C_V（等体）、C_p（等压），故

$$\begin{cases} \text{绝热过程} & \Delta S = 0, & (4.26) \\[2mm] \text{等体过程} & \Delta S = C_V \ln\dfrac{T_2}{T_1}, & (4.27) \\[3mm] \text{等压过程} & \Delta S = C_p \ln\dfrac{T_2}{T_1}. & (4.28) \ \blacksquare \end{cases}$$

可逆绝热过程中 $\Delta S = 0$ 的结果并不意外，因为 $đQ = 0$，热温比为 0。所以，可逆的绝热过程是等熵过程。但是此结论不适用于不可逆绝热过程。

例题7　已知在所有的温度下热辐射（光子气体）的内能密度 $u = U/V = aT^4$（斯特藩–玻耳兹曼定律），且当 $T = 0$ 时熵 $S_0 = 0$，求它在任何温度下的熵。

解：
$$U = VaT^4, \qquad C_V = \left(\frac{\partial U}{\partial T}\right)_V = 4VaT^3,$$
对于一定体积的光子气体
$$S(T, V) = \int_0^T \frac{C_V}{T}\,\mathrm{d}T = 4Va\int_0^T T^2\,\mathrm{d}T = \frac{4}{3}VaT^3. \qquad (4.29)\ \blacksquare$$

（2）混合气体的熵

熵是个广延量，一个由若干相互独立的子系统组成的大系统，其熵等于各子系统的熵之和。设混合气体是理想的，$c_i = \nu_i/\nu$ 为第 i 种组分的摩尔分数（$\sum_i c_i = 1$），温度为 T，体积为 V，压强为 $p = \sum_i p_i$，其中 $p_i = c_i p$ 是第 i 种组分的分压。我们可以设想，起初各组分未混合，它们的温度皆为 T，压强皆为 p，各自占有体积 $V_i = (p_i/p)V$，然后在总体积和总压强不变（从而温度也不变）的情况下混合起来。按 (4.23) 式可计算出混合熵变为

$$\Delta S_{混合}(T, V) = \nu R\ln V - R\sum_i \nu_i \ln V_i = -\nu R\sum_i c_i \ln\frac{V_i}{V}, \qquad (4.30)$$

或用压强来表示：
$$\Delta S_{混合}(T, p) = -\nu R\sum_i c_i \ln\frac{p_i}{p}, \qquad (4.30')$$
用摩尔分数来表示，则有
$$\Delta S_{混合} = -\nu R\sum_i c_i \ln c_i. \qquad (4.31)$$

（3）相变的熵

在一定气压下冰熔化为水，水沸腾为汽，这类相变过程都是在保持温度不变的情况下吸收一定的潜热。所以熵的变化为

$$\Delta S_{熔化} = \int_{冰}^{水} \frac{đQ}{T} = \frac{1}{T_{熔}}\int_{冰}^{水} đQ = \frac{\Lambda_{熔化}}{T_{熔}}, \qquad (4.32)$$

$$\Delta S_{汽化} = \int_{水}^{汽} \frac{đQ}{T} = \frac{1}{T_{沸}}\int_{水}^{汽} đQ = \frac{\Lambda_{汽化}}{T_{沸}}. \qquad (4.33)$$

如果某物质从极低的温度到达室温 T 时经过固→液→气的相变,则它在室温下的标准规定熵为

$$\overset{\circ}{S}(T)=\int_0^{T_{熔}}\frac{C_p^{(固)}}{T}\mathrm{d}T+\frac{\Lambda_{熔化}}{T_{熔}}+\int_{T_{熔}}^{T_{沸}}\frac{C_p^{(液)}}{T}\mathrm{d}T+\frac{\Lambda_{汽化}}{T_{沸}}+\int_{T_{沸}}^T\frac{C_p^{(气)}}{T}\mathrm{d}T,$$
$$(p=1\,\mathrm{atm})\qquad(4.34)$$

计算时需要知道热容量在整个温度范围内的变化规律和相变温度、相变潜热。

(4) 化学反应的熵变

先重温第三章 2.5 节所述热化学中有关“规定”和“标准”二定语的含义:对规定的参考点而言的热力学量冠以“规定”二字,在 $p_0=1\,\mathrm{atm}$ 下的热力学量冠以“标准”二字。对于“熵”这个热力学量将沿用这些说法,只是其“参考点”将与焓有不同的规定。焓的参考点定为 25 ℃、1 atm 的纯元素。这规定比较任意,其变动虽影响各种物质生成焓的数值,但不改变反应热。反应热是可以用实验来测定的,不管反应的过程是否可逆。同样的原则不适用于熵变问题。因一般说来化学反应中的熵变不能测量,能测的是反应热和进行反应的温度,但因为化学反应过程一般是在不可逆的条件下进行的,在这种情况下热温比 $Q_{不可逆}/T$ 不等于化学反应熵 $\Delta S=S_{生成物}-S_{反应物}$.所以熵的参考点不能任意规定,必须选择这样一个标准状态作为参考点,在那里各种物质的熵差确实等于 0. 这样的“参考状态”是否存在呢?

根据 1900 年前后理查德(T. W. Richards)在化学电池里进行可逆反应的测量结果,1907 年前后能斯特(W. Nernst)猜想,当温度趋于绝对 0 度时所有化学反应熵也趋于 0. 后来西蒙(Simon)等人的实验证明,这结论仅对处于稳定平衡的凝聚态纯物质成立。此即所谓能斯特定理:对于只涉及处于稳定平衡凝聚态纯物质的等温过程,熵变满足

$$\lim_{T\to0}(\Delta S)_T=0.\qquad(4.35)$$

由于化合物是由元素化合而成的,若我们选绝对 0 度为参考点,规定 $T\to0$ 时所有元素的熵趋于 0,则按能斯特定理,$T\to0$ 时所有处在稳定平衡凝聚状态下化合物的熵也趋于 0. 在物理化学中约定:以压强在 1 atm 下绝对温度 $T\to0$ 时的稳定平衡凝聚状态为参考点所规定的熵值,为纯物质的规定熵(conventional entropy)。

表 4-1 中给出了某些元素和化合物在 25 ℃(298.15 K)下的标准规定熵。制定一张标准规定熵的数据表,比制定标准规定焓的数据表难多了。为了得到某一物质(元素的或化合物)的标准规定熵,人们必须从很低的热力学温度开始直到所需的温度,测定它的定压热容随温度的变化,以及此温区内所有的相变温度和潜热,然后按(4.34)式算出 $\overset{\circ}{S}$ 来。知道了 $\overset{\circ}{S}$,我们就可

表 4 - 1 25 ℃ 下的标准摩尔规定熵

物 质	$\overset{\circ}{S}^{mol}/R$	物 质	$\overset{\circ}{S}^{mol}/R$	物 质	$\overset{\circ}{S}^{mol}/R$	物 质	$\overset{\circ}{S}^{mol}/R$
CH_4(气)	22.39	$C_6H_{12}O_6$(晶)	25.5	H_2O(气)	22.65	NO_2(气)	28.86
CO(气)	23.75	H_2(气)	15.705	N_2(气)	23.03	$NaCl$(晶)	8.68
CO_2(气)	25.69	HCl(气)	22.47	NH_3(气)	23.13	O_2(气)	24.659
C_2H_6(气)	27.60	H_2O(液)	8.41	NO(气)	25.34	SO_2(气)	29.84

计算特定化学反应中的标准熵变,即标准反应熵 $\Delta\overset{\circ}{S}_{反应}$ 了:

$$\Delta\overset{\circ}{S}_{反应} = \overset{\circ}{S}_2 - \overset{\circ}{S}_1,$$

其中
$$\overset{\circ}{S}_1 = \sum_{反应物 i} \overset{\circ}{S}_i, \qquad \overset{\circ}{S}_2 = \sum_{生成物 j} \overset{\circ}{S}_j. \tag{4.36}$$

应特别指出的是,对于反应熵来说,冠以"标准"一字,不仅强调压强处于 1 atm 的标准状态,对于混合气体,还意味它属于混合前状态,其中未计及混合熵。

例题 8 计算氨合成

$$N_2(气) + 3H_2(气) \longrightarrow 2NH_3(气)$$

的标准反应熵。

解:该反应的标准反应熵为

$$\Delta\overset{\circ}{S}^{mol}_{反应} = \overset{\circ}{S}^{mol}(NH_3) - \frac{1}{2}[\overset{\circ}{S}^{mol}(N_2) + 3\overset{\circ}{S}^{mol}(H_2)]$$

$$= (23.13 - 0.5 \times 23.03 - 1.5 \times 15.705) R = -11.94 \, R. \quad \blacksquare$$

过去(第三章 2.5 节)我们曾计算过光合作用

$$6CO_2(气) + 6H_2O(液) \xrightarrow{h\nu} C_6H_{12}O_6(固) + 6O_2(气)$$

的标准摩尔反应热,发现它是一个 2802 kJ/mol 的吸热反应。现在我们来算算它的熵变。在 1 atm、25 ℃ 下的标准反应熵为

$$\Delta\overset{\circ}{S}^{mol}_{反应} = [\overset{\circ}{S}^{mol}(C_6H_{12}O_6) + 6\overset{\circ}{S}^{mol}(O_2)] - [6\overset{\circ}{S}^{mol}(CO_2) + 6\overset{\circ}{S}^{mol}(H_2O)]$$

$$= (25.5 + 6 \times 24.66 - 6 \times 25.69 - 6 \times 8.41)R = -31.14 \, R.$$

但光合作用不是在 1 atm 下进行的,因为生成物的气体 O_2 在大气中只有 0.21 atm 的分压,而反应物中的气体 CO_2 在大气中的分压更小,可设为 0.0003 atm. 混合气体状态对熵变的修正为

$$\Delta S^{mol}_{气态} = -6R[\ln p_{O_2} - \ln p_{CO_2}] = -6R\ln\frac{p_{O_2}}{p_{CO_2}} = -6R\ln\frac{0.21}{0.0003} = -39.31 \, R.$$

总摩尔熵变为

$$\Delta S^{mol} = \Delta\overset{\circ}{S}^{mol}_{反应} + \Delta S^{mol}_{气态} = -70.45 \, R = -585.8 \, J/(mol \cdot K).$$

负号表明光合作用是个熵减少的过程。同一过程里焓增加而熵减少,可见反应热与反应熵是不同的概念。

3.4 熵增加原理

熵作为一个态函数,上面我们着重于探讨它与状态参量有怎样的依赖关系。计算只能靠热温比沿可逆过程的积分来完成,但所得的结果与过程无关,不管最后的状态是经过可逆还是不可逆的过程达到的。本节我们要考察不可逆过程中熵的变化,计算的办法要依靠上面的结果。

我们考察绝热过程。显然,在任何绝热过程中热温比恒等于 0,但这并不意味着熵值不变。请看下面几个例子。

(1) 自由膨胀

如图 4 – 10 所示,一绝热容器被隔板分为体积相等的两部分,一边充气,一边真空。突然将隔板抽掉,气体向真空自由膨胀,最后均匀充满整个容

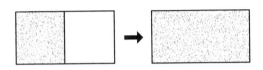

图 4 – 10 自由膨胀过程

器。设气体可看作是理想的,则在此过程 AB 中体积加倍($V_B = 2V_A$),压强减半($p_B = p_A/2$),温度不变($T_B = T_A$)。求此过程中熵的变化。

这是一个不可逆过程,计算其熵变,需要找个可逆过程将其初态和末态连结起来,沿此可逆过程计算热温比的积分。这样的可逆过程有许多,第三章 3.2 节例题 2 中的等温膨胀过程 AB 和绝热膨胀过程 $AC +$ 等体过程 CB(见图 3 – 18),就是可供选择的两条途径。作为练习,我们不妨分别沿这两个可逆过程作一下热温比的积分:

① 理想气体的等温过程中 $\mathrm{d}U = 0$, $\mathrm{d}Q = -\mathrm{d}A + p\mathrm{d}V + \dfrac{\nu R T \mathrm{d}V}{V}$,

$$\int_{A\atop 可逆}^{B} \frac{\mathrm{d}Q}{T} = \nu R \int_{V_A}^{V_B} \frac{\mathrm{d}V}{V} = \nu R \ln \frac{V_B}{V_A} = \nu R \ln 2.$$

② 在绝热过程 AC 中 $\mathrm{d}Q = 0$,$\int_{A\atop 可逆}^{C} \dfrac{\mathrm{d}Q}{T} = 0$,到达 C 点时温度降为 $T_C = T_A/2^{\gamma-1}$,而 $T_B = T_A$,故在等体升温的过程中

$$\int_{C\atop 可逆}^{B} \frac{\mathrm{d}Q}{T} = C_V \int_{T_C}^{T_B} \frac{\mathrm{d}T}{T} = C_V \ln \frac{T_B}{T_C} = C_V \ln 2^{\gamma-1}$$

$$= C_V(\gamma - 1)\ln 2 = C_V \left(\frac{C_p}{C_V} - 1 \right) \ln 2 = \nu R \ln 2.$$

故 $\left(\int_{A\atop 可逆}^{C} + \int_{C\atop 可逆}^{B} \right) \dfrac{\mathrm{d}Q}{T} = \nu R \ln 2.$

两算法结果一致,都表明上述理想气体自由膨胀过程的熵变为

$$\Delta S = S_B - S_A = \nu R \ln 2 > 0. \tag{4.37}$$

其实,这结果直接运用前面已有的 (4.23′) 式或 (4.24′) 式也可得到。

(2) 热传递过程

这是一个不可逆过程。设过程是在压强恒定的情况下发生的,且该物体的定压热容量 C_p 在此温区内不随温度改变,则该物体的熵变为

$$\Delta S_{物体} = C_p \int_{T_A}^{T_B} \frac{dT}{T} = C_p \ln \frac{T_B}{T_A},$$

而热库是在恒定温度 T_B 下传递给物体热量 $Q = C_p(T_B - T_A)$ 的,它的熵变为

$$\Delta S_{热库} = -\frac{Q}{T_B} = -\frac{C_p(T_B - T_A)}{T_B}.$$

把物体和热库看作一个系统,其总熵变为

$$\Delta S = \Delta S_{物体} + \Delta S_{热库} = C_p \left(\ln \frac{T_B}{T_A} - \frac{T_B - T_A}{T_B} \right). \tag{4.38}$$

不难证明,[1] 无论 $T_B > T_A$ 还是 $T_B < T_A$,上式都给出 $\Delta S > 0$,即熵增加。

在有限的温差下进行的热传递过程中熵增加是不可避免的,如何减少熵的增加?若我们不再用一个温度为 T_B 的热库,而代之以一系列 n 个热库,相邻热库之间的温度比为

$$\frac{T_{i+1}}{T_i} = \left(\frac{T_B}{T_A} \right)^{1/n} = \left(1 + \frac{T_B - T_A}{T_A} \right)^{1/n} = (1+\alpha)^{1/n},$$

式中 $\alpha = (T_B - T_A)/T_A$. 当 $n \gg 1$ 时

$$\frac{T_{i+1}}{T_i} \approx 1 + \frac{\alpha}{n}.$$

现令物体与这一系列多个热库逐次接触,使它的温度一步步地从 T_A 变到 T_B. 按 (4.38) 式每步中整个系统的熵变为

$$\Delta S_i = C_p \left(\ln \frac{T_{i+1}}{T_i} - \frac{T_{i+1} - T_i}{T_{i+1}} \right) = C_p \left(\ln \frac{T_{i+1}}{T_i} - 1 + \frac{T_i}{T_{i+1}} \right)$$

$$= C_p \left[\ln \left(1 + \frac{\alpha}{n} \right) - \frac{\frac{\alpha}{n}}{1 + \frac{\alpha}{n}} \right] \approx C_p \left[\frac{\alpha}{n} - \frac{1}{2} \left(\frac{\alpha}{n} \right)^2 - \frac{\alpha}{n} \left(1 - \frac{\alpha}{n} \right) \right] = \frac{C_p}{2} \left(\frac{\alpha}{n} \right)^2.$$

---

[1] 若 $T_B > T_A$,则 $\int_{T_A}^{T_B} \frac{dT}{T} > \int_{T_A}^{T_B} \frac{dT}{T_B} = \frac{T_B - T_A}{T_B}$; 若 $T_B < T_A$,则 $\int_{T_A}^{T_B} \frac{dT}{T} = -\int_{T_B}^{T_A} \frac{dT}{T}$,

而 $\int_{T_B}^{T_A} \frac{dT}{T} < \int_{T_B}^{T_A} \frac{dT}{T_B} = \frac{T_A - T_B}{T_B}$, 即 $-\int_{T_B}^{T_A} \frac{dT}{T} > -\frac{T_A - T_B}{T_B}$.

n 个步骤累计的熵变为

$$\Delta S = \sum_{i=1}^{n} \Delta S_i = n\Delta S_i \approx \frac{C_p \, \alpha^2}{2n}.$$

当 $n \to \infty$ 时 $\Delta S \to 0$.

　　$n \to \infty$ 意味着过程趋于准静态,准静态过程是可逆的。物体和所有热库构成一个孤立系统,其中发生的任何过程从整个系统看是绝热的。上述计算表明,在可逆绝热过程中熵不变。

　　(3) 扩散过程

　　如图 4 - 11 所示,一绝热容器被隔板分为两部分,两边充以不同的气体 X 和 Y(譬如氮气和氧气)之量各 ν_X 和 ν_Y(摩尔),它们的温度与压强皆同。突然将隔板抽掉,两边气体相互扩散,最后混合起来均匀地充满整个容器。

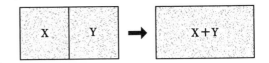

图 4 - 11 扩散过程

　　扩散过程是不可逆的,过程中增加的就是(4.31)式中的混合熵:

$$\Delta S = \Delta S_X + \Delta S_Y = -\nu R(c_X \ln c_X + c_Y \ln c_Y) > 0. \qquad (4.39)$$

　　(4) 摩擦生热

　　历史上戴维曾做过冰与冰摩擦的实验,以说明热质说之谬误。如图 4 - 12 所示,在一绝热容器里放两块冰与水共存,其中一块由外力驱动使之旋转,并在另一块上面摩擦。摩擦过程是不可逆的。设某段时间里有 ν(摩尔)的冰熔化为水,则此系统熵的改变为

$$\Delta S = \frac{\nu \Lambda_{熔化}^{\text{mol}}}{T_{熔}} > 0. \qquad (4.40)$$

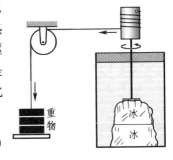

图 4 - 12 摩擦生热

　　在上面几个不可逆的绝热过程中,熵无例外地都增加了。只有可逆的绝热过程是等熵过程。归纳起来,我们可以得到如下结论:

　　　　当热力学系统从一平衡态经绝热过程到达另一平衡态时,它的熵

　　　　永不减少;如果过程可逆,则熵不变;如果过程不可逆,则熵增加。

这叫做熵增加原理。❶ 根据熵增加原理可以作出判断:不可逆绝热过程总是向着熵增加的方向进行的,而可逆绝热过程则总是沿着等熵线进行的。

――――――――――

　❶　熵函数的存在,热力学温标的引进,和熵增加原理,三者合起来称为熵定理。

上面只是通过例子对熵增加原理做了示范,实际上它是可以根据克劳修斯不等式加以普遍证明的,是热力学第二定律的直接结果。现论证如下。

从系统的一个状态 1 过渡到另一状态 2 可以有不同的路径。如图 4-13 所示,在 p-V 图上从 1 到 2 的路径 L 是我们要讨论的过程,它可以是可逆的也可以是不可逆的,我们用模糊的灰色线来表示。与此同时,我们总可以选择另一条可逆的路径 L_0 将状态 1、2 连接起来。经 L 从 1 到 2,再经可逆的 L_0 从 2 回到 1,构成一个闭合回路,即一个循环。将克劳修斯不等式(4.19)用于此循环, 我们有

图 4-13 证明熵增加原理

$$\int_{\substack{1 \\ (L)}}^{2} \frac{\mathrm{d}Q}{T} + \int_{\substack{2 \\ (L_0) \\ 可逆}}^{1} \frac{\mathrm{d}Q}{T} \leqslant 0,$$

或

$$\int_{\substack{1 \\ (L)}}^{2} \frac{\mathrm{d}Q}{T} \leqslant -\int_{\substack{2 \\ (L_0) \\ 可逆}}^{1} \frac{\mathrm{d}Q}{T} = \int_{\substack{1 \\ (L_0) \\ 可逆}}^{2} \frac{\mathrm{d}Q}{T}.$$

于是按照熵的定义,我们有

$$\Delta S = S_2 - S_1 = \int_{\substack{1 \\ (L_0) \\ 可逆}}^{2} \frac{\mathrm{d}Q}{T} \geqslant \int_{\substack{1 \\ (L)}}^{2} \frac{\mathrm{d}Q}{T}.$$

L 是任意过程,所以对于任意过程,有

$$\Delta S = S_2 - S_1 \geqslant \int_{\substack{1 \\ 任意过程}}^{2} \frac{\mathrm{d}Q}{T}. \tag{4.41}$$

这不等式也可看作是热力学第二定律的一种数学表述,其中不等号对不可逆过程而言,等号对可逆过程而言。若过程是绝热的, $\mathrm{d}Q = 0$, 则有

$$\Delta S \geqslant 0. \tag{4.42}$$

这便是熵增加原理的数学表述。

将(4.41)式运用于无限小过程,则有

$$\mathrm{d}S \geqslant \frac{\mathrm{d}Q}{T} \quad 或 \quad T\mathrm{d}S \geqslant \mathrm{d}Q,$$

再运用热力学第一定律,可得

$$T\mathrm{d}S \geqslant \mathrm{d}U - \mathrm{d}A, \tag{4.43}$$

其中等号对可逆过程而言,不等号对不可逆过程而言。这是克劳修斯不等式(4.19)的另一种形式,是热力学第二定律的一种更常用的数学表述。

3.5 热力学熵与玻耳兹曼熵的统一

熵增加原理表明,熵是一个在绝热过程中永不减少的态函数,它指明了宏观过程自发进行的方向。熵的本质是什么? 我们在第二章 7.2 节引进过另外一个熵的概念,即玻耳兹曼熵:

$$S = k \ln \Omega, \tag{2.111}$$

式中 k 是玻耳兹曼常量,Ω 是微观量子态的数目,即宏观态出现的概率。该节曾指出,玻耳兹曼熵也服从熵增加原理,其本质是概率的法则在起作用,即自然界自发的倾向总是从宏观概率小的状态向宏观概率大的状态过渡。上面按(4.20)式定义的宏观熵(可以称为克劳修斯熵)与玻耳兹曼熵是否一回事? 在统计物理中可以普遍地证明二者是一致的。所以上述玻耳兹曼熵增加的本质也就是克劳修斯熵增加的本质。在本课中我们不作两个熵等价的普遍推导,只在一些特例中说明它们给出的结果是相同的。

设系统的初态 1 和末态 2 出现的概率分别为 Ω_1 和 Ω_2,则按(2.111)式由 1 到 2 的过程中玻耳兹曼熵变为

$$\Delta S = S_2 - S_1 = k \ln \frac{\Omega_2}{\Omega_1}. \tag{4.44}$$

第一个例子看图 4 – 10 所示的自由膨胀,设膨胀的体积比为 $V_2/V_1 = 2$. 先看一个分子,膨胀后它在整个容器里的概率为 1,它在左、右两半的概率各 1/2. 再看第二个分子,它的概率分布情况与第一个分子一样。两个分子合在一起,共有 $2^2 = 4$ 种情况,如图 4 – 14a 所示两个分子都在左边的概率为 $(1/2)^2 = 1/4$. 现在加入第三个分子,它单独的概率分布同前二个,三个分子合起来有 $2^3 = 8$ 种情况,如图 4 – 14b 所示,三个分子都在左边的概率为

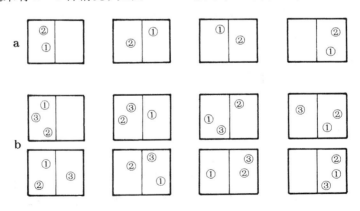

图 4 – 14 熵与概率

$(1/2)^3=1/8$. 如此类推,系统中一共有 $N=\nu N_A$ 个分子,每个分子单独的概率分布都是左右各 $1/2$,合起来有 2^N 种情况,所有分子都在左边的概率为 $(1/2)^N$. 这便是膨胀前初态 1 相对于膨胀后末态 2 的宏观概率 Ω_1/Ω_2. 故按 (4.44) 式

$$\Delta S = k\ln 2^N = Nk\ln 2 = \nu N_A k\ln 2 = \nu R\ln 2.$$

这与上节计算的克劳修斯熵的变化 (4.37) 式相符。

第二个例子看图 4 – 11 所示的扩散过程。对于每个分子,膨胀后在整个容器里的概率为 1,它在左右两边出现的概率正比于体积,即在左边的概率为 $V_X/V=\nu_X/\nu=c_X$,在右边的概率为 $V_Y/V=\nu_Y/\nu=c_Y$,仿照上面的推理,$N_X=\nu_X N_A$ 个气体 X 的分子全部在左边的概率为 $c_X^{N_X}$,$N_Y=\nu_Y N_A$ 个气体 Y 的分子全部在右边的概率为 $c_Y^{N_Y}$,两者相乘即为扩散前初态 1 相对于扩散后末态 2 的概率 Ω_1/Ω_2. 故按 (4.44) 式

$$\Delta S = -k\ln(c_X^{N_X}c_Y^{N_Y}) = -k(N_X\ln c_X + N_Y\ln c_Y)$$
$$= -\nu k N_A(c_X\ln c_X + c_Y\ln c_Y) = -\nu R(c_X\ln c_X + c_Y\ln c_Y).$$

此式与上节计算的克劳修斯熵的变化 (4.39) 式相符。

不再算更多的例子了,今后我们承认,无论微观的玻耳兹曼熵还是宏观的克劳修斯熵,它们都正比于宏观状态概率的对数,自然界过程的自发倾向是从概率小的宏观状态向概率大的宏观状态过渡。那么,这一切又有什么直观的意义呢?我们说:熵高,或者说宏观态的概率大,意味着"混乱"和"分散";熵低,或者说宏观态的概率小,意味着"整齐"和"集中"。用物理学的语言,前者叫做无序 (disorder),后者叫做有序 (order)。例如,固体熔化为液体是熵增加的过程,固体的结晶态要比液态整齐有序;液体蒸发为气体是熵增加得更多的过程,气态比液态混乱和分散得多。又如,把一碗沙子搀到一碗米里,和两种气体相互扩散是一样的,熵增加了,这意味着事情被搞得一塌糊涂,乱糟糟的不可收拾。再者,两种气体化合为一种气体,熵因摩尔数减少了而减少,这意味着集中;反过来,一种气体分解为两种气体,熵因摩尔数增加了而增加,这意味着分散。自由膨胀从集中到分散,功变热从有序到无序,都是熵增加的过程。热量从高温传到低温熵增加意味着什么?能量的分散和退降!卡诺定理和热力学第二定律告诉我们,存在着温度差(这意味着能量适当地集中)才可能得到有用功。温度均衡了,能量的数量虽然没变,但单一热源不能作出有用的功来。这就是所谓"能量退降(即能量退化贬值,degradation of energy)"的含义。

状态有序还是无序,有时并非一眼能够看出。许多字符排列成一长串,

看不出什么规律,你认为它是无序的,没有信息量,熵值很高。[1]但这字符串也许是用你不懂的语言所写的一句话呢!果真如此,则它是有序的,传达了一定的信息,熵值较低。DNA 就是这类字符串,我们不能因为尚未读懂它而认为它是无序的,其实它是生命过程的中枢,高度有序,内含大量的信息,熵值非常低!

§4. 关于热力学第二定律的若干诘难和佯谬

人们公认,热力学第二定律和熵的概念在物理学中是最难懂的部分,历史上围绕着它们有过不少疑虑和诘难。真理愈辩愈明,这些问题的分析和澄清可以大大深化我们对热力学第二定律和熵的概念的理解。

4.1 洛施密特的诘难

"君不见高堂明镜悲白发,朝如青丝暮成雪?"诗人哀叹韶华如流,人生易老,这反映的是宏观世界的命运和情感。组成生命的各个原子、分子决不担心自己会老化,它们服从的运动规律是可逆的,对宏观世界里发生的一切漠不关心。

设想在一个容器里有 N 个分子,它们在不断地作热运动。假如上帝决定在某个 $t = t_0$ 的时刻令所有分子一齐就地向后转,速度反向: $v \to -v$,按照微观运动的可逆性,每个分子都将回溯原来的轨迹,正像反演一部电影那样,由它们表现出来的宏观历程也逆转了。如果原来熵在增加,运动反演后熵不就在减少吗?这是洛施密特(L. Loschmidt)于 1876 年对玻耳兹曼 H 定理,或者说熵增加原理提出的诘难。

现在有很好的计算机可用来模拟分子的运动,这时我们自己就是上帝,随时能够命令所有分子的运动反向。图 4-15 显示了对 100 个硬球组成的系统进行模拟的结果,[2] 横坐标是时间,纵坐标是玻耳兹曼 H 函数(即负熵,见第二章 §8)。严格的时间反演显然会向初始态回归,违反 H 定理(即熵增加原理)。但现实世界里不

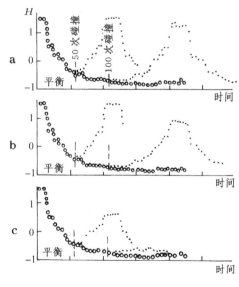

图 4-15 100 个硬球系统 H 值的计算机模拟

---

[1]　在第二章 7.3 节里我们谈到过熵和信息的关系,信息是负熵。

[2]　J. Orban, A. Bellemans, *Phys. Lett.*, **24A**(1967), 620.

可能完全没有随机性,引进极其少量的误差怎么样?图 a、b、c 显示的是速度反转时分别引入 10^{-8}、10^{-5}、10^{-2} 随机误差的情形。空心圈代表原始 H 减少(即熵增加)的进程,实心黑点代表发生 50 次和 100 次碰撞时速度反向后 H 的变化。可以看出,开头 H 都回升了,向初始态逼近,尔后近似地重复原来 H 递减的历程。不过随着误差的加大和碰撞次数的增多,系统对初始态的"记忆"愈来愈模糊,上述回升过程愈来愈被抹平。❶ 这里体系内只有 100 个分子,可以想见,随着分子数目的增多和碰撞的频繁,任何看来微不足道的误差都足以把 H 的回升过程荡平。

从上述模拟中我们看到,H 定理并非绝对不能违反,只有从随机的初始条件出发,才会得到符合 H 定理的结果。而某个时刻速度突然反转,在分子的微观状态里保存了出发时初始条件的完全记忆,它具有高度的相关性。以此作初始条件继续模拟,H 是会增加的。

洛施密特的诘难提醒了玻耳兹曼,他对自己的观点作了调整:H 函数不是严格单调下降的,不过对于宏观系统,它下降的概率比增长的概率大得多。即使达到了热平衡态,H 围绕它的极小值也会有一定的涨落(fluctuation),不过这种涨落的幅度一般是非常小的,涨落幅度愈大,出现的概率愈小。

4.2 策尔梅洛的诘难

1892 年法国大数学家庞加莱(H. Poincaré)证明了一条定理:孤立的、有限的保守动力学系统在有限的时间内回复到任意接近初始组态的组态。这便是他著名的始态复现定理(Poincaré recurrence theorem)。

1896 年策尔梅洛(E. Zermelo)引用庞加莱这一定理对热力学第二定律进行了诘难,认为热力学与动力学不可兼容。似乎普朗克和庞加莱本人都同意策尔梅洛的观点。玻耳兹曼仍用涨落的概念调和了热力学和动力学,始态是靠涨落来复现的,据他估计,具有 10^{18} 个粒子的系统,庞加莱复现时间(用任何通常的单位,从分子碰撞时间、秒到年都差不多)要用 10^{18} 位数字来表示,即 $10^{10^{18}}$ 的数量级。现在我们知道,宇宙年龄的数量级是 10^{10} 年,用秒来表示也不过是 10^{18},即只需 18 ~19 位数字就够了。可见,对于宏观系统庞加莱始态复现的理论没有任何现实的意义。

4.3 吉布斯佯谬

(4.39)式是 X、Y 两种不同物质的混合熵 $\Delta S_{混合}$. 如果容器内隔板两边是同一物质,它们的分子是全同的,抽掉隔板后则无所谓扩散,混合熵 $\Delta S_{混合}=0$. 现在把两种气体的分子换成黑、白两种颜色的球,将它们混合起来的时候一定产生大于 0 的混合熵 $\Delta S_{混合}$. 现在设想把黑球一次一次地漂白,使其颜色逐渐变浅,每次重新与白球混合。只要它们与白球还是有区别的,这样产生的混合熵并不因为黑球颜色的改变而改变。于是我们发现,当黑球的颜色无限变浅而趋于与白球不可分辨的过程中,混合熵 $\Delta S_{混合}$ 并不连续变化,而是起初一直不变,直到最后突然消失。这实在令人不可思议。如果说黑球

---

❶　这与现代混沌理论中误差随时间指数式放大的观点是一致的。

白球是宏观物体,不能做到完全不可分辨,故可认为 $\Delta S_{混合}$ 始终没有消失,那么将相同的气体放在容器两边让它们相互扩散,究竟有没有混合熵?这便是著名的吉布斯佯谬。

第一章 2.2 节曾谈到,在微观世界里粒子的全同性是由物质结构的离散性来保证的。我们不可能设想如把黑球漂成白球那样,把氮分子连续地变成氧分子。所以不同种气体混合时存在混合熵,同种气体混合肯定没有混合熵,两种情况不能连续过渡,吉布斯佯谬不存在。

4.4 麦克斯韦妖与信息

麦克斯韦也给热力学第二定律出过一个难题。他设想有一个能观察到所有分子的轨迹和速度的小精灵把守着气体容器内隔板上一小孔的闸门,见到这边来了高速运动的分子就打开闸门让它到那边去,见到那边来了低速运动的分子就打开闸门让它到这边来。设想闸门是完全没有摩擦的,于是这小精灵无需作功就可以使隔板两侧的气体这边愈来愈冷,那边愈来愈热。这样一来,系统的熵降低了,热力学第二定律受到了挑战。人们把这个小精灵称为麦克斯韦妖(Maxwell demon)。

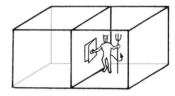

图 4 – 16 麦克斯韦妖

麦克斯韦妖可不是人们想象中的那种呼风唤雨魔法无边的巨灵,它与普通人相比,除了具有非凡的微观分辨力之外,别无他长。也就是说,麦克斯韦妖小巧玲珑,是纯智能型的。可是只凭这一点,它就能干出惊人之举。尽管许多人想弄清这小妖精的来头,直到 1929 年它的底细才开始被匈牙利物理学家西拉德(L. Szilard)所戳穿。

麦克斯韦妖有获得和储存分子运动信息的能力,它靠信息来干预系统,使它逆着自然界的自发方向行进。按现代的观点,信息就是负熵,麦克斯韦妖将负熵输入给系统,降低了它的熵。那么,麦克斯韦妖怎样才能获得所需的信息呢?它必须有一个温度与环境不同的微型光源去照亮分子,这就需要耗费一定的能量,产生额外的熵。麦克斯韦妖正是以此为代价才获得了所需信息(即负熵)的,这额外的熵产生补偿了系统里熵的减少。总起来说,即使真有麦克斯韦妖存在,它的工作方式也不违反热力学第二定律。

§5. 热平衡与自由能

5.1 孤立系的热平衡判据

系统的热平衡总是在一定的外部条件制约下达到的。从热力学第二定律的理论,可得到各种制约条件下热平衡的充分和必要条件。

先看孤立系统的热平衡条件。一个不受外界影响的系统称为孤立系统。孤立系的内能和体积不变,按照熵增加原理,在这样的条件下系统熵的变化 $dS \geqslant 0$. 在给定内能和体积的条件下熵有一个最大的可能值,只有熵达到这个最大值时

$$dS = 0, \tag{4.45}$$

系统才在宏观上不再变化,即达到热平衡。这就是热平衡的熵判据:

在内能和体积不变的条件下,对于一切可能的变动来说,平衡态的熵最大。

5.2 定温定体条件下的热平衡判据 亥姆霍兹自由能

考虑一个在恒温器内置于密闭容器里的系统,此系统的温度 T 和体积 V 是可控制不变的。讨论恒温过程时热库是一个很重要的概念。所谓热库,是一个巨大的系统 Σ',它与我们所考虑的系统 Σ 有热接触,二者合起来构成一个孤立系 $\Sigma_0(\Sigma_0 = \Sigma + \Sigma')$。设 Σ' 本身处于热平衡态,有一定的温度 T. 由于 Σ' 比 Σ 大得多,二者之间的热交换基本上不影响 Σ' 的温度 T. 所以当 Σ 与 Σ' 达到热平衡时,它的温度也维持在恒定的温度 T 上。将熵判据(4.45)式用于孤立系 Σ_0:

$$dS_0 = d(S + S') = dS + dS' = 0,$$

式中 dS 和 dS' 分别是系统 Σ 和热库 Σ' 的熵变。系统 Σ 是我们讨论的对象,我们不希望在讨论它的平衡判据时总把热库扯在一起。所以下面设法把上式里的 dS' 用系统 Σ 本身的态函数表示出来。由于 Σ 的体积不变,它和热库 Σ' 之间互不作功,在系统 Σ 达到热平衡的过程中它与 Σ' 之间内能全部是以热量的形式交换的。设此过程中 Σ 内能的改变为 dU,这部分能量是由热库 Σ' 给的,热库输出了同样数量的能量,故 $dS' = -dU/T$. 代入上式,得

$$dS - dU/T = 0, \quad 或 \quad TdS - dU = 0.$$

因温度 T 是恒定的,上式又可写为

$$d(TS - U) = 0,$$

上式里只出现系统 Σ 本身的态函数,它表明系统 Σ 的态函数组合 $TS - U$ 达到最大值,或 $U - TS$ 达到最小值。用 F 代表这一组合:

$$F \equiv U - TS, \tag{4.46}$$

称之为系统 Σ 的亥姆霍兹自由能(Helmholtz free energy),或简称自由能(free energy)。上述平衡判据可写为

$$dF = 0, \tag{4.47}$$

即在定温定体条件下,对于一切可能的变动来说,热平衡态的亥姆霍兹自由能最小。这是热平衡的自由能判据。

有时我们需要知道 T、V 变化时自由能 F 的变化。取(4.46)式的微分:$dF = dU - TdS - SdT$,再利用热力学第二定律的数学表达式(4.43):$TdS \geqslant dU + pdV$,可得

$$dF \leqslant -pdV - SdT, \tag{4.48}$$

其中等号对可逆过程而言,不等号对不可逆过程而言。可认为,这是用自由能来表达的热力学第二定律。

5.3 定温定压条件下的热平衡判据 吉布斯自由能

本节考虑温度 T 和压强 p 可控制不变的系统,为此只需把上节置于热库 Σ' 里的系统 Σ 既与热库有热接触,又与它处于力学平衡。由于 Σ' 比 Σ 大得多,二者之间的热交换基本上不影响 Σ' 的温度 T,二者之间的体积调整基本上不影响 Σ' 的压强 p. 所以当 Σ 与 Σ' 达到热平衡与力学平衡时,它的温度和压强也维持在恒定的温度 T 和恒定的压强 p 上。将熵判据 (4.45) 式用于孤立系 $\Sigma_0 = \Sigma + \Sigma'$:

$$dS_0 = d(S + S') = dS + dS' = 0.$$

式中 dS 和 dS' 分别是系统 Σ 和热库 Σ' 的熵变。与上节同理,系统 Σ 是我们讨论的对象,我们不希望在讨论它的平衡判据时总把热库扯在一起。所以下面设法把上式里的 dS' 用系统 Σ 本身的态函数表示出来。与上节不同的是把定体条件换作了定压条件,所以计算熵变时需把内能的变化 dU 换作焓的变化,即 $dS' = -dH/T$. 代入上式,得

$$dS - dH/T = 0, \quad \text{或} \quad TdS - dH = 0.$$

因温度 T 是恒定的,上式又可写为

$$d(TS - H) = 0,$$

上式里只出现系统 Σ 本身的态函数,它表明系统 Σ 态函数的组合 $TS - H$ 达到最大值,或 $H - TS$ 达到最小值。用 G 代表这一组合:

$$G \equiv F + pV = H - TS = U + pV - TS, \tag{4.49}$$

称之为系统 Σ 的吉布斯自由能(Gibbs free energy),或简称自由焓(free enthalpy)。上述平衡判据可写为

$$dG = 0, \tag{4.50}$$

即在定温定压条件下,对于一切可能的变动来说,热平衡态的吉布斯自由能最小。这是热平衡的自由焓判据。由于许多热力学过程(如化学反应、相变)是在大气压下进行的,这个判据有特殊的重要意义。

有时我们需要知道 T、p 变化时自由焓 G 的变化。取 (4.49) 式的微分:$dG = dF + pdV + Vdp$,再利用 (4.48) 式:$dF \leqslant -pdV - SdT$,可得

$$dG \leqslant Vdp - SdT, \tag{4.51}$$

其中等号对可逆过程而言,不等号对不可逆过程而言。可认为,这是用自由焓来表达的热力学第二定律。

5.4 物体系内各部分之间的平衡条件

以上各平衡判据涉及的是一个系统在整体上是否达到稳定平衡的问题,现在我们将要讨论的是物体系内部各部分之间达到平衡的条件。这样的平衡条件有三个,即热平衡条件、力学平衡条件、相平衡条件(还有一个化学平衡条件,它与相平衡条件实质上相同,通常写法不同,另行讨论)。熵判据、自由能判据和自由焓判据各有各的外部约束条件,但本节所讨论的平衡条件适用于所有外部约束的情形。

(1) 热平衡条件:系统内部温度均匀

在应用自由能判据或自由焓判据时外部约束都包括温度恒定一条,这不仅意味着物体系与热库之间已达到热平衡,还表示物体系内各部分温度已均匀。所以这里需要补充的只是熵判据的情形。

现在我们要从熵判据推论出,孤立系达到热平衡时其内各部分的温度必然相等。这结论可用反证法得出:假如系统内 A、B 两部分的温度 T_A 和 T_B 不等,不失一般性可设 $T_A > T_B$,则有一部分内能 $\mathrm{d}U$ 以热量的形式从 A 转移到 B 就是一种可能的变动,这变动引起熵的变化为

$$\mathrm{d}S_A = -\frac{\mathrm{d}U}{T_A}, \qquad \mathrm{d}S_B = \frac{\mathrm{d}U}{T_B};$$

$$\mathrm{d}S = \mathrm{d}S_A + \mathrm{d}S_B = \left(\frac{1}{T_B} - \frac{1}{T_A}\right)\mathrm{d}U > 0.$$

这违背了上述熵判据,故 $T_A \neq T_B$ 的假设不成立。所以孤立系的热平衡条件也是系统内部温度均匀。

(2) 力学平衡条件:系统内部压强均匀

在应用自由焓判据时外部约束包括压强恒定一条,这不仅意味着物体系与热库之间已达到力学平衡,还表示物体系内各部分压强已均匀。所以这里需要补充的只是熵判据和自由能判据的情形。这里我们只讨论自由能判据的情形,熵判据的情形作为思考题留给读者自己考虑(思考题4 – 27)。

仍用反证法,假如系统内 A、B 两部分的压强 p_A 和 p_B 不等,不失一般性可设 $p_A > p_B$,则 A 膨胀 B 压缩是一种可能的变动。因系统 Σ 的总体积不变,A 增加的体积 $\mathrm{d}V$ 就是 B 减少的体积。设过程是可逆的等温过程,即 $\mathrm{d}T = 0$,则由(4.48)式,在此过程中 A 因作功致使自由能改变 $\mathrm{d}F_A = -p_A\,\mathrm{d}V$,$B$ 因作功致使自由能改变 $\mathrm{d}F_B = p_B\,\mathrm{d}V$。故这变动引起自由能的变化为

$$\mathrm{d}F = \mathrm{d}F_A + \mathrm{d}F_B = (p_B - p_A)\mathrm{d}V < 0.$$

这违背了上述自由能判据,故 $p_A \neq p_B$ 的假设不成立。所以定温定体条件下的力学平衡条件是系统内部压强均匀。

（3）相平衡条件：系统内各相化学势相等

考虑一个多相系统，如第一章图 1 – 19 上所描绘的气液共存系统。设气、液两相的粒子数分别为 N_A 和 N_B，它们之和 $N = N_A + N_B$ 恒定，但彼此之间可以转化，转化时 $dN_B = -dN_A$. 一般伴随相变过程有潜热，或者说有内能变化 $dU = U_B^{\mathrm{mol}} d\nu_B + U_A^{\mathrm{mol}} d\nu_A$ 和体积的变化 $dV = V_B^{\mathrm{mol}} d\nu_B + V_A^{\mathrm{mol}} d\nu_A$，从而熵变化为 $dS = S_B^{\mathrm{mol}} d\nu_B + S_A^{\mathrm{mol}} d\nu_A$. 按热力学第二定律的数学表述(4.43)式，对于平衡态下的可逆过程

$$TdS = dU + pdV, \tag{4.52}$$

在恒温恒压的条件下进行的相变化过程有

$$T(S_B^{\mathrm{mol}} d\nu_B + S_A^{\mathrm{mol}} d\nu_A) = (U_B^{\mathrm{mol}} d\nu_B + U_A^{\mathrm{mol}} d\nu_A) + p(V_{\mathrm{d}}^{\mathrm{mol}} \nu_B + V_A^{\mathrm{mol}} d\nu_A),$$

因 $d\nu_B = -d\nu_A$，上式又可写成

$$U_B^{\mathrm{mol}} + pV_B^{\mathrm{mol}} - TS_B^{\mathrm{mol}} = U_A^{\mathrm{mol}} + pV_A^{\mathrm{mol}} - TS_A^{\mathrm{mol}},$$

即

$$G_B^{\mathrm{mol}} = G_A^{\mathrm{mol}}. \tag{4.53}$$

亦即，相平衡条件是各相的摩尔自由焓相等。

其实，得到上述结论最简单的办法是从自由焓判据出发。假定系统的 p、T 恒定，自由焓 G 与 N_A 和 N_B 有关，如果两相达到热平衡，则判据(4.50)给出

$$dG = \left(\frac{\partial G}{\partial N_1}\right)_{T,p,N_2} dN_1 + \left(\frac{\partial G}{\partial N_2}\right)_{T,p,N_1} dN_2$$

$$= \left[\left(\frac{\partial G}{\partial N_1}\right)_{T,p,N_2} - \left(\frac{\partial G}{\partial N_2}\right)_{T,p,N_1}\right] dN_1 = 0.$$

或

$$\left(\frac{\partial G}{\partial N_1}\right)_{T,p,N_2} = \left(\frac{\partial G}{\partial N_2}\right)_{T,p,N_1}$$

上式里自由焓对某相粒子数 N_i 的偏微商称为该相的化学势，❶ 记作 μ_i：

$$\mu_i = \left(\frac{\partial G}{\partial N_i}\right)_{T,p,N_j \neq N_i}, \tag{4.54}$$

所以复相平衡条件为各相的化学势相等，即对于系统内所有的相 i、j，有

$$\mu_i = \mu_j. \tag{4.55}$$

这实质上就是(4.53)式。

在第二章讲统计分布时，μ 是作为归一化常量出现的，这里又重新定义它为化学势，即每个粒子的自由焓。下面几个例题将二者统一起来。

---

❶ 对于化学纯物质，自由焓正比于它的粒子数，化学势就是 $G/N = G^{\mathrm{mol}}/N_{\mathrm{A}}$，$N_{\mathrm{A}}$ 为阿伏伽德罗常量。但多组分物质的自由焓一般不等于各组分自由焓的叠加，化学势不等于该组分单独存在时的 $G^{\mathrm{mol}}/N_{\mathrm{A}}$。

例题 9　　经典理想气体服从麦克斯韦-玻耳兹曼分布

$$n_a = e^{\beta(\mu - \varepsilon_a)},$$

试计算其自由焓，并证明上式里的 μ 就是化学势。

解： 粒子总数 N 为

$$N = \sum_a g_a n_a,$$

内能 U 为

$$U = \sum_a g_a \varepsilon_a n_a,$$

按第二章 (2.112) 式，熵

$$S = -k \sum_a g_a n_a \ln n_a + kN = -k \sum_a g_a n_a \ln[\, e^{\beta(\mu - \varepsilon)} \,] + kN$$

$$= -k \sum_a g_a n_a \beta(\mu - \varepsilon_a) + kN = -k\beta N\mu + k\beta U + kN,$$

自由焓 G 为

$$G = U + pV - TS = U + NkT - T(-k\beta N\mu + k\beta U + kN) = N\mu.$$

按上述定义 $\mu = G/N$ 为化学势。∎

例题 10　　量子理想气体服从费米-狄拉克分布

$$n_a = \frac{1}{e^{\beta(\varepsilon_a - \mu)} + 1},$$

试计算 0 K 时的自由焓，并证明在此情况下上式里的 μ 就是化学势。

解： 第二章 5.1 节曾给出，0 K 时费米气体的 $\mu = \varepsilon_F$，内能密度为 $u_0 = \dfrac{3}{5} n\varepsilon_F$，压强为 $p_0 = \dfrac{2}{5} n\varepsilon_F$，在 $T = 0\,K$ 时自由焓 G_0 为

$$G_0 = u_0 V + p_0 V - TS_0 = nV\varepsilon_F = N\varepsilon_F.$$

从而化学势 $G/N = \varepsilon_F$，与分布函数里的 μ 一致。∎

例题 11　　光子气体服从玻色-爱因斯坦分布

$$n_a = \frac{1}{e^{\beta\varepsilon_a} - 1},$$

试计算其自由焓，并证明其化学势为 0.

解： 按 (2.113) 式，光子气体的熵为

$$S = -k \sum_a g_a \big[\, n_a \ln n_a - (1 + n_a) \ln(1 + n_a) \,\big]. \qquad (a)$$

由于光子气体的熵是 T（或者说 β 的函数，取上式对 β）的导数：：

$$\frac{dS}{d\beta} = -k \sum_a g_a \Big[\, \ln n_a + 1 - \ln(1 + n_a) - 1 \,\Big] \frac{\partial n_a}{\partial \beta} = -k \sum_a g_a \ln\Big[\, \frac{n_a}{1 + n_a} \,\Big] \frac{\partial n_a}{\partial \beta}$$

$$= -k \sum_a g_a \ln\Big[\, \frac{1}{e^{\beta\varepsilon_a}} \,\Big] \frac{\partial n_a}{\partial \beta} = k\beta \sum_a g_a \varepsilon_a \frac{\partial n_a}{\partial \beta} = k\beta \frac{\partial}{\partial \beta} \Big[\, \sum_a g_a \varepsilon_a n_a \,\Big] = k\beta \frac{\partial U}{\partial \beta}, \qquad (c)$$

等式两边同除以体积 V，得熵密度 $s = S/V$ 和内能密度 $u = U/V$ 之间的关系：

$$\frac{ds}{d\beta} = -k\beta \frac{\partial u}{\partial \beta}. \qquad (d)$$

第二章 6.4 节已指出，光子气体服从斯特藩-玻耳兹曼定律：$u \propto T^4 \propto \beta^{-4}$，故 $\dfrac{\partial u}{\partial \beta} = -\dfrac{4u}{\beta}$，

（d）式化为
$$\frac{\mathrm{d}s}{\mathrm{d}\beta} = 4ku.$$

由此得
$$s(\beta) = 4k\int_{\beta}^{\infty} u(\beta')\mathrm{d}\beta' = \frac{4k}{3}\beta u(\beta). \tag{e}$$

最后，自由焓 G 为
$$G = (u + p - Ts)V = \left(u + \frac{u}{3} - \frac{4u}{3}\right)V = 0,$$

即化学势 $\mu = G/N = 0.$ ∎

5.5 范德瓦耳斯气液相平衡

（1）从自由能曲线的形式看两相共存

第一章 3.2 节讲过气液共存的杠杆法则：
$$x_{\mathrm{G}} = \frac{\overline{V} - V_{\mathrm{L}}^{\mathrm{mol}}}{V_{\mathrm{G}}^{\mathrm{mol}} - V_{\mathrm{L}}^{\mathrm{mol}}}, \qquad x_{\mathrm{L}} = \frac{V_{\mathrm{G}}^{\mathrm{mol}} - \overline{V}}{V_{\mathrm{G}}^{\mathrm{mol}} - V_{\mathrm{L}}^{\mathrm{mol}}}. \tag{1.15}$$

我们采用自由能判据来讨论这个问题，即假设系统的体积 V 和温度 T 恒定。
设 F_{G} 和 F_{L} 分别是系统全部处于气相和液相时的自由能，实际上系统中只
有分数为 x_{G} 的一部分处于气相，分数为 x_{L} 的一部分处于液相，故系统实际
的自由能为
$$F = x_{\mathrm{G}}F_{\mathrm{G}} + x_{\mathrm{L}}F_{\mathrm{L}},$$

下面看一下，如何用作图法由 F_{G}、F_{L} 找到 F. 利用杠杆定则得到
$$(V_{\mathrm{L}}^{\mathrm{mol}} - V_{\mathrm{G}}^{\mathrm{mol}})F = (V_{\mathrm{L}}^{\mathrm{mol}} - \overline{V})F_{\mathrm{G}} + (\overline{V} - V_{\mathrm{G}}^{\mathrm{mol}})F_{\mathrm{L}},$$

把 F_{G} 的系数拆成 $(V_{\mathrm{L}}^{\mathrm{mol}} - V_{\mathrm{G}}^{\mathrm{mol}}) - (\overline{V} - V_{\mathrm{G}}^{\mathrm{mol}})$，即得
$$(V_{\mathrm{L}}^{\mathrm{mol}} - V_{\mathrm{G}}^{\mathrm{mol}})(F - F_{\mathrm{G}}) = (\overline{V} - V_{\mathrm{G}}^{\mathrm{mol}})(F_{\mathrm{L}} - F_{\mathrm{G}}),$$

或
$$\frac{F - F_{\mathrm{G}}}{\overline{V} - V_{\mathrm{G}}^{\mathrm{mol}}} = \frac{F_{\mathrm{L}} - F_{\mathrm{G}}}{V_{\mathrm{L}}^{\mathrm{mol}} - V_{\mathrm{G}}^{\mathrm{mol}}}.$$

为简单计，假定系统内只有 1 摩尔的物质，从而 $\overline{V} = V$. 如图 4–17，纵坐标
为 F，横坐标为体积 V（实际上应理解为摩尔体积，即摩尔密度的倒数，把
自由能 F 看作摩尔体积的函数）。在 $V_{\mathrm{G}}^{\mathrm{mol}}$、$V$、$V_{\mathrm{L}}^{\mathrm{mol}}$ 处作竖直线段，令它们的

上端点分别为 P_{G}、P、P_{L}，高度分别为
F_{G}、F、F_{L}. 过 P_{G} 作水平辅助线交其它
二竖线于 R、S. 则由图可以看出，
$$F - F_{\mathrm{G}} = \overline{PR}, \qquad F_{\mathrm{L}} - F_{\mathrm{G}} = \overline{P_{\mathrm{L}}S},$$
$$V - V_{\mathrm{G}}^{\mathrm{mol}} = \overline{P_{\mathrm{G}}R}, \qquad V_{\mathrm{L}}^{\mathrm{mol}} - V_{\mathrm{G}}^{\mathrm{mol}} = \overline{P_{\mathrm{G}}S},$$
上式表明
$$\frac{\overline{PR}}{\overline{P_{\mathrm{G}}R}} = \frac{\overline{P_{\mathrm{L}}S}}{\overline{P_{\mathrm{G}}S}},$$

这就是说，线段 $\overline{PP_{\mathrm{G}}}$ 的斜率与线段 $\overline{P_{\mathrm{L}}P_{\mathrm{G}}}$

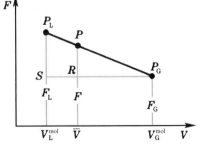

图 4–17 两相混合物的自由能

的斜率相等, 即代表 F 大小的 P 点在 P_GP_L 联线上。

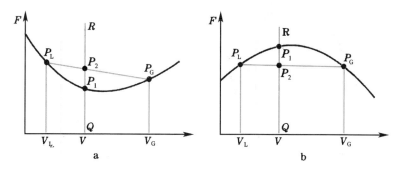

图 4 – 18 从自由能曲线判断相是否两相分离

有了上面的预备知识,我们可以讨论如何根据自由能曲线来判断系统是否分为两相的问题了。如图 4 – 18a 或 b 所示,在给定的体积 V 处作竖直线 QR 交自由能曲线于 P_1 点。如果系统以单相存在,则自由能 $F_1 = \overline{P_1Q}$. 如果系统分解成体积为 V_G 和 V_L 的两相,则按照上面证明了的原理,系统的总自由能 $F_2 = \overline{P_2Q}$,其中 P_2 是 P_GP_L 联线上的

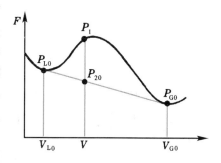

图 4 – 19 两项共存时的自由能曲线

点。系统是否真的分解,要看 P_1、P_2 哪点较高。若自由能曲线如图 4 – 18a 所示,是凹陷的,则 P_1 低于 P_2,即单相存在时自由能较低;若自由能曲线如图 4 – 18b 所示,是凸起的,则 P_1 高于 P_2,即分离为两相自由能较低,但该图所示的 P_2 位置还不是最低的,即它尚不是两相共存的平衡点。存在两相平衡的自由能曲线必须如图 4 – 19 所示,凸起段夹在两个凹陷段之间。这样一来,两凹陷段的公共切线位置最低,这时两相共存的自由能 $F_0 = \overline{P_{20}Q}$ 最小,它代表了两相平衡时的总自由能。若系统共包含 1 摩尔的物质,则公共切线的那一对切点 P_{G0}、P_{L0} 所对应的体积 V_{G0} 和 V_{L0} 就是处于平衡的两相的摩尔体积 V_G^{mol} 和 V_L^{mol}.

（2）成核长大和失稳分解

对于具有两相共存区的系统,自由能随浓度变化的曲线两头凹陷, $\mathrm{d}^2F/\mathrm{d}V^2 > 0$; 中间凸起, $\mathrm{d}^2F/\mathrm{d}V^2 < 0$. 在交界处存在着一对 $\mathrm{d}^2F/\mathrm{d}V^2 = 0$ 的拐点 S、S',如图 4 – 20 所示。我们将看到,两相共存区内从 P_L 到 S 和从 S' 到 P_G 的边缘部分,与从 S 到 S' 的中央部分,系统从单相存在向两相共存的过渡形式是不同的。

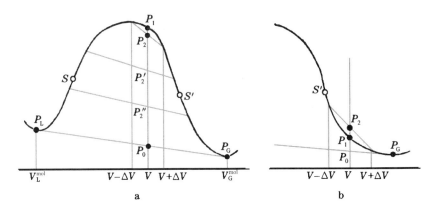

图 4 – 20 成核长大与失稳分解

将自由能 F 围绕任一体积 V 做泰勒展开：

$$F(V \pm \Delta V) = F(V) \pm \frac{\mathrm{d}F}{\mathrm{d}V}\Delta V + \frac{1}{2}\frac{\mathrm{d}^2 F}{\mathrm{d}V^2}(\Delta V)^2 + \cdots, \qquad (4.56)$$

如果系统分解为摩尔体积为 $V+\Delta V$ 和 $V-\Delta V$ 两相的话，系统的自由能

$$F_2 = \frac{1}{2}[F(V+\Delta V) + F(V-\Delta V)] = F(V) + \frac{1}{2}\frac{\mathrm{d}^2 F}{\mathrm{d}V^2}(\Delta V)^2.$$

式中 $F(V) \equiv F_1$ 代表系统维持单相时的自由能。上式表明，对于小的密度分化，系统是否分解为两相取决于自由能二阶导数的正负：若 $\mathrm{d}^2 F/\mathrm{d}V^2 > 0$，则 $F_2 > F_1$，单相自由能低，系统不分解为两相；若 $\mathrm{d}^2 F/\mathrm{d}V^2 < 0$，$F_2 < F_1$，单相自由能高，系统分解为两相。

现在让我们回过来看图 4 – 20a。从大范围看，与曲线切于两点的 $P_L P_G$ 线段上各点自由能最低，在此体积范围内系统都应该分解为两相。然而，若体积 V 处于 $\mathrm{d}^2 F/\mathrm{d}V^2 > 0$ 的范围 $P_L S$ 和 $S' P_G$ 内，对于小的体积变化 ΔV（或者说密度变化）自由能反而增加（见图 4 – 20b），只有当分解出来的两相密度差别足够大时自由能才下降。我们说，此时系统处于亚稳态（metastable state），分解过程可以不发生。亚稳区 $P_L S$ 对应过热液体状态，SP_G 对应过冷蒸气状态。

我们说亚稳态不向平衡态过渡，是根据宏观热力学的理论来分析的。从玻耳兹曼的分子动理论观点看，围绕热力学平衡态系统内总存在一定的涨落。上面讨论的相分解过程是指系统内全空间一起变。全空间一起发生大幅度的密度涨落是不大可能的，然而在小范围里发生局部大幅度密度涨落的概率并不小。这些局部涨落在一相里形成另一相的"核"，然后逐渐扩大

自己的范围,最后形成两相并存的局面。这种从单相存在向两相共存的过渡方式,叫做成核长大(nucleation growth)。

若原始体积竖线落在从S到S'的中央区,任意小幅度的密度分解都导致自由能的下降(见图4−20a,P_2低于P_1,$F_2 < F_1$),分解将继续进行,直到割线上的P_2'、P_2''、…点到达切线$P_L P_G$上的最低位置P_0为止。这时系统的自由能减到最小,达到两相共存的稳定平衡态。这种过渡方式叫做失稳分解(spinodal decomposition)。❶

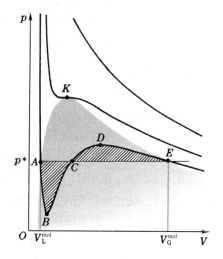

图4 − 21 p−V相图上的成核长大区和失稳分解区

按(4.48)式,$(\partial F/\partial V)_T = -p$,故$(\partial^2 F/\partial V^2)_T = -(\partial p/\partial V)_T$,所以自由能曲线上的拐点$S$、$S'$就是$p$-$V$等温线上的极大和极小点(第一章图1−55和图4−22、图4−23中的B、D点)。我们在第一章7.1节就已说过,该曲线上AB段代表过热液体,DE段代表过冷气体。两者从单相存在到两相共存的过渡形式都是成核长大。成什么核?是因涨落而在过热液体里形成的小气泡和过冷气体里形成的小液滴,它们

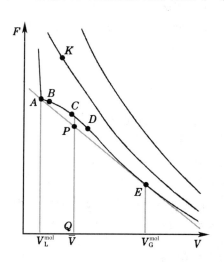

图4 − 22 范德瓦耳斯自由能曲线

图4 − 23 麦克斯韦构图法

❶ 英文 spinodal 一字是吉布斯造的,它由 spin(旋) 和 nodal(节) 两字拼成,spinodal decomposition 中文曾译做"旋节分解",很不好懂,现改。

往往从悬浮的杂质微粒上开始形成。曲线上的 BCD 段完全不稳定,属失稳分解区。所有这些都与自由能曲线的分析一致。

（3）麦克斯韦构图法

图 4-23 为 $p\text{-}V$ 相图上的范德瓦耳斯等温线,其中三次曲线 $ABCDE$ 是按范德瓦耳斯方程画出的,水平直线 ACE 是气液共存线,它不能由范德瓦耳斯方程给出,其高度 p^* 要用相平衡条件求得。有了水平线的高度,也就有了气液的摩尔体积 $V_{\mathrm{G}}^{\mathrm{mol}}$ 和 $V_{\mathrm{L}}^{\mathrm{mol}}$. 相平衡条件为：

$$\mu_A = \mu_E.$$

因 $\qquad \mu_A = G_A^{\mathrm{mol}} = F_A^{\mathrm{mol}} + p^* V_{\mathrm{L}}^{\mathrm{mol}}, \qquad \mu_E = G_E^{\mathrm{mol}} = F_E^{\mathrm{mol}} + p^* V_{\mathrm{G}}^{\mathrm{mol}},$$

于是上式给出

$$F_A^{\mathrm{mol}} - F_E^{\mathrm{mol}} = p^* (V_{\mathrm{G}}^{\mathrm{mol}} - V_{\mathrm{L}}^{\mathrm{mol}}). \qquad (4.57)$$

另一方面,按(4.48)式,在恒温的条件下 $\mathrm{d}F^{\mathrm{mol}} = -p\mathrm{d}V^{\mathrm{mol}}$,所以

$$\int_{(ABCDE)} p\,\mathrm{d}V^{\mathrm{mol}} = F_A^{\mathrm{mol}} - F_E^{\mathrm{mol}}, \qquad (4.58)$$

比较(4.57)、(4.58)两式即得

$$\int_{(ABCDE)} p\,\mathrm{d}V^{\mathrm{mol}} = p^* (V_{\mathrm{G}}^{\mathrm{mol}} - V_{\mathrm{L}}^{\mathrm{mol}}).$$

上式左端是曲线 $ABCDE$ 下面的面积,右端是水平线下矩形的面积,两者相等就意味着图中阴影图形 $ABCA$ 和 $CDEC$ 的面积相等。这就把水平线的高度,即两相共存的压强 p^* 唯一地确定下来。此法则叫做麦克斯韦等面积法则,或麦克斯韦构图法（Maxwell construction）。

5.6 混合气体的化学平衡

（1）平衡判据

设想反应物 A_1、A_2、$\cdots$ 和生成物 B_1、B_2、$\cdots$ 都是气体,混合地放在一个反应罐里,在温度 T 和压强 p 恒定下进行下列化学反应：

$$a_1 A_1 + a_2 A_2 + \cdots \leftrightharpoons b_1 B_1 + b_2 B_2 + \cdots,$$

式中 a_1、a_2、$\cdots$、b_1、b_2、$\cdots$ 即为第三章 2.5 节引入的化学计量系数。它们的含义如下：设化学反应中反应物 A_i 和生成物 B_j 的摩尔数变化分别为 $\mathrm{d}\nu_i$ 和 $\mathrm{d}\nu_j$,则它们将正比于相应物质的化学计量数：

$$-\frac{\mathrm{d}\nu_i}{a_i} = \frac{\mathrm{d}\nu_j}{b_j} = \mathrm{d}\xi, \qquad (4.59)$$

这里 ξ 称为反应度。若不把生成物取走,反应可以是双向的：当反应物浓度较大而生成物浓度较小时,反应从左向右进行；当反应物浓度较小而生成物浓度较大时,反应从右向左进行。所以在反应物、生成物浓度达到一定比例

时,化学反应达到动态平衡。这就是化学平衡的概念。下面我们介绍从化学平衡条件求平衡浓度的理论和方法。

恒温恒压化学平衡条件为 $dG=0$[(4.50)式],即自由焓达到极小。一谈到热化学问题,我们就得重申这里特殊用语"规定"和"标准"的含义。以前我们已规定了焓的参考点为 298.15 K、1 atm 的纯元素状态,熵的参考点为 1 atm 下的绝对 0 度。自由焓 $G=H-TS$ 是二者的组合,规定自由焓中的 H 和 S 各自采用规定焓和规定熵原来的参考点,两者虽不一致,并不影响生成自由焓和反应自由焓的计算。标准摩尔反应自由焓则定义为

$$\Delta \overset{\circ}{G}{}^{\text{mol}}_{\text{反应}} = \Delta \overset{\circ}{H}{}^{\text{mol}}_{\text{反应}} - T\Delta \overset{\circ}{S}{}^{\text{mol}}_{\text{反应}}, \tag{4.60}$$

如 3.3 节所述,对于混合气体,在标准反应熵内未计及气态的混合熵,完整的自由焓变中要加一相应的修正项。在反应度增量为 $d\xi$ 的元过程中自由焓变为:

$$dG(T, p_0) = \Delta \overset{\circ}{G}{}^{\text{mol}}_{\text{反应}}(T)d\xi - Td\Delta S_{\text{气态}}(T, p_0). \tag{4.61}$$

下面来计算修正项 $-Td\Delta S_{\text{气态}}$,它要用混合熵的公式(4.30′)或(4.31)来求得:

$$\Delta S_{\text{气态}}(T, p_0) = -R\sum_i \nu_i \ln\left(\frac{p_i}{p_0}\right) = -R\sum_i \nu_i \ln\frac{\nu_i}{\nu},$$

式中 $\nu = \sum_i \nu_i$,求和遍及所有参加反应的物料(反应物和生成物)。在元反应过程里 $\Delta S_{\text{气态}}$ 的变化为

$$d\Delta S_{\text{气态}} = \sum_i \frac{\partial \Delta S_{\text{气态}}}{\partial \nu_i}d\nu_i = -R\sum_i \ln\frac{\nu_i}{\nu}d\nu_i. \text{❶}$$

考虑到摩尔数的变化正比于化学计量系数:

$$\text{反应物 } d\nu_i = -a_i d\xi, \qquad \text{生成物 } d\nu_j = b_j d\xi,$$

上式可写为

$$d\Delta S_{\text{气态}} = -R\Big[\sum_{\text{生成物}j} b_j \ln\frac{\nu_j}{\nu} - \sum_{\text{反应物}i} a_i \ln\frac{\nu_i}{\nu}\Big]d\xi$$

$$= -R\Big[\sum_{\text{生成物}j} b_j \ln c_j - \sum_{\text{反应物}i} a_i \ln c_i\Big]d\xi$$

$$= -R\ln\Big(\prod_{\text{生成物}j} c_j{}^{b_j} \Big/ \prod_{\text{反应物}i} c_i{}^{a_i}\Big)d\xi. \tag{4.62}$$

---

❶ 因 $$\sum_j \nu_j \ln\frac{\nu_j}{\nu} = \sum_j \nu_j(\ln\nu_j - \ln\nu) = \sum_j \nu_j \ln\nu_j - \nu\ln\nu,$$

和 $\partial\nu_j/\partial\nu_i = \delta_{ij}$,$\partial\nu/\partial\nu_i = 1$,故

$$\frac{\partial}{\partial\nu_i}\Big[\sum_j \nu_j \ln\frac{\nu_j}{\nu}\Big] = \frac{\partial}{\partial\nu_i}\Big[\sum_j \nu_j \ln\nu_j - \nu\ln\nu\Big]$$

$$= \ln\nu_i + 1 - (\ln\nu + 1) = \ln\nu_i - \ln\nu = \ln\frac{\nu_i}{\nu}.$$

将(4.62)式代回(4.61)式,得

$$dG(T, p_0) = \left[\Delta \overset{\circ}{G}^{\text{mol}}_{\text{反应}}(T) + RT\ln\left(\prod_{\text{生成物}j} c_j{}^{b_j} \Big/ \prod_{\text{反应物}i} c_i{}^{a_i} \right) \right] d\xi.$$

于是平衡判据 $dG = 0$ 化为

$$\frac{\prod\limits_{\text{生成物}j} c_{j0}{}^{b_j}}{\prod\limits_{\text{反应物}i} c_{i0}{}^{a_i}} = \exp\left\{ -\frac{\Delta \overset{\circ}{G}^{\text{mol}}_{\text{反应}}(T)}{RT} \right\} \equiv K_c. \qquad (4.63)$$

式中 c_{i0}、c_{j0} 是平衡摩尔分数,上式所定义的 K_c 叫做平衡常量。

(2)勒夏特列原理

现在我们简单讨论一下温度和压强对平衡常数 K_c 的影响。有一条定性的规律,叫勒夏特列原理(Le Châtelier principle),它可表述为:在一个平衡系统中,决定平衡的变量 T、p 中一个发生变化时,平衡朝着抵消那个变量改变的方向移动。举例来说,若某个化学反应是放热的,则温度升高时平衡常数减小,即有利于反应朝反向进行。又如,某化学反应中化学计量系数之和减小($\Delta \equiv \sum\limits_{\text{生成物}j} b_j - \sum\limits_{\text{反应物}i} a_i < 0$),则压强增加时平衡常数加大,即有利于反应沿正向进行。下面不加推导地给出平衡常数随 T、p 变化的规律,供读者参考:

(1)K_c 随温度的变化

$$\left(\frac{\partial \ln K_c}{\partial T} \right)_p = \frac{\Delta \overset{\circ}{H}^{\text{mol}}_{\text{反应}}}{RT^2}, \qquad (4.64)$$

(2)K_c 随压强的变化

$$\left(\frac{\partial \ln K_c}{\partial p} \right)_T = -\frac{\Delta}{p}, \qquad (4.65)$$

不难验证,以上两条都符合勒夏特列原理。

例题 12　设开始时 N_2 的摩尔分数为 1/4,H_2 的摩尔分数为 3/4,

(1)求标准状态($T_0 = 98.15\,K$、$p_0 = 1\,\text{atm}$)下氨合成反应

$$\frac{1}{2}N_2 + \frac{3}{2}H_2 \leftrightarrows NH_3$$

的平衡常数和氨的平衡摩尔分数。

(2)把温度提高到 $773.15\,K$($500\,^\circ C$)时 $K_c = 3.8 \times 10^{-3}$,求氨的平衡摩尔分数。

(3)把温度提高到 $773.15\,K$ 的同时,把压强增加到 $100\,\text{atm}$,$K_c = 0.38$,求氨的平衡摩尔分数。

解:(1)由第三章表 3-2 查出 NH_3 的生成焓为

$$H_f(NH_3) = -46.19\,\text{kJ/mol},$$

这也就是氨合成反应的标准摩尔反应焓 $\Delta \overset{\circ}{H}^{\text{mol}}_{\text{反应}}$。

由本章表 4–1 查出标准摩尔规定熵 $\overset{\circ}{S}{}^{mol}(NH_3)=23.13R=192.31\,J/(mol\cdot K)$，$\overset{\circ}{S}{}^{mol}(N_2)=23.03R=191.48\,J/(mol\cdot K)$，$\overset{\circ}{S}{}^{mol}(H_2)=15.705R=130.58\,J/(mol\cdot K)$，从而标准摩尔反应熵为

$$\Delta\overset{\circ}{S}{}^{mol}_{反应}=[192.31-0.5\times191.48-1.5\times130.58]J/(mol\cdot K)=-99.30\,J/(mol\cdot K),$$

$$T_0\Delta\overset{\circ}{S}{}^{mol}_{反应}=298.15\,K\times[-99.30\,J/(mol\cdot K)]=-29.61\,kJ/mol.$$

于是标准摩尔反应自由焓为

$$\Delta\overset{\circ}{G}{}^{mol}_{反应}=\Delta\overset{\circ}{H}{}^{mol}_{反应}-T_0\Delta\overset{\circ}{S}{}^{mol}_{反应}=[-46.19-(-29.61)]kJ/mol=-16.58\,kJ/mol.$$

按(4.63)式平衡常数为

$$K_c=\exp\left\{-\frac{\Delta\overset{\circ}{G}{}^{mol}_{反应}}{RT_0}\right\}=\exp\left(-\frac{-16.58\times10^3}{8.31451\times298.15}\right)=\exp(6.688)=8.03\times10^2.$$

设 NH_3 的平衡摩尔分数为 c_0，则其余 $1-c_0$ 中 $1/4$ 属 N_2，$3/4$ 属 H_2，即它们的平衡摩尔分数分别为 $(1-c_0)/4$ 和 $3(1-c_0)/4$。

$$\frac{c_0}{[(1-c_0)/4]^{1/2}[3(1-c_0)/4]^{3/2}}=K_c=8.03\times10^2,$$

或

$$\frac{c_0}{(1-c_0)^2}=8.03\times10^2\times\frac{3^{3/2}}{16}=2.61\times10^2,$$

或

$$(1-c_0)^2=\frac{c_0}{2.61\times10^2}=3.83\times10^{-3}c_0,\qquad 1-c_0=0.06\sqrt{c_0}.$$

由于上式右端远小于 1，故 $c_0\approx1$，故可令右端的 c_0 为 1，于是得到

$$c_0\approx1-0.06=0.94=94\%.$$

(2) 500 °C、1 atm 时

$$\frac{c_0}{[(1-c_0)/4]^{1/2}[3(1-c_0)/4]^{3/2}}=K_c=3.8\times10^{-3},$$

或

$$\frac{c_0}{(1-c_0)^2}=3.8\times10^{-3}\times\frac{3^{3/2}}{16}=1.23\times10^{-3},$$

或

$$c_0=1.23\times10^{-3}\times(1-c_0)^2.$$

由于上式右端远小于 1，$c_0\approx0$，故可令右端的 c_0 为 0，于是得到

$$c_0\approx1.23\times10^{-3}=0.123\%.$$

(3) 500 °C、100 atm 时

$$\frac{c_0}{[(1-c_0)/4]^{1/2}[3(1-c_0)b/4]^{3/2}}=K_c=0.38,$$

或

$$\frac{c_0}{(1-c_0)^2}=0.38\times\frac{3^{3/2}}{16}=0.123,$$

或

$$(1-c_0)^2=8.1c_0,\qquad c_0^2-10.1c_0+1=0.$$

由此解得

$$c_0\approx10\%\qquad(另一根大于1，舍去)$$

即氨的平衡分压为 10 atm。∎

把空气里的氮固定下来，是化肥、军工生产的迫切需要，以氮和氢为原料来合成氨有着诱人的前景，但实现此法的工业化曾是 100 多年的难题。

上述例题中(1)问的答案表明,在常温常压下进行合成,从氨的平衡摩尔分数看是极为有利的,然而反应速率太慢(这不是化学平衡理论所解决的问题)。升温有利于加快反应速率,有效地使用催化剂也需要提高温度,可是上题中(2)问的答案告诉我们,这对氨的平衡摩尔分数极为不利。上题中(3)问的答案提示我们,既升温又加压是可能的出路,热化学理论为解决合成氨的困难指明了方向。德国化工专家哈伯(F. Habor)经过多次失败和不理想的产率后,终于在1909年用锇催化剂得到了6%产率这个较好的结果。此后在催化剂的选择、反应器结构的设计、能耗的节省、规模的扩大、成本的降低等各方面不断改进,形成了今日庞大的合成氨工业。但是其中热化学的基本原理未变。

§6. 连续相变 超流

6.1 有序-无序转变

人们通常熟悉的相变,如气液相变,在相变点热力学函数(如自由焓)本身虽连续,但它们对温度的一阶导数是不连续的。我们在第二章6.3节介绍液氦的 λ 点时曾提到厄任费斯特的二级相变思想。二级相变的热力学函数本身和它们的一阶导数都连续,但二阶导数不连续。除二级相变以外还有连续性更强的高级相变。二级和二级以上的相变统称连续相变,而把常见的那种一阶导数有跃变的相变叫做一级相变。气液相变一般是一级相变,但在临界点是连续相变。

作为连续相变的一个简单的例子,我们看合金的有序-无序转变。

我们知道,离子晶体是高度有序的。以氯化钠晶体为例,在其中钠离子 Na^+ 和氯离子 Cl^- 相间排列,非常整齐,很少错位(见第一章图1-42)。这是为什么?因为正负离子间有很强的静电相互作用,破坏它们这种有序排列所需的温度早已使晶体熔化。但在合金里情况就不同了。以黄铜为例,它由铜(Cu)、锌(Zn)各半组成。由于原子间相互作用势能 $V_{Cu\text{-}Zn} < \frac{1}{2}(V_{Cu\text{-}Cu} + V_{Zn\text{-}Zn})$,即异类原子间的结合能比同类原子间的结合能强,原子倾向于相间排列。在黄铜合金里两类原子排列在体心立方格点上,如图4-24a所示。为了说话方便,我们把相互嵌套

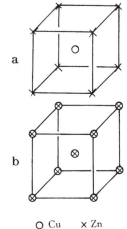

○ Cu   × Zn

图4-24 黄铜的
有序-无序相变

的两套座点叫做黑座和白座,黑白两套座点各自形成一套立方格子,井井有条。设黑座上坐着 Zn 原子,白座上坐着 Cu 原子。随着温度的升高,起初只有个别原子坐错了位,但无伤大雅。然而超过一定的临界温度(对黄铜说是742 K) 情况就大不一样了,Cu、Zn 两种原子坐到黑白座位上去的概率相等,各占50% (图 4–24b)。这时两套座位完全等价,不分彼此,两种原子的排列处于完全无序的状态。从 X 射线衍射看,临界点以下有两组原子面,间距为 d; 而临界点以上只有一组面,间距为 $d/2$. 比热的测量显示,在临界点处有个 λ 型的尖峰。这便是有序–无序相变。

为描述合金中原子排列有序的程度,引进序参量(order parameter)的概念。用 η 代表序参量,在上述黄铜合金的例子里它定义为

$$\eta = \frac{R - W}{R + W},\qquad(4.66)$$

式中 R 和 W 分别是 Cu、Zn 原子入座对、错的概率。$\eta=1$ 表示全对,$\eta=-1$ 表示全错,其实两者在物理上等价,都代表完全有序的状态;$\eta = 0$ 表示对错参半,完全无序。在临界温度以上 η 恒等于0,当温度降到临界温度时, η 或正或负,其绝对值随着温度的进一步下降增长到 1.

从对称性的角度来看,无序状态是对称性很高的状态,有序状态的对称性降低了,从无序到有序的转变,对称性发生了破缺。例如在上述黄铜的例子里,无序态对于 $\eta=0$ 是对称的;有序态 η 非正即负,二者只居其一,上述对称性不复存在。

6.2 朗道二级相变理论

苏联物理学家朗道(L. D. Landau) 于 1937 年提出了著名的二级相变理论,[❶] 此理论是唯象的,他只用几个简单的基本假设,就把二级相变的主要特征勾画了出来。

朗道的二级相变理论并非针对某个特例(如上述黄铜的有序–无序转变),而是普遍的。他假设对于任何二级相变,都有一个序参量 η,另外还有一个控制参量(譬如温度)T,当控制参量达到某个临界值 T_c 时发生相变。序参量 η 在高对称相恒等于0,在低对称相或正或负,不再为 0.

由于序参量 η 的绝对值是从临界点逐渐增大的,朗道假设,在临界点附近热力学势(即自由焓)G 可按 η 的幂次作泰勒展开:

$$G = G_0 + A_1\eta + A_2\eta^2 + A_3\eta^3 + A_4\eta^4 + \cdots.$$

---

❶ Л. Ландау, ЖЭТФ, **7**, 627 (1937);朗道、栗弗席兹,《统计物理学》,北京:人民教育出版社,1964,第九章。

因 η 正负在物理上是等价的,它们的 G 应该相等,故上式 η 奇次项的系数 A_1、A_3 为 0.

$$G = G_0 + A_2\eta^2 + A_4\eta^4 + \cdots. \qquad (4.67)$$

于是 $(\partial G/\partial\eta)_{\eta=0}=0$,即 G 在 $\eta=0$ 处是极大或极小。常数项 G_0 无关紧要,关键性的是二次项和四次项,它们的系数 A_2、A_4 都是 p、T 的函数。在高对称相里 $\eta=0$ 处是稳定平衡态,G 在该处极小,故 $A_2>0$。在低对称相里 $\eta=0$ 处不再是稳定态,G 在该处极大,故 $A_2<0$。所以 $A_2(T,p)$ 在经过 $T=T_c$ 时变号,我们很自然地假定,在临界点附近 A_2 呈如下展开式:

$$A_2(T,p) = a(p)(T-T_c), \qquad a(p) = \left(\frac{\partial A_2}{\partial T}\right)_{T=T_c}. \qquad (4.68)$$

至于系数 $A_4(T,p)$,它在临界点必须大于 0,否则系统在临界点没有稳定平衡态。根据连续性,A_4 在临界点的一个领域里是正的。作为 0 级近似,只取常数项:

$$A_4(T,p) = A_4(T_c,p) > 0. \qquad (4.69)$$

低对称相的稳定平衡态位于 G 极小的地方:

$$\frac{\partial G}{\partial\eta} = 2A_2\eta + 4A_4\eta^3 = 0,$$

由此得

$$\eta^2 = -\frac{A_2}{2A_4} = \frac{a}{2A_4}(T_c-T),$$

$$\eta = \pm\sqrt{\frac{a}{2A_4}}(T_c-T)^{1/2}. \qquad (4.70)$$

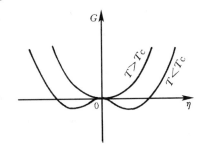

图 4-25 二级相变的自由焓曲线

G 作为 η 的函数曲线如图 4-25 所示,对于高对称相 G 只在 $\eta=0$ 处有一个极小,对于低对称相 G 在 (4.70) 式给出的地方左右各有一个极小。实际上系统只能两者取其一,究竟取哪边纯属偶然。

朗道二级相变理论的一个重要的预言是热容量在临界点发生跃变。热容量是自由焓对温度的二阶导数。按 (4.51) 式,对于可逆过程 $\mathrm{d}G = V\mathrm{d}p - S\mathrm{d}T$,压强恒定时 $(\mathrm{d}p=0)$,

$$S = -\left(\frac{\partial G}{\partial T}\right)_p = S_0 - 2a\eta^2 = \begin{cases} S_0, & \text{高对称相} \\ S_0 + \dfrac{a^2}{A_4}(T-T_c), & \text{低对称相} \end{cases}$$

式中 $S_0 = -(\partial G_0/\partial T)_p$.

下面从熵来求热容量。对于可逆过程

$$\dbar Q = T\mathrm{d}S = T\left[\left(\frac{\partial S}{\partial T}\right)_p\mathrm{d}T + \left(\frac{\partial S}{\partial p}\right)_T\mathrm{d}p\right],$$

对于等压过程 $\mathrm{d}p=0$,于是

$$C_p = \left(\frac{\mathrm{d}Q}{\mathrm{d}T}\right) = T\left(\frac{\partial S}{\partial T}\right)_p = \begin{cases} C_{p0}, & \text{高对称相} \\ C_{p0} + \dfrac{a^2}{A_4}T_c, & \text{低对称相} \end{cases} \tag{4.71}$$

式中 $C_{p0} = T_c(\partial S_0/\partial T)_p$。上式表明,在临界点热容量值发生了跃变,低对称相的热容量比高对称相的大 $a^2 T_c/A_4$。

6.3 液氦的超流现象

第二章 7.1 节曾简略地提到液氦的 λ 相变和超流,但没有展开。现在我们较详细地介绍一下这些奇妙现象。

（1）热容量的对数奇异性

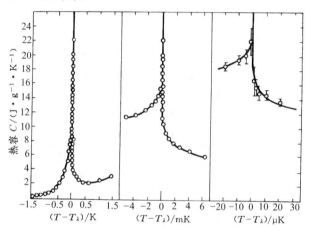

图 4 - 26 液氦热容量的实验曲线

理想玻色气体的理论预言,热容量曲线在 BE 凝聚点有个弯折,但仍是连续的(见第二章图 2 - 30);朗道二级相变理论预言,在临界点热容量有个跃变,但数值维持有限。20 世纪 60 年代实验上对温度的控制技术已达到 10^{-6}K 的精度,图 4 - 26 给出 K、mK、μK 三个尺度上液氦(指 ^{4}He,下同)在 λ 点 T_λ 附近热容量的变化曲线。可以看出,实际情况与这些理论的预言都不相同。从单对数坐标的图 4 - 27 表明,在 λ 点

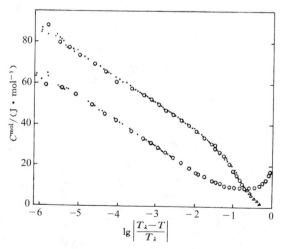

图 4 - 27 液氦热容量的对数发散

附近多达六个数量级的区域内,热容量可用对数公式描述:

$$C_p = \begin{cases} A \lg(T - T_\lambda) + B, & T > T_\lambda \\ A \lg|T - T_\lambda| + B'. & T < T_\lambda \end{cases} \tag{4.72}$$

式中 A、B、B' 是一些常数。在 $T = T_\lambda$ 处热容量是对数发散的。

(2) 黏滞性消失

如第二章 7.1 节所述,λ 点上、下的液氦分别叫做 He I 和 He II. 一般液体的黏度系数随温度的下降而增大,但在 λ 点附近 He I 的黏度系数迅速下降,达 3×10^{-6} Pa·s(约为空气的黏度系数的 1/6)。

毛细管法是测黏度系数的一种常用方法。卡皮查和其他人用毛细管测流的方法测 He II 的黏度系数时,从实验精度看,不大于 10^{-12} Pa·s. 按照泊肃叶公式[见《新概念物理教程·力学》第五章 5.2 节 (5.50) 式],在一定的压强梯度下管中液体的流量正比于管径的四次方,流速正比于管径的平方。管子愈细,流速愈小。但 He II 的流动性完全不是这么一回事,在直径小于 10^{-5} cm 的毛细管中,其流速变得与压强梯度无关,仅是温度的函数。即使容器器壁上非常细微的裂缝,He II 也会漏出。He II 这种反常的流动性并不是简单地用黏度系数趋于 0 所能解释的,这是非经典的,称为超流性(superfluidity)。

另一常用来测黏度系数的方法,是把液体装在一对同轴圆筒之间,转动外筒,通过液体的黏滞性把内筒带动起来。从内外筒转速之差求得液体的黏度系数。人们用这种方法测得 He II 的黏度系数并不小,在某些温度下甚至比 He I 的还大! 这倒把人搞糊涂了,难道 He II 有两种不同的黏度系数?

(3) 热–力效应

如图 4–28 所示,一个具有真空外套的保温玻璃瓶倒扣在 He II 里,瓶口以两块叠在一起的光学平玻璃板封住,只让超流的 He II 通过两板之间小于 10^{-4} cm 的狭缝漏进瓶内,与外界达到同一水平。瓶内装有加热器 H 和温度计 T,人们发现,加热后瓶内液体的温度升高 ΔT 的同时液面也升高了,显示出内外液体产生了压差 Δp. 这是一种由热引起的力学效应,即热–力效应。将图 4–28 里可加热的小保温瓶横浸到液面以下,其内充满液氦,如图 4–29 所示。瓶口改用直径稍大

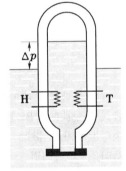

图 4 – 28 He II 的
热–力效应之一

($\sim 10^{-2}$ cm) 的毛细管,管口前挂一小翼,以感知从瓶内射出的液柱。实验时在瓶内持续加热,我们从小翼的偏转得知有液注持续从管口射出,但不见瓶内液体减少和枯竭。这实验简直像变魔术!

如图 4–30 所示,插在 He II 中的实验容器下端装满了黑色的金刚砂粉末,外部的 He II 只有通过这粉末才能从下部进入容器。容器上端是一根细

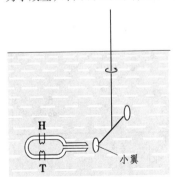

图 4 – 29 He II 热–力效应之二

管。用手电筒照射容器,黑色粉末吸热,容器内部温度升高。超流的 He Ⅱ 涌人容器,升入细管,从它的顶端射出,可形成高达 30 cm 的喷泉。此即所谓喷泉效应。喷泉效应也是一种热–力效应。

（4）第二声

通常的声波,是密度或压强变化的疏密波,波速与频率无关(即没有色散)。理论和实验都表明,在 He Ⅱ 里存在着另外一种无色散的波动,它与普通声波不同的是密度和压强均匀,周期性变化的是温度。这种奇特的波叫做第二声(second sound)或温度波。

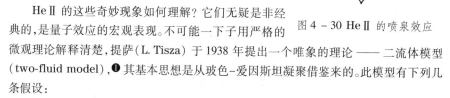

图 4 – 30 He Ⅱ 的喷泉效应

（图中标注：超流喷泉、He Ⅱ、金刚砂粉、棉花塞、光）

6.4 唯象的二流体模型

He Ⅱ 的这些奇妙现象如何理解? 它们无疑是非经典的,是量子效应的宏观表现。不可能一下子用严格的微观理论解释清楚,提萨(L. Tisza)于 1938 年提出一个唯象的理论 —— 二流体模型(two-fluid model),[1] 其基本思想是从玻色–爱因斯坦凝聚借鉴来的。此模型有下列几条假设：

（1）He Ⅱ是由两种能够互相无阻碍穿透的"流体"组成,一种是密度为 ρ_s 的"超流体(superfluid)",另一种是密度为 ρ_n 的"正常流体(normal fluid)"。液氦的密度 $\rho = \rho_s + \rho_n$。

（2）当温度从 $T_\lambda = 2.19\,\mathrm{K}$ 趋向 0 K 时 ρ_s 由 0 增至 ρ, ρ_n 由 ρ 减至 0. 超流体不携带熵($S_s = 0$),黏度系数为 0.

（3）正常流体携带全部的熵,黏度系数与 He Ⅰ 同数量级。当温度升到 T_λ 时,正常流体的黏度系数连续地过渡到 He Ⅰ 的黏度系数。

可以看出,"超流体"的概念相当于玻色–爱因斯坦凝聚,它作为一个整体实际上是单一的量子态,内部没有通常的碰撞机制,没有黏滞性。

现在试用二流体模型对上述 He Ⅱ 的实验现象作出解释。

能通过非常细微毛细管的是超流体部分,而在同轴圆筒实验里表现出来的是正常流体的黏度系数,故两类测黏滞性的方法给出不同的结果。

在图 4 – 28 所示的热–力效应实验里,只有超流体能够通过瓶口为 10^{-4} cm 数量级的细缝。瓶内加热使 ρ_n 增加而 ρ_s 减小,造成瓶内外的超流体不平衡,外部的超流体通过瓶口细缝流入瓶内进行补偿。但多余的正常流体不能通过瓶口细缝,滞留在瓶内,使瓶内压强增大,液面升高。在图 4 – 29 所示的实验里,超流体和正常流体都能够通过瓶口为 10^{-2} cm 的毛细管。当瓶内加热时,正常流体喷出,超流体渗入。但只有正常流体的液注冲击着小翼,超流体无黏滞性,不对小翼施力。所以我们就看到瓶中流体似乎只出不进的怪现象。有了上述说明,喷泉效应就不难解释了。

❶ L. Tisza, *Nature*, **141**, 913 (1938)；*Compt. rend.*, **207**, 1035, 1186 (1938).

第二声实际上是超流体和正常流体相向传播的疏密波,液体的总密度 $\rho = \rho_s + \rho_n$ 不变。由于只有正常流体携带熵,温度随它的密度 ρ_n 变化,形成温度波。

6.5 准粒子(元激发)的概念

如前所述,超流性是一种宏观量子效应,二流体模型太唯象了,它未能说明超流性的本质。进一步深入理解它的本质,需要一些量子概念。液氦是由大量相互作用着的氦原子组成的宏观系统,处理这类"多体问题",在经典力学里已是十分困难的,在量子力学中就更困难了。出路何在?

我们在《新概念物理教程·力学》第六章1.2节提到过"简正模"的概念。例如二氧化碳分子是个三体系统,由于三者之间有紧密的联系,它们的运动方式不再具有个体的特征,而是组成一些集体的振动模式——简正模(normal modes)。该章4.3节讲的一维弹簧振子链上的弹性波(其长波部分是声波),也是代表集体运动的简正模。在经典力学里波的能量 ε 和动量 p 是连续取值的,但在量子力学中它们的取值都是离散的:

$$\left.\begin{array}{l}\varepsilon = \varepsilon_0 + n\hbar\omega, \\ p = p_0 + n\hbar k,\end{array}\right\} \qquad (n = 0,\ 1,\ 2,\ \cdots) \qquad (4.73)$$

式中 $\hbar$ 是约化普朗克常量,ω 是该简正模的角频率,k 是波数,$n = 0$ 的状态是基态,ε_0 和 p_0 是基态的能量和动量。$n = 1,\ 2,\ \cdots$ 的状态是不同能级的激发态,或者说元激发(elementary excitation)。从量子力学的观点看,我们可以认为,$n = 1$ 的状态好像是从基态激发出一个能量为 $\hbar\omega$、动量为 $\hbar k$ 的"粒子";$n = 2$ 的状态好像是从基态激发出两个能量为 $\hbar\omega$、动量为 $\hbar k$ 的"粒子",等等。但这些"粒子"的能量和动量的关系与普通粒子(质点)不同。普通粒子的能量-动量关系是 $\varepsilon = p^2/2m$(m 是粒子的质量),而代表元激发的那些"粒子"的能量-动量关系取决于其频谱 $\omega = \omega(k)$ 的函数形式。例如对于声波 $\omega = c_s k$,代表量子化声波元激发的"粒子"的能量-动量关系(叫做能谱)为 $\varepsilon = c_s p$. 代表元激发的这些"粒子"除能谱可能与通常粒子不同外,一般说来它们的"寿命"是有限的。只有那些寿命较长的元激发才更像真的粒子。所以人们把代表元激发的"粒子"叫做准粒子(quasi-particle),量子化声波的准粒子叫声子(phonon)。再次强调,准粒子不是与多体系统内的个别原子对应的,每个准粒子都代表系统中全体原子某种模式的集体运动。

像固体、液体这样的宏观系统,能谱一般说来是非常复杂的。但在温度较低的时候,只有为数不多的一些能量很低的能级被激发。20 世纪 40 年代在一些凝聚态物理学家中形成这样的概念,凝聚体的低激发态的能谱具有或近似具有(4.73)式的形式,即能量和动量为某个基本份额的整数倍。这样一来,我们就可引入"准粒子"的概念,用它从理论上来说明一些问题

运用准粒子的概念,首先要知道它的能谱。为了说明液氦的超流性,40 年代朗道唯象地提出液氦中元激发能谱的一种设想。[1] 如前所述,真实粒子的能谱 $\varepsilon = p^2/2m$,在

---

[1] Л. Д. Ландау,ЖЭТФ **11**,592(1941);L. D. Landau,*J. Physics USSR*,**11**,91(1947).

ε-p 图上是一条抛物线(见图4－31曲线 I);声子的能谱是 $\varepsilon=c_s p$,在 ε-p 图上是一条通过原点的直线。这样的能谱都不能产生超流性。朗道设想的能谱如图4－31中的曲线 II 所示,开头一段像声子,后来向下再向上转了两个弯。从原点作此曲线的切线(见图中虚线),斜率小于此切线的直线不与曲线相交。此切线的斜率具有速度的量纲,我们用 V_0 来表示。

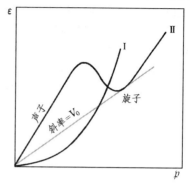

考虑 $T=0\,$K 的情形,这时 He II 处于基态,没有元激发。设想质量为 M 的超流体以宏观速度 V 运动,其动量和能量分别为

$$\mathscr{P}=MV,\qquad E=\frac{1}{2}MV^2=\frac{\mathscr{P}^2}{2M},$$

假如因黏滞性使这块流体的动量和能量发生微小变化,它们的任何变化必须满足

$$\Delta E=\frac{\mathscr{P}}{M}\cdot\Delta\mathscr{P}=V\cdot\Delta\mathscr{P}.\qquad(4.74)$$

图4－31 朗道假设的液氦能谱

按量子理论,这部分能量和动量只能用来产生准粒子。最低限度产生一个准粒子,设其动量和能量分别为 p 和 $\varepsilon(p)$,则有

$$\Delta\mathscr{P}=-p,\qquad\Delta E=-\varepsilon(p).$$

代入(4.74)式,得

$$\varepsilon(p)=V\cdot p\leqslant Vp,$$

或

$$V\geqslant\frac{\varepsilon(p)}{p}.$$

上式右端就是从原点作准粒子能谱曲线切线的斜率 V,按朗道假设的能谱,它只能大过 V_0,亦即产生准粒子的条件是 $V\geqslant V_0$,在此临界速度之下超流体是不受黏滞阻力的。朗道的理论就这样解释了液氦的超流性。

朗道假设的这种准粒子叫做旋子(roton),1959–1961 年间其能谱曲线为中子散射的实验所证实(见图4－32)。[❶] 1962 年朗道获诺贝尔奖最重要的依据是他这个液氦的旋子模型。

朗道的理论只定性地正确,它给出的临界速度为 60 m/s,比实验观测值大多了。例如,对于管径为 1.2×10^{-5} cm、7.9×10^{-5} cm 和 3.9×10^{-4} cm 的毛细管,测得的临界速度分别为 13 cm/s、8 cm/s 和4 cm/s。这不仅远小于朗道的判据,且与管径有关。这是朗道的理论未能解释的。1955 年费曼(R. Feynman)建议 He II 超流的临界速度是由另一种元激发——量子化涡旋所决

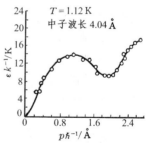

图 4－32 旋子能谱
的实验验证

❶ J. L. Yarnell, *et al.*, *Phys. Rev.*, **113**, 1379 (1959); D. G. Henshaw, *et al.*, *Phys. Rev.*, **121**, 1266 (1961).

定的,❶ 理论计算已与实验基本相符。

从准粒子的理论回过去看二流体模型,可认为超流体就是量子基态,它既不受黏滞阻力,也不携带熵;正常流体就是准粒子组成的"流体",是熵的携带者。于是能用二流体模型解释的现象,就同样能用准粒子理论解释了。

从超流理论的发展中我们看到,物理理论是分层次的,同样是唯象理论,二流体模型与朗道的旋子模型相比,属于完全不同的层次。一个是宏观的,一个是微观的,后者比前者深刻多了。当然还有更深的层次,从量子力学的基本原理出发,把元激发的能谱推导出来。我们还看到,在一个未知领域里探索时,实验观测和不同层次唯象理论的交叉,往往发挥重要的作用。

本章提要

1. **热力学第二定律:**
   (1) 克劳修斯表述:不可能把热量从低温物体传到高温物体而不引起其它变化。
   (2) 开尔文表述:不可能从单一热源吸取热量,使之完全变为有用的功而不产生其它影响。　→第二类永动机不可能。

$$克劳修斯表述 \xrightleftharpoons{等价} 开尔文表述$$

   数学表述 —— 克劳修斯不等式

$$\oint \frac{\mathrm{d}Q}{T} \leqslant 0.$$

2. **卡诺定理:**
   (1) 在相同的高温热源和相同的低温热源之间工作的一切可逆热机,其效率都相等,与工作物质无关。
   (2) 在相同的高温热源和相同的低温热源之间工作的一切不可逆热机,其效率都小于可逆热机的效率。

3. **热力学温标(开尔文温标):** 在两温度 Θ_1 和 $\Theta_2(\Theta_1 > \Theta_2)$ 之间设置任一可逆卡诺循环,定义两温度之比为

$$\frac{\Theta_2}{\Theta_1} = \frac{Q_2'}{Q_1}$$

   Q_1 和 Q_2' 分别为卡诺循环从高温热源吸取和向低温热源释放的热量。
   热力学温标与理想气体温标一致。

---

❶ R. P. Feynman, *Progress in Low Temperature Physics*, ed. C. J. Gorter, **1**, 17, North-Holland, Amsterdam (1955)

4. 内能和焓与物态方程的关系：

$$
\begin{cases}
\left(\dfrac{\partial U}{\partial V}\right)_T = T\left(\dfrac{\partial p}{\partial T}\right)_V - p, \\[3mm]
\left(\dfrac{\partial H}{\partial p}\right)_T = - T\left(\dfrac{\partial V}{\partial T}\right)_p + V.
\end{cases}
$$

5. 克拉珀龙方程：

$$
\frac{\mathrm{d}p}{\mathrm{d}T} = \frac{\Lambda^{\mathrm{mol}}}{T(V_\beta^{\mathrm{mol}} - V_\alpha^{\mathrm{mol}})}.
$$

   蒸气压方程：

$$
\ln\left(\frac{p}{p_0}\right) = A - \frac{B}{T} + C\ln\left(\frac{T}{T_0}\right),
$$

$$
A = B/T_0, \quad B = \left[\Delta H^{\mathrm{mol}}(T_0) - \Delta C_p^{\mathrm{mol}}T_0\right]/R, \quad C = \Delta C_p^{\mathrm{mol}}/R
$$

   都不依赖于温度。

6. 熵定理：

   (1)（克劳修斯）熵的定义：

$$
\Delta S = S_2 - S_1 = \int_{1 \atop \text{可逆}}^{2} \frac{\mathrm{d}Q}{T}.
$$

   积分与路径无关(限于可逆过程) → 熵是态函数。

   按此定义计算不可逆过程的熵变时,需沿连接初、末态任一可逆过程积分。

   (2) 用熵来表达的热力学第二定律数学表述：

   积分形式

$$
\Delta S = S_2 - S_1 > \int_{1 \atop \text{不可逆}}^{2} \frac{\mathrm{d}Q}{T};
$$

   微分形式

$$
T\mathrm{d}S \geqslant \mathrm{d}Q = \mathrm{d}U - \mathrm{d}A.
$$

   (3) 熵增加原理：不可逆绝热过程中 $\Delta S > 0$。

7. 一些主要的熵公式

   (1) 理想气体的熵

$$
\Delta S(T, V) = S_2 - S_1 = \int_{T_1 \atop \text{可逆}}^{T_2} \frac{C_V}{T}\mathrm{d}T + \nu R\ln\frac{V_2}{V_1}.
$$

$$
\Delta S(T, p) = S_2 - S_1 = \int_{T_1 \atop \text{可逆}}^{T_2} \frac{C_p}{T}\mathrm{d}T - \nu R\ln\frac{p_2}{p_1}.
$$

   (2) 混合熵

$$
\Delta S_{\text{混合}} = - \nu R\sum_i c_i\ln c_i.
$$

   (3) 等压升温与相变

$$
\overset{\circ}{S}(T) = \int_0^{T_\text{熔}} \frac{C_p^{(\text{固})}}{T}\mathrm{d}T + \frac{\Lambda_\text{熔化}}{T_\text{熔}} + \int_{T_\text{熔}}^{T_\text{沸}} \frac{C_p^{(\text{液})}}{T}\mathrm{d}T + \frac{\Lambda_\text{汽化}}{T_\text{沸}} + \int_{T_\text{沸}}^{T} \frac{C_p^{(\text{气})}}{T}\mathrm{d}T,
$$

$$
(p = 1\,\mathrm{atm})
$$

（4）化学反应熵 $\quad \Delta S^{\text{mol}} = \Delta \overset{\circ}{S}^{\text{mol}}_{\text{反应}} + \Delta S^{\text{mol}}_{\text{气态}}$

其中标准反应熵（1 atm、0 K 为参考点）

$$\Delta \overset{\circ}{S}^{\text{mol}}_{\text{反应}} = \sum_{\text{生成物}j} b_j \overset{\circ}{S}^{\text{mol}}_j - \sum_{\text{反应物}i} a_i \overset{\circ}{S}^{\text{mol}}_i, \quad a_i, b_j \text{——化学计量系数}.$$

8. 热平衡判据

   （1）熵判据：孤立系熵最大 $dS = 0$；

   （2）自由能判据：自由能（亥姆霍兹自由能）$F \equiv U - TS$

   定温定体条件下自由能最小 $dF = 0$；

   （3）自由焓判据：自由焓（吉布斯自由能）

   $$G \equiv H - TS = U + pV - TS$$

   定温定压条件下自由焓最小 $dG = 0$，

9. 系统内部平衡条件

   （1）热平衡：温度均匀；

   （2）力学平衡：压强均匀；

   （3）相平衡：各相化学势相等。

   化学势 $\quad \mu_i \equiv \dfrac{\partial G}{\partial N_i} \quad$ （理想气体 $\mu = G/N = G^{\text{mol}}/N_A$）

   例：T、V 恒定下的范德瓦耳斯相变

   F–V 曲线两个下凸的公共切线的切点对应摩尔体积 V^{mol}_L 和 V^{mol}_G，它们之间是两相共存区，切线斜率的负值为共同压强 p。$d^2F/dV^2 > 0$ 为成核长大区，$d^2F/dV^2 < 0$ 为失稳分解区。

10. 化学平衡条件：平衡摩尔分数 c_{i0}、c_{j0} 满足

    $$\frac{\prod\limits_{\text{生成物}j} c_{j0}^{b_j}}{\prod\limits_{\text{反应物}i} c_{i0}^{a_i}} = \exp\left\{ -\frac{\Delta \overset{\circ}{G}^{\text{mol}}_{\text{反应}}(T)}{RT} \right\} \equiv K_c \text{（平衡常数）}.$$

    勒夏特列原理：平衡朝着抵消变量 p、T 改变的方向移动。

11. 连续相变：热力学函数本身和一阶导数连续，热容量或其导数有跃变。控制参量达到某临界值时，发生对称破缺，序参量从 0 到非 0.

思考题

4–1. 常有人说，热力学第二定律的意思就是"热不能全部转化为功"。这可以作为热力学第二定律的一种表述吗？

4–2. 给气筒里的理想气体加热，使它在等温膨胀过程中推动活塞作功，这不就是将热全部转化为功了吗？怎么说不可能呢？

4–3. 无论在热力学第二定律的克劳修斯表述里还是开尔文表述里，后面都有"而

不引起其它变化"或"而不产生其它影响"之类的话,这是什么意思? 这话重要吗? 略去不行吗?

4 – 4. 普朗克针对焦耳热功当量实验提出:不可能制造一个机器,它在循环运作中把一重物提高,为此而付出唯一的代价是使一热库冷却。这就是热力学第二定律的普朗克表述。试论证它和开尔文表述等价。

4 – 5. 人死不能复生,破镜不能重圆,这些固然都是不可逆转的过程。热力学里"不可逆过程"的涵义是否仅限于此? 它的完整表述应是怎样的?

4 – 6. 处于非平衡态下的系统能进行可逆过程吗?

4 – 7. 如何用热力学第二定律来论证气体自由膨胀是不可逆的?如何论证从高温物体向低温物体的热传导过程是不可逆的?

4 – 8. 论证电流通过电阻生热的过程是不可逆的。

4 – 9. 有人想利用海洋不同深度处温度不同制造一种机器,把海水的内能变为有用的机械功,这是否违反热力学第二定律?

4 – 10. 下列过程是否可逆? 为什么?

(1)室内一盆水在恒定的温度下慢慢地蒸发。

(2)通过活塞缓慢地压缩容器中的空气(设活塞与器壁间无摩擦)。

(3)将封闭在导热性能不好的容器里的空气浸到恒温的热浴中,使其温度缓慢地由原来的 T_1 升到热浴的温度 T_2.

(4)在一绝热容器内不同温度的两种液体混合。

4 – 11. 论证绝热线与等温线不能相交于两点。

4 – 12. 论证两绝热线不能相交。

4 – 13. 能否使热量从高温物体向低温物体的传递过程成为可逆的? 若可能,请提出实现这过程的设想来。

4 – 14. 北方的酷暑季节有时比较干燥,在这种情况下即使气温高过体温,人们还是可以通过汗的蒸发将身体的热量向外散发。这违反热力学第二定律吗?

4 – 15. 用透镜将阳光聚焦到物体上,可使那里局部升温。温度的升高有上限吗?

4 – 16. 在 1.3 节里根据热力学来论证卡诺定理时在甲乙联合系统中我们取了 $A'_甲 = A'_乙$,试选择 $Q'_{2甲} = Q'_{2乙}$ 代替它来进行推理。

4 – 17. 有人申请一项热机设计的专利,声称此机工作于高温热源400K和低温热源250 K之间,它从高温热源吸热 2.5×10^7 cal 时,对外作功 20 kW·h. 数据可信吗?

4 – 18. 第三章习题3 – 22中讨论燃料电池的效率与本章所讲循环热机的效率是否属同一概念? 它受不受卡诺定理的限制?

4 – 19. 有一种流行说法,认为滑冰时阻力很小的原因是冰刀的刃下压强很大,冰融化了,一层薄薄的水充当了润滑剂。按克拉珀龙方程估算,你认为这种解释可信吗?

4 – 20. 理想气体的体积经下列过程膨胀了4倍,试比较熵增加了多少?

(1)绝热自由膨胀;

(2)可逆等温膨胀;

（3）可逆绝热膨胀；

（4）绝热节流膨胀。

4 – 21. 熵是"热温商"，即热量 Q 与温度 T 之商 Q/T. 为什么上题（1）、（4）两绝热过程都引起熵增加？

4 – 22. 用量热法测水的汽化热时，要把一定量的水蒸气通入盛水的量热器中，此过程可逆吗？在此过程中水蒸气的熵是否增加？这是否违反熵增加原理？

4 – 23. 在一个可逆卡诺循环中整个系统（工作物质 + 高温热源 + 低温热源）的熵是否增加了？这是否是熵增加原理的体现？

4 – 24. 地球每天吸收一定太阳光的热量 Q_1，同时又向太空排放一定的热量 Q_2，平均说来 $Q_2 = Q_1$（为什么？）这两个过程是可逆的吗？这两个过程合起来使地球的熵增加还是减少？是否违反熵增加原理？

4 – 25. 熵是态函数，当我们选 p、T 为独立变量时，熵可以写成 $S = S(p, T)$. 反过来，我们也可以选 S、T 作独立变量，把压强写成 $p = p(S, T)$. 以 T 为纵坐标，S 为横坐标构成的 $T\text{-}S$ 图，称为温熵图。与 $p\text{-}V$ 图一样，在 $T\text{-}S$ 图上每条曲线代表一个可逆过程，一条闭合曲线代表一个循环过程。设想一下，$T\text{-}S$ 图上代表可逆卡诺循环的闭合曲线具有什么形状？它所包围的"面积"代表什么物理量？

4 – 26. 本题图所示为一种棋盘游戏，棋盘上有 $9 \times 9 = 81$ 个方格，中间 $3 \times 3 = 9$ 个方格为甲区，外围 72 个方格为乙区，开局前甲、乙二区分别为黑、白棋子所占满，如图 a. 游戏的规则是每次随机地在甲乙二区中各选一个方格，将它们上面的棋子对换，如

a   b

思考题 4 – 26

图 b 所示。若游戏一直继续下去，甲区完全被白棋子占据的概率 Ω 是多少？这时的玻耳兹曼熵 $S = k \ln \Omega$ 是否最大？玻耳兹曼熵最大的状态相当于甲区内有几个黑棋子？

［注：有条件的可编一个程序，在计算机上玩此游戏。］

4 – 27. 试从熵判据导出力学平衡条件。

4 – 28. 试从亥姆霍兹自由能判据导出相平衡条件。

习　题

4 – 1. 一制冷机工作在 $t_2 = -10\,^\circ\mathrm{C}$ 和 $t_1 = 11\,^\circ\mathrm{C}$ 之间，若其循环可看作可逆卡诺循环的逆循环，则每消耗 1.00 kJ 的功可从冷库中取出多少热量？

4 – 2. 设一动力暖气装置由一个热机和一个制冷机组合而成。热机靠燃料燃烧时放出的热量工作,向暖气系统中的水放热,并带动制冷机。制冷机自天然蓄水池中吸热,也向暖气系统放热。设热机锅炉的温度为 $t_1=210\,°C$,天然水的温度为 $t_2=15\,°C$,暖气系统的温度为 $t_3=60\,°C$,燃料的燃烧热为 $5\,000\,\text{kcal/kg}$。试求燃烧 $1.00\,\text{kg}$ 燃料暖气系统所得的热量。假设热机和制冷机的工作循环都是理想卡诺循环。

4 – 3. 一理想气体准静态卡诺循环,当热源温度为 $100\,°C$、冷却器温度为 $0\,°C$ 时,作净功 $800\,\text{J}$。今若维持冷却器温度不变,提高热源温度,使净功增为 $1.60\times10^3\,\text{J}$,则这时(1)热源的温度为多少?(2)效率增大到多少?设这两个循环都工作于相同的两绝热线之间。

4 – 4. 仿照 2.1 节推导(4.7)式的办法推导(4.9)式:
$$\left(\frac{\partial H}{\partial p}\right)_T = -T\left(\frac{\partial V}{\partial T}\right)_p + V.$$

4 – 5. 设 C_V 为常量,证明:范德瓦耳斯气体进行准静态绝热过程时,气体对外作功为
$$A' = C_V(T_1 - T_2) - \nu^2 a\left(\frac{1}{V_1} - \frac{1}{V_2}\right)$$

4 – 6. 设 C_V 为常量,根据范德瓦耳斯气体的内能公式(4.8)导出下列绝热过程方程:
$$\begin{cases} p'V'^{\gamma'} = 常量, \\ TV'^{\gamma'-1} = 常量, \\ \dfrac{p'^{\gamma'-1}}{T^{\gamma'}} = 常量. \end{cases}$$

式中 $p' = p + \dfrac{\nu^2 a}{V^2},\;\; V' = V - \nu b,\;\; \gamma' = \dfrac{C_V + \nu R}{C_V}.$

4 – 7. 证明:对于范德瓦耳斯气体
$$C_p - C_V = \frac{\nu R}{1 - \dfrac{2\nu a(V-\nu b)^2}{RTV^3}}.$$

$$\left[\begin{array}{l}\text{提示:要利用范德瓦耳斯气体如下关系:} \\[2mm] \left(\dfrac{\partial V}{\partial T}\right)_p = \dfrac{\nu R}{\dfrac{\nu RT}{V-\nu b} - \dfrac{2\nu^2 a(V-\nu b)}{V^3}}.\end{array}\right]$$

4 – 8. 水从温度 $99\,°C$ 升高到 $101\,°C$ 时,饱和蒸气压从 $733.7\,\text{mmHg}$ 增大到 $788.0\,\text{mmHg}$。假定这时水蒸气可看作理想气体,求 $100\,°C$ 时水的汽化热。

4 – 9. 已知水在下列温度 T 下的饱和蒸气压 p,求水在 $278\,\text{K}$ 时的汽化热。

T/K	273	274	276	278	280	282
p/mmHg	4.58	4.93	5.69	6.54	7.71	8.61

4 – 10. 在 $700\,\text{K}$ 到 $739\,\text{K}$ 范围内,镁的饱和蒸气压 p 与 T 的关系为
$$\lg(p/\text{mmHg}) = -\frac{7527}{T} + 8.589,$$

将镁的饱和蒸气看作理想气体,求镁的摩尔升华热。

4 – 11. 在三相点处水的汽化热为 10.9 kcal/mol，气相的摩尔体积为 11.2 m³/mol，液态和固态的摩尔体积都可忽略不计。求三相点处汽化曲线和升华曲线的斜率。二者之中哪个大？

4 – 12. 压强为 760 mmHg 时水在 100°C 沸腾，此时水的汽化热为 2.26×10^6 J/kg，比体积（单位质量的体积）为 1.671 m³/kg. 求压强为 770 mmHg 时水的沸点。

4 – 13. 证明相变时内能的变化为

$$U_2^{\text{mol}} - U_1^{\text{mol}} = \Lambda^{\text{mol}} \left(1 - \frac{\mathrm{d}\ln T}{\mathrm{d}\ln p} \right).$$

4 – 14. 已知在 100°C 时水的饱和蒸气压为 9.81×10^4 N/m²，求 15°C 时水的饱和蒸气压。

4 – 15. 固态氨的蒸气压方程和液态氨的蒸气压方程分别为

$$\text{固态 } \ln(p/\text{mmHg}) = 23.3 - \frac{3754}{T};$$

$$\text{液态 } \ln(p/\text{mmHg}) = 19.49 - \frac{3063}{T}.$$

求：

（1）三相点的压强和温度；

（2）三相点处的汽化热、熔化热和升华热。

4 – 16. 证明在三相点时有

$$\Lambda_{\text{升华}} = \Lambda_{\text{汽化}} + \Lambda_{\text{熔化}}.$$

4 – 17. 设有 1 摩尔理想气体从平衡态 1 变到平衡态 3（见本题图），试利用图中所示的可逆过程计算其熵的变化，并证明所得结果与（4.23）式或（4.24）式计算结果相同。

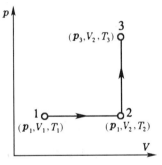

习 题 4 – 17

4 – 18. 如本题图，1 mol 理想气体氢（$\gamma = 1.4$），在状态 1 的参量为 $V_1 = 20$ L，$T_1 = 300$ K；在状态 3 的参量为 $V_3 = 40$ L，$T_3 = 300$ K. 图中 1 → 3 为等温线，1 → 4 为绝热线，1 → 2 和 4 → 3 均为等压线，2 → 3 为等体线，试由三条路径计算 $S_3 - S_1$：（1）1 → 2 → 3；（2）1 → 3，（3）1 → 4 → 3.

4 – 19. 用（4.23）式验证：理想气体在可逆绝热过程中熵保持不变。

4 – 20. 相同种类、相同质量、但温度不同的两部分液体，于压强恒定的条件下，在一绝热容器中混合，求摩尔熵的增加。已知两部分液体的初温分别为 T_A 和 T_B，摩尔定压热容量 C_p^{mol} 为常量。

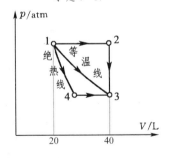

习 题 4 – 18

4 – 21. 一温度为 400 K 的热库在与另一温度为 300 K 的热库短时间的接触中传递给它 1 cal 的热量，两热库构成的系统的熵改变了多少？

4 – 22. 冬季房间热量的流失率为 2.5×10^4 kcal/h，室温 21°C，外界气温 – 5°C，此

过程的熵增加率为何?

4 – 23. 利用第三章习题 3 – 12 的数据,计算在 24 ℃ 的饱和蒸气压下水蒸气凝结为水时熵的变化。

4 – 24. 设有 1 mol 的过冷水蒸气,其温度和压强分别为 24 ℃ 和 10^5 Pa. 当它转化为 24 ℃ 下的饱和水时,熵的变化是多少? 计算时假定可把水蒸气看作理想气体,并可利用上题数据。

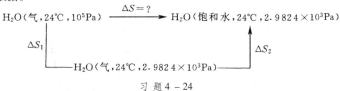

习　题 4 – 24

[提示:设计一个从初态到末态的可逆过程进行计算,如本题图。]

4 – 25. 利用第三章习题 3 – 13 的数据,计算 1 mol 铜在 1 atm 下,温度由 300 K 升到 1 200 K 时熵的变化。

4 – 26. 设每一块冰质量为 20 g,温度为 0 ℃.

（1）需加多少块冰才能使 1 L,100 ℃ 的沸水降温到 40 ℃?

（2）在此过程中系统的熵改变了多少?

4 – 27. 一块大石头质量为 80 kg,从高 100 m 的山坡上滑下,它与环境的熵增加了多少? 设环境(山和大气) 的温度为 270 K.

4 – 28. 一蒸气机工作于 500 ℃ 和 20 ℃ 之间,效率 40% ,输出功率 1490 kW, 此热机的熵产生率为多少?

4 – 29. 汽车以 65 km/h 的速率在水平道路上行驶时克服空气阻力和内外各种摩擦消耗功率 12 kW, 其熵产生率为多少? 设环境温度为 20 ℃.

4 – 30. 2100 kg 的汽车以 80 km/h 的速率行驶时突然刹车,停止时闸瓦升温到 60 ℃,环境温度为 20 ℃.

（1）在闸瓦处机械能耗散为热时产生多少熵?

（2）在闸瓦处热量散布到空气中时产生多少附加熵?

4 – 31. 一实际制冷机工作于两恒温热源之间,其温度分别为 $T_1 = 400$ K 和 $T_2 = 200$ K. 设工作物质在每一循环中, 从低温热源吸收热量为 200 cal,向高温热源释放热量为 600 cal.

（1）在工作物质进行的每一循环中,外界对制冷机作了多少功?

（2）制冷机经过一循环后,热源和工作物质熵的总变化 ΔS 是多少?

（3）如设上述制冷机为可逆机,仍从低温热源吸收热量 200 cal,则经过一循环后,需要外界对制冷机作多少功? 热源和工作物质熵的总变化 ΔS_0 是多少?

4 – 32. 接上题,

（1）试由计算数值证明:实际制冷机比可逆制冷机额外需要外界的功值恰好等于 $T_1 \Delta S$;

（2）实际制冷机要外界多作的额外功最后转化为高温热源的内能。设想利用在这同样的两恒温热源之间工作的一可逆热机,把这内能中的一部分再变为有用的功,能产生多少?

4-33. 计算第三章思考题3-14里室内空气内能、焓和熵的改变,设房间的体积为V,压强为1atm,生火使室内温度从T_0升到T. 熵增加了还是减少了?

4-34. 本题给出空气的温熵图上的一系列等压线和等焓线,试据此对下列问题作

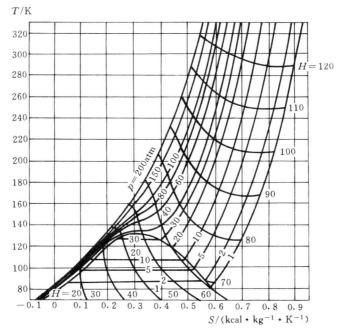

习 题 4-34

出估算:(1)空气由40atm、260K节流膨胀到1atm,温度降为多少?

(2)空气由上述初态经可逆绝热膨胀到1atm,温度降为多少?

4-35. 一般地设思考题4-26的棋盘游戏中甲乙二区的方格数分别为$N_甲$和$N_乙$,甲区内的黑子数为n,

(1)导出玻耳兹曼熵S作为n的函数形式,取$N_甲=9$,$N_乙=72$,在坐标纸上画出S-n曲线;

(2)证明:S的极大值处于n满足下式的地方,

$$\frac{n}{N_甲} = \frac{N_甲 - n}{N_乙}.$$

上式有什么物理意义?

[提示:求导前可利用斯特令公式将概率表达式简化。]

4-36. 从表4-1查出有关数据,计算下列化学反应的标准摩尔反应熵:

$$4NH_3(气) + 3O_2(气) \rightarrow 2N_2(气) + 6H_2O(液).$$

4-37. 试从范德瓦耳斯方程导出下列热力学函数的表达式:

（1）熵

$$S(T, V) = \int_{T_0}^{T} \frac{C_V}{T} dT + \nu R \ln(V - \nu b) + S_0.$$

（2）自由能

$$F(T, V) = U - TS$$

$$= \int_{T_0}^{T} C_V \left(1 - \frac{T}{T'}\right) dT' - \frac{\nu^2 a}{V} - \nu RT \ln(V - \nu b) + F_0.$$

（3）自由焓

$$G(T, V) = F + pV$$

$$= \int_{T_0}^{T} C_V \left(1 - \frac{T}{T'}\right) dT' + \frac{\nu RTV}{V - \nu b} - \frac{2\nu^2 a}{V} - \nu RT \ln(V - \nu b) + G_0.$$

第五章 非平衡过程

§1. 近平衡态弛豫和输运过程

上面几章讨论的都是平衡态问题,本章要讨论的是非平衡态问题。在均匀且恒定的外部条件制约下,当热力学系统对于平衡态稍有偏离时,分子间的相互作用(碰撞)使之向平衡态趋近。这样的过程叫做弛豫(relaxation)。对于平衡态可以有不同形式的偏离,以经典气体为例,气体分子的速度可以偏离麦克斯韦分布律,它的速度、温度或密度也可以不均匀。不同形式的偏离,弛豫过程进行的快慢可以相差很远。一般说来,气体中各处分子速度对麦克斯韦分布律的局域偏离可以得到较快地恢复,但由一些宏观量分布不均匀(或者说它们的梯度)引起的弛豫过程进行的要缓慢得多,因为这类过程涉及碰撞中守恒量的传递。在分子碰撞过程中有三个守恒量是比较重要的:动量、能量和粒子数(无化学反应情形)。由速度梯度引起的黏性现象,与动量的传递相联系;由温度梯度引起的热传导现象,与能量的传递相联系;由密度梯度引起的扩散现象,与粒子数的传递相联系。这三个过程具有比建立起局域的麦克斯韦分布长得多的弛豫时间,从而在讨论这类过程时我们可以有局域流速、局域温度、局域密度等概念,它们都是建立在局域麦克斯韦分布基础上的。黏性、热导和扩散现象也可能在定常的条件下进行,这要靠外部条件来保持相应宏观量(速度、温度和密度)的梯度。这样的过程称为输运(transport)。下面我们从宏观规律到微观机理来讨论黏性、热导和扩散这三个弛豫或输运过程。

1.1 经验定律

(1) 牛顿黏性定律

流体黏性现象的宏观规律我们曾在《新概念物理教程·力学》第五章§5中讨论过,这里再回顾一下,并作些补充。

如图 5–1 所示,设流体中在 $z = z_0$ 平面附近相距 Δz 的两个平面上的切向流速分别为 u 和 $u + \Delta u$,则

$$\lim_{\Delta z \to 0} \frac{\Delta u}{\Delta z} = \frac{\mathrm{d}u}{\mathrm{d}z} \qquad (5.1)$$

称为速度梯度。实验表明,对于多数流体,两层流体之间单位时间内穿过

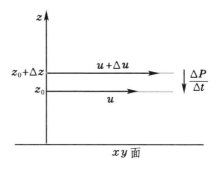

图 5–1 牛顿黏性定律

$z = z_0$ 平面的动量 $\Delta \mathscr{B}/\Delta t$(即黏性力 f) 正比于速度梯度
和面元面积 $\Delta S = \Delta x \Delta y$:

$$f(z_0) = \frac{\Delta \mathscr{B}}{\Delta t} = -\eta \left(\frac{\mathrm{d}u}{\mathrm{d}z}\right)_{z=z_0} \Delta S, \qquad (5.2)$$

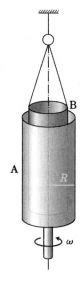

式中负号表示动量沿速度减小的方向,即逆速度梯度的
方向流动。此式称为牛顿黏性定律,式中比例系数 η 称为
流体的黏度系数,其量纲为 $[\eta] = \mathrm{ML^{-1}T^{-1}}$. 在 MKS 单位制
中黏度系数的单位为帕秒(Pa·s),在 CGS 单位制中为
泊(poise),符号为 P,$1\,\mathrm{P} = 1\,\mathrm{dyn} \cdot \mathrm{s/cm^2} = 0.1\,\mathrm{N} \cdot \mathrm{s/m^2} = 0.1\,\mathrm{Pa} \cdot \mathrm{s}$.

黏度系数 η 除了因材料而异外,还比较敏感地依赖
于温度。液体的黏度系数随温度的升高而减小,气体则
反之,η 大体上按正比于 $\sqrt{T}$ 的规律增长(T 为绝对温
度)。液体与气体的黏性有此差别,是因为微观机制不
同。

图 5 – 2 旋转
黏度计

一种测量黏度系数的简单装置是旋转黏度计,其结
构原理如下:如图 5 – 2 所示,一个内圆筒 B 用弹性丝悬挂;另一个半径 R 稍
大的同轴圆筒 A 以角速度 ω 绕它的几何轴缓慢转动,扭转了弹性悬丝。当悬
丝的扭力矩与黏性力施于内筒的力矩大小相等、方向相反时,内筒获得平
衡,其线速度 $u_\text{内} = 0$. 由内筒的转角大小可以测得黏性力。再由外筒转动所
具有的线速度 $u_\text{外} = \omega R$,以及两圆筒的距离 d,可以获得两圆筒间的速度梯
度 $\dfrac{\mathrm{d}u}{\mathrm{d}z} = \dfrac{u_\text{外} - u_\text{内}}{d} = \dfrac{\omega R}{d}$. 因此,由上述牛顿黏性定律便可求得黏度系数 η.

表 5 – 1   黏度系数

气体	$t/°C$	$\eta/(10^{-5}\mathrm{Pa} \cdot \mathrm{s})$	液体	$t/°C$	$\eta/(10^{-3}\mathrm{Pa} \cdot \mathrm{s})$
空气	20	1.82	水	0	1.79
	671	4		20	1.01
水蒸气	0	0.9		50	0.55
	100	1.27		100	0.28
CO_2	20	1.47	水 银	0	1.69
	302	2.7		20	1.55
氢	20	0.89	酒精	0	1.84
	251	1.3		20	1.20
氮	20	1.96	轻机油	15	11.3
CH_4	20	1.10	重机油	15	66

有许多工业、地质、生物等材料不服从牛顿黏性定律,统称非牛顿流体。按流动规律的复杂程度,非牛顿流体大体可分三个层次:(1)黏性力与剪切速度梯度呈非线性关系,或者说,剪切黏度系数是速度梯度的函数,如泥浆、橡胶、血液、玉米面糊等塑性流体;(2)黏度系数有时效,即随时间而变,或与流体此前的历史过程有关,如油漆等凝胶物质;(3)对形变具有部分弹性恢复作用,如沥青等黏弹物质。

(2)傅里叶热传导定律

如果我们将一根铁条的一端放在火炉内,用手握着另一端,虽然手握的那一端并未直接与火焰接触,却会感到它愈来愈热,这是因为热量能够通过构成铁条的物质从较热端传到较冷端的缘故。此即热传导(heat conduction)现象。

设温度沿 $+z$ 方向逐渐升高,如图 $5-3$ 所示,在 $z=z_0$ 平面附近垂直于 z 轴作一对平面,相距 Δz,其上温度分别为 T 和 $T+\Delta T$,则温度梯度为

$$\lim_{\Delta z \to 0} \frac{\Delta T}{\Delta z} = \frac{\mathrm{d}T}{\mathrm{d}z}. \qquad (5.3)$$

实验表明,单位时间内通过 $z=z_0$ 面 $\Delta S = \Delta x \Delta y$ 上的热量 $\Delta Q/\Delta t$(即热通量或热流 H)为

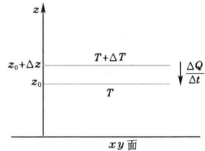

图 $5-3$ 傅里叶热传导定律

$$H = \frac{\Delta Q}{\Delta t} = -\kappa \left(\frac{\mathrm{d}T}{\mathrm{d}z}\right)_{z=z_0} \Delta S, \qquad (5.4)$$

式中负号表示热量沿温度下降的方向,即逆温度梯度的方向流动;比例系数 κ 称为热导率,在 MKS 单位制中的单位为瓦每米开[$W/(m \cdot K)$]。此式叫做傅里叶热传导定律。

(3)菲克扩散定律

在混合气体内部,当某种气体的密度不均匀时,这种气体分子将从密度大的地方移向密度小的地方,此现象叫做扩散(diffusion)。例如从液面蒸发出来的水汽分子不断地散播开来,就是一种扩散现象。纯扩散过程必须是在密度均匀、压强均匀的条件下进行的。单就一种气体来说,在温度均匀的情况下,密度不均匀将导致压强不均匀,从而产生气流,这种过程主要不是扩散。就两种分子组成的混合气体来说,也只有保持温度和总压强处处均匀的情况下,才可能发生纯扩散过程。所以扩散是一种比较复杂的过程。此处只研究纯扩散过程,为了简单,我们只讨论两种分子质量基本上相同的气体

表 5 – 2 **热导率**

气体(1 atm)	$t/°C$	$\kappa/(W \cdot m^{-1} \cdot K^{-1})$	金属	$t/°C$	$\kappa/(W \cdot m^{-1} \cdot K^{-1})$
空气	-74	0.018	纯金	0	311
	38	0.027	纯银	0	418
水蒸气	100	0.0245	纯铜	20	386
氮	-130	0.093	纯铝	20	204
	93	0.169	纯铁	20	72.2
氢	-123	0.098	钢(0.5 碳)	20	53.6
	175	0.251	非金属	$t/°C$	$\kappa/(W \cdot m^{-1} \cdot K^{-1})$
氧	-123	0.0137	沥青	20 ~55	0.74 ~0.76
	175	0.038	水泥	24	0.76
液体	$t/°C$	$\kappa/(W \cdot m^{-1} \cdot K^{-1})$	红砖	—	~0.6
液氨	20	0.521	玻璃	20	0.78
CCl_4	27	0.104	大理石	—	2.08 ~2.94
甘油	0	0.29	松木	30	0.112
水	0	0.561	橡木	30	0.166
	20	0.604	冰	0	2.2
	100	0.68	绝缘材料	$t/°C$	$\kappa/(W \cdot m^{-1} \cdot K^{-1})$
汞	0	8.4	石棉	51	0.166
液氢	-200	0.15	软木	32	0.043
发动机油	60	0.140	刨花	24	0.059

（如 N_2 和 CO，或 CO_2 和 NO_2）组成的混合气体。我们设想，将这两种气体分别放在同一容器中，但起先用隔板隔开，两边温度和压强都相同，然后把隔板抽掉，让扩散开始进行。在此情况下，总的密度各处一样，各部分的压强是均匀的，故不产生宏观气流；又因温度均匀，分子量相近，故两种分子的平均速率也接近。于是，每种气体将因其本身密度的不均匀而进行纯扩散过程。下面，我们来讨论在混合气体中二组分之一的扩散。

设一个组分的密度沿 $+z$ 方向逐渐升高，如图 5 – 4 所示，在 $z = z_0$ 平面附近垂直于 z 轴作一对平面，相距 Δz，其上密度分别为 ρ 和 $\rho + \Delta \rho$，则密度梯度为

$$\lim_{\Delta z \to 0} \frac{\Delta \rho}{\Delta z} = \frac{d\rho}{dz}. \qquad (5.5)$$

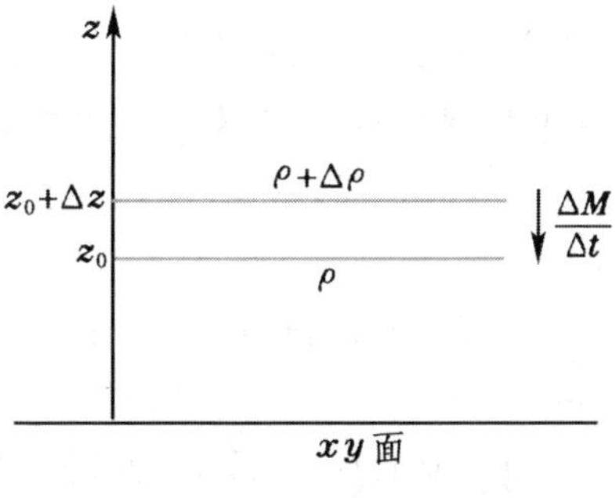

实验表明，单位时间内通过 $z = z_0$ 面 ΔS 上的质量 $\Delta M / \Delta t$（即质量通量或质量流 J）为

图 5 – 4 菲克扩散定律

$$J = \frac{\Delta M}{\Delta t} = -D \left(\frac{d\rho}{dz} \right)_{z = z_0} \Delta S, \qquad (5.6)$$

式中负号表示质量沿密度下降的方向,即逆密度梯度的方向流动;比例系数 D 称为扩散系数,在 MKS 单位制中的单位为平方米每秒(m^2/s)。此式叫做菲克(Fick)扩散定律。

1.2 平均自由程与碰撞频率

如第二章 §1 所指出的,室温下空气分子的平均速率约为 $4 \times 10^2 m/s$,声速约为 $3 \times 10^2 m/s$,两者是同数量级的,前者还稍快些。早在 1858 年克劳修斯就提出一个有趣的问题:若摔破一瓶汽油,声音和气味是否该差不多同时传到? 事实上声音先到,气味的扩散要慢得多。克劳修斯认为分子虽小,但不是几何点。分子具有一定的体积,从而它们在飞行的过程中不断碰撞,妨碍了它们的直线行进(见图5 – 5)。

分子之间的碰撞是短程的排斥力在起作用,若不考虑碰撞的细节,可把分子看成具有一定直径的弹性球,认为只有当两球接触时才有相互作用。这样,分子在相继两次碰撞之间依惯性作匀速直线运动,其间所经过的路程,称为自由程,记作 λ. 自由程 λ 与分子的速率 v 等因素有关,时长时短,各不相同,在宏观上它只具有统计意义,取它的平均值,叫做平均自由程(mean free path),记作 $\bar{\lambda}$.

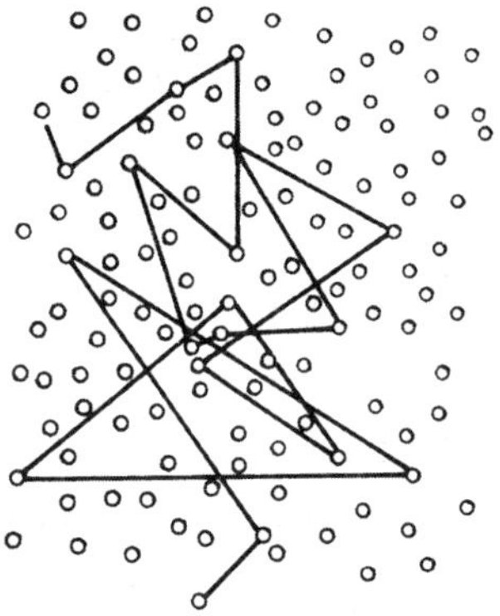

另一个与分子碰撞相联系的概念是碰撞

图 5 – 5 分子碰撞与自由程

频率 ω,它代表每个分子在单位时间内与其它分子碰撞的次数。显然,ω 在宏观上也只具有统计意义,我们也应取它的平均值 $\bar{\omega}$,理应叫做"平均碰撞频率"。不过通常人们习惯于把"平均"二字省略,简称碰撞频率(collision frequency)。$\bar{\omega}$ 的倒数代表分子的平均自由飞行时间,记作 $\bar{\tau}$. 令 $\bar{v}$ 代表分子的平均速率,则有

$$\bar{\lambda} = \bar{v}\bar{\tau} = \frac{\bar{v}}{\bar{\omega}}. \tag{5.7}$$

分子的平均自由程 $\bar{\lambda}$ 和碰撞频率 $\bar{\omega}$ 是由气体的性质和状态决定的,下面我们来研究它们与哪些因素有关。

为了确定 $\bar{\omega}$,我们设想跟踪一个分子,比如说分子 A,数一数它在一段时间 t 内与多少个分子相碰。对于碰撞过程来说,重要的是分子间的相对运动。所以为了简单起见,我们认为其它分子都静止不动,分子 A 以平均相对速率 $\bar{u}$ 运动。

在分子 A 行进的过程中,显然只有中心与 A 的中心之间相距小于或等

于两分子半径之和,即一个分子直径的那些分子才可能与A相碰。因此可设想以分子A的中心运动的轨迹为轴线,以分子的直径 d 为半径作一个曲折的圆柱体(见图5–6),凡是中心在此圆柱体内的分子都会与A相碰,其余分子都不与A相碰。圆柱体的截面积 $\sigma = \pi d^2$,称为分子的碰撞截面。在时间 t 内分子A走过路程 $\overline{u}t$,相应圆柱体的体积为 $\sigma \overline{u}t$. 若以 n 代表单位体积内分子数,即分子的数密度,则在此圆柱体内的

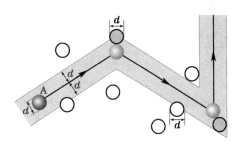

图5–6 碰撞频率与碰撞截面

分子数,亦即A与其它分子的碰撞次数为 $n\sigma \overline{u}t$,于是碰撞频率为

$$\overline{\omega} = \frac{n\sigma \overline{u}t}{t} = n\sigma \overline{u}. \tag{5.8}$$

从而平均自由程为

$$\overline{\lambda} = \frac{\overline{v}}{n\sigma \overline{u}}, \tag{5.9}$$

剩下的问题是求 $\overline{v}$ 和 $\overline{u}$ 之比。

如图5–7所示,设相互碰撞的两分子的速度分别为 $\boldsymbol{v}_1$ 和 $\boldsymbol{v}_2$,其间夹角为 θ. 相对速度 $\boldsymbol{u}$ 等于两者矢量差: $\boldsymbol{u} = \boldsymbol{v}_1 - \boldsymbol{v}_2$,按三角关系,有

$$u^2 = v_1^2 + v_2^2 - 2v_1v_2\cos\theta,$$

取统计平均值:

$$\overline{u^2} = \overline{v_1^2} + \overline{v_2^2} - 2\overline{v_1v_2\cos\theta},$$

因 $\overline{v_1^2} = \overline{v_2^2} = \overline{v^2}$, $\overline{v_1v_2\cos\theta} = 0$(两分子运动方向是随机的),得

$$\overline{u^2} = 2\overline{v^2}, \quad 即 \quad \frac{\sqrt{\overline{v^2}}}{\sqrt{\overline{u^2}}} = \frac{\overline{v}}{\overline{u}} = \frac{1}{\sqrt{2}}.$$

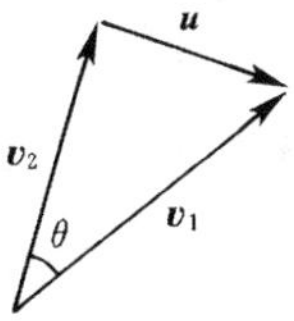

图5–7 分子运动的相对速度

于是平均自由程公式(5.9) 化为

$$\overline{\lambda} = \frac{1}{\sqrt{2}n\sigma} = \frac{1}{\sqrt{2}n\pi d^2}. \tag{5.10}$$

此式首先是由麦克斯韦给出的,可称为麦克斯韦平均自由程公式。

上述平均自由程公式的推导并不严格,严格说来碰撞频率是分子速度的函数,即 $\omega = \omega(v)$,(5.7) 式应写成

$$\overline{\lambda} = \overline{\left(\frac{v}{\omega(v)}\right)},$$

这里的平均是对分子速度的平均,因此与分子的速度分布律有关。在麦克斯韦发现他的速度分布律之前,克劳修斯曾假定所有分子的速率一样,都是 v, 由此算出❶

---

❶ 见王竹溪,《统计物理学导论》,北京:高等教育出版社,1965,第四章,39 节。

$$\omega(v) = \frac{4}{3}n\sigma v,$$

于是他得到

$$\bar{\lambda} = \frac{3}{4n\sigma} = \frac{3}{4n\pi d^2}. \tag{5.11}$$

麦克斯韦之后泰特(P. G. Tait)用麦克斯韦分布律计算了上述平均,得

$$\bar{\lambda} = \frac{0.677}{n\sigma} = \frac{0.677}{n\pi d^2}. \tag{5.12}$$

于是我们面前有三个不同的平均自由程公式(5.11)、(5.10)和(5.12),它们仅在数值系数上有微小差别: $\frac{3}{4} = 0.75$、$\frac{1}{\sqrt{2}} = 0.707$、0.677.

平均自由程与气体的状态有关,表 5-3 中给出几种气体在标准状态下的平均自由程和有效直径。从表中数据可见,前者的数量级为 10^{-7}m,后者的数量级为 10^{-10}m. 取 $\bar{v} \sim 10^3$m/s,可推算出碰撞频率 $\bar{\omega}$ 的数量级为 10^{10}/s,相当于电磁波谱的微波波段。由这些数据还可看出,在标准状态下气体的 $\bar{\lambda} \gg d$,确实可以认为气体是足够稀薄的。

表 5-3 标准状态下气体的平均自由程和有效直径

气 体	$\bar{\lambda}/10^{-7}$m	$d/10^{-10}$m
氢(H$_2$)	1.123	2.7
氮(N$_2$)	0.599	3.7
氧(O$_2$)	0.547	3.6
氦(He)	1.798	2.2
氩(Ar)	0.666	3.2

1.3 分子自由程的概率分布

分子在任意两次碰撞之间所走过的距离(即自由程)有长有短,并非都等于平均自由程 $\bar{\lambda}$. 现在我们讨论分子自由程大于 l 的概率 $P(l)$.

按平均自由程 $\bar{\lambda}$ 的定义,在单位长度的路程上每个分子平均碰撞 $1/\bar{\lambda}$ 次,在长度为 $\mathrm{d}l$ 的路程上平均碰撞 $\mathrm{d}l/\bar{\lambda}$ 次。设分子的总数为 N_0,在前次碰撞后经历距离 l 后尚未再次碰撞的分子数为 $N(l)$,它们今后在长度为 $\mathrm{d}l$ 的路程上平均碰撞 $N(l)\mathrm{d}l/\bar{\lambda}$ 次,这也就是 $N(l+\mathrm{d}l)$ 比 $N(l)$ 少的数目。写成式子,我们有

$$-\mathrm{d}N = N(l) - N(l+\mathrm{d}l) = \frac{N\mathrm{d}l}{\bar{\lambda}}, \quad 或 \quad \frac{\mathrm{d}N}{N} = -\frac{\mathrm{d}l}{\bar{\lambda}},$$

积分后得

$$\ln\frac{N(l)}{N(l=0)} = -\frac{l}{\bar{\lambda}},$$

$N(l=0)$ 即分子总数 N_0,于是

$$N = N_0 \mathrm{e}^{-l/\bar{\lambda}}, \tag{5.13}$$

分子自由程大于 l 的概率分布为

$$P(l) = \frac{N}{N_0} = e^{-l/\bar{\lambda}}. \tag{5.14}$$

例题 1 自由程大于和小于 $\bar{\lambda}$ 的概率各多少?

答: $P(\bar{\lambda}) = e^{-1} = 0.37, \quad 1 - P(\bar{\lambda}) = 0.63.$ ∎

1.4 从量纲看输运系数

气体动理论(kinetic theory of gases)是研究气体输运过程微观机制的理论,它能给出输运系数与微观参数(如碰撞截面、平均自由程,平均速率等)之间的关系。在具体地用气体动理论来导出输运系数的表达式之前,我们可先从量纲方面考查一下。

输运系数与气体的状态有关,描述气体状态的宏观参量有 p、V、T 等,从微观角度来描述,应代之以 ρ、$\bar{v}$ 等。再者,输运过程是由分子碰撞决定的,反映碰撞的参量,如平均自由程或碰撞频率一定会在公式里出现。此外,在热传导问题中还要涉及到比热,譬如定体比热 c_V. 从量纲上来看,$[\eta] = [\kappa/c_V] = ML^{-1}T^{-1}$,$[D] = L^2T^{-1}$,而 $[\rho] = ML^{-3}$,$[\bar{v}] = LT^{-1}$,$[\bar{\lambda}] = L$,我们不妨猜测

$$\eta \text{ 和} \frac{\kappa}{c_V} \propto \rho\, \bar{v}\, \bar{\lambda}, \qquad D \propto \bar{v}\, \bar{\lambda}. \tag{5.15}$$

上面的比例式两边量纲相同,若画等号,其间应有个无量纲的比例系数(一般说来,若单位取得合适,其数量级大约在 1 左右,最多差上一个半个数量级)。下面将用初级的气体动理论证明,(5.15) 式中的比例系数是 1/3.

1.5 初级气体动理论

黏性现象是流速分布不均匀引起的动量传递,形成动量流,即作用力;热导现象是温度分布不均匀引起的热量传递,形成热流;扩散现象是密度分布不均匀引起的质量传递,形成质量流。归纳起来,输运现象就是因某个宏观参量分布不均匀引起相应物理量 $\mathcal{Q}$ 的迁移,形成某种"流" $\mathcal{J}$. 从微观角度看,物理量 $\mathcal{Q}$ 的迁移是靠分子的热运动来输运的,而输运过程中物理量 $\mathcal{Q}$ 的交接,则靠碰撞。分子的热运动和碰撞合起来,起着"搅拌"的作用。

先看分子热运动的作用。如图 5–8 所示,用 $z = z_0$ 平面把系统分为上下两部分,下部为 A,上部为 B. 在 $z = z_0$ 面上取一个面积为 ΔS 的面元,考虑在 Δt 时间内从 A 到 B 或从 B 到 A 穿过 ΔS 的分子数。作为初级理论,我们不考虑分子速度大小和方向的分布,假定所有分子的速率都是 $\bar{v}$(平均热运动速率),它们可以平分为 6 组,各自朝 $\pm x$、$\pm y$、$\pm z$ 方向运动。只有沿 $-z$ 方向运动的那组分子从 B 穿过 $z = z_0$ 到达 A,只有沿 $+z$ 方向运动的那组分子从 A 穿过 $z = z_0$ 到达 B,每组中分子的数目是总数的 1/6. 以 ΔS 为底、$\bar{v}\Delta t$ 为

高作一柱体,在 Δt 时间内穿过 ΔS 的分子尽在此柱体内,其数目为1/6的分子数密度 n 乘以柱的体积 $\bar{v}\Delta S\Delta t$,即 $\frac{1}{6}n\bar{v}\Delta S\Delta t$.

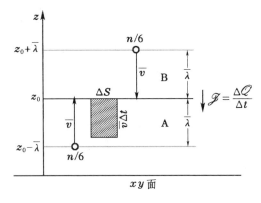

图 5 – 8 分子输运

穿过 $z=z_0$ 平面的每个分子把一方的某个物理量携带到另一方,在黏性、热导、扩散三过程中这物理量分别为分子定向运动的动量 mu、平均热运动动能量 $\bar{\varepsilon}=\frac{1}{2}kT(t+r+2s)=mc_vT$(见第二章3.3节)、质量 m. 由于系统沿 z 方向不均匀,因分子热运动在 A、B 两部分之间带来带去的物理量数量不等,在 Δt 时间内沿 $+z$ 方向净流过面元 ΔS 的某物理量为

$$\Delta Q=\left(\frac{1}{6}n\bar{v}\Delta S\Delta t\times\boxed{\begin{array}{c}\text{分子携带}\\\text{的物理量}\end{array}}\right)_A-\left(\frac{1}{6}n\bar{v}\Delta S\Delta t\times\boxed{\begin{array}{c}\text{分子携带}\\\text{的物理量}\end{array}}\right)_B,$$

相应的流为

$$\mathscr{J}=\frac{\Delta Q}{\Delta t}=\frac{\bar{v}}{6}\left[\left(n\times\boxed{\begin{array}{c}\text{分子携带}\\\text{的物理量}\end{array}}\right)_A-\left(n\times\boxed{\begin{array}{c}\text{分子携带}\\\text{的物理量}\end{array}}\right)_B\right]\Delta S. \tag{5.16}$$

现在来看碰撞的作用。本章一开头就指出,宏观不均匀气体的热状态可用局域麦克斯韦分布来描述,此速度分布体现出局域流速、局域温度、局域密度等局域宏观参量。我们在第二章1.3节里已强调过,热平衡分布是靠分子间频繁的碰撞来达到的。设想在已达到热平衡的气体中突然侵入一小批"异己"分子,它们具有与本地气体分子不同的局域宏观参量。通过外来的异己分子与本地分子之间的碰撞,异己分子被"同化"了,它们的宏观参量变得与本地分子一样。在上面讨论的输运过程中,由于A、B两部分气体的宏观参量不同,穿越界面 $z=z_0$ 的分子都是异己分子,它们把反映界面另一侧宏观参量的物理量携带过来,在碰撞过程中与本地的分子同化。现在的问题是,宏观参量是随距离渐变的,这些穿梭"使者"带来的是界面彼侧多远处的"信息"?理论和实验都表明,同化的时间尺度,即弛豫时间,为 $1/\bar{\omega}$ 的数量级($\bar{\omega}$——碰撞频率)。作为初级理论,我们再做一个简化假设,即异己分子通过一次碰撞就被同化。这样一来,穿过界面的分子带来的是彼侧距离界面 $\bar{\lambda}$ 处的信息。亦即,在(5.16)式中下标A和B应分别指 $z=z_0\mp\bar{\lambda}$ 的地方:

$$\mathscr{J} = \frac{\Delta Q}{\Delta t} = \frac{\bar{v}}{6}\Big[\Big(n \times \boxed{\begin{array}{c}\text{分子携带}\\\text{的物理量}\end{array}}\Big)_{z=z_0-\bar{\lambda}} - \Big(n \times \boxed{\begin{array}{c}\text{分子携带}\\\text{的物理量}\end{array}}\Big)_{z=z_0+\bar{\lambda}}\Big]\Delta S$$

$$\approx -\frac{\bar{v}}{6}\Big[\frac{\mathrm{d}}{\mathrm{d}z}\Big(n \times \boxed{\begin{array}{c}\text{分子携带}\\\text{的物理量}\end{array}}\Big)\Big]_{z=z_0} \cdot 2\bar{\lambda} \cdot \Delta S$$

$$= -\frac{1}{3}\Big[\frac{\mathrm{d}}{\mathrm{d}z}\Big(n \times \boxed{\begin{array}{c}\text{分子携带}\\\text{的物理量}\end{array}}\Big)\Big]_{z=z_0} \bar{v}\,\bar{\lambda}\,\Delta S, \text{❶} \qquad (5.17)$$

在上面的推导中我们已进一步假设：所有宏观参量在距离为自由程数量级的范围内变化极缓，从而泰勒展开只保留第一项。❷

下面我们把(5.17)式分别运用到黏性、热导、扩散三个输运过程上：

(1) 黏性过程

在(5.17)式中取 $Q = P$(动量)，$\mathscr{J} = f$(黏性力)，分子携带的物理量为 mu，得

$$f = \frac{\Delta P}{\Delta t} = -\frac{1}{3}\Big[\frac{\mathrm{d}}{\mathrm{d}z}(nmu)\Big]_{z=z_0}\bar{v}\,\bar{\lambda}\,\Delta S = -\frac{1}{3}\rho\,\bar{v}\,\bar{\lambda}\Big(\frac{\mathrm{d}u}{\mathrm{d}z}\Big)_{z=z_0}\Delta S, \quad (5.18)$$

式中 $\rho = nm$ 为气体密度。上式与(5.2)式比较可知黏度系数为

$$\eta = \frac{1}{3}\rho\,\bar{v}\,\bar{\lambda}. \qquad (5.19)$$

(2) 热传导过程

在(5.17)式中取 $Q = Q$(热量)，$\mathscr{J} = H$(热流)，分子携带的物理量为 $\bar{\varepsilon} = mc_V T$，得

$$H = \frac{\Delta Q}{\Delta t} = -\frac{1}{3}\Big[\frac{\mathrm{d}}{\mathrm{d}z}(nmc_V T)\Big]_{z=z_0}\bar{v}\,\bar{\lambda}\Delta S = -\frac{1}{3}\rho\,\bar{v}\,\bar{\lambda}\,c_V\Big(\frac{\mathrm{d}T}{\mathrm{d}z}\Big)_{z=z_0}\Delta S,$$
$$(5.20)$$

式中 $\rho = nm$ 为气体密度。上式与(5.4)式比较可知，热导率为

$$\kappa = \frac{1}{3}\rho\,\bar{v}\,\bar{\lambda}\,c_V. \qquad (5.21)$$

(3) 扩散过程

在(5.17)式中取 $Q = M$(质量)，$\mathscr{J} = J$(质量流)，分子携带的物理量为 m，得

$$J = \frac{\Delta M}{\Delta t} = -\frac{1}{3}\Big[\frac{\mathrm{d}}{\mathrm{d}z}(nm)\Big]_{z=z_0}\bar{v}\,\bar{\lambda}\,\Delta S = -\frac{1}{3}\bar{v}\,\bar{\lambda}\Big(\frac{\mathrm{d}\rho}{\mathrm{d}z}\Big)_{z=z_0}\Delta S, \quad (5.22)$$

---

❶ 严格说来，式中的 $\bar{v}\,\bar{\lambda}$ 应为 $\overline{v\lambda}$，在麦克斯韦分布的情况下，其间有百分之几的误差。

❷ 这假设对一切线性输运理论是很重要的，否则我们得不到线性的输运方程。

式中 $\rho = nm$ 为气体密度。上式与(5.6)式比较可知扩散系数为

$$D = \frac{1}{3}\,\overline{v}\,\overline{\lambda}. \tag{5.23}$$

1.6 与实验的比较

下面我们从几个方面将初级理论的结果与实验比较。

(1) 输运系数与气体状态参量的函数关系

选压强 p 和温度 T 为独立的状态参量,因 $n = p/kT \propto p/T$, $\rho = nm \propto p/T$, $\overline{v} = \sqrt{8kT/\pi m} \propto T^{1/2}$, $\overline{\lambda} = 1/\sqrt{2}\,\sigma n \propto T/p$,则

$$\eta = \frac{1}{3}\rho\,\overline{v}\,\overline{\lambda} \propto T^{1/2}, \tag{5.24}$$

$$\kappa = \frac{1}{3}\rho\,\overline{v}\,\overline{\lambda}\,c_V \propto T^{1/2}, \tag{5.25}$$

$$D = \frac{1}{3}\,\overline{v}\,\overline{\lambda} \propto T^{3/2}/p. \tag{5.26}$$

由于 ρ 与 $\overline{\lambda}$ 对于 p 的依赖关系相反,二者的乘积与 p 无关,导致 η 和 κ 与压强 p 无关[见(5.24)式和(5.25)式]。这个结论在不经理论推导之前并不是显而易见的。麦克斯韦和迈耶等人曾在从几个 mmHg 到几个 atm 的压强范围内做实验,证实了这个推论,这对当时气体动理论的建立起了重要作用。以上各式表明,η 和 $\kappa \propto T^{0.5}$,$D \propto T^{1.5}$,实验结果表明,η 和 $\kappa \propto T^{0.7}$,$D \propto T^{1.75} \sim T^2$,即都比理论预期的温度依赖关系更为显著。偏差来自计算平均自由程时采用的刚球模型,在此模型中只考虑了分子间的排斥力。实际上分子间有较弱的吸引力,吸引力使分子的碰撞截面 σ 对温度有一定的依赖关系。

(2) 三个输运系数之间的关系

以上各式表明,$\kappa/c_V\eta = 1$,$D\rho/\eta = 1$,而实验结果是 $\kappa/c_V\eta = 1.3 \sim 2.5$,$D\rho/\eta = 1.3 \sim 1.5$,具体数值都因气体不同而异。

(3) 输运系数的数量级

例题2 估算 15°C 时氮气的黏度系数,取氮分子的有效直径 $d = 3.8 \times 10^{-10}$ m,已知氮的分子量为 28.

解: $T = 288$ K,$m = (28 \times 10^{-3}/6.02 \times 10^{23})$ kg $= 4.7 \times 10^{-26}$ kg,得

$$\eta = \frac{1}{3}\rho\,\overline{v}\,\overline{\lambda} = \frac{1}{3d^2}\sqrt{\frac{4mkT}{\pi^3}} = 1.1 \times 10^{-5}\,\mathrm{Pa \cdot s}.$$

实验测得 15°C 时氮气的黏度系数 $\eta = 1.75 \times 10^{-5}$ Pa·s. 即理论与实验的数量级是符合的。由于三个输运系数两两之比的数量级理论与实验符合,其它两个输运系数 κ、D 的数量级也是对的。■

输运系数的初级理论中明确地作了两点假设:不考虑分子的速度分布和一次碰撞同化。也许一开始就有人问：这样的假设有根据吗？以上的分析表明,初级理论只在定性的趋势和数量级上对,定量的结果与实验有较大的偏离。定性或半定量理论的优点在于简单明了,物理图像直观,当然它为此在严格性和准确性方面是做了一些牺牲的。对这种理论中所作的假设不必太细致地追究。

1.7 稀薄气体中的输运过程

以上的讨论适用于平常的压强范围。当气体的压强减小时,分子的平均自由程 $\overline{\lambda}$ 加大,当 $\overline{\lambda}$ 大过容器的线度 L 时,L 将逐渐取代麦克斯韦自由程(5.10)式的地位,它变得与压强和温度都无关。这时黏度系数 $\eta = \frac{1}{3}\rho\overline{v}L$ 和热导率 $\kappa = \frac{1}{3}\rho\overline{v}Lc_V$ 不再与压强无关,而是与之成正比。

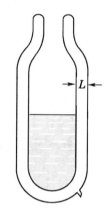

图 5–9 杜瓦瓶

杜瓦瓶(热水瓶胆,见图5–9)就是根据低压下气体导热性随压强的降低而降低的原理制成的。杜瓦瓶是具有双层薄壁的玻璃容器,两壁间的空气被抽得很稀薄,使分子的平均自由程远大于两壁的间距。这样,杜瓦瓶就具有良好的隔热性能,可用来贮存热水或液态气体。

§2. 涨落 关联 布朗运动

2.1 涨落

第二章8.1节讲过,宏观系统的平衡统计分布是最概然分布,偏离这分布的概率是极小的。热平衡态下测得的物理量的数值,相当精确地等于这个分布下的平均值,偏差也是很小的,但毕竟概率不为0. 实际上物理量的数值在平均值附近飘忽不定地变化着,这现象叫做涨落(fluctuation)。在热力学里通常说的涨落是由热运动引起的,这种涨落叫做热力学涨落。在温度极低时热力学涨落很微弱,量子的不确定性原理(见第一章2.2节)引起的效应开始显露出来。由纯量子效应引起的涨落叫做量子涨落。下面我们只讨论热力学涨落。

涨落的大小是随机的,但它服从一定的概率分布。按玻耳兹曼的熵表达式(2.122),宏观态概率 Ω 与熵 S 的关系为

$$S = k\ln\Omega, \quad 即 \quad \Omega = e^{S/k}. \tag{5.27}$$

热力学涨落是围绕平衡态的涨落,所以又叫平衡涨落。令 S_0 和 Ω_0 分别代表

平衡态的熵和宏观概率,它们都处于极大值。对于涨落态的 S 和 Ω,我们有
$$\Omega = \Omega_0\, \mathrm{e}^{(S-S_0)/k}. \tag{5.28}$$
按照爱因斯坦的办法,将熵围绕平衡态作泰勒展开。为简单计,我们先假定熵只依赖于一个宏观变量 X,即 $S=S(X)$. 设 X 的平均值为 $\bar{x}$,平衡态的熵 $S_0 = S(\bar{x})$. 更换变量,取 $x = \delta X = X - \bar{x}$,则 $S_0 = S(x=0)$. 因平衡态 $x=0$ 处 S 极大,故 $\left(\dfrac{\mathrm{d}S}{\mathrm{d}x}\right)_{x=0}=0$,$\left(\dfrac{\mathrm{d}^2 S}{\mathrm{d}x^2}\right)_{x=0}<0$,于是泰勒展开式可写作

$$S - S_0 \approx -\frac{1}{2}\Lambda x^2,$$

式中

$$\Lambda = -\left(\frac{\mathrm{d}^2 S}{\mathrm{d}x^2}\right)_{x=x_0} > 0.$$

代入 (5.28) 式得涨落量 x 的概率分布:
$$\Omega(x) = \Omega_0\, \mathrm{e}^{-\Lambda x^2/2k}, \tag{5.29}$$

作为概率分布,必须归一化:

$$\int_{-\infty}^{\infty} \Omega(x)\,\mathrm{d}x$$

$$= \Omega_0 \int_{-\infty}^{\infty} \mathrm{e}^{-\Lambda x^2/2k}\,\mathrm{d}x$$

$$= \Omega_0 \sqrt{\frac{2\pi k}{\Lambda}} \xrightarrow{\text{应等于}} 1,$$

由此定出上式中的常数为

$$\Omega_0 = \sqrt{\frac{\Lambda}{2\pi k}},$$

于是 (5.29) 式应写为

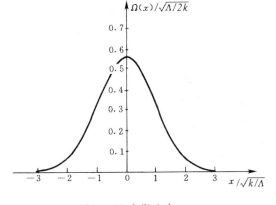

图 5 – 10 高斯分布

$$\Omega(x) = \sqrt{\frac{\Lambda}{2\pi k}}\, \mathrm{e}^{-\Lambda x^2/2k}, \tag{5.30}$$

这种形式的统计分布叫做高斯分布(Gaussian distribution)或正态分布(normal distribution),函数形式见图 5 – 10,其性质可参考附录 A. 根据这分布函数我们可算出下列一些平均值:

平均 $\qquad \bar{x} = \overline{\delta X} = \sqrt{\dfrac{\Lambda}{2\pi k}} \displaystyle\int_{-\infty}^{\infty} x\,\mathrm{e}^{-\Lambda x^2/2k}\mathrm{d}x = 0,$ $\qquad (5.31)$

方差 $\qquad \overline{x^2} = \overline{(\delta X)^2} = \sqrt{\dfrac{\Lambda}{2\pi k}} \displaystyle\int_{-\infty}^{\infty} x^2\mathrm{e}^{-\Lambda x^2/2k}\,\mathrm{d}x = \dfrac{k}{\Lambda}.$ $\quad (5.32)$

涨落的平均值等于 0 源于正负涨落是对称的,方差表示涨落幅度弥散的程度,是标志涨落大小的一个很重要的特征量。

现在把上述理论推广到两个变量 X_1、X_2 的情形。令 $x_1 = \delta X_1 = X_1 - \overline{X_1}$，$x_2 = \delta X_2 = X_2 - \overline{X_2}$，熵 $S = S(x_1, x_2)$，$S_0 = S(x_1 = 0, x_2 = 0)$. 因平衡态 $x_1 = x_2 = 0$ 处 S 极大，故 $\left(\dfrac{\partial S}{\partial x}\right)_{x_1, x_2 = 0} = 0$，$\left(\dfrac{\partial^2 S}{\partial x_1^2}\right)_{x_1, x_2 = 0} < 0$，$\left(\dfrac{\partial^2 S}{\partial x_2^2}\right)_{x_1, x_2 = 0} < 0$. 若 X_1、X_2 两变量在统计上独立，必有 $\left(\dfrac{\partial^2 S}{\partial x_1 \partial x_2}\right)_{x_1, x_2 = 0} = 0$. 于是熵的泰勒展开式可写作

$$S - S_0 \approx -\frac{1}{2}(\Lambda_1 x_1^2 + \Lambda_2 x_2^2),$$

式中 $\Lambda_1 = -\left(\dfrac{\partial^2 S}{\partial x_1^2}\right)_{x_1, x_2 = 0} > 0$，$\Lambda_2 = -\left(\dfrac{\partial^2 S}{\partial x_2^2}\right)_{x_1, x_2 = 0} > 0$. 代入 (5.28) 式得涨落量 x_1、x_2 的概率分布：

$$\Omega(x_1, x_2) = \Omega_0\, e^{-(\Lambda_1 x_1^2 + \Lambda_2 x_2^2)/2k}, \tag{5.33}$$

定归一化因子：

$$\int_{-\infty}^{\infty}\int_{-\infty}^{\infty} \Omega(x_1, x_2)\, dx_1 dx_2 = \Omega_0\left(\int_{-\infty}^{\infty} e^{-\Lambda_1 x_1^2/2k}\, dx_1\right) \cdot \left(\int_{-\infty}^{\infty} e^{-\Lambda_2 x_2^2/2k}\, dx_2\right)$$

$$= \Omega_0\sqrt{\frac{4\pi^2 k^2}{\Lambda_1 \Lambda_2}} \xrightarrow{\text{应等于}} 1,$$

由此定出上式中的常数为

于是该式应写为
$$\Omega_0 = \sqrt{\frac{\Lambda_1 \Lambda_2}{4\pi^2 k^2}},$$

$$\Omega(x_1, x_2) = \sqrt{\frac{\Lambda_1 \Lambda_2}{4\pi^2 k^2}}\, e^{-(\Lambda_1 x_1^2 + \Lambda_2 x_2^2)/2k} = \left(\sqrt{\frac{\Lambda_1}{2\pi k}}\, e^{-\Lambda_1 x_1^2/2k}\right) \cdot \left(\sqrt{\frac{\Lambda_2}{2\pi k}}\, e^{-\Lambda_2 x_2^2/2k}\right), \tag{5.34}$$

亦即两独立变量的概率分布是两高斯分布的乘积。根据这分布函数我们可算出平均和方差为：

平均 $\qquad \overline{x_1} = \overline{\delta X_1} = 0, \qquad \overline{x_2} = \overline{\delta X_2} = 0, \tag{5.35}$

方差 $\qquad \overline{x_1^2} = \overline{(\delta X_1)^2} = \dfrac{k}{\Lambda_1}, \qquad \overline{x_2^2} = \overline{(\delta X_2)^2} = \dfrac{k}{\Lambda_2}. \tag{5.36}$

热力学涨落公式的导出在一般统计物理的教科书中都可以找到，关键是如何将熵 S 表达成独立状态参量(譬如 V 和 T)的函数，作二级泰勒展开。本课不宜陷入过多的数学推演，这里直接给出温度和体积的涨落公式，并进行一些讨论。

考虑一个定温定压系统，如第四章 5.3 节所设想的那样，认为这系统 Σ 是与热库 Σ' 既有热接触，又与它处于力学平衡的系统。复合系统 $\Sigma' + \Sigma$ 是孤立系统，它具有确定的能量和体积，但 Σ 的能量和体积是有涨落的，热库 Σ' 的能量和体积有相应的涨落，以保持 $\Sigma' + \Sigma$ 的总能量和总体积不变。上述能

量的涨落引起 Σ 温度的涨落,但并不影响热库的温度,Σ 体积的涨落也不影响热库的压强,都是因为热库比 Σ 大得多。系统 Σ 温度的涨落 δT 和体积的涨落 δV 都是服从高斯分布的,它们的方差分别为

$$\begin{cases} \overline{(\delta T)^2} = \dfrac{kT^2}{C_V}, & (5.37) \\[3mm] \overline{(\delta V)^2} = -kT\left(\dfrac{\partial V}{\partial p}\right)_T. & (5.38) \end{cases}$$

δV 是一定数目的分子所占体积的涨落,同一问题也可看作是一定体积内分子数目的涨落 δN,二者的关系可导出如下:

$$\frac{N}{V+\delta V} = \frac{N - \delta N}{V},$$

忽略二级小量,则得

$$\frac{\delta N}{N} = \frac{\delta V}{V}.$$

由此我们还可以得到分子数目的涨落

$$\overline{\left(\frac{\delta N}{N}\right)^2} = \overline{\left(\frac{\delta V}{V}\right)^2} = -\frac{kT}{V^2}\left(\frac{\partial V}{\partial p}\right)_T. \qquad (5.39)$$

例题 3 求理想气体分子数和密度的相对涨落。

解:由理想气体的物态方程 $pV = \nu RT = NkT$ 知 $\left(\dfrac{\partial V}{\partial p}\right)_T = -\dfrac{NkT}{p^2} = -\dfrac{V}{p} = -\dfrac{V^2}{NkT}$ 代入 (5.39) 式得

$$\overline{\left(\frac{\delta N}{N}\right)^2} = \overline{\left(\frac{\delta V}{V}\right)^2} = \frac{1}{N}.$$

或它们的方均根值为

$$\frac{\sqrt{\overline{\delta N^2}}}{N} = \frac{\sqrt{\overline{\delta V^2}}}{V} = \frac{1}{\sqrt{N}}, \qquad (5.40)$$

亦即,相对涨落与粒子数的平方根成反比。在粒子数 N 极大的宏观系统中涨落是非常小的。∎

2.2 临界点的涨落

第一章 7.1 节讲过,p–V 图上的等温线在临界点 K 处是个切线水平的拐点(见图 1 – 54),即该处的一、二阶导数皆为 0:

$$\left(\frac{\partial p}{\partial V}\right)_T = 0, \qquad \left(\frac{\partial^2 p}{\partial V^2}\right)_T = 0. \qquad (5.41)$$

涨落公式(5.38)和(5.39)中的 $\left(\dfrac{\partial V}{\partial p}\right)_T$ 是 $\left(\dfrac{\partial p}{\partial V}\right)_T$ 的倒数,这岂不意味着临界点的涨落 → ∞?当然不会这样,这只说明两式在临界点已不适用。推导(5.38)、(5.39)式时用到压强对体积的泰勒展开,在临界点前面几项都等于0,泰勒级数必需展开到三阶。理论推导

的结果是:❶

$$\overline{(\delta V)^2} = 1.6559 \sqrt{-kT\left[\left(\frac{\partial^3 p}{\partial V^3}\right)_T\right]^{-1}}, \tag{5.42}$$

$$\overline{\left(\frac{\delta N}{N}\right)^2} = \overline{\left(\frac{\delta V}{V}\right)^2} = \frac{1.6559}{V^2}\sqrt{-kT\left[\left(\frac{\partial^3 p}{\partial V^3}\right)_T\right]^{-1}}. \tag{5.43}$$

以范德瓦耳斯气体为例,从物态方程(1.44)

$$p = \frac{\nu RT}{V - \nu b} - \frac{\nu^2 a}{V^2},$$

可得

$$\left(\frac{\partial^3 p}{\partial V^3}\right)_T = -\frac{6\nu RT}{(V - \nu b)^4} + \frac{24\nu^2 a}{V^5}.$$

将临界温度 $T = T_K = 8a/27Rb$ 和临界体积 $V = V_K = 3\nu b$〔见(1.45)式〕代入,得

$$\left(\frac{\partial^3 p}{\partial V^3}\right)_{T_K} = -\frac{a}{81\nu^3 b^5}.$$

代入(5.43)式,得

$$\overline{\left(\frac{\delta N}{N}\right)^2} = \overline{\left(\frac{\delta V}{V}\right)^2} = 1.6559\sqrt{\frac{8k}{27\nu R}} = 0.901\sqrt{\frac{1}{N}},$$

即

$$\overline{\left(\frac{\delta N}{N}\right)^2} = \overline{\left(\frac{\delta V}{V}\right)^2} = \frac{0.901}{N^{1/2}}, \tag{5.44}$$

及

$$\frac{\sqrt{\overline{\delta N^2}}}{N} = \frac{\sqrt{\overline{\delta V^2}}}{V} = \frac{0.949}{N^{1/4}}. \tag{5.45}$$

由此我们看到,临界点的涨落虽不是无穷大,但它正比于 $1/N^{1/4}$,比通常的 $1/N^{1/2}$ 大多了。

临界点密度涨落高涨的可观察后果是出现临界乳光(critical opalescence)。白昼晴朗的天空呈美丽的蔚蓝色,是因阳光在大气中散射造成的。纯净透明气体对光的散射靠的是密度涨落,在通常的情况下这种散射的强度与光的波长 λ 的四次方成反比(瑞利散射定律(参见《新概念物理教程·光学》第七章 4.2 节),所以阳光里的短波(蓝紫光)比长波(红黄光)被散射得多,使天空呈现蓝色。瑞利散射只在涨落尺度不太大的情况下发生,涨落尺度较大时,散射光变得不大依赖于波长,于是气体变得不透明,呈乳白色,这就是临界乳光的由来。

2.3 布朗运动

第一章 2.3 节已谈到布朗运动,即悬浮在静止流体中微小颗粒的无规运动,现在我们对它进行一些理论分析。

为简单起见,考虑一维(譬如 x 方向)上的投影。设布朗粒子的质量为 m,它受到两个力:一是随机的脉冲力 $F(t)$,各脉冲持续时间极短,彼此完

---

❶ 见吴瑞贤、章立源,《热学研究》,成都:四川大学出版社,1987,第八章 § 5。

全没有关联; 另一是流体的黏性阻力, 其方向与粒子速度相反, 大小与之成
正比。列出运动方程, 则有

$$m \frac{d^2 x}{dt^2} + \alpha \frac{dx}{dt} = F(t),$$

或
$$\frac{d^2 x}{dt^2} + \gamma \frac{dx}{dt} = X(t), \tag{5.46}$$

式中 $\gamma = \alpha/m$, $X = F/m$. 设布朗粒子在 $t = 0$ 时刻位于原点 $x = 0$ 处, 我们的
目标是研究位移 x 的方差 $\overline{x^2}$, 为此先看 x^2 的导数:

$$\frac{d(x^2)}{dt} = 2x \frac{dx}{dt}, \qquad \frac{d^2(x^2)}{dt^2} = 2\left(\frac{dx}{dt}\right)^2 + 2x \frac{d^2 x}{dt^2}.$$

将 (5.46) 式乘以 $2x$, 利用上式可将它化为

$$\frac{d^2(x^2)}{dt^2} - 2\left(\frac{dx}{dt}\right)^2 + \gamma \frac{d(x^2)}{dt} = 2xX(t).$$

取各项的平均:

$$\frac{d^2 \overline{x^2}}{dt^2} - 2 \overline{\left(\frac{dx}{dt}\right)^2} + \gamma \frac{d \overline{x^2}}{dt} = 2 \overline{xX(t)}. \tag{5.47}$$

布朗粒子的无规运动是分子碰撞的结果, 我们可以把它看成一个大分子, 它
在与分子碰撞的过程中达到热平衡。换句话说, 我们可以把能均分定理运用
到它身上:

$$\overline{\left(\frac{dx}{dt}\right)^2} = \overline{v^2} = \frac{kT}{m}.$$

此外, 位移 x 是以往时刻随机力的积累效果, 它与现在的 $X(t)$ 没有关联, 所
以 $\overline{xX(t)} = 0$. 上式最后化为

$$\frac{d^2 \overline{x^2}}{dt^2} + \gamma \frac{d \overline{x^2}}{dt} = \frac{2kT}{m}. \tag{5.48}$$

上式是一个二阶常系数线性非齐次微分方程, 在数学上有一套严格的解法。
在这里我们且不去管它, 只从物理上做些定性和半定量的分析, 然后用较简
便的方法求出它的渐近解来。

　　(5.48) 式左端第一项是惯性运动项, 第二项是阻力项, 右端是驱动项,
亦即, 布朗运动是靠温度 (热运动) 驱动的。如果没有驱动项, 方程式化为

$$\frac{d^2 \overline{x^2}}{dt^2} + \gamma \frac{d \overline{x^2}}{dt} = 0, \tag{5.49a}$$

$\overline{x^2}$ 的一阶导数具有下列指数形式:

$$\frac{d \overline{x^2}}{dt} \propto e^{-\gamma t}, \tag{5.50a}$$

这就是说, 一旦失掉驱动, 布朗粒子位移方差 $\overline{x^2}$ 的任何初始增长率都会迅

速地衰减掉,衰减的时间尺度是 γ^{-1}(注意:γ 的量纲是时间倒数的量纲)。

再看没有阻力项时的情况,此时方程式化为

$$\frac{d^2 \overline{x^2}}{dt^2} = \frac{2kT}{m}, \tag{5.49b}$$

其解为

$$\overline{x^2} = \frac{kT}{m} t^2 \propto t^2, \tag{5.50b}$$

这是无阻尼情况下的加速模式。

最后,没有惯性项时方程的形式为

$$\gamma \frac{d \overline{x^2}}{dt} = \frac{2kT}{m}, \tag{5.49c}$$

其解为

$$\overline{x^2} = \frac{2kT}{m\gamma} t = \frac{2kT}{\alpha} t \propto t, \tag{5.50c}$$

这是强阻尼下的运动模式,粒子的惯性运动完全被抑止掉。

在以上的简化分析中我们分别看到方程式中各项的作用,实际情况究竟是怎样的? 让我们分析一下方程式中参量 γ 的数量级。$\gamma = \alpha/m$,假设布朗粒子是球状的,我们可以用斯托克斯公式[见《新概念物理教程·力学》(5.52) 式]来估算 α 的数量级:小球所受黏性阻力=$6\pi\eta r v = \alpha v$,故 $\alpha = 6\pi\eta r$,这里 η 为流体的黏度系数,r 为小球的半径。设小球的密度为 ρ,则其质量 $m = 4\pi r^3 \rho/3$,于是 $\gamma = \alpha/m = 9\eta/2r^2\rho$. 取皮兰的实验为典型的例子(见第一章 2.3 节图 1 – 16),他当时采用的胶体物质密度为 $\rho = 1.19 \times 10^{-3} \text{kg/m}^3$,构成布朗粒子的平均半径为 $r = 3.67 \times 10^{-7}\text{m}$,流体介质(水)的黏度系数 $\eta = 1.14 \times 10^{-3} \text{Pa·s}$,由此求得 $\gamma = 3.2 \times 10^{13}/\text{s}$. 这就是说,(5.50a)式中指数衰减的特征时间是 $\gamma^{-1} = 3.1 \times 10^{-14}\text{s}$, 在 $t \gg \gamma^{-1}$ 的情况下(在皮兰实验中的观察时间间隔 $t = 30\text{s}$)惯性运动是可以忽略不计的。所以在布朗运动中阻力项和驱动项是主要的,原始方程(5.48) 长时间的渐近解不是正比于 t^2 的(5.50b) 式,而是正比于 t 的(5.50c) 式,即

$$\overline{x^2} = \frac{2kT}{\alpha} t \propto t, \quad (t \gg \gamma^{-1}) \tag{5.51}$$

这正是第一章 2.3 节提到的爱因斯坦等人的理论结果。

2.4 时间关联与涨落回归假说

当一个宏观系统中发生涨落时,涨落总要随时间衰减下来。如 §1 所述,这过程叫做弛豫。涨落有两种:一种是自发产生的(即上节所讲的);另一种是由临时的外部条件(可统称"外力")激发起来的,外力撤消后,系统向平衡态弛豫。这两种涨落的弛豫过程所服从的规律是否一样? 1930 年挪威化学兼物理学家昂萨格(Lars Onsager)对此作了一个假设:在一个热平衡系统中,宏观扰动的弛豫和自发涨落的回归服从同样的规律。

换句话说,就是对于一个接近平衡态的系统,我们不能区分自发涨落和由外部条件造成的对平衡态的暂时偏离。这就是著名的昂萨格回归假说(Onsager regression hypothesis),它曾为昂萨格赢得了 1968 年的诺贝尔化学奖。今天这假说已成为一个重要的力学定理——涨落耗散定理❶的推论。为了定量地描述回归假说的含义,需要引进"时间关联函数"的概念。

令 $Q(t)$ 为平衡系统中某个物理量(如质量或电荷密度 ρ、流体的流速 $\boldsymbol{v}$、电流密度 $\boldsymbol{j}$ 等)在时刻 t 的瞬时值,$\overline{Q}$ 是它的平均值,二者之差是自发涨落:

$$\delta Q(t) = Q(t) - \overline{Q}. \tag{5.52}$$

显然,自发涨落的平均值 $\overline{\delta Q(t)} = \overline{Q(t)} - \overline{\overline{Q}} = \overline{Q} - \overline{Q} = 0.$ ❷ 令 $\delta Q(0)$ 代表 $t=0$ 时刻的自发涨落,时间关联函数 $C(t)$ 定义为

$$C(t) \equiv \overline{\delta Q(t)\delta Q(0)}. \tag{5.53}$$

把(5.52)式代入,得

$$\begin{aligned}
C(t) &= \overline{\left[Q(t) - \overline{Q}\right]\left[Q(0) - \overline{Q}\right]} \\
&= \overline{Q(t)Q(0)} - \overline{Q(t)\overline{Q}} - \overline{Q(0)\overline{Q}} + \overline{\overline{Q}\,\overline{Q}} \\
&= \overline{Q(t)Q(0)} - \overline{Q(t)}\,\overline{Q} - \overline{Q(0)}\,\overline{Q} + \overline{Q}\,\overline{Q} \\
&= \overline{Q(t)Q(0)} - \overline{Q}\,\overline{Q} - \overline{Q}\,\overline{Q} + \overline{Q}\,\overline{Q},
\end{aligned}$$

即

$$C(t) = \overline{Q(t)Q(0)} - \overline{Q}^2. \tag{5.54}$$

时间关联函数有如下一些性质:

(1) 时间平移不变性和时间反演不变性

由于平衡态是定常的,时间关联函数应具有时间平移不变性。所以对于任意 t' 我们有

$$C(t) = \overline{\delta Q(t-t')\delta Q(t')}, \tag{5.55}$$

又因 $\delta Q(t)$ 和 $\delta Q(0)$ 的乘积与顺序无关,故

$$\begin{aligned}
C(t) &= \overline{\delta Q(t)\delta Q(0)} = \overline{\delta Q(0)\delta Q(t)} \\
&\xrightarrow{\text{时间平移}} \overline{\delta Q(-t)\delta Q(0)} = \overline{\delta Q(0)\delta Q(-t)},
\end{aligned}$$

即

$$C(-t) = C(t), \tag{5.56}$$

亦即,时间关联函数还具有时间反演不变性。

(2) 长时间的极限为 0

物理量只在有限时间内有关联,故

$$\lim_{t\to\infty} C(t) = 0, \tag{5.57}$$

所谓 $t\to\infty$,实际上是指 $t \gg \tau_{\text{弛豫}}$. 时间关联最常见的函数形式是单调指数衰减($\propto \mathrm{e}^{-\alpha t}$),有的是振荡指数衰减,在一些具有长时间关联的情况下衰减是幂律型的($\propto t^{-\alpha}$)。

(3) 短时间的极限是涨落的方差

---

❶ 1951 年为 Callen 和 Welton 所证明。

❷ 物理量在热平衡态下的平均值与时间无关,即 $\overline{Q(t)} = \overline{Q}$;又常量的平均值等于它本身,即 $\overline{\overline{Q}} = \overline{Q}.$

$$C(0) = \overline{\delta Q(0)\delta Q(0)} = \overline{\delta Q^2}. \tag{5.58}$$

为了区别于自发涨落 δQ,我们用 ΔQ 代表由外部条件引发的偏离(注意: $\overline{\Delta Q}$ 一般不为 0)。用时间关联函数的语言,昂萨格回归假说可表达为

$$\frac{\overline{\Delta Q(t)}}{\overline{\Delta Q(0)}} = \frac{C(t)}{C(0)} = \frac{\overline{\delta Q(t)\delta Q(0)}}{(\delta Q)^2}, \tag{5.59}$$

等式右端是自发涨落的关联,左端是由外部条件制备的偏离。

如前所述,昂萨格回归假说实际上是涨落耗散定理的推论。此定理的推导和证明超出了本课的范围,在这里我们只给出结果。令 F 代表某种"外力",在线性近似下由它引发物理量的偏离 $\Delta Q(t)$ 与自发涨落的关联 $C(t)$ 有如下比例关系:

$$\Delta Q(t) = \frac{F}{kT}C(t) = \frac{F}{kT}\overline{\delta Q(t)\delta Q(0)}, \tag{5.60}$$

式中 T 是温度,k 是玻尔兹曼常量。上式是与涨落耗散定理(fluctuation-dissipation theorem)等价的一种表述。显然,由此式是不难推导出(5.59)式来的。所以(5.59)式现已成为一条定理,可称之为昂萨格回归定理。

作为例子,我们看布朗粒子时间关联问题。布朗粒子所受的随机力 $X(t)$ 没有时间关联:

$$C_X = \overline{X(t)X(0)} = 0, \quad (t \neq 0)$$

但其速度在时间上是有关联的,这是因为速度是力在时间上的积累效果。我们试用昂萨格回归定理来求布朗粒子速度的时间关联函数,为此在 $t=0$ 时刻以前先通过外力使粒子产生一个初始速度 $\Delta v(0)$,然后将外力撤掉,任其弛豫。这时布朗粒子的运动方程就是(5.46)式:

$$\frac{d^2 x}{dt^2} + \gamma \frac{dx}{dt} = X(t),$$

将其中 dx/dt 代之以速度涨落 Δv:

$$\frac{d\Delta v}{dt} + \gamma \Delta v = X(t),$$

全式乘以 $e^{\gamma t}$,上式化为

$$\frac{d(\Delta v e^{\gamma t})}{dt} = X(t)e^{\gamma t},$$

积分后得

$$\Delta v(t) = \Delta v(0)\, e^{-\gamma t} + e^{-\gamma t}\int_0^t X(\tau)e^{\gamma \tau}d\tau,$$

对大量粒子取平均,因 $\overline{X(\tau)} = 0$,得

$$\overline{\Delta v(t)} = \overline{\Delta v(0)}\, e^{-\gamma t} + e^{-\gamma t}\int_0^t \overline{X(\tau)}e^{\gamma \tau}d\tau = \overline{\Delta v(0)}\, e^{-\gamma t}. \tag{5.61}$$

现在看布朗粒子速度的时间关联函数。因 $\bar v = 0$,$\overline{v^2} = kT/m$(能量均分定理),故 $\delta v(t) = v(t) - \bar v = v(t)$,$\delta v(0) = v(0) - \bar v - v(0)$,$C_v(t) - \overline{\delta v(t)\delta v(0)} = \overline{v(t)v(0)}$,$C_v(0) = \overline{v(0)^2} = kT/m$. 按昂萨格回归定理

$$C_v(t) = C_v(0)\frac{\overline{\Delta v(t)}}{\overline{\Delta v(0)}} = \frac{kT}{m}e^{-\gamma t}.$$

由于时间关联函数具有时间反演不变性,上式应写成

$$C_v(t) = \frac{kT}{m}e^{-\gamma |t|}, \tag{5.62}$$

可见,布朗粒子速度的时间关联函数是指数衰减型的。

§3.　分　形

3.1 分形与分形维数

　　虽然 19 世纪一些数学家曾经构想出一些稀奇古怪的东西,如充满一块平面的佩亚诺(Peano)曲线、处处连续处处不可微的魏尔斯特拉斯(Weierstrass)函数,等等,但他们并不相信自然界里真的存在这种"病态"的怪物。传统的物理学家则习惯于和光滑或规则的形体打交道,伽利略就说过,自然界的语言是数学,其书写的符号是三角形、圆和其它几何形状。于是,像泥土、岩石这样一类不规则、不干净、粗糙的物体便与物理学的研究无缘了。首先冲破这个传统的是波兰出生的美国物理学家芒德布罗(B. Mandelbrot),他写道:"浮云不呈球形,山峰不是锥体,海岸线不是圆圈,树皮并不光滑,闪电从不沿直线行进。"1982 年他创造了 fractal 这个英文字,我们把它译作"分形",以表征被传统几何学和物理学排除在外的某些不规则形体。

　　并不是所有不规则的形体都可纳入分形的范畴,分形概念的精髓何在? 貌似杂乱无章的东西不见得毫无自己的特征和内在的规律性。各种自然现象通常有自己的特征尺度,例如原子现象的特征尺度是 10^{-10} m, 原子核结构问题的特征尺度为 $10^{-14} \sim 10^{-15}$ m, 而行星运行轨道的特征尺度则达 $10^{11} \sim 10^{13}$ m. 但也有例外,譬如海岸线的长度。地理书上往往给出各个国家海岸线长度的数据,其实严格说来,海岸线的长度与你采用的比例尺有关。在小比例尺的地图上,海岸线上许多小的曲折被拉直,总长度显得短了。随着比例尺的放大,一批批愈来愈小的海湾、半岛显露出来(参见下面的图 5 – 13),海岸线变得愈来愈长。这过程实际上几乎是无穷无尽的,并不算夸大地说,即使绘制一平方米,甚至一平方厘米范围内的地图,由海滩上那些大大小小的砂粒组成的海岸线仍旧是曲曲弯弯的。亦即,海岸线在标度变换下具有无限嵌套的自相似性。局部与整体相似,或在标度变换下的自相似性 —— 这就是分形概念的实质。

　　分形的特征要用"分形维数"的概念来刻画。通常说,曲面是二维的,曲线是一维的,二维的几何对象有一定的面积,一维的几何对象面积为 0,但有一定的长度。像上述海岸线,如果无限地放大比例尺,其长度趋于无穷,但没有面积,其维数介于 1 和 2 之间,不是整数。下面我们就来探讨非整数维的意义。

　　分形是一大类几何对象,它们的维数有多种数学定义,下面介绍其中的一种 —— 容量维数(capacity dimension)。假定我们考察的几何对象可以

嵌在 n 维的欧几里德空间里,取许多边长为 ε 的 n 维小方盒(如 $n=1$ 时为长度等于 ε 的线段,$n=2$ 时为边长等于 ε 的正方形,$n=3$ 时为边长等于 ε 的立方体,等等),用它们把该几何对象完全覆盖起来,令 $N(\varepsilon)$ 代表所需小方盒的最低数目。对于通常我们熟悉的规则形体,$N(\varepsilon)$ 是不难算出来的。例如,覆盖一根长度为 l 的线段至少需要 $N(\varepsilon)=l/\varepsilon$ 个小盒,覆盖一个边长为 l 的正方形至少需要 $N(\varepsilon)=(l/\varepsilon)^2$ 个小盒,覆盖一个边长为 l 的立方体至少需要 $N(\varepsilon)=(l/\varepsilon)^3$ 个小盒,等等。由此可见,通常几何对象的维数 d 可用下式来计算:

$$d=\frac{\lg N(\varepsilon)}{\lg(l/\varepsilon)}=\frac{\lg N(\varepsilon)}{\lg l-\lg\varepsilon}.$$

如果用同样办法去测量分形的维数时,我们需要不断地缩小所用小方盒的尺度 ε。当 ε 足够小时,$-\lg\varepsilon\gg\lg l$,分母中 $\lg l$ 一项可忽略。所以,我们可以定义分形的维数为

$$d=-\lim_{\varepsilon\to0}\frac{\lg N(\varepsilon)}{\lg\varepsilon}. \tag{5.63}$$

分形的概念虽然是十几年前才提出来的,数学家们早已人为地构造出许多分形来,它们的维数是可以严格计算出来的。现在举几个例子。

(1) 科赫曲线

如图 5 - 11 所示,取一单位长度的线段,以它中央的 1/3 为边作等边三角形,然后将该 1/3 线段去掉,代之以三角形其余两边,四个线段构成第一代曲线(图 a)。去掉第一代曲线内所有四个线段中央的 1/3,代之以相应等边三角形的其余两边,构成第二代的曲线(图 b)。去掉第二代曲线内所有线段中央的 1/3,代之以相应等边三角形的其余两边,构成第三代的曲线(图 c)。将此操作继续下去,以至无穷,最后形成的曲线,就是科赫曲线(Koch curve)。

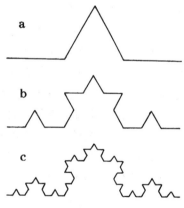

图 5 - 11 科赫曲线

现在计算科赫曲线的维数。用边长 $\varepsilon=1$ 的正方形去覆盖它,只需一个;用边长 $\varepsilon=1/3$ 的正方形去覆盖它,需要 3 个;用边长 $\varepsilon=(1/3)^2=1/9$ 的正方形去覆盖它,需要 $3\times4=12$ 个;用边长 $\varepsilon=(1/3)^3=1/27$ 的正方形去覆盖它,需要 $3\times4^2=48$ 个,等等。所以科赫曲线的维数为

ε	$N(\varepsilon)$
1	1
1/3	3
$(1/3)^2$	3×4
$(1/3)^3$	3×4^2
…	…

$$d = \frac{\lg 4}{\lg 3} = 1.26.$$

科赫曲线的维数大于1,小于2,其长度为∞,面积为0.

在图5-11中构造科赫曲线时,等边三角形都朝同一侧凸出。如果三角形凸出的方向是随机的,我们可以构造出随意弯曲的科赫曲线来,它将很像一条海岸线。不过随机科赫曲线的维数是固定的,而真正海岸线的维数因地而异,各不相同。

(2) 谢尔宾斯基镂垫

如图5-12所示,取一单位边长的正方形,平分为9块,挖去中央的一块,剩下的8/9构成第一代镂垫(图a)。挖去第一代镂垫所有八个小正方

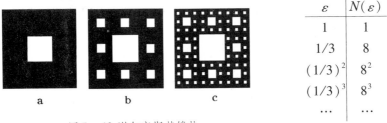

ε	$N(\varepsilon)$
1	1
1/3	8
$(1/3)^2$	8^2
$(1/3)^3$	8^3
…	…

图5-12 谢尔宾斯基镂垫

形中央的1/9,构成第二代镂垫(图b)。挖去第二代镂垫所有$8^2=64$个小正方形中央的1/9,构成第三代镂垫(图c)。将此操作继续下去,以至无穷,最后形成的几何对象,就是谢尔宾斯基镂垫(Sierpinski gasket)。

计算谢尔宾斯基镂垫维数的方法类似,用边长$\varepsilon=1$的正方形去覆盖它,只需一个;用边长$\varepsilon=1/3$的正方形去覆盖它,需要8个;用边长$\varepsilon=(1/3)^2=1/9$的正方形去覆盖它,需要$8^2=64$个;用边长$\varepsilon=(1/3)^3=1/27$的正方形去覆盖它,需要$8^3=512$个,等等。所以谢尔宾斯基镂垫的维数为

$$d = \frac{\lg 8}{\lg 3} = 1.89.$$

谢尔宾斯基镂垫的维数小于2,表明它已被挖得体无完肤,面积等于0;其维数大于1,表明残余的细丝长度为∞.

以上是数学家创造的严格自相似的分形例子,自然界里的分形物体带有随机性,它们的维数也可用小盒计数法(box counting)来测定。例如图5-13a是一段海岸线的地图,其上蒙有某个边长ε的方格,凡覆盖一段海岸线的格子都罩上阴影,统计出阴影格子的数目$N(\varepsilon)$。然后用比例尺大些的地图重复以上步骤,得到边长ε较小的方格中阴影格子的数目$N(\varepsilon)$。例如,图5-13a中阴影方格A放大到较大比例尺的地图5-13b上被分成100

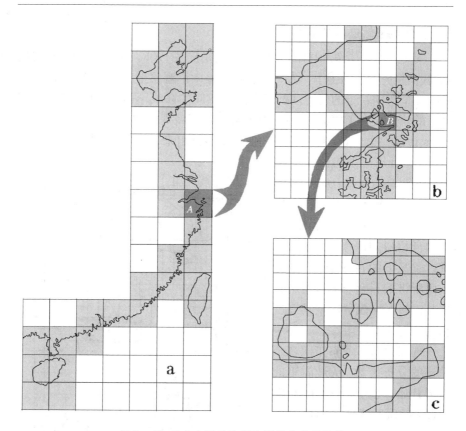

图 5 – 13 用小盒记数法测海岸线的分形维数

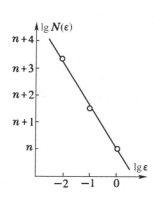

图 5–14 lg$N(\varepsilon)$–lg ε曲线

个小方格，其中只有46个覆盖一段海岸线，其余不再覆盖海岸线。图5 – 13b 中阴影方格 B 放大到更大的比例尺地图5 – 13c 上进一步被分成100 个小方格，其中只有 54 个覆盖一段海岸线，其余不再覆盖海岸线。这说明海岸线的维数小于平面的维数2. 但由于在大比例尺的地图图 b 或 c 上阴影方格并非10 个单行排列。这说明海岸线的维数大于曲线的维数1. 作 lg$N(\varepsilon)$ - lg ε 双对数曲线如图5 – 14，它至少应在较宽一段范围内近似是直线（否则此段海岸线不是分形），此直线的斜率是负的，其绝对值就是海岸线的维数 d. 我们选的地段是钱塘江口外舟山群岛一带，那里港湾岛屿星罗棋布，如上测得海岸线的维数等于1.7，这数值在海岸线维数中算是比较高的。

3.2 布朗粒子轨迹的分形维数

图 5 – 15 就是第一章的图 1 – 16,它是皮兰 1908 年布朗运动实验的记录,我们把它复制在这里。图中的点是在显微镜观察下,每隔 30s 所记录下来的几个布朗粒子的位置。应注意:点与点间的联线不是微粒的轨迹。微粒真正的轨迹是一条曲曲弯弯的曲线。如果我们将观察的时间间隔缩小,譬如每 3s 记录一个位置, 则更细微的曲折就显露出来,得到的曲线并不比原来

更平滑,而是一条与原来类似的曲曲弯弯的曲线。所以,布朗粒子的轨迹也具有在标度变换下自相似的分形特征。当然,这里的自相似如海岸线一样,是统计意义下的自相似,而不像上面所讲的科赫曲线、谢尔宾斯基镂垫那种数学模型具有严格的几何相似性。

现在我们来考察布朗粒子轨迹的分形维数。从最简单的情形开始,先讨论一维的布朗运动。在 2.3 节里我们已经给出一个布朗粒子位移方差随时间扩散的公式(5.50c):

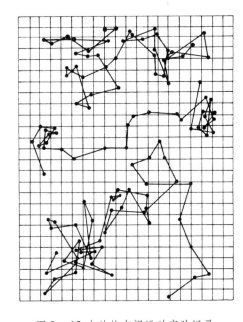

图 5 – 15 皮兰的布朗运动实验记录

$$\overline{x^2} = 2Dt, \quad (5.64)$$

式中 $D = kT/\alpha$ 相当于扩散系数。在实验中,人们是每过一定时间间隔 τ(譬如 30s)记录一次粒子位置的,令 Δx_1、Δx_2、$\cdots$、Δx_N 代表在时间 $t = N\tau$ 内 N 次的位移记录, 在时间 t 中总位移为

$$x = \Delta x_1 + \Delta x_2 + \cdots + \Delta x_N,$$

平方值为

$$x^2 = \sum_i (\Delta x_i)^2 + \sum_{i \neq j} \Delta x_i \Delta x_j,$$

这里的 $\tau \gg \gamma^{-1}$(见 2.3 节),相继各次观察到的 Δx_i、Δx_j 彼此无关联,统计平均 $\overline{\Delta x_i \Delta x_j} = 0.$ 故

$$\overline{x^2} = \sum_{i=1}^{N} \overline{(\Delta x_i)^2} = N \overline{(\Delta x)^2}. \quad (5.65)$$

代入(5.64)式,考虑到 $t/N = \tau$,我们有

$$\overline{(\Delta x)^2} = 2D\tau. \quad (5.66)$$

对于同一条布朗粒子的轨迹(t 和 $\overline{x^2}$ 给定),选取的 τ 愈短,方均根位移 $\sqrt{(\Delta x)^2}=\sqrt{2D\tau}$ 的长度就愈小,测量的次数 N 就愈多。与上节讨论几个分形维数的例子对比,可以看出,这里 $\sqrt{2D\tau}$ 相当于测量曲线维数的尺度 ε,测量次数 $N=N(\varepsilon)$ 随 ε 的减小而增多。从这种观点看,(5.65)式可改写为

$$\overline{x^2}=N(\varepsilon)\,\varepsilon^2,$$

取上式的对数:

$$\lg\overline{x^2}=\lg N(\varepsilon)+2\lg\varepsilon,$$

或

$$\frac{\lg N(\varepsilon)}{\lg\varepsilon}=\frac{\lg\overline{x^2}}{\lg\varepsilon}-2.$$

$\lg\overline{x^2}$ 是给定的,它不随 τ 或 ε 变。当 $\varepsilon\to0$ 时 $\lg\overline{x^2}/\lg\varepsilon\to0$. 按分形维数的定义(5.63)式我们得布朗粒子轨迹的维数

$$d=-\lim_{\varepsilon\to0}\frac{\lg N(\varepsilon)}{\lg\varepsilon}=2. \tag{5.67}$$

一维运动的轨迹维数竟等于 2!这结果如何理解?要知道,布朗粒子并不径直地朝某个目标行进,而是不断地迂回徘徊,它的轨迹在一维空间上无限地重叠着,以致于其维数高到与平面等同。

现在考察三维的情形,这时我们只需用位矢 $r=xi+yj+zk$ 来代替前面的 x 来描述粒子的位移。于是(5.64)式应代之以下式:

$$\overline{r^2}=\overline{x^2}+\overline{y^2}+\overline{z^2}=6Dt, \tag{5.68}$$

每隔一段时间 τ 记录一次粒子位矢的增量:Δr_1、Δr_2、$\cdots$、Δr_N,在时间 t 中总位移为

$$r=\Delta r_1+\Delta r_2+\cdots+\Delta r_N,$$

平方值为

$$r^2=\sum_i|\Delta r_i|^2+\sum_{i\neq j}\Delta r_i\cdot\Delta r_j,$$

统计平均 $\overline{\Delta r_i\cdot\Delta r_j}=0$. 故

$$\overline{r^2}=\sum_{i=1}^N\overline{|\Delta r_i|^2}=N\,\overline{|\Delta r|^2}. \tag{5.69}$$

代入(5.68)式,考虑到 $t/N=\tau$,我们有

$$\overline{|\Delta r|^2}=6D\tau. \tag{5.70}$$

令 $\varepsilon=\sqrt{\overline{|\Delta r|^2}}=\sqrt{6D\tau}$,(5.69)式可理解为:以边长为 ε 的小立方体去测量布朗粒子轨迹,需要 $N=N(\varepsilon)$ 个才能把给定的轨迹盖满。把(5.69)式改写为

$$\overline{r^2}=N(\varepsilon)\varepsilon^2,$$

取上式的对数,重复一维情形的推导,得三维布朗粒子轨迹的维数

$$d=-\lim_{\varepsilon\to0}\frac{\lg N(\varepsilon)}{\lg\varepsilon}=2. \tag{5.71}$$

由此可见,布朗粒子轨迹的分形维数 d 与空间的维数无关,总等于2.

3.3 分形生长

下面我们讲几个重要的计算机分形模型,许多自然现象都可能以它们为原型来描述.

1981年提出的扩散置限聚集(diffusion-limited aggregation, 缩写为 DLA) 模型[1]如今已成为最典型的无规生长模型.这是一个计算机产生的模型,如图 5 – 16 所示,在二维方形格点中央放一静止粒子作为种子(见图中黑座),从很远的边界 S 上随机地释放一粒子,让它作无规行走(即在每一单位时间内以相等的概率随机地向上、下、左、右走一步).如果此粒子走到静止粒子邻座时,就叫它停下来与静止粒子黏合,构成聚集体的一部分(如粒子 A).当此粒子被黏住或回头走出边界时(如粒子 B),从边界上再释放一个新的粒子,重复以上步骤.如此循环往复,在格点中部就生长出一个分形集团来,如图 5 – 17 所示.现已证明, DLA 集团具有统计意义上的自相似性.这就是说,以分形体内部任一点为中心、取不同的半径 R 作圆,令包含在圆内的聚集粒子数为 $N(R)$,大量的研究发现

$$N(R) \propto R^d, \qquad (5.72)$$

这里 $d \approx 1.6 \sim 1.7$, 这个 d 就是 DLA 聚集体的分形维数.

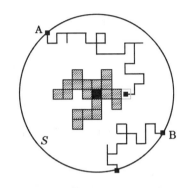

图 5 – 16 扩散置限聚集模型

图 5 – 17 DLA 分形集团

图 5 – 18a、b、c、d、e、f 给出一系列实际的分形体.图 a 是电解时沉积在中央锌电极上的金属叶,其总体大小约 5 cm. 图 b 是在琼脂培养基表面上从中心种子生长出来的细菌群落,其总体大小也是 5 cm. 图 c 是人类视网膜的荧光血管造影.图 d 是 SF_6 氛围中 2 mm 玻璃板上面导放电(surface

❶　T. A. Witten and L. M. Sander, *Phys. Rev. Lett.*, **47**(1981),1400.

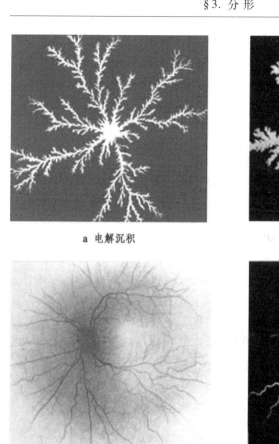

a 电解沉积

b 细菌群落

c 视网膜血管

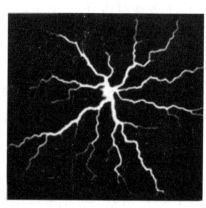

d 面导放电

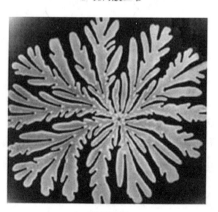

e 黏性指进

f 多孔介质的化学溶解

图 5 – 18 分形生长集团实例

conducting discharge) 的积分摄影。图 e 是将水从中央小孔注入到介于两平板间油层中产生的图样，这种现象叫做黏性指进 (viscous fingering)。图 f 是一层多孔介质的化学溶解，化学物质是从中央侵入的。可以看出，它们都具有与 DLA 模型类似的结构。

3.4 逾 渗

逾渗 (percolation) 是 DLA 之外另一个处理随机几何结构的重要模型，它是 1957 年数学家汉默斯莱 (J. M. Hammersley) 创造的。[❶] 英文 percolator 的本意是咖啡渗滤壶，图 5 - 19a 是咖啡壶内逾渗过程的示意图，图 5 - 19b 给出理想化了的二维蜂房格网络，表明流体如何迂回曲折地通过六角形"咖啡渣"间的缝隙。我们可以把可产生逾渗的介质看成许多相互连接的管道网络，其间设有许多阀门。各阀门随机地开启或关闭着，以表示有的地方通，有的地方不通。如图 5 - 20 所示，设置阀门的位置可以有两种选择，一是设置在通道的接头处 (图 a)，各段管道 (联键) 是畅通无阻的；另一是设置在管道的中间 (图 b)，各接头处 (座点) 是畅通无阻的。以上两种选择对应两种

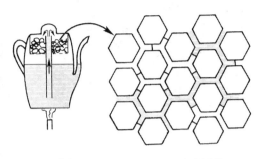

a. 咖啡壶　　　　　　　　b. 逾渗网络

图 5 - 19 由咖啡壶抽象出逾渗模型

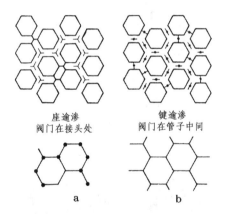

座逾渗　　　　　　键逾渗
阀门在接头处　　　阀门在管子中间

图 5 - 20 座逾渗和键逾渗

逾渗模型：图 a 的情形通不通的关键在座点上，称为座逾渗 (site percolation)；图 b 的情形通不通的关键在联键上，称为键逾渗 (bond percolation)。当然也可以设想在接头处和管道中间都设上可开关的阀门，这就构成座–键逾渗 (site-bond percolation) 模型，用以模拟更复杂的逾渗现象。

———————————

　　❶　J. M. Hammersley, *Proc. Cambridge Phil. Soc.*, **53**(1957), 642. 可参看 R. Zallen, *The Physics of Amorphous Solids*, A Wiley-Interscience Publication, 1983；中译本，R. 泽仑，《非晶态固体物理学》，北京：北京大学出版社，1988，第四章。

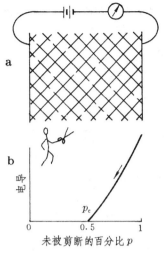

图 5 - 21 逾渗一例:
被随机剪断的通讯网络

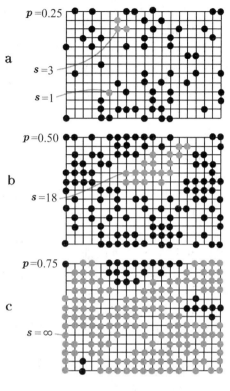

图 5 - 22 正方形格点上的座逾渗

先看一个键逾渗模型的例子。考虑如图5 - 21a所示的一个正方形导线网格构成的通讯电路,一醉汉手持剪刀,边走边剪断网络中的某些联线。图中两边的粗线代表两个需要相互联系的通讯中心或指挥台站,醉汉是想破坏他们之间的联系。试问:必须剪断多少百分比的联键,才能使双方联络中断? 这当然是个假想实验,此模型中需要"醉汉"这个角色,是说他神智不清,只会"随机地"乱剪。否则像裁缝剪开一匹布那样,很容易将联络割断。"随机性"在逾渗模型中是必不可少的。

为了回答上面提出的问题,我们可用计算机来模拟,模拟的结果用网络的电阻和联键完好率p的关系来说明,如图5 - 21b所示。从右向左看此图,随着醉汉的不断破坏,网络的电导随p的下降而减小。当p下降到0.5时电导就减少到0,双方联络中断。在这里0.5是p的临界值,记作p_c,称为逾渗阈值。存在一个逾渗阈值,超越它,系统的性能就发生尖锐的转变,长程联结性突然消失(或产生),许多重要的性质将以"有或无"、"行或者不行"的方式突变——这便是逾渗模型的精髓。字典上说:逾,越也。超越一定的阈值渗流便导通,这便是percolation中译名"逾渗"寓意之所在。

下面再看一个座逾渗模型的例子,并通过它提出有关逾渗的一系列概念。图5 - 22描绘了正方形网格一部分区域上的座逾渗过程。在一正方形网格上随机地布上一些"棋子",被棋子占有的座称实座,否则是空座。实座表示该处畅通,空座表示该处绝路。按座逾渗模型的精神,两实座相邻,其间联键自然导通。用 p 代表实座的百分率,图 5 – 22a、b、c 分别对应 $p =$ 0.25、0.50、0.75 的情况。在低密度的情形 a 里,许多实座是孤立的,由实座连接起来的集团不多,大些的集团更少,根本没有从网格的一端跨越到另一端的大集团(称跨越集团)。在中等密度的情形 b 里,集团的数目增多,集团也变得大了,但仍没有出现跨越集团。在高密度的情形 c 里,横贯两边的跨越集团出现了,亦即,出现了逾渗通路。计算机模拟表明,正方形网格座逾渗的阈值 $p_c = 0.59$,❶ 介于图 b 的 $p = 0.50$ 和图 c 的 $p = 0.75$ 之间。

　　用集团内包含实座的数目 s 来标志集团的大小,用集团中最远实座之间的距离 l 来标志集团的长度,$\bar{s}$ 和 $\bar{l}$ 代表它们的平均值。计算机模拟表明,

$$\bar{s} \propto \bar{l}^{f}, \quad f \approx 1.9,$$

参见图 5 – 23 左半的曲线。在某种意义上说,s就是集团的面积。对于规则的几何形体,f 本应等于 2. $f < 2$ 说明集团具有分形的性质。

　　严格地说,尖锐的逾渗转变只发生在无穷大的网格中。在这种情况下跨越集团是无穷大的,称为逾渗集团。所以对于无穷大的网格,当实座率 p从低密度一侧趋于 p_c 时,$\bar{l} \to \infty$,$\bar{s} \to \infty$. $p > p_c$ 时

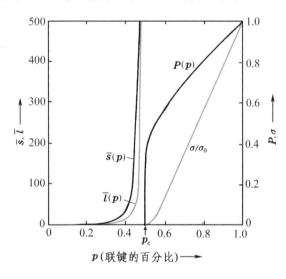

图 5 – 23 逾渗模型的特征量

$\bar{l}$ 和 $\bar{s}$ 的概念已失去意义,应代之以逾渗概率的概念。在逾渗阈值以上出现了逾渗集团,但仍存在一些较小的非逾渗集团。任选一个实座,它属于某个逾渗集团的概率 P 与 p 有关,函数 $P(p)$ 就是逾渗概率。当 p 从 p_c 增大到1 时,逾渗概率 $P(p)$ 从 0 增大到 1(见图 5 – 23 右半黑色线)。在 p_c 以上逾渗概率的增长表示逾渗通路变得愈来愈丰满,并不反映长程联结性从无到有根本性的变化。图 5 – 23 右半的灰色线相当于无规电阻网络的"电导率" $\sigma(p)$,它也是 p 的函数,随 p 的增长而增长。但 $\sigma(p)$ 的增长没有 $P(p)$

---

❶　正方形网格键逾渗的阈值 $p_c = 0.50$.

的增长快,这是因为随着 p 的增大,在逾渗通路两侧增添了一些枝蔓,它们往往是一些死胡同,只有逾渗通路的主干和接通的旁路才对电导率有贡献。

逾渗转变相当于一种二级相变(参见第四章 6.2 节),p 是控制参量,逾渗概率 $P(p)$ 是序参量。所以逾渗转变可作为研究许许多多具有这种特征的自然现象、乃至社会现象的原始模型。这些现象包括多孔介质中流体的流动、群体中瘟疫的传播、复合材料的半导体-金属转变、螺旋星系中恒星的随机形成、核物质中夸克禁闭-非禁闭转变、稀磁体顺磁性-铁磁性转变、聚合物凝胶-溶胶转变、固体的玻璃化转变、非晶态半导体的变程跳跃、电子的局域态-扩展态转变,等等。举一个容易理解的例子,图 5 - 24a 所示为一果园,其中等距地栽植着果树,遭受某种高度传染性枯萎病的威胁。令 $p(r)$ 代表病株传染给相距 r 处健康树的概率。假定 $p(r)$ 的函数形式已知(见图 5 - 24b),果农想

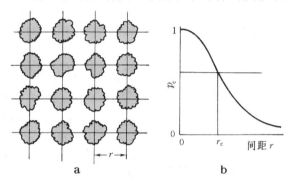

图 5 - 24 果园中枯萎病的蔓延问题

得到最大的产量,自然要问:在能够避免枯萎病使果园遭毁灭的前提下,允许的最大栽植密度是多少? 逾渗模型所给的回答是,果树间距 r 应略超过临界值 r_c,在此距离上 $p(r_c) = p_c$(逾渗阈值)。因为 $r > r_c$ 时 $p(r) < p_c$,病株不会形成逾渗集团而使果园遭毁灭性的打击,损失最多局限在有限的范围内。对于瘟疫或谣言在人群中的传播、森林火灾的蔓延等问题,逾渗也是很好的模型。

§4. 线性不可逆过程热力学

4.1 局域热平衡概念

在本章一开头我们就谈到了局域热平衡的概念。物体系的状态参量和热力学函数本来都是与热平衡态相联系的,对于近平衡态,即物体系各部分宏观性质的时空变化都比较缓慢:空间变化尺度远大于平均自由程 $\bar{\lambda}$,时间变化尺度远大于平均自由飞行时间 $\bar{\tau}$,则我们称前者(宏观里的时空变化尺度)为流体力学尺度,后者($\bar{\lambda}$ 和 $\bar{\tau}$ 的尺度)为弛豫尺度。对于近平衡态,我们可以选择一种时空尺度介于流体力学尺度和弛豫尺度之间,即所谓宏观小、微观大的尺度,在这样的尺度范围内局域的热平衡已经达到,但全局性

的平衡尚未建立。此时我们可以谈局域状态参量和局域热力学函数的概念。对于压强 p、温度 T、密度 ρ、浓度 c 等局域强度量,我们只需假定它们是空间坐标和时间的缓变函数;但对于内能 U、熵 S、焓 H、自由焓 G 这类正比于体积的广延量, 则需引进它们的局域密度的概念, 如局域内能密度 u、局域熵密度 s、局域焓密度 h、局域自由焓密度 g,以表征各处单位体积内该量的多少。

4.2 熵流与熵产生

不可逆热力学过程就是耗散过程,其标志是熵的增加。在系统中取一宏观小、微观大的体元 ΔV,其中熵 $S = s\,\Delta V$ 的变化由两部分组成:

$$\mathrm{d}S = \mathrm{d}_{外}S + \mathrm{d}_{内}S, \tag{5.73}$$

$\mathrm{d}_{外}S$ 是由 ΔV 表面流入的熵, $\mathrm{d}_{内}S$ 是 ΔV 内耗散过程引起的熵增加。$\mathrm{d}_{外}S$ 代表熵的转移, $\mathrm{d}_{内}S$ 才真正代表熵的增加,它总是正的: $\mathrm{d}_{内}S > 0$. 单位体积内熵的增加率 $\dfrac{1}{\Delta V}\dfrac{\mathrm{d}_{内}S}{\mathrm{d}t} = \dfrac{\mathrm{d}_{内}s}{\mathrm{d}t}$ 叫做熵产生(entropy production),记作 σ:

$$\sigma = \frac{\mathrm{d}_{内}s}{\mathrm{d}t}. \tag{5.74}$$

在定常过程中各处熵密度恒定:

$$\frac{\mathrm{d}s}{\mathrm{d}t} = \frac{\mathrm{d}_{外}s}{\mathrm{d}t} + \frac{\mathrm{d}_{内}s}{\mathrm{d}t} = \frac{\mathrm{d}_{外}s}{\mathrm{d}t} + \sigma = 0,$$

即

$$\sigma = -\frac{\mathrm{d}_{外}s}{\mathrm{d}t}. \tag{5.75}$$

4.3 输运过程的熵产生

下面计算几种重要耗散过程的熵产生。

(1) 热导过程的熵产生

考虑系统中一体元 $\Delta V = \Delta x \Delta y \Delta z$,温度梯度沿 $-z$ 方向(见图 5-25)。在时间 Δt 内热量 ΔQ_A 从面 A 流入,热量 ΔQ_B 从面 B 流出。设过程是定常的,即温度分布不随时间变化,则必需有 $\Delta Q_A = \Delta Q_B = \Delta Q$,从而

$$\frac{\mathrm{d}_{外}S}{\mathrm{d}t} = \left(\frac{\Delta Q_A}{T_A} - \frac{\Delta Q_B}{T_B}\right)\frac{1}{\Delta t} = \frac{\Delta Q}{\Delta t}\left(\frac{1}{T_A} - \frac{1}{T_B}\right)$$

$$\approx -\frac{\Delta Q}{\Delta t}\frac{\mathrm{d}}{\mathrm{d}z}\left(\frac{1}{T}\right)\Delta z = \frac{1}{T^2}\frac{\mathrm{d}T}{\mathrm{d}z}\frac{\Delta Q}{\Delta t}\Delta z,$$

式中 $T \approx (T_A + T_B)/2$. 对于定常过程,

$$\sigma\,\Delta V = -\frac{\mathrm{d}_{外}S}{\mathrm{d}t} = -\frac{1}{T^2}\frac{\mathrm{d}T}{\mathrm{d}z}\frac{\Delta Q}{\Delta t}\,\Delta z.$$

在近平衡态内,线性的傅里叶热导定律成立:

$$\frac{\Delta Q}{\Delta t} = -\kappa \frac{dT}{dz}\Delta x \Delta y,$$

代入上式,得

$$\sigma \Delta V = \kappa \Big(\frac{1}{T}\frac{dT}{dz}\Big)^2 \Delta x \Delta y \Delta z,$$

即 $\qquad \sigma_{热导} = \kappa \Big(\frac{1}{T}\frac{dT}{dz}\Big)^2.$ (5.76)

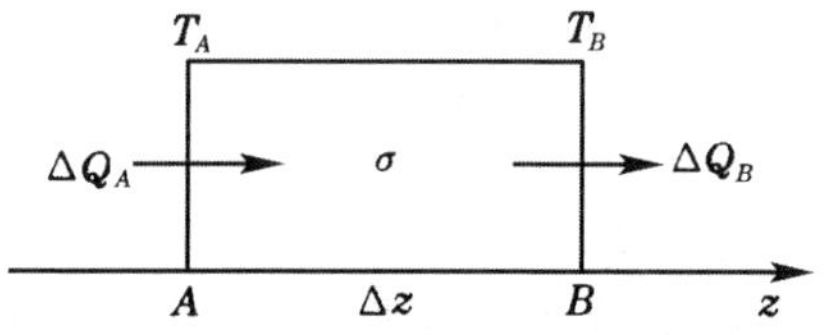

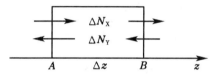

图 5 – 25 热传导过程中的熵产生

可以看出,因热导率 κ 总是正的,故 $\sigma_{热导}$ 恒正。

(2) 扩散过程的熵产生

同前,考虑系统中一体元 $\Delta V = \Delta x \Delta y \Delta z$,其中有 X、Y 两种物质混合,按 (4.39) 式此混合气体的熵为(注意:原式中 $\nu R = Nk = nk\Delta V$)

$$S = -nk(c_X \ln c_X + c_Y \ln c_Y)\Delta V,$$

式中 $c_X = n_X/n = c$ 和 $c_Y = n_Y/n = 1-c$ 分别为 X 和 Y 的摩尔分数。我们假定扩散过程是定常的,总分子数密度 $n = n_X + n_Y$ 均匀而恒定,n_X 或 c_X 的梯度沿 $-z$ 方向,n_Y 或 c_Y 的梯度沿 $+z$ 方向。在时间 Δt 内有 ΔN_X 个 X 分子从面 A 流入,从面 B 流出;同时有 ΔN_Y 个 Y 分子从面 B 流入,从面 A 流出(见图 5 – 26)。因过程定常,同时间流入流出的分子数相等。分子的流动带进带出一定的熵流,其数量为

图 5 – 26 扩散过程中的熵产生

$$\frac{d_{外}S}{dt} = \Big[\Big(\frac{\partial S}{\partial N_X}\Big)_A - \Big(\frac{\partial S}{\partial N_X}\Big)_B\Big]\frac{\Delta N_X}{\Delta t} + \Big[\Big(\frac{\partial S}{\partial N_Y}\Big)_A - \Big(\frac{\partial S}{\partial N_Y}\Big)_B\Big]\frac{\Delta N_Y}{\Delta t}$$

$$\approx -\frac{\partial}{\partial z}\Big(\frac{\partial S}{\partial N_X}\Big)\Delta z \frac{\Delta N_X}{\Delta t} - \frac{\partial}{\partial z}\Big(\frac{\partial S}{\partial N_Y}\Big)\Delta z \frac{\Delta N_Y}{\Delta t}$$

$$= -\frac{1}{n\Delta V}\Big[\frac{\partial}{\partial z}\Big(\frac{\partial S}{\partial c_X}\Big)\Delta z \frac{\Delta N_X}{\Delta t} + \frac{\partial}{\partial z}\Big(\frac{\partial S}{\partial c_Y}\Big)\Delta z \frac{\Delta N_Y}{\Delta t}\Big]$$

$$= k\Big[\frac{d}{dz}(1 + \ln c_X)\frac{\Delta N_X}{\Delta t} + \frac{d}{dz}(1 + \ln c_Y)\frac{\Delta N_Y}{\Delta t}\Big]\Delta z$$

$$= k\Big[\frac{1}{c_X}\frac{dc_X}{dz}\frac{\Delta N_X}{\Delta t} + \frac{1}{c_Y}\frac{dc_Y}{dz}\frac{\Delta N_Y}{\Delta t}\Big]\Delta z$$

$$= k\Big[\frac{1}{c}\frac{dc}{dz}\frac{\Delta N_X}{\Delta t} + \frac{1}{1-c}\frac{d(1-c)}{dz}\frac{\Delta N_Y}{\Delta t}\Big]\Delta z$$

$$= k\Big[\frac{1}{c}\frac{\Delta N_X}{\Delta t} - \frac{1}{1-c}\frac{\Delta N_Y}{\Delta t}\Big]\frac{dc}{dz}\Delta z.$$

对于定常过程

$$\sigma \Delta V = -\frac{\mathrm{d}_{\text{外}}S}{\mathrm{d}t} = -k\left[\frac{1}{c}\frac{\Delta N_X}{\Delta t} - \frac{1}{1-c}\frac{\Delta N_Y}{\Delta t}\right]\frac{\mathrm{d}c}{\mathrm{d}z}\,\Delta z.$$

在近平衡态内,线性的菲克扩散定律成立。为了简单,我们像 1.1 节中那样,假定 X、Y 的分子量相同,具有相同的扩散系数 D,于是有

$$\begin{cases} \dfrac{\Delta N_X}{\Delta t} = -D\left(\dfrac{\mathrm{d}n_X}{\mathrm{d}z}\right)\Delta x\Delta y = -nD\left(\dfrac{\mathrm{d}c_X}{\mathrm{d}z}\right)\Delta x\Delta y = -nD\left(\dfrac{\mathrm{d}c}{\mathrm{d}z}\right)\Delta x\Delta y, \\[3mm] \dfrac{\Delta N_Y}{\Delta t} = -D\left(\dfrac{\mathrm{d}n_Y}{\mathrm{d}z}\right)\Delta x\Delta y = -nD\left(\dfrac{\mathrm{d}c_Y}{\mathrm{d}z}\right)\Delta x\Delta y = nD\left(\dfrac{\mathrm{d}c}{\mathrm{d}z}\right)\Delta x\Delta y. \end{cases}$$

代入上式,得

$$\sigma \Delta V = nkD\left(\frac{1}{c} + \frac{1}{1-c}\right)\left(\frac{\mathrm{d}c}{\mathrm{d}z}\right)^2 \Delta x\Delta y\Delta z.$$

即

$$\sigma_{\text{扩散}} = \frac{nkD}{c(1-c)}\left(\frac{\mathrm{d}c}{\mathrm{d}z}\right)^2. \tag{5.77}$$

可以看出,因扩散系数 D 总是正的,故 $\sigma_{\text{扩散}}$ 恒正。

4.4 化学反应的熵产生

系统中在恒温恒压条件下进行着下列化学反应:

$$a_1 A_1 + a_2 A_2 + \cdots \underset{k_2}{\overset{k_1}{\rightleftharpoons}} b_1 B_1 + b_2 B_2 + \cdots,$$

式中 k_1 和 k_2 是代表正向和逆向反应速率的比例系数,它们的具体含义如下:反应速率正比于每个反应物的摩尔分数,故正比于它们的乘积。例如反应物 $H_2 + Cl_2$ 的反应速率正比于 $c_{H_2}c_{Cl_2}$,$2H_2 + O_2 = H_2 + H_2 + O_2$ 的反应速率正比于 $c_{H_2}c_{H_2}c_{O_2} = c_{H_2}^2 c_{O_2}$。一般说来,上述化学反应式正向反应速率 $= k_1\prod\limits_{\text{反应物}i} c_i^{a_i} \propto \prod\limits_{\text{反应物}i} c_i^{a_i}$,逆向反应速率 $= k_2\prod\limits_{\text{生成物}j} c_j^{b_j} \propto \prod\limits_{\text{生成物}j} c_j^{b_j}$。第四章 5.6 节引进了反应度的概念,其变化率正比于正、逆向反应速率之差:

$$\frac{\mathrm{d}\xi}{\mathrm{d}t} = \nu\left(k_1\prod\limits_{\text{反应物}i} c_i^{a_i} - k_2\prod\limits_{\text{生成物}j} c_j^{b_j}\right) = \nu k_1\prod\limits_{\text{反应物}i} c_i^{a_i}\left(1 - \frac{k_2\prod\limits_{\text{生成物}j} c_j^{b_j}}{k_1\prod\limits_{\text{反应物}i} c_i^{a_i}}\right), \tag{5.78}$$

式中 ν 是体元 ΔV 内物质的总摩尔数。

在第四章 5.6 节里我们曾说,平衡常数 K_c 不能决定反应速率,下面我们要证明,它决定了正、逆向反应速率比例系数 k_1、k_2 之比。因为达到化学平衡时

$$\frac{\mathrm{d}\xi}{\mathrm{d}t} = \nu\left(k_1\prod\limits_{\text{反应物}i} c_{i0}^{a_i} - k_2\prod\limits_{\text{生成物}j} c_{j0}^{b_j}\right) = 0,$$

由此得

$$\frac{k_2}{k_1} = \prod\limits_{\text{反应物}i} c_{i0}^{a_i} \Big/ \prod\limits_{\text{生成物}j} c_{j0}^{b_j},$$

按(4.63)式,上式右端等于$1/K_c$,故

$$\frac{k_2}{k_1} = \frac{1}{K_c}, \tag{5.79}$$

于是(5.78)式写成

$$\frac{\mathrm{d}\xi}{\mathrm{d}t} = \nu k_1 \prod_{\text{反应物}i} c_i^{a_i}\left(1 - \frac{1}{K_c}\frac{\prod\limits_{\text{生成物}j} c_j^{b_j}}{\prod\limits_{\text{反应物}i} c_i^{a_i}}\right).$$

定义

$$\mathscr{A} \equiv RT\ln\left(\frac{K_c}{\prod\limits_{\text{生成物}j} c_j^{b_j}\Big/\prod\limits_{\text{反应物}i} c_i^{a_i}}\right), \tag{5.80}$$

为亲合势(affinity),则上式可写为

$$\frac{\mathrm{d}\xi}{\mathrm{d}t} = \nu k_1 \prod_{\text{反应物}i} c_i^{a_i}(1 - \mathrm{e}^{-\mathscr{A}/RT}). \tag{5.81}$$

同前,考虑系统中一体元$\Delta V = \Delta x\Delta y\Delta z$,在其中单位时间内从面$A$流入的反应物的摩尔数为$\dfrac{\mathrm{d}\xi}{\mathrm{d}t}$,同时有同样多摩尔数的生成物从面$B$流出,两者的熵差为$-\Delta \overset{\circ}{S}_{\text{反应}}^{\text{mol}}\dfrac{\mathrm{d}\xi}{\mathrm{d}t} - \dfrac{\mathrm{d}\Delta S_{\text{气态}}}{\mathrm{d}t}$(参见第四章5.6节)。此外由于化学反应可能吸热或放热,为了维持恒温恒压,外界还需在单位时间内向这体元输入热量$Q = \Delta \overset{\circ}{H}_{\text{反应}}^{\text{mol}}\dfrac{\mathrm{d}\xi}{\mathrm{d}t}$. 从而从外面输入体元的熵流为

$$\frac{\mathrm{d}_{\text{外}}S}{\mathrm{d}t} = -\Delta \overset{\circ}{S}_{\text{反应}}^{\text{mol}}\frac{\mathrm{d}\xi}{\mathrm{d}t} - \frac{\mathrm{d}\Delta S_{\text{气态}}}{\mathrm{d}} + \frac{Q}{T}$$

$$= \left[-\Delta \overset{\circ}{S}_{\text{反应}}^{\text{mol}} + \frac{\Delta \overset{\circ}{H}_{\text{反应}}^{\text{mol}}}{T} + R\ln\left(\prod_{\text{生成物}j} c_j^{b_j}\Big/\prod_{\text{反应物}i} c_i^{a_i}\right)\right]\frac{\mathrm{d}\xi}{\mathrm{d}t} \quad [\text{按}(4.62)\text{式}]$$

$$= \left[\frac{\Delta \overset{\circ}{G}_{\text{反应}}^{\text{mol}}}{T} + R\ln\left(\prod_{\text{生成物}j} c_j^{b_j}\Big/\prod_{\text{反应物}i} c_i^{a_i}\right)\right]\frac{\mathrm{d}\xi}{\mathrm{d}t}$$

$$= \left[-R\ln K_c + R\ln\left(\prod_{\text{生成物}j} c_j^{b_j}\Big/\prod_{\text{反应物}i} c_i^{a_i}\right)\right]\frac{\mathrm{d}\xi}{\mathrm{d}t} \quad [\text{按}(4.63)\text{式}]$$

$$= -\frac{\mathscr{A}}{T}\nu k_1 \prod_{\text{反应物}i} c_i^{a_i}(1 - \mathrm{e}^{-\mathscr{A}/RT}) \quad [\text{按}(5.80)、(5.81)\text{式}]$$

$$= -\nu R k_1 \prod_{\text{反应物}i} c_i^{a_i}\frac{\mathscr{A}}{RT}(1 - \mathrm{e}^{-\mathscr{A}/RT})$$

$$= -n k k_1 \prod_{\text{反应物}i} c_i^{a_i}\frac{\mathscr{A}}{RT}(1 - \mathrm{e}^{-\mathscr{A}/RT})\Delta V,$$

式中k是玻耳兹曼常量。对于定常过程,

$$\sigma\Delta V = n k k_1 \prod_{\text{反应物}i} c_i^{a_i}\frac{\mathscr{A}}{RT}(1 - \mathrm{e}^{-\mathscr{A}/RT})\Delta V.$$

即
$$\sigma_{化学} = n k k_1 \prod_{反应物 i} c_i^{a_i} \frac{\mathscr{A}}{RT} (1 - e^{-\mathscr{A}/RT}). \tag{5.82}$$

从定义式(5.80)可以看出,达到化学平衡时 $\mathscr{A}=0$,所以亲合势 $\mathscr{A}$ 是衡量系统距离化学平衡远近的物理量。若系统足够接近化学平衡,使下列不等式成立:
$$\mathscr{A} \ll RT, \tag{5.83}$$
则
$$e^{-\mathscr{A}/RT} \approx 1 - \frac{\mathscr{A}}{RT},$$

(5.81) 式可线性化为
$$\frac{d\xi}{dt} = \nu\, k_1 \prod_{反应物 i} c_i^{a_i} \frac{\mathscr{A}}{RT}, \tag{5.84}$$

(5.82) 式简化为
$$\sigma_{化学} = n k k_1 \prod_{反应物 i} c_i^{a_i} \left(\frac{\mathscr{A}}{RT}\right)^2. \tag{5.85}$$

此式与(5.76)式和(5.77)式一样,是恒正的二次型。但应指出,化学反应与热导、扩散等过程很不同。在存在局域热平衡概念的情形下,线性的傅里叶热导定律和菲克扩散定律多半是成立的,而实际中不等式(5.83)却往往不成立。所以化学反应最容易突破线性区走向丰富多采的非线性领域。

4.5 广义流和广义力

上面讨论的三种耗散过程中的熵产生公式具有类似的形式,它们可归

表 5 - 4　输运过程的流、力和熵产生

过程	流 J	力 X	系数 L	熵产生 σ
热传导	$\dfrac{1}{\Delta x \Delta y}\dfrac{\Delta Q}{\Delta t}$ $= -\kappa \dfrac{dT}{dz}$	$-\dfrac{1}{T^2}\dfrac{dT}{dz}$	κT^2	$\sigma = \kappa \left(\dfrac{1}{T}\dfrac{dT}{dz}\right)^2$
扩散	$J_X = \dfrac{1}{\Delta x \Delta y}\dfrac{\Delta N_X}{\Delta t}$ $= -nD\dfrac{dc}{dz}$	$X_X = -\dfrac{k}{c}\dfrac{dc}{dz}$	$L_X = \dfrac{nDc}{k}$	$\sigma = J_X X_X + J_Y X_Y$ $= L_X X_X^2 + L_Y X_Y^2$
扩散	$J_Y = \dfrac{1}{\Delta x \Delta y}\dfrac{\Delta N_Y}{\Delta t}$ $= -nD\dfrac{d(1-c)}{dz}$	$X_Y = -\dfrac{k}{1-c}\dfrac{d(1-c)}{dz}$	$L_Y = \dfrac{nD(1-c)}{k}$	$= \dfrac{nkD}{c(1-c)}\left(\dfrac{dc}{dz}\right)^2$
化学反应	$J = \dfrac{1}{\Delta V}\dfrac{d\xi}{dt}$ $= \dfrac{nk}{R^2} k_1 \prod_{反应物 i} c_i^{a_i} \dfrac{\mathscr{A}}{T}$	$\dfrac{\mathscr{A}}{T}$	$\dfrac{nk}{R^2} k_1 \prod_{反应物 i} c_i^{a_i}$	$\dfrac{nk}{R^2} k_1 \prod_{反应物 i} c_i^{a_i} \left(\dfrac{\mathscr{A}}{T}\right)^2$

纳成下列统一公式：

$$J = LX, \qquad (5.86)$$

$$\sigma = JX = LX^2. \qquad (5.87)$$

式中 J 代表某种广义的流（如热量、物质的流动，或化学反应的进展）；X 是某种广义的力（如温度、浓度的梯度，或化学亲合势），它驱动着流 J，(5.86) 式反映了流与力成正比的线性关系，比例系数 L 本质上是某种输运系数（热导率 κ、扩散系数 D）或反映化学反应速率 k_1. 熵产生 σ 是流 J 与力 X 的乘积，从而可以表达成力 X 的二次型 (5.87)。现将各种具体表达式归纳成表 5－4。

4.6 最小熵产生原理

在热平衡态下孤立系的熵达到极大，熵产生为 0. 在定常的耗散过程（输运、化学反应）中熵产生恒正，在线性区定常输运过程中的熵产生最小，这就是最小熵产生原理。此原理是普遍的，本课只通过特例对它作些说明。

如图 5－27 所示，假定我们所研究的系统固定于端面 $z = 0$ 到 l 之间，热量或物料从两端流入或流出，保证端面状态参量恒定，广义力 $X = X_0$ 恒定且空间均匀。考虑另一对此定态有所偏离的状态，其中 $X = X_0 + \delta X$. 受到外部条件的制约，在两端 $\delta X(0) = \delta X(l) = 0$，所以在中间 δX 必然有正有负。我们不妨设它们具有正弦的函数形式：❶

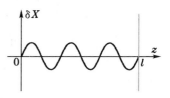

图 5 – 27 最小熵产生原理

$$\delta X = \varepsilon \sin \frac{2\pi n z}{l}, \quad (n = 1, 2, 3, \cdots)$$

于是按 (5.87) 式熵产生变为

$$\sigma = L(X_0 + \delta X)^2 = L[X_0^2 + 2X_0\delta X + (\delta X)^2]$$

$$= L[X_0^2 + 2\varepsilon X_0 \sin nkz + \varepsilon^2 \sin^2 nkz]. \quad (k = 2\pi/l)$$

设系统的横截面积为 A，在整个系统中总的熵产生为❷

$$\Sigma = \int \sigma \, dV = A \int_0^l L[X_0^2 + 2\varepsilon X_0 \sin nkz + \varepsilon^2 \sin^2 nkz] \, dz$$

$$= VL\left(X_0^2 + \frac{\varepsilon^2}{2}\right) > \Sigma_0,$$

---

❶ 在上述边界条件下 δX 可具有任何分布形式，这时下式可看作是它的一个傅里叶分量。

❷ 系数 L 可能与状态参量（温度 T、浓度 c）有关，从而也变得不均匀了。但在线性区我们认为广义力 X 是一级小量，熵产生 σ 已是二级小量。若再考虑 L 的变化，就是三级小量了，可以忽略。故在下列积分中把 L 看作常量。

式中 $V=Al$ 为系统的体积，$\Sigma_0=VLX_0{}^2$ 是原始定常态的总熵产生。上式表明，定常耗散过程的总熵产生最小。

4.7 线性区耗散结构之不可能

下面我们要论证定常耗散过程是稳定的，对它的任何偏离都会衰减到0.此结论也是普遍的，此处仍只通过上述特例作些说明。

对于输运过程，广义力是某个物理量（温度、浓度）的梯度，广义流是相应物理量（热量、物质组分）的流动。若线性律 $J=LX$ 成立，则当系统中某区间内广义力的扰动 δX 为正，则该区间广义流的扰动 δJ 也为正，于是热量或物质流来的少，流去的多，其温度或浓度就要下降，从而减少此区间温度或浓度梯度的扰动 δX. 同理，当系统中某区间内广义力的扰动 δX 为负，则该区间广义流的扰动 δJ 也为负，于是热量或物质流来的多，流去的少，其温度或浓度就要上升，从而增加此区间温度或浓度梯度的扰动 δX（即减少它的绝对值）。总之，无论哪种情况，梯度分布的任何不均匀所引起的后果，总导致全区间 $\delta X \to 0$，系统回归到均匀的状态。换句话说，线性区定常耗散过程是稳定的，从而任何空间不均匀的结构不会出现。

对于化学反应，广义力是亲合势。亲合势为正，反应正向进行。若线性律成立，当某区间亲合势较大时，反应速率大，其后果是生成物浓度增大，使亲合势减小；当某区间亲合势较小时，反应速率小，其后果是生成物浓度减小，使亲合势增大。所以，在化学反应系统中也存在调节机制，抑止任何亲合势出现不均匀的趋势。换句话说，线性区定常化学反应过程也是稳定的，不会形成空间不均匀的结构。

§5. 耗散结构

5.1 化学振荡与螺旋波

19 世纪建立了热力学理论，它长期以来给人以如下的深刻印象：似乎热力学系统总要趋向均匀不变的稳定状态。平衡态如此，不可逆过程的非平衡态也是如此。偶尔出现一些相反的报导，往往被斥为违反热力学而受到冷遇。第一个有案可查的报导是布雷（W. C. Bray）1921 年偶然的实验发现，在过氧化氢与碘酸盐的反应中产生均匀的化学振荡。30 年后苏联的生物物理学家别鲁索夫（B. P. Belousov）发现另一种化学振荡。别鲁索夫的遭遇不比布雷好，他与审稿人和杂志编辑们斗争了近 10 年，最后还是于 1958 年在一本无需审稿的放射医学会议文集上发表了一篇简短的摘要。[1] 别鲁

---

[1] Б. П. Белоусов, *Сборник Рефератов по Радиационой Медицине*, (1958), 154 （俄文）.

索夫在苏联同行中散发了他的配方,若不是 60 年代另一位年轻的苏联生物物理学家扎鲍京斯基(A. M. Zhabotinsky)接过他的工作并加以改进,此项研究就会因中断而埋没了。现在,这项实验享以"BZ 反应(Belousov-Zhabotinsky 反应)"的名称,作为第一个化学振荡的实例载入史册。❶

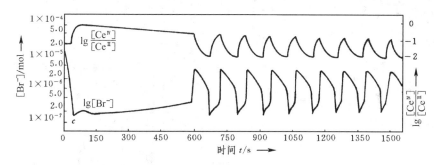

图 5 - 28 化学振荡

现介绍一种典型的 BZ 反应。在 25°C 左右由溴酸钾($KBrO_3$)、丙二酸 $[CH_2(COOH)_2]$ 和硫酸铈 $[Ce(SO_4)_2]$ 组成的混合物,溶解于硫酸中,加以搅拌,则溶液的颜色会在红色与蓝色之间振荡。振荡的周期是分(min)的数量级,现象的寿命是小时的数量级。颜色的变化反映离子浓度 $[Br^+]$、$[Ce^{3+}]/[Ce^{4+}]$ 的变化,图 5 - 28 是离子浓度振荡的电势图。

化学振荡属时间上的耗散结构。继发现化学振荡之后,扎伊金(A. N. Zaikin)和扎鲍京斯基又发现环绕一个个起搏中心的波状靶图(图 5 -29)。❷这种化学波是在试剂未被搅动的浅碟中出现的一种时空结构。靶图波在向外传播时不衰减,但相遇时会湮没。1971 年瑞典人温弗里(A. T. Winfree)发现了另一种化学波 —— 化学螺旋波(见图 5-30)。❸螺旋波的旋转周期为

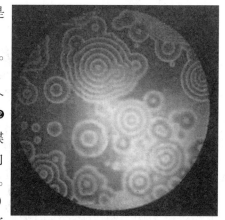

图 5 - 29 化学靶图

❶ A. M. Жаботинский, *Биофизика*, **9**(1964), 306(俄文).

❷ A. N. Zaikin, A. M. Zhabotinsky, *Nature*, **225**(1970), 537.

❸ A. T. Winfree, *Forskning och Framstey*, **6**(1971), 9(瑞典文); *Science*, **175**(1972), 634.

图 5 - 30 化学螺旋波

图 5 - 31 柱状黏菌聚集时
形成的靶图和螺旋波

60 s, 传播速度为 3.3 mm/min.

同心圆式的靶图和螺旋波在生物界也有例子。[1] 黏菌的一个引人注目的特性, 是它能在 24 小时内由一群独立的个体聚成多细胞的生物体。图 5 - 31 所示为在琼脂培养基表面上观察到的网柱状黏菌(Dichtyostelium)聚集域。在起初 4~6 小时的饥饿状态中观察不到个体的定向运动, 在下一个 4~5 小时细胞开始向集合中心运动。运动并非连续不断, 而是持续 100 秒后停止 3~4 分钟, 如此周期地进行着。图 5 - 31 是用暗场光学技术拍摄的, 其中亮点是周期性发放化学物质环—磷酸腺苷(cAMP)脉冲的信号中心, 周围细胞向中心运动处表现为亮带, 静止处表现为暗带。环带呈同心圆或螺旋状向外扩展, 酷似上面介绍的化学靶图和螺旋波。

5.2 图灵斑图

1952 年英国数学家图灵(A. M. Turing)发表了一篇对生物学、生态学、化学等许多学科影响颇大的论文。[2] 图灵的目的是想通过数学模型来说明形状、结构、图案如何能够从空间均匀的状态成长起来(例如胚胎的发育和生长)。他提出一个简化的动力学模型来研究形态发生过程(morphogenesis)。图灵的模型包含化学反应和扩散两种过程, 所谓"反应-扩散系

---

[1] P. C. Newell, *Attraction and Adhesion in the Slime Mold Dichtyostelium*, in *Fungal Differentiation*, J. E. Smith ed., Marcel Dekker, New York, 1983.

[2] A. M. Turing, *Phil. Trans. Roy. Soc.* London, **B327**(1952),37.

统"。直觉告诉我们,扩散的作用是将
空间不均匀性抹平,图灵得到最出乎
意料的结论是,多种组分耦合扩散有
可能导致空间不均匀性的放大。假如
有些反应物的扩散系数高于其它反应
物,且快扩散物质会对化学反应起遏
止作用,而慢扩散物质却是自催化的,
均匀相就可能产生对称性自发破缺,
从中产生不均匀的空间形态。

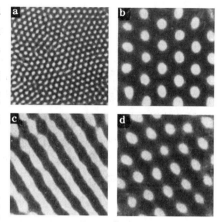

　　按图灵理论的预言,在反应–扩散
系统中既可产生动态的化学波,亦可
产生静态的化学斑图(pattern),虽然

图 5 – 32　图灵斑图

在实验中几十年前就观察到了化学波,而静态的图灵斑图却迟迟地直到20
世纪90年代才出现。1991年欧阳颀和斯文耐(H. Swinney)在凝胶反应器
中观察到了氯化物(chlorite)–亚碘酸盐(iodide)–丙二酸(malonic acid)
反应(CIMA反应)产生的静态斑图。[1]图5–32为六角状、条状和混合型斑
图的示例,当控制参量(化学浓度、温度)达到临界值时,斑图在均匀背景
上自发地涌现。在临界点上下斑图的产生和消失都是突然发生的,没有滞后
现象。

5.3 贝纳尔对流

　　在介绍了化学反应中产生的耗散结构之后,我们再介绍一个流体力学
中的例子。

　　1900 年法国学者贝纳尔(H.
Bénard)观察到:[2]如果在一水平容
器中放一薄层液体,从底部徐徐均匀

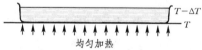

图 5 – 33　贝纳尔对流实验

地加热(见图5–33),开始液体没有任何宏观的运动。当上下温差达到一定
的程度,液体中突然出现规则的六边形对流图案(见图5–34,这是现代用
硅油做实验拍摄的照片)。照片中每个小六角形中心较暗处液块向上浮,边
缘较暗处液块向下沉,在二者之间较明亮的环状区域里液块作水平运动。

　　当上下温差加大时,为什么对流不积微渐著,而是突然从无到有地产

---

[1]　Q. Ouyang, H. L. Swinney, *Nature*,**352**(1991), 610.

[2]　H. Bénard, *Ann. Chim. Phys.*, **7**(Ser. 23)(1900), 62.

生？下层液块较热因膨胀而密度减小，所受浮力大于重力而上升；上层液块较冷，因收缩而密度增大，所受重力大于浮力而下沉。这就是有上下温差形成对流的机理。然而，也存在着抑止对流的因素，那就是液体的黏性性和热扩散，前者阻碍液块的流动，后者使冷热均匀化。再者，均匀加热使处在同一水平上的液块温度和密度相同，但要产生对流，同一水平上的液块就得有地方上升，有地方下沉。这里需要总体上的协调，对流难

图 5 – 34 贝纳尔对流图案

于从局部启动。总之，贝尔纳对流是一种通过对称性自发破缺而产生的自组织行为。在各种因素的竞争中，这种现象往往在一定的临界点上突发地出现。

5.4 耗散结构的特征

上面列举的各种现象，都是在非热平衡态下产生的有序结构。起初人们怀疑，认为它们的出现是违反热力学的。20 世纪 60 年代比利时科学家普里高津(I. Prigogine) 把它们概括为耗散结构(dissipative structure)，并给予理论上的说明，澄清了这个疑难。他将耗散结构的特征归纳为四点：

（1）耗散结构发生在开放系统中，它要靠外界不断供应能量或物质才能维持。

（2）只有当控制参量达到一定临界值时，耗散结构才出现。亦即，耗散结构只在远离热力学平衡的情况下发生。所谓"远离"，必须超出不可逆过程线性律统辖的范围，进入非线性的领地。

（3）它具有时空结构，对称性低于耗散结构发生前的时空均匀状态。即耗散结构产生于对称性自发破缺。

（4）耗散结构是稳定的，它不受任何小扰动的破坏。系统的稳定态有不同的分支，热平衡态是稳定态的热力学分支，耗散结构是稳定态的非热力学分支。耗散结构在系统的热力学分支失稳后产生，达到非热力学分支的新稳定态。

最后我们谈谈耗散结构与熵的关系。均匀态具有最大的混乱度，熵是最高的，有序结构的出现意味着熵的降低。热力学第二定律的一种表述形式，是熵增加原理，这正是耗散结构出现的早期被认为与热力学原理冲突的原

因。普里高津的耗散结构理论解决了这个问题,关键在于系统必须是开放的。上面谈到,耗散结构的产生要靠外界不断地供应能量或物质。这还不够!产生耗散结构的开放系统必须有负熵流。(5.73)式表明,一个系统熵的变化有两部分组成:

$$\mathrm{d}S = \mathrm{d}_{外}S + \mathrm{d}_{内}S,$$

能产生耗散结构的系统必有熵产生,即 $\mathrm{d}_{内}S > 0$. 要想使系统的熵反而减少,必须有 $\mathrm{d}_{外}S < 0$,且 $|\mathrm{d}_{外}S| > \mathrm{d}_{内}S$. 这就是说,输入到系统的熵必须少于输出的熵,即熵有净输出,或者说,存在负熵流。

生命的发生和物种的进化,都是从低级到高级、从无序到有序的变化。表面看来,这似乎都与热力学第二定律相矛盾。耗散结构的理论澄清了这一切,打开了一个从物理科学通向生命科学的窗口。普里高津于1977年获诺贝尔化学奖。

§6. 生命与生态环境

6.1 生命的热力学基础

地球上的生命起源于30多亿年前,即地球形成后10~15亿年间。按当代生物学的认识,蛋白质与核酸是生命的主要物质基础,其中蛋白质由20种氨基酸组成,核酸分核糖核酸(RNA)和脱氧核糖核酸(DNA)两类,其结构单位是核苷酸。核酸控制蛋白质的合成,蛋白质的催化作用又控制着核酸的代谢活动。构成生物所需的简单有机化合物,以及较复杂的蛋白质和核酸,都于生物出现前先后在原始大气和海洋中合成了。

原始的单细胞生物在结构和功能方面逐步完善,大约到10亿年前开始向多细胞生物演变。海里先产生了无脊椎动物,4亿年前有了鱼类,3.5亿年前出现两栖类,动物开始从海洋向陆地进军。2亿多年前以后是爬行类的世界,侏罗纪里不可一世的恐龙突然于6800万年前灭绝了,哺乳动物兴旺起来,400万年前有了原始人类。在这漫长的过程中,物种从低级进化到高级,从简单进化到复杂。可否定量化地说明物种进化的进程?当代生物学告诉我们,物种的性状是靠基因来保持和传递的,基因的信息储存在DNA中。我们看到,生命一开始就采取了基因的形式进化,在第二章7.3节里我们已提到,病毒的基因中约有 $10^4 \sim 10^5$ bit 的信息量,细菌的基因中已含 10^7 bit 的信息量,哺乳动物和人类基因的信息量达 $10^9 \sim 10^{10}$ bit 之多。因此,至少基因中所含信息量的增长可作为物种进化的一个标志。

个体发育时,在基因里密码的指令将氨基酸联结起来,合成蛋白质。蛋白质里包含了更多的信息。在胚胎发育的过程中分化出不同器官来,它们各司自己的功能,这也是原来没有的信息。所以,一个成长起来的生物体内含有的信息在数量上远超过 DNA 给它带来的信息。

什么是信息? 从热力学的观点看就是"负熵"(见第二章7.3节)。所以,无论从物种进化还是从个体发育的角度看,与生命现象伴随的是熵不断地减少,"负熵"不断地增加。

再者,从食品的发酵到人们的劳作,都要生热,生命的活动是耗散过程。在耗散过程中熵不断增加,高熵意味着混乱。熵达到最大值意味着热平衡态,对于生命来说,热平衡态就是死亡。所以,要活着,有机体必须使自己的身体保持低熵的状态。热力学第二定律告诉我们,一个封闭系统的熵只增加,不减少。从而有机体必须是开放系统,它一面不断向体外排熵,一面从外界汲取低熵的物质,以形成负熵流。我们在第二章8.3节里已提到薛定谔的小册子《生命是什么?》里关于遗传基因的名言,他这本书里还有另一段名言:"生命之所以能存在,就在于从环境中不断得到'负熵'"。他还说:"有机体是依赖负熵为生的"。这就是生命的热力学基础。

我们不妨把有机体的生命过程归结为下列图解:首先再次强调,有机体必须是开放系统,它们与周围环境之间不断地有物质和能量的交流。这还不够,物质和能量的进出必须能使有机体维持低熵的状态,这就要求摄入的是低熵物质,排出的是高熵物质,用薛定谔的话说,就是负熵进,正熵出。

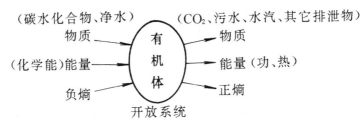

对于动物来说,生命攸关的低熵物质有两类:低熵高能的食物(如碳水化合物)和低熵低能的净液态水,排出的高熵物质是 CO_2、水汽、尿、汗和其它排泄物。先看碳水化合物,在地球上它们来自绿色植物的光合作用。以葡萄糖为例,它在光合作用中产生的化学反应式为

$$6CO_2 + 6H_2O \xrightarrow{h\nu} C_6H_{12}O_6 + 6O_2,$$

在第三章2.5节和第四章3.2节里我们分别计算了它在25°C时的反应焓和熵变:

$$\Delta \mathring{H}^{mol}_{反应} = 2802 \text{ kJ/mol}, \qquad \Delta S^{mol} = -585.8 \text{ J/(mol·K)}.$$

$\Delta \mathring{H}^{mol}_{反应} > 0$ 表示这反应是吸热的,即生成物(葡萄糖)带有较高的化学能;$\Delta S^{mol} < 0$ 表示生成物(葡萄糖)是低熵的。故它可满足有机体能量和负熵两

方面的需求。再看液态水,它并不携带化学能给有机体,但它具有较高的汽化热和对许多物质具有较高的溶解能力。在它蒸发或溶解了废物后变为高熵物质排出体外时,带走大量的熵。

6.2 地球生态环境的辐射收支与负熵流

熵的排除是分层次的。从有机体内看,细胞里的熵靠静脉血带到肺、肾、汗腺等器官,然后通过呼吸、排尿和出汗将熵排给基层的小环境。小环境把熵排给较大的环境,较大的环境把熵排给更大的环境,等等。地球上生态系统最大的环境是遍及地球表面附近的生物圈。最后,地表的生物圈把熵排给高层大气,高层大气再把熵排给太空。在排熵的每个环节上,都要求下个层次比上个层次有较低的熵水平。地球向太空排熵主要靠热辐射,但整个地球的热收支大体上是平衡的,否则地球生态环境就会逐年变暖或逐年变冷。所以单靠放热来排熵是不够的,还必须有负熵的来源才能将生态环境维持在低熵的水平。地球生态环境负熵的供应者在哪里?那就是太阳。

我们先按地球辐射收支平衡的假设估算一下地球的温度。

太阳表面的温度约 $6\,000\,\mathrm{K}$,太阳的辐射可看作是 $6\,000\,\mathrm{K}$ 的黑体辐射。黑体辐射场中辐射照度 E(通过单位面积的辐射能流)与辐射能量密度 u 的关系为(参见《新概念物理教程·量子物理》第一章 1.1 节):

$$E = cu/4,$$

而 $u = aT^4 [a = 7.566 \times 10^{-16} \mathrm{J/(m^3 \cdot K^4)}]$[见(2.102)式]。太阳表面的面积为 $4\pi R_\odot^2 (R_\odot$ —— 太阳半径),从而太阳的发光度(单位时间内的总辐射)$L_\odot$ 为

$$L_\odot = 4\pi R_\odot^2 E_\odot = \pi R_\odot^2 c a T_\odot^4. \tag{5.88}$$

令 $r_\odot$ 代表日地距离,则阳光在地球轨道处的辐射照度为

$$E = \frac{L_\odot}{4\pi r_\odot^2} = \left(\frac{R_\odot}{r_\odot}\right)^2 \frac{caT_\odot^4}{4}. \tag{5.89}$$

地球接收阳光的总辐射功率 $\mathscr{P}$ 为向着太阳一面的垂直投影面积 $\pi R_\oplus^2 (R_\oplus$ —— 地球半径)乘以 E, 即

$$\mathscr{P} = \pi R_\oplus^2 E. \tag{5.90}$$

地球大气中经常有白云,地球物理学家估计,云层将太阳辐射的 34% 直接反射到太空中去。剩下 66% 的太阳辐射经过大气、海洋、地面复杂的吸收、输运和转化过程,最后还要以辐射的形式将能量发放到太空去。地表的温度是很不均匀的,高层大气相对来说温度比较均匀。我们假定,地球向太空的辐射也可看成某等效温度 $T_\oplus$ 的黑体辐射,仿照(5.88)式地球的发光度 $L_\oplus$ 可写为

$$L_\oplus = \pi R_\oplus^2 c a T_\oplus^4. \tag{5.91}$$

按照地球辐射收支平衡的理论,应有

$$L_\oplus = \mathscr{P}' = 0.66\mathscr{P}. \qquad (5.92)$$

把(5.90)式和(5.91)式代入上式两端,再利用 E 的表达式(5.89),得

$$\frac{T_\oplus}{T_\odot} = \left[\frac{0.66}{4}\left(\frac{R_\odot}{r_\odot}\right)^2\right]^{1/4}, \qquad (5.93)$$

式中 $R_\odot/r_\odot$ =太阳对地球所张的角半径 $\theta_\odot \approx (1/4)^\circ = (\pi/720)\,\text{rad} = 4.36 \times 10^{-3}\,\text{rad}$. 按此估算, $T_\oplus \approx 4.21 \times 10^{-2}\,T_\odot = 4.21 \times 10^{-2} \times 6000\,\text{K} = 253\,\text{K} \approx -20^\circ\text{C}$, 这估算值与地球上层大气实际的平均温度-18℃差不多。

　　地球从太阳那里接收多少辐射能,又全部把它们辐射掉,在能量方面似乎没有得到什么好处。实际情况当然不完全如此,当代社会所利用的能源,除核能和潮汐能外,绝大部分能源,包括水利、风能、太阳能、光合作用能、矿物燃料等,都直接或间接来自太阳能。❶ 大部分被人类利用过后的能量又重新耗散掉,储存下来的百分比是微乎其微。地球内部放射性物质释放的热量倒是应该在能量收支中考虑进去的,但它不会影响到估算的数量级。

　　如果说地球在能量的收支方面大体平衡,在负熵的获得方面就大不一样了。太阳辐射的平衡温度是 $T_\odot = 6000\,\text{K}$,它带给地球的熵流为 $\dfrac{\text{d}_\text{入}S}{\text{d}t} = \dfrac{\mathscr{P}'}{T_\odot}$, 而地球向太空辐射带走的熵流为 $\dfrac{\text{d}_\text{出}S}{\text{d}t} = -\dfrac{\mathscr{P}'}{T_\oplus}$, 一进一出,地球获得的净熵流为

$$\Sigma = \frac{\text{d}_\text{入}S}{\text{d}t} + \frac{\text{d}_\text{出}S}{\text{d}t} = \mathscr{P}'\left(\frac{1}{T_\odot} - \frac{1}{T_\oplus}\right). \qquad (5.94)$$

按(5.89)式计算, $E = 1.40 \times 10^3\,\text{W/m}^2$, 按(5.90)式计算, $\mathscr{P} = 1.79 \times 10^{17}\,\text{W}$, 从而 $\mathscr{P}' = 66\%\,\mathscr{P} = 1.18 \times 10^{17}\,\text{W}$. 取 $T_\odot = 6000\,\text{K}$, $T_\oplus = 253\,\text{K}$, 得

$$\Sigma = 1.18 \times 10^{17}\,\text{W} \times \left(\frac{1}{6000\,\text{K}} - \frac{1}{253\,\text{K}}\right) = -4.47 \times 10^{14}\,\text{W/K}.$$

这便是地球收入的总负熵流。

　　为了对这 Σ 的大小有个概念,我们计算一下全人类食品里包含的负熵。我们把人的食物需求量折合成葡萄糖来计算,设每个成人每日需要 1 kg. 如前所述,葡萄糖含负熵 –585.8J/(mol·K),其摩尔质量为180g/mol,故 1 kg 的葡萄糖含负熵 –3.254×10³J/K. 这是每人每日的需要,折合成每人每秒的需要,得 –3.77×10⁻²W/K. 当今世界人口已超过 60 亿,即 6×10^9,因其

---

　　❶ 木柴凝聚的是当代的光合作用能,矿物燃料(煤、石油)则凝聚了几亿地质年代里积累下来的光合作用能。

中有许多是小孩,折合成成年人为 4×10^9, 全人类食物需求的负熵流为

$$\Sigma_{\text{食物}} = -1.51 \times 10^8 \text{W/K},$$

在绝对值上它比 Σ 小了 6 个数量级,似乎微乎其微,大可乐观!但请不要高兴得太早。据估计, ❶ 在辐照在地球上的太阳能中,除了 34% 直接被云层反射掉以外,被大气吸收的有 44%, 耗费在海水的蒸发上约有 22%. 仅此几项加起来几乎已达 100%, 在剩下的零头中有 0.17% 消耗在驱动大气和海洋的流动和风浪上,真正被绿色植物用来进行光合作用的仅有 0.02% 左右。因而光合作用提供的负熵流为

$$\Sigma_{\text{光合}} = 0.02\% \Sigma = -8.94 \times 10^{10} \text{W/K},$$

在绝对值上它只比 $\Sigma_{\text{食物}}$ 大几百倍,即不到 3 个数量级。这就显得不那么宽裕了。要知道,自然界生态系统中的食物链是有许多"营养级"的,例如

$$\text{绿色植物} \rightarrow \text{草食动物} \rightarrow \text{初级肉食动物} \rightarrow \text{顶级肉食动物}$$

在以上四级食物链中,每级以前一级作为自己的食物。各营养级生物之间的生态效率(净生产的能量与它同化的能量之比)一般在 $(4 \sim 25)\%$ 之间,平均为 $(10 \sim 15)\%$. 再者,广阔森林中进行的光合作用的大部分并不为人类直接或间接生产食品。把所有这些因素考虑进去,尽管农业科学技术的进步还存在潜力,若听任人口无限制地膨胀下去,世界粮食的前景未可乐观。何况粮食只是问题的一个方面,世界淡水和其它的资源也是有限的。难怪人们说,当今生态危机有种种,如全球变暖、臭氧洞、空气污染、酸雨、交通堵塞、森林砍伐与沙漠化、核电站事故、毒品走私、艾滋病、恐怖主义,等等, 21 世纪面临最严重的问题是人口爆炸。图 5 – 35 给出有史以来世界人口变化的曲线。可以看出,它的增长比指数律还要快。我们的"地球村"太小了,很快它将承受不起日益沉重的人口负担。

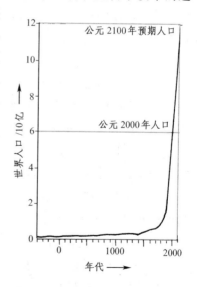

图 5 – 35 世界人口的增长

6.3 地球表面的温度与温室效应

上面我们从地球辐射收支平衡的假

---

❶ 这里采用的能流分配比例,引自 *New Trends in Physics Teaching*, , Vol. IV, Part I, *Energy: the Background and Ahead*, Unesco 1977.

设导出大气上层的温度为 $-20°C$, 但地表的平均温度为 $15°C$, 只有这样高的温度才适合生物繁茂的生长。两者之间差了 $35°C$, 这是什么原因? 图 $5-36$ 为 $15°C$ 的黑体辐射分布, 其极大在波长 $\lambda\sim10\,\mu m$ 数量级的红外波段内, 大气中的 CO_2 和水汽恰好是这波段辐射的强吸收体。只需 $2\,m$ 厚的一层含 $0.03\%\ CO_2$ 的大气, 就可将 $\lambda=15\,\mu m$ 的全部红外辐射吸收掉。对于 $18\,\mu m$

以上和 $8.5\,\mu m$ 以下的辐射, 水汽是最主要的吸收体。在 $\lambda=8.5\sim12\,\mu m$ 之间, 有一个可让大部分地球辐射通过的"窗口"。水汽和 CO_2 吸收红外辐射, 也重新发射红外辐射, 但这是向四面八方的辐射, 故其中有一半回到地表。水汽和 CO_2 这种保

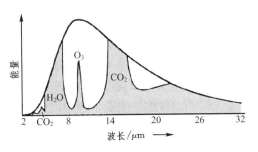

图 $5-36$ 温室效应

护地表热量散失的作用, 叫做温室效应(greenhouse effect)。正是大气中温室气体, 即水汽和 CO_2, 使地表维持在 $15°C$ 的平均温度上, 为人类和整个生物圈提供了一个温暖的环境。

在 18 世纪工业革命以前的几百年间大气中 CO_2 的含量保持在 280×10^{-6}(体积分数) 的天然水平, 在使用矿物燃料的工业化进程中 CO_2 在大气里积累起来, 当前已达 350×10^{-6} 的体积分数, 比工业化前高出 25%. CO_2 的含量加大是否会使全球气候变暖? 计算机模拟表明, 过去一个世纪全球地面温度大约升高了 $1°C$, 并预言, 如果 CO_2 含量比工业化前约增加一倍, 即达到 560×10^{-6}, 全球地面温度将提高 $1\sim5°C$. 温升 $1°C$ 是很难同观测值比较的, 因为局域温度的起伏要比它大, 而全球温度的平均并不那么容易测得。长期地质记录提供了有益的检验, 图 $5-37$ 给出了过去 16 万年温度与 CO_2 含量的关联。这里 CO_2 的含

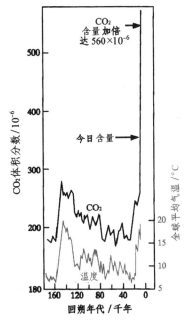

图 $5-37$ 气温与 CO_2 含量的关联

量是从南极古代冰层的气泡中分析出来的,当时空气的温度则由雪中氧同位素 ^{18}O 和 ^{16}O 的含量之比推断出来,因这比值依赖于温度。此图清楚地显示了两者之间的相关。

全球气候变暖的后果很难完全预料,恐怕最严重的问题是海面因水的膨胀和两极冰雪的消融而升高,造成沿岸土地大面积淹没,此外对农作物的影响也会是很大的。

6.4 水是生命之源

无疑,全面地说,生命之源是阳光和水。阳光为生命提供了能量和负熵,水在各个层次上对排熵起着关键性的作用:把排泄物和废热(熵)从细胞输送给排泄器官靠静脉血,进一步将它们排出体外靠尿和汗,这都离不开水;处于地表的生物圈把熵排到上层大气,主要是洋面水的蒸发和大气中水汽的升腾和重新凝结。总之,水是排熵最有效介质。阳光固然不可少,但在整个太阳系内都有,而生命只在我们的地球上才有,这是因为这里有水,特别是液态水。所以本节特别强调"水是生命之源"。

本书是热学教材,在这里我们从热学的角度来分析一下,水有哪些独特的性质,使它成为对生命不可缺少的物质。

(1)液态水有很高的摩尔热容量

按照能均分理论,气体的摩尔热容量具有 R(气体常量)$\approx 2\,cal/(mol \cdot K)$ 的几倍的数量级,按杜隆-珀替定律,固体的摩尔热容量应等于 $3R \approx 6\,cal/(mol \cdot K)$,实际情况数量级差不多。固态和气态的水摩尔热容量也不超过 $10\,cal/(mol \cdot K)$,唯独液态水的摩尔热容量达 $18\,cal/(mol \cdot K)$ 之多(见表 5 – 5)。

表 5 – 5 水的摩尔热容量

状　态	温度/°C	$C^{mol}/(cal \cdot mol^{-1} \cdot K^{-1})$
冰	0	8.23
水	0	**18.16**
	25	**17.95**
	100	**18.07**
汽	0	6.015(定体)
	77	9.23(定压)

(2)水有很高的摩尔汽化热

水是氢和氧的化合物,在表 5 – 6 和图 5 – 38 中将水的摩尔汽化热与其它氢的化合物作一比较。可以明显看出,水的地位异军突起,远高于同族和其它化合物。

(3)水在 4°C 以下冷胀热缩,结冰时反而膨胀

第一章 6.5 节已讲过,从微观角度看,水的上述独特热学性质都与氢键有关,此处不再重复。水的上述特性除了使它在排熵方面有特别高的效率外,在防止生态环境温度骤变方面也起着关键的作用。月球上没有水,也没有大气,其上白昼温度 70°C,夜间 −50°C,便是明证。冰因密度比水小而浮于水面,这一独特性质使得江河湖海不致于冻结到底,从而水族可以越冬。

表 5 – 6 氢化物的摩尔汽化热

化合物	摩尔汽化热/$(kcal \cdot mol^{-1})$
HF	1.8
HCl	3.86
HBr	4.210
HI	4.724
H_2O	**9.717**
H_2S	4.463
H_2Se	4.75
H_2Te	5.7
NH_3	5.581
PH_3	3.489
AsH_3	4.434
SbH_3	?
CH_4	1.953
SiH_4	2.96
CeH_4	3.61
SnH_4	4.42

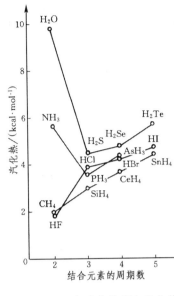

图 5 – 38 氢化物的摩尔汽化热

6.5 盖娅假说与新自然观

在第二章 1.4 节中曾将地球和它两侧的近邻金星和火星的大气组成作了比较(见表 2 – 2),我们发现,内插法在这里完全不适用。

金星大气的主要成分是 CO_2(体积占 96.4%),此外有 N_2(3.4%),SO_2(0.02%),水汽(0.14% 等。表面大气高达 90 atm,温度高达 460℃,上空长年漂浮着一层黄色的硫酸浓云,云层下面一道道闪电连绵不断地掠过长空,给"大地"投下一片诡谲的色调。金星到太阳的距离是地球的 72%,日光辐照是地球的 1.9 倍,但到达金星表面的能量还不到 1%。可以想象,金星上亚赛地狱的恐怖景象,是一次失控的温室效应造成的:很可能在金星的早期历史中,它的表面与现在的地球差不多,温度没有那么高,大气没那么稠密,还有相当多的液态水。只不过它离太阳稍近了一点,大量的水蒸发到大气中,使大气对红外辐射变得不透明,温室效应使温度愈来愈高。在高温下岩石里的 CO_2 被大量烘焙出来,进一步加强了温室效应。如此恶性循环发展下去,直至岩石中的 CO_2 全部被驱赶到空气中为止,形成金星今天的浓厚的大气层。

火星的大气只有 0.08 atm,成分是 CO_2(体积占 95.6%),N_2(2.7%),Ar(1.6%),O_2(0.1%),水汽含量极微。北半球夏天白昼温度约 -10℃,夜间下降到 -85℃;在冬季,白昼最高温度为 -85℃,夜间为 -125℃。火星上是这种条件,液态水的存在就没有希望了。在火星的两极长年白雪皑皑,那不仅是水结成的冰,更多的是 CO_2 结成的干冰。其余没有冰雪覆盖的地方,也是长年不化的冻土。火星到太阳的距离是地球的 1.52 倍,日照只有地球的 43%。与金星的情况恰好相反,火星的现状是失控的冰川效应造成的。

回过来再看我们的地球。我们的大气成分主要是 N_2(78%)和 O_2(21%),温室气体

CO_2 和水汽并不多,但也足够把我们地表的平均温度从 $-20°C$ 提高到 $15°C$,为生命的存在提供了舒适的温床。当然我们可以说,地球的条件得天独厚,日照适中,在 40 几亿年的漫长岁月里,虽然也有过酷热和冰川,但未酿成失控的地步。可是,按核聚变恒星结构理论的估算,在地球存在的40多亿年里太阳的发光度 $L_⊙$ 持续增长了1.6倍,[❶] 后来考虑到中微子问题而重新估计,$L_⊙$ 大约增加了 1.4 倍。[❷] 这些估算都不太可靠,而且众说纷纭,但对于地质年代里 $L_⊙$ 持续增长了百分之十几,这一点是大家都承认的。地质学家认为,没有迹象表明,地球的整个海洋全部封冻;也没有迹象表明,地球表面的平均温度升高到50°C以上。历史上有过多次冰河时期,期间极地的温度下降几十摄氏度,但在南北纬45° 之间生命的主要栖息区内平均温度的变化只有几摄氏度。地球如何在变化的环境中保持温度大体恒定,为生命创造了有利条件? 可以认为,太阳愈来愈暖,但地球内部的放射性衰减着;潮汐摩擦生热,并使它的角动量减小,多余的角动量传给了月亮,从而使它远离(开普勒第三定律),反过来又减弱潮汐的作用;火山活动向大气释放温室气体,但岩石的风化和植物的光合作用以一定的速率汲取 CO_2. 我们还能够举出更多的过程,对地球温度的升降起着相反的作用。可是,这些过程的时间尺度相差非常悬殊,仅因它们巧妙地彼此抵消了,使地球表面 40 多亿年维持在一个相当狭窄的温区里,那真是侥天之幸! 果真如此,地球上生命走过来的路岂不太险了? 科学家为了对此作出另一种解释,发明了一个假说。

生理学里有个名词,叫做 homeostasis,中文译作"稳态"。我们认为,这并没有把它的意思完全表达出来。举例来说,人类的体温总保持在37°C上。热了出汗,冷了颤抖,血液流动快慢也随着温度变化,……,许多机制调节着体温。这便是一种"稳态"现象。在 20 世纪 70 年代空间探测计划的初期,科学家们在金星、火星上寻找生命的愿望未果时,产生了如下想法:地球上的生物圈和它的环境构成一个有机的整体,是生物圈通过自己的影响使地球的气候环境长期保持在适合自己生存的"稳态"上。按照这一假说,环境对于生物圈,犹如貂的毛皮和蚌的外壳一样,是有机体的一个组成部分。这一有机体并不仅被动地适应外界的变化,而且通过自己的"生理机能"进行主动调节,使环境处于"稳态"。科学家给地球生物圈和它的环境构成的有机体一个拟人化的美丽名字:盖娅 (Gaia)。在古希腊神话中卡奥斯(Chaos,浑沌)和埃若丝(Eros)结婚生了两个孩子:乌朗诺斯(Uranos,天)和盖娅(地)。所以盖娅象征着地球女神,或母亲大地。以上假说称为盖娅假说(Gaia hypothesis)。[❸]

我们在第二章 1.4 节中已谈过,地球生物圈,即盖娅,如何把以 CO_2 为主的还原型大气改造成今天富氧的大气。从热力学角度看,金星和火星上的大气成分处于化学平衡的状态,即平衡大气。今天地球的大气是远离平衡的氧化型大气。地球大气中氮和氧

---

❶ M. Schwarzschild, *Structure and Evolution of the Stars*, Princeton University Press, 1958, p. 207.

❷ I. Iben, *Annals of Physics*, **54**(1969)164.

❸ 盖娅的名字是 W. Golding 向 J. E. Lovelock 建议的。有关盖娅假说的提出,参见 J. E. Lovelock, *Atmos. Environ.*, **6**(1972), 576; *Tellus*, **26**(1973), 1; L. Margulis and J. E. Lovelock, *Icarus*, **21**(1974), 471.

的平衡状态应是以 NO_3^- 离子的形式溶解在水里。从某种意义上说，今日的地球大气是易燃的。有人估计，如果大气中氧的含量再提高一点，达到 25%，恐怕热带雨林就要着火。

　　盖娅的调节控制功能是多方面的，包括大气成分、大气和海洋温度、海水的 pH 值（酸碱度）等；途径也是多样化的，各有各的时间尺度和作用范围。列举出所有的机制是不可能的，我们只介绍一个新近提出的模型。[1] 图 5 - 39 为植物生长率（图 a）和植被覆盖面积（图 b）随温度变化的曲线，其中曲线 I 对应水肥充分的理想情形，P 代表陆生植物，A 代表海藻。在 18°C 以上水份供应紧张，限制了陆生植物的生长。由图可见，海藻的生长率开始下降的温度比陆生植物低。并非海藻天生喜欢凉爽，而是 8°C 以上在海面下形成温跃层（thermocline），阻止了深水中营养物的上涌。植被覆盖面积的增大加速大气内温室气体 CO_2 的沉降，在曲线的正斜率区对温度的调节起到负反馈

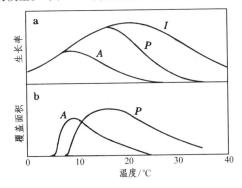

5 - 39 植物的生长率和覆盖面积与温度的关系

的作用，但在负斜率区此调节机能失效。所以海面上的浮游植物只在南北极调节气候，而陆生植物对气候的这种调节机制也限于平均温度在 18°C 以下起作用。超过此温度范围，就要靠别的调节机制起作用了。

　　盖娅有她脆弱的一面，她的自我调节机制不是万能的，历史上反复出现冰河期就表明盖娅的气候调节功能部分失效。盖娅是否长生不老，我们不得而知。不过她现在正受到自己的宠儿——已发展了灿烂文明和高科技的人类——的威胁。孽子迷途知返，开始认识到自己保护环境的责任？或盖娅母亲不得不用严厉的手段来惩治自己的爱子？或大家同归于尽？有待我们自己决定。

　　有人说，20 世纪最伟大的发现之一，是确立了人与自然的关系。盖娅是人与自然和平共处的象征，盖娅假说代表了这种新自然观。这一假说并非总能得到观测的证明，有的事情因果关系周期之长，不是现世现报的。这种新自然观今天尚远未被全体人类所接受，归根结底是教育问题。我们应使大家认识到，盖娅假说所代表的新自然观，应成为 21 世纪人类的共同规范。

6.6 地外生命与地外文明问题

　　大约 30 亿年前在我们居住的这个星球上出现了原始的藻类，7~8 亿年前形成了富氧的大气层，4 亿年前出现了鱼类和陆生植物，然后进化出爬行类、鸟类、哺乳类，直到智慧生命——人类及其创造的灿烂文明。人类文明的历史不过五千年，在整个地球的发展史中是短暂的一刹那，以宇航技术为代表的高科技不过几十年，历史就更短了。生

❶　J. E. Lovelock and L. R. Kump, *Nature*, **369**(1994),732.

命进化的历程是艰苦的,几亿年间,地球上至少发生过 7 次大规模物种灭绝。生命要求的条件是苛刻的,地球是唯一存在生命的星球吗? 以宇宙之浩瀚无垠,很难想象,仅我们的地球为其灵秀所独钟。

我们假定生命和文明出现于类似我们地球的星球上,现在来估算银河系里出现外星文明的概率。天文学家相信,在我们的银河系里约有 4×10^{11} 颗恒星。对我们的太阳系附近的观察表明,约 50%的恒星是双星或多星,单星的概率是 50%. 天文学家估计,在银河系里约 10%的单星具有太阳大小的质量。在我们的太阳系里有一个行星具备产生生命的条件,其它太阳大小的太阳系中情况怎样? 这就比较难说了。乐观的估计认为至少有一个类似地球条件行星的概率几乎 100%,悲观的估计认为概率不大,譬如 10%. 至于类似地球条件的星球上出现生命的概率,乐观的估计为 100%,悲观的估计为 10%.

再进一步估计,由原始生命进化出智慧生命的概率是多少? 意见的分歧就更大了。这里涉及一个生物收敛机能的理论,这一理论认为,只要某种机能在生存竞争中有用,它就会在血缘关系甚远的物种中演化出来。譬如飞行对捕食和逃避天敌有利,所以蝙蝠、鸟类和昆虫都发展了这种机能,尽管它们翅膀的结构很不相同。又如流线型的体形对游泳有利,所以水中的鱼类和哺乳动物(如海豚)都发展了这种体形。这种在生存竞争中有用的机能叫做生物收敛机能,产生的概率是很大的。于是,智慧是否属于生物收敛机能? 对此问题的回答有不同的观点,有人认为不是,理由是既然有用,为什么智慧在生物进化中产生得那样晚? 反驳的意见是发展智慧需要时间,如果恐龙没有灭绝,它们是有充足的时间发展出智慧的爬虫类后裔的。除灵长目外,陆地上的狗和水中的海豚彼此独立地发展出某种智慧。如此看来,对于由原始生命进化出智慧生命的概率,乐观的估计认为,只要时间允许,概率接近 100%;悲观的估计则认为概率微乎其微,譬如 10^{-6}.

综上所述,最乐观的估计,出现智慧生物的概率是 50%×10%×100%×100%×100% = 5%,即 1/20,即在银河系的恒星系统中每 20 个左右里就可能有一个。所以我们要调查银河系内有无外星智慧,只要考察几十个恒星系统就够了。最悲观的估计,出现智慧生物的概率是 50%×10%×10%×10%×10%×10^{-6}=5×10^{-11},即在银河系内这样的恒星系统只有 20 个,调查起来几乎要找遍银河系。

从智慧并不一定发展出宇宙通讯和宇宙航行的技术文明来。海豚没有手,再有多长的时间也发展不出技术文明来。从智慧发展出高科技的概率,谁也不会估计。不管怎么说,地球以外有技术文明的可能性是存在的。

1950 年著名物理学家费米在一次午餐时间和人谈论起飞碟,大家一致否定飞碟是外星人的座舱后,费米作了类似上面的估算。他认为,宇宙演化的时间这么长,具有高度技术文明的外星人早应造访过我们的地球,且不止一次。可是他们在哪儿?他认为有三种可能性:一是宇宙航行有我们尚不了解的困难,二是宇宙航行被判定是不值得做的行当,三是技术文明总是短命的。特别第三种可能性值得深思。宇宙的年龄算它是 150 亿年,为太阳系年龄的三倍。地球 40 多亿年的历史中只在最后几百年才有工业化,产生技术文明。这样的技术文明能持续多久?技术文明会不会因恶性膨胀而自掘坟墓,在来不及与外星联系之前就毁灭了？尽管在茫茫的宇宙中可能存在过许多技术文明，它们之间在时间和空间上交叉的可能性是微乎其微的。

§7. 热宇宙模型[1]

7.1 大爆炸和决定早期宇宙历史的两个判据

宇宙在膨胀，今天已是无可怀疑的事实（参见《新概念物理教程·力学》第七章4.3节）。根据今天宇宙膨胀的速度，可以推算出，宇宙在一二百亿年前脱胎于高温、高密状态，开始时膨胀的速度也极大。形象地说，宇宙诞生于一次大爆炸（big bang）。但要注意，所谓"大爆炸"，并不像一颗炸弹在空中碎裂后弹片四处横飞的那种爆炸。宇宙创生时的大爆炸并不起源于一点，而是整个空间每一点都可看作是膨胀的中心。爆炸过程中每对粒子间的距离都在猛烈地增长。随着宇宙的膨胀，其中的物质密度在减小，温度在下降。

大爆炸以后早期的宇宙[2]结构比后来的简单得多。那时宇宙是由极高温的热辐射（高能光子）组成的"羹汤"，一些种类的粒子在其中时隐时现，整个宇宙是均匀的，处于热平衡态。随着宇宙的膨胀和降温，它的一些组成部分逐次与其余部分脱耦，愈来愈偏离热平衡态。

研究早期宇宙的演化史，主要需弄清两个问题：在演化各阶段宇宙里有些什么粒子？这些粒子与其它粒子是否仍保持在热平衡状态？回答这两个问题要靠下面两个判据。

（1）成分判据

设某种粒子的静质量为 m，如果宇宙的温度 T（即其中热辐射的温度）满足下列不等式：

$$kT > mc^2, \quad （k —— 玻耳兹曼常量） \tag{5.95}$$

则该种粒子及其反粒子组成的偶对可以在热辐射场里不断地产生和湮没，它们将在动态平衡中大量地存在。在相反的情形下，热辐射的温度不足以产生这种粒子对，已有的粒子对却可以湮没，这种粒子很快就从宇宙中消失掉。

---

[1] 可参阅陆埮. 宇宙 —— 物理学的最大研究对象. 长沙：湖南教育出版社，1994；俞允强. 大爆炸宇宙学. 北京：高等教育出版社，1995；E. W. Kolb and M. S. Turner, *The Early Universe*, Addison-Wesley Publishing Company, 1990.

[2] 这里所谓"早期"，从温度下降到 $T = 10^{12}$ K（宇宙年龄为 10^{-4} s）算起，这个温度相当于 100 MeV 的能量，对这能量范围，现代高能物理已能提供充足可靠的知识。按宇宙大爆炸理论，在更早期（$T = 10^{28}$ K）有过一次由真空对称破缺驱动的暴胀时期，在 10^{34} s 内宇宙的尺度增长了 43 个数量级。在此过程中熵猛烈地增加，是个非平衡过程。

（2）脱耦判据

粒子在相互碰撞的过程中进行反应,相互转化。按统计力学,只有通过粒子碰撞才能达到热平衡。设粒子的平均自由飞行时间为 $\bar{\tau}$,则只有 $\bar{\tau} < t$(宇宙年龄) 的情况下,这种粒子才可能与宇宙间其它成分处于热平衡态。现在来看 $\bar{\tau}$ 和 t 随温度变化的规律。

因碰撞频率
$$\bar{\omega} = n\sigma v$$
(n——粒子数密度, σ——碰撞截面, v——粒子热速度)。在成分判据(5.95)式成立的情形下,粒子对在热辐射场中涨落,其数密度 n 正比于光子的数密度 n_r, 而 $n_r = u/\bar{\varepsilon}$,按斯特藩–玻耳兹曼定律 $u \propto T^4$, 光子平均能量 $\bar{\varepsilon} \propto T$, 故 $n_r \propto T^3$, 从而 $n \propto n_r \propto T^3$. 再者,设粒子是极端相对论性的,故 $v \approx c$. 至于碰撞截面 σ, 一般都是随 T 的增加而增加的。所以,随着宇宙的膨胀而降温时, $\bar{\omega}$ 减少得比 T^3 快, $\bar{\tau} = 1/\bar{\omega}$ 增大得比 T^{-3} 快。

按下文(5.105r) 式, $t \propto T^{-2}$, 而 T 下降时 $\bar{\tau}$ 增大得比 T^{-3} 快,故而随着宇宙的膨胀,温度总会降到一个临界值 T_d(脱耦温度),这时有
$$\bar{\tau} > t, \tag{5.96}$$
此后该种粒子与热辐射场中的光子脱耦。

7.2 几个里程碑

从上文可以看到,宇宙早期处于热平衡态,那时决定性的因素是温度 T,所以人们习惯于用温度来代表宇宙的年龄 t($t \propto T^{-2}$)。

我们从 $T = 10^{12}$K($t = 10^{-4}$s) 时开始讨论。表5–7中给出各种粒子的静质能 mc^2 和相应的湮没温度 $T_a = mc^2/k$, 在我们选择的时间起点上,中子 n、质子 p 和它们的反粒子(这是重子中最轻的粒子)本应早已湮没光了,但是由于某种尚不甚明白的原因,极少量的 n、p 残存了下来。❶ 表5–7还表明,在 $T \leqslant 10^{12}$K 时,轻子中的 τ^+、τ^- 也早已消失, μ^+、μ^- 濒临灭绝,只剩下正负电子和各种中微子大量存在。在尔后的

表5–7 粒子的静质能和湮没温度

分类	粒子	mc^2	T_a
重子	n, p	0.94 GeV	10^{13}K
轻子	τ^+, τ^-	1.78 GeV	2×10^{13}K
	μ^+, μ^-	0.106 GeV	10^{12}K
	e^+, e^-	0.51 MeV	6×10^9K
	ν_τ, $\underline{\nu}_\tau$	< 24 MeV	
	ν_μ, $\underline{\nu}_\mu$	< 0.17 MeV	
	ν_e, $\underline{\nu}_e$	< 10^{-15} eV	
光子	γ	0	

---

❶ 或许将来大统一理论能说明这个问题。

演化中有几个重要的里程碑,现逐一介绍。

（1）中微子脱耦

理论计算表明,中微子的脱耦温度 T_d 可取作 10^{10} K, 当 $T > T_d$ 时,不仅它们和电子之间会有各种转化过程,如

$$e^+ + e^- \rightleftharpoons \nu_e + \bar{\nu}_e,$$

它们还会引起残存的 n、p 相互转变:

$$\begin{cases} n + \nu_e \rightleftharpoons p + e^-, \\ p + \nu_e \rightleftharpoons n + e^+, \end{cases}$$

这些过程使中子和质子的数目达到热平衡,服从玻耳兹曼分布:

$$\frac{N_n}{N_p} = e^{-\Delta mc^2/kT},$$

式中 $\Delta mc^2 = (m_n - m_p)c^2 = 1.29\,\text{MeV} \sim 1.50 \times 10^{10}$ K. 在中微子脱耦温度下此比值为

$$\left(\frac{N_n}{N_p}\right)_d = e^{-1.5} = 22.3\%.$$

当宇宙继续降温时,如果自由中子和质子一样不衰变,这比值将永远保持下去。实际上自由中子是要衰变的:

$$n \rightarrow p + e^- + \nu_e,$$

从而比值 N_n/N_p 将逐渐减小,直到全部中子与质子结合成稳定的原子核为止。

（2）氦核的形成

周期表中第一个最稳定的复合核素是 ^{4}He, 它由两个质子和两个中子组成,总结合能为 28.3 MeV, 相当于 33×10^{10} K. 所以,在 $T < T_d$ 的温度下 ^{4}He 是难以被 γ 光子摧毁的。但是 2p 和 2n 四个粒子不易同时碰到一起直接结合成 ^{4}He,中间需合成氘核 d 的步骤:

$$p + n \rightarrow d + \gamma.$$

d 的结合能很小, 只有 2.22 MeV, 在 $T = 10^{10}$ K 的温度下超过这能量的 γ 光子大量存在,它们可使上述反应逆向进行,把氘核分解。只有当温度 T 降到 10^9 K 时,足以打破氘核的高能 γ 光子已变得非常少, p 和 n 合成的氘核不再更多地分解,使 ^{4}He 核的结合成为可能。结合到 ^{4}He 核中的中子不再衰变为质子,此后宇宙间 N_n/N_p 比值不再改变,保持到现在。

$T = T_d = 10^{10}$ K 对应 $t = 1$ s, $T = 10^9$ K 对应 $t \approx 3$ min, 中间大约经过 3 min。❶

---

❶ S. Weinberg, *The First Three Minutes*, Basic Books, Inc., Publishers, New York, 1977；中译本, 温伯格,《最初三分钟》,北京:科学出版社, 1981。

自由中子半衰期为10.1min, 在3min里有$(1-2^{-3/10.1})$=18.6%转变为质子, 使得N_n/N_p比值下降到15%, 以剩下的中子全部结合进^{4}He核来计算, 氦的宇宙丰度(按质量算)应为

$$Y(^4\text{He}) = \frac{2N_n}{N_n + N_p} = 26\%.$$

其余都是氢(质子)。以上计算是粗略的,精确计算给出的数值为$Y(^4\text{He})$= 23%。此数值与实测的氦平均丰度是一致的, 这是大爆炸宇宙理论的第一个实验支柱。

(3) 中性原子的复合

宇宙演化的下一个里程碑是电子与质子或氦核复合成电中性的原子。在此之前它们处在电离的等离子态。等离子体是带电粒子体系, 它们与光子之间频繁地作用着, 保持很强的热耦合。变成中性原子组成的气体后, 就几乎不再与光子作用, 或者说, 与光子脱耦。这时,对光子来说,宇宙变得透明了。原子的电离能为10eV的数量级, 有效的原子形成应发生在远低于这能量的温度下。取中性原子的有效复合温度为4000K(折合0.3eV), 此刻宇宙的年龄约为3×10^5年。

自从宇宙变得对光子透明以后, 光子体系(热辐射)就与宇宙间其它成分脱耦, 随着宇宙的膨胀而降温。下文的(5.100r)式告诉我们, 辐射温度$T_r \propto R^{-1}$。据估算, 自从大规模地发生中性原子复合以来,宇宙的尺度R增大了三个多数量级,与此相应地,辐射温度T_r下降了三个多数量级,达到3K左右。当今的宇宙里应无处不有地充满了等效温度为3K左右的黑体辐射, 即微波背景辐射。这是大爆炸宇宙模型的一个最重要的预言,它在20世纪60年代开始为观测所证实,成为大爆炸宇宙理论的第二个,也是最重要的实验支柱。

7.3 微波背景辐射的发现

早在1948年,伽莫夫(G. Gamow)和他的合作者就提出了一个"大爆炸"宇宙理论,预言了早期宇宙遗留下一个微波辐射背景,温度应是5K。由于他们的计算在细节上不完全正确,以及当时高能物理达到的阶段尚不足以使物理学家和天文学家对宇宙的早期起源感到有信心,这个理论未受到物理学界的认真看待,在天文学界也鲜为人知。

在1965年以前的好些年里,天体物理学家并不知道大爆炸理论要求存在一个微波背景辐射,并可能实际被观测到,尽管有关的技术条件早在一二十年前就已具备了。1964年彭齐亚斯(A. A. Penzias)和威尔孙(R. W. Wilson)两位美国射电天文学家用贝尔电话实验室在新泽西的一架噪声极低的角状反射天线去测量高银纬区(即银河平面以外区域)发出的射电波强度。这种测量特别困难,问题是怎样将它们与天线干扰噪声区别开来。大气层噪声与大气层厚度有关,强度应与天线的方向有关; 放大器电路的噪

声可用液氦温度的"冷负载"设备消除。他们二人本打算在 7.35 cm 波长上验证天线本身的噪声确可忽略不计，之后，再在 21 cm 波长上去观测星系本身。出乎他二人意料之外，在 7.35 cm 波长上他们收到了相当大的与方向无关的微波噪声。在随后的一年里他们发觉这天电噪声既在一日之中没有变化，也不随季节而涨落。这种噪声显然不像是来自银河系的。否则我们早应该观察到来自酷似银河系的仙女座大星云 M31 强烈的 7.35 cm 电磁辐射。他们观测到的噪声似乎产生于更广阔的宇宙深处。

为了彻底弄清噪声的来源，还需检验一下天线本身，看它的电噪声是否比预期的高。特别是人们知道有一对鸽子曾在这天线的喉部筑过巢，在那里遗留了一层被彭齐亚斯委婉地称之为"白色电介质"的东西。1965 年天线的喉部被拆开，这些肮脏的东西被清除掉，但想尽各种办法，仍然使观察到的噪声水平降低不多。这种噪声到底是从哪里来的？

无线电工程师常用"等效温度"来描写射电噪声的强度，彭齐亚斯和威尔孙二人发现他们收到的射电噪声的等效温度在 $(2.5 \sim 4.5)$ K 之间。有一天，彭齐亚斯为别的事打电话给另一位射电天文学家、麻省理工学院的伯克（B. Burke），伯克辗转地知道普林斯顿大学的一个青年理论物理学家皮伯斯（P. E. Peebles）在一次学术报告中说起，早期宇宙应遗留下一个 10 K 的射电噪声背景（他把等效温度估计高了）。皮伯斯就顺便把这一情况告知了彭齐亚斯，使他和普林斯顿的人联系上。

普林斯顿有几位实验物理学家，迪克（R. H. Dicke）、罗尔（P. G. Roll）和威金森（D. T. Wilkinson）。他们已着手装置一架噪声极低的小型天线，以便观测早期宇宙遗留下来的辐射。在迪克等人未完成测量装置之前，他接到了彭齐亚斯的电话。于是他们决定分别在《天体物理杂志（Astrophysical Journal）》上各发表一篇通讯。彭齐亚斯和威尔孙非常谨慎，文章用了一个很稳重的标题："在 4 080 Mc/s 额外天线温度的测量"（这里 4080 Mc/s 即 7.35 cm 波长）。他们只是宣布有效天顶噪声温度的测量比预期值高出 3.5 K，而避免做出任何宇宙学的解释，只在附注内提到迪克等人的通讯可能为此提供一种说明。

这些微波辐射果真是早期宇宙遗留下来的"化石"吗？为了最终证明这一点，需要知道它的频谱是否符合普朗克的黑体辐射公式。罗尔和威金森继彭齐亚斯等人之后在 3.2 cm 波长也作了测量，此后射电天文学家们在许多不同波长上都作了测量。测量结果表明，辐射强度随波长的变化符合普朗克分布，等效温度约为 2.7 K（见图 5 – 40）。不过，要想使结论有最大的说服力，还必须把测量的波长范围扩展到把频谱极大值包括进去。对 3 K 左右的黑体辐射来说，$\lambda_{max} \leqslant 0.1$ cm. 不幸的是，地球的大气层对 $\lambda < 0.3$ cm 的辐射就不大透明了。到了 1972 年，康奈尔火箭小组和麻省理工学院气球小组在大气层外测量的报告表明，辐射谱符合约为 3 K 的黑体辐射。于是大爆炸宇宙模型获得了最强有力的证明，此后，大爆炸宇宙理论逐渐被广泛接受，并称之为宇宙的"标准模型"。彭齐亚斯和威尔孙分享了 1978 年诺贝尔物理学奖金。

图 5 – 40 是 1989 年宇宙背景探索卫星（COBE）观测的微波背景辐射谱，数据在广阔的频率范围内精确地符合温度为 2.736 ± 0.017 K 的黑体辐射谱理论曲线。

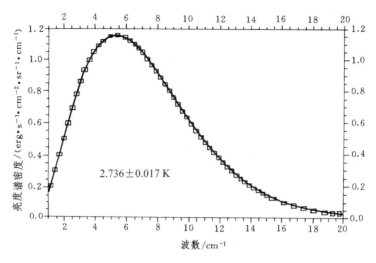

图 5 - 40 COBE 观测的微波背景辐射谱

7.4 膨胀宇宙中的辐射与物质的热力学

在讨论宇宙的热演化史时,我们经常需要知道状态参量 T、ρ 随时空变量 t、R 变化的规律。为此我们必须区分宇宙的两个组成部分:由光子组成的热辐射(简称"辐射",记作 r)和由有静质量粒子组成的物质(简称"物质",记作 m)。光子是极端相对论性的,物质粒子在湮没温度 T_a 以下是非相对论性的,它们有不同的物态方程:

$$\begin{cases} p_r = \dfrac{1}{3} u_r, \\ p_m = \dfrac{2}{3} u_m, \end{cases}$$

式中 p 是压强,u 是内能密度[见第一章(1.29R)式和(1.29N)式]。

宇宙膨胀可用绝热公式来描述:

$$dU = -p\, dV, \tag{5.97}$$

下面分别讨论辐射和物质两种情况:

(1) 辐射的绝热膨胀

将内能写成 $U_r = u_r V$, 则 $dU_r = V du_r + u_r dV$, 而 $p_r = \dfrac{1}{3} u_r$,于是(5.97)式化为

$$V du_r = -(u_r + p_r) dV = -\frac{4}{3} u_r dV,$$

或

$$\frac{du_r}{u_r} = -\frac{4}{3} \frac{dV}{V},$$

积分得

$$\ln \frac{u_r}{u_{r0}} = -\frac{4}{3} \ln \frac{V}{V_0}, \quad 即 \quad u_r \propto V^{-4/3} \propto R^{-4}.$$

因辐射的质量密度 $\rho_r = u_r/c^2$,故有

$$\rho_r \propto R^{-4}. \tag{5.98r}$$

又因斯特藩–玻尔兹曼定律

$$\rho_r \propto T_r^4, \tag{5.99r}$$

由以上两式得

$$T_r \propto R^{-1}. \tag{5.100r}$$

（2）物质的绝热膨胀

将内能写成 $U_m = N\overline{\varepsilon_m}$（$N$——总粒子数，$\overline{\varepsilon_m}$——粒子的平均热动能量），

则 $dU_m = N\,d\overline{\varepsilon_m}$,而 $p_m = \dfrac{2}{3}u_m = \dfrac{2N\overline{\varepsilon_m}}{3V}$,于是(5.97)式化为

$$N\,d\overline{\varepsilon_m} = -\frac{2N\overline{\varepsilon_m}\,dV}{3V},$$

或

$$\frac{d\overline{\varepsilon_m}}{\overline{\varepsilon_m}} = -\frac{2}{3}\frac{dV}{V},$$

积分得 $\ln\dfrac{\overline{\varepsilon_m}}{\varepsilon_{m0}} = -\dfrac{2}{3}\ln\dfrac{V}{V_0}$,   即 $\overline{\varepsilon_m} \propto V^{-2/3} \propto R^{-2}.$

因 $\overline{\varepsilon_m} \propto T_m$,故有

$$T_m \propto R^{-2}. \tag{5.100m}$$

又因质量守恒：$\rho_m V =$ 常量,我们有

$$\rho_m \propto V^{-1} \propto R^{-3}, \tag{5.98m}$$

由以上两式得

$$\rho_m \propto T_m^{3/2}. \tag{5.99m}$$

由于辐射和物质膨胀规律的上述差别,将导致下面两点重要结论：

（1）宇宙由辐射统治转变为由物质统治

对比(5.98r)式 $\rho_r \propto R^{-4}$ 和(5.98m)式 $\rho_m \propto R^{-3}$ 可以看出,随着 R 的膨胀,ρ_r 比 ρ_m 减少得快。让我们先来估算一下当前 ρ_{r0} 和 ρ_{m0} 的情况（下标 0 代表"现在"）。微波背景辐射的温度为 $T_{r0} = 2.736\,\text{K}$,按斯特藩–玻尔兹曼定律(2.110)式

$$\rho_{r0} = \frac{a}{c^2}T_{r0}^4 = \frac{\pi^2(kT_{r0})^4}{15c^5\hbar^3} = 4.72\times10^{-31}\,\text{kg/m}^3 = 4.72\times10^{-34}\,\text{g/cm}^3.$$

至于 ρ_{m0},我们可以有不同的估计法。如《新概念物理教程·力学》第七章 4.3 节所述,低限按发光物质估计

$$\rho_{m0} = \rho_0^{光度} = 10^{-31}\,\text{g/cm}^3,$$

则 ρ_{m0} 比 ρ_{r0} 大 2~3 个数量级；高限按临界密度估计（即把暗物质算进去,并假定 $\Omega_0 = \rho_0/\rho_c = 1$）,取哈勃常量 $H_0 = 50\,\text{km/s·Mpc}$（相当于现今宇宙年龄取 154 亿年）,

$$\rho_{m0} = \rho_c = 4.71\times10^{-30}\,\text{g/cm}^3,$$

则 ρ_{m0} 比 ρ_{r0} 大 4 个数量级。无论怎么说,当今的宇宙是由物质统治的。按

(5.98r)式、(5.98m)式和(5.100r)式,

$$\frac{\rho_r/\rho_m}{\rho_{r0}/\rho_{m0}} = \frac{R_0}{R} = \frac{T_r}{T_{r0}},$$

亦即,在

$$\frac{T_r}{T_{r0}} = \frac{\rho_{m0}}{\rho_{r0}} = 10^4$$

时 $\rho_r = \rho_m$(辐射与物质达到均衡)。那时的辐射温度 $T_r = T_{r0} \times 10^4 = 2.736 \times 10^4 \text{K}$,比中性原子复合的温度 $T_{复合} \approx 4000 \text{K}$ 约高 7 倍,即在时间上早一些。❶由辐射–物质均衡时刻向上回溯,就进入辐射统治时期。时间上愈早,辐射就愈占优势,早期的宇宙里辐射是占绝对统治地位的。

以上的估计有许多不确定的因素:哈勃常量 H_0 的数值上下可能差两倍多,临界密度 ρ_c 上下可能差 6 倍,宇宙学密度 Ω_0 也可能小于 1. 所以辐射–物质均衡的时间不一定比中性原子复合时间早很多,譬如取 $\Omega_0 \approx 1/7$,就可使两个时间重叠在一起。通常人们倾向于认为均衡在时间上稍早,与复合的时间相差不多,由辐射统治时期向物质统治时期的转变大体上发生在中性原子复合的时候,或此前不久。

(2)中性原子复合后辐射与物质产生温差

按(5.100r)式和(5.100m)式,$T_r \propto R^{-1}$,$T_m \propto R^{-2}$. 在中性原子复合前由带电粒子组成的物质与辐射耦合在一起,共同处于热平衡态,温度彼此相等。在辐射统治时期,这温度等于 T_r. 到了中性原子复合以后,物质与辐射脱耦,二者分道扬镳,各按各的规律演化。随着 R 的增大,T_m 下降得快,T_r 下降得慢,差距愈拉愈大。如果没有其它因素(如引力坍缩 核聚变),两温度将满足下列关系:

$$\frac{T_m}{T_{复合}} \propto \left(\frac{T_r}{T_{复合}}\right)^2, \quad T_r > T_m. \tag{5.101}$$

7.5 膨胀宇宙中的辐射与物质的动力学

以上的讨论未涉及各参量的时间演化问题,这是动力学问题。《新概念物理教程·力学》第七章 4.3 节专门讨论了宇宙膨胀动力学,但那里未把动力学方程最后积分出来。现在我们进一步处理此问题。按《新概念物理教程·力学》第七章(7.43)式:

$$\frac{1}{2}mv^2 - \frac{GMm}{R} = E,$$

取其中 $E=0$(即假定宇宙学密度处于临界状态,$K=0$),$v = \dot{R}$,$M = 4\pi R^3 \rho/3$,

---

❶ 按下文的(5.105m)式计算,均衡发生于宇宙年龄约为 1.54×10^4 年的时候,复合发生于 2.8×10^5 年。

我们有

$$\frac{\dot{R}}{R} = \sqrt{\frac{8\pi G\rho}{3}}. \tag{5.102}$$

按(5.98r)式 $R \propto \rho_r^{-1/4}$，按(5.98m)式 $R \propto \rho_m^{-1/3}$，从而

$$\frac{\dot{R}}{R} = \frac{\mathrm{d}\ln R}{\mathrm{d}t} = -\frac{1}{4}\frac{\mathrm{d}\ln\rho_r}{\mathrm{d}t} \ \text{或} \ -\frac{1}{3}\frac{\mathrm{d}\ln\rho_m}{\mathrm{d}t},$$

分别把(5.102)式里的 ρ 替换为 ρ_r 和 ρ_m，则有

$$-\frac{\mathrm{d}\rho_r}{4\ \rho_r^{3/2}} \ \text{或} \ -\frac{\mathrm{d}\rho_m}{3\ \rho_m^{3/2}} = \sqrt{\frac{8\pi G}{3}}\mathrm{d}t,$$

积分后得

$$\frac{1}{2}\left(\sqrt{\frac{1}{\rho_r}} - \sqrt{\frac{1}{\rho_{r0}}}\right) \ \text{或} \ \frac{2}{3}\left(\sqrt{\frac{1}{\rho_m}} - \sqrt{\frac{1}{\rho_{m0}}}\right) = \sqrt{\frac{8\pi G}{3}}(t - t_0),$$

在 $t \gg t_0$ 的情况下 $\rho_{r0} \gg \rho_r$，$1/\rho_r \gg 1/\rho_{r0}$，及 $\rho_{m0} \gg \rho_m$，$1/\rho_m \gg 1/\rho_{m0}$，上式中的初始项可忽略，于是得

$$t = \sqrt{\frac{3}{32\pi G\rho_r}}, \tag{5.103r}$$

$$t = \frac{1}{\sqrt{6\pi G\rho_m}}, \tag{5.103m}$$

对于两种情况我们都有 $t \propto \dfrac{1}{\sqrt{G\rho}}$. 将(5.103r)、(5.103m)式和(5.98r)、(5.98m)式联系起来，我们得到

$$\begin{cases} \text{辐射统治时期} \quad t \propto R^2, & (5.104r) \\ \text{物质统治时期} \quad t \propto R^{3/2}, & (5.104m) \end{cases}$$

进一步将(5.104r)、(5.104m)式和(5.100r)、(5.100m)式联系起来，我们得到

$$\begin{cases} \text{复合前，辐射统治时期} \quad T_m = T_r \propto t^{-1/2}; & (5.105r) \\ \text{复合后，物质统治时期} \quad T_m \propto t^{-4/3}, \quad T_r \propto t^{-2/3}. & (5.105m) \end{cases}$$

7.6 星系的形成

在宇宙范围里万有引力起主导作用。引力系统的特点是不稳定性，某处因涨落密度稍有增加，那里就会对周围物质产生较强的吸引力，吸引更多的物质靠拢过来，使局部的密度进一步增大。于是在本来均匀的宇宙中逐渐聚结出一些尺度不同的团块来，形成星系、星系团、超星系团等结构。

引力使物质凝聚，与之抗衡的是热动压，它使凝聚起来的物质膨胀。压强 p 是以声速 c_s 传播的，在时间 t 内它影响所及的范围半径为 $\lambda \sim c_s t$，在此范围内的密度涨落将被压强平息掉，情况是稳定的。大于这尺度的密度涨落不能为压强所平息，将失稳而形成团块。宇宙的密度降到 ρ 的时间

大体是 $t \sim 1/\sqrt{G\rho}$［见(5.103)式］,此刻失稳的最小半径是 $\lambda \sim c_s/\sqrt{G\rho}$,在此范围内包含物质的初始质量为 $M \sim \lambda^3 \rho_m \sim c_s^3 \rho_m/G^{3/2}\rho^{3/2}$. 这质量称为金斯质量(Jeans mass),记作 M_J. ❶ 将数值常数完整地写出,金斯质量的表达式为:

$$M_J = \frac{\pi^{5/2}}{6} \frac{c_s^3 \rho_m}{G^{3/2}\rho^{3/2}}. \tag{5.106}$$

宇宙中只有以 ct(c—— 光速, t—— 宇宙年龄)为直径的范围内才有相互作用和因果联系,这一范围的边界称为视界(horizon),包含在此范围内的物质质量称为视界质量,记作 M_H. 超过视界范围的质量是不可能在引力作用下凝聚的。

图5－41是金斯质量 M_J(以太阳质量 $M_\odot$ 为单位)和温度 $1/T_r$(T_r 以 2.736 K 为单位)的双对数曲线,这样的横坐标与宇宙因膨胀而降温的顺序一致。最引人注目的特点是中性原子复合时金斯质量陡然下降,这是由声速突变引起的。

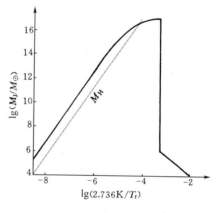

图 5－41 金斯质量

在未复合前,由带电粒子组成的物质与辐射耦合在一起,当辐射统治宇宙时, $p = \frac{1}{3}\rho c^2$, 声速 $c_s = \sqrt{\frac{\partial p}{\partial \rho}} = \frac{c}{\sqrt{3}}$, ❷ $\rho \approx \rho_r \propto T_r^4$, $\rho_m \propto T_r^3$, ❸ $M_J \propto T_r^{-3}$. 在 $\lg(M_J/M_\odot)$－$\lg(2.736\,\mathrm{K}/T_r)$ 图上是一段斜率为 +3 的直线。由于在此区间视界质量 M_H(图中灰线)与金斯质量 M_J 是同量级的, M_J 还稍大些,金

---

❶ 英国物理学家兼天文学家金斯(J. H. Jeans)最先研究了引力系统密度涨落失稳问题,得到这个判据。金斯的理论以牛顿力学为基础,所用的宇宙模型是静态的。考虑到宇宙的膨胀,在视界内仍可用牛顿力学来讨论这个问题,所得结论与金斯理论主要的不同,在于失稳后密度涨落在静态宇宙中按指数律增长,在膨胀宇宙中按幂律增长。失稳判据是一样的。

❷ 声速公式 $c_s = \sqrt{\partial p/\partial \rho}$ 见《新概念物理教程·力学》第六章5.1节。

❸ 在7.4节我们只讨论了纯辐射或纯物质的绝热膨胀,这里碰到的问题是混在辐射中一起作绝热膨胀的少量物质的行为。读者可试着推导 $\rho_m \propto T_r^3$ 这个公式(习题5－28)。

斯不稳定性不会发生。

按(5.106)式金斯质量 $M_J \propto T_r^{-3/2}$，在 $\ln(M_J/M_\odot)-\ln(2.736\ K/T_r)$图上是一段斜率为 -1.5 的直线。复合温度处的峭壁上端相当于 $M_J \sim 10^{17}M_\odot$，下端相当于 $M_J \sim (10^5 \sim 10^6)M_\odot$，以后的发展，$M_J$ 愈来愈小，在此广阔的质量范围里都可以形成天体。然而，实际观测到的星系质量大多在 $10^{11}M_\odot$ 附近，星系团质量大多在 $10^{14}M_\odot$ 附近，并不是在上述广阔质量范围都有天体形成。这仍是宇宙学中尚未完全弄清楚的许多问题之一。

7.7 热寂说的终结

1850 年克劳修斯建立了热力学,总结出热力学第一定律和第二定律。1854 年他进一步引进"熵"的概念,重新表述了热力学第二定律。"热寂说"几乎从热力学第二定律诞生起就是伴随它的阴影。用克劳修斯自己的话说,热力学两条定律意味着:

(1) 宇宙的能量是常数;

(2) 宇宙的熵趋于一个极大值。

那就是说,全宇宙将达到热平衡,进入热寂(heat death)状态。宇宙热寂的结论固然令人懊恼,但曾经令人困惑的,是为什么现实的宇宙并没有达到热寂状态。长期以来人们认为宇宙基本上是静态,它在时间上无始无终,似乎它早就该处于热寂状态了。由于"热寂说"在感情上和理智上都给人以强烈的冲击,克劳修斯的同时代人就曾群起而攻之,但反对意见多被克劳修斯驳倒了。当时批判"热寂说"的观点中对后世影响较大的有两家之言。

1872 年玻耳兹曼提出"涨落说"。我们知道,是他首先赋予了熵增加以统计的解释。按照这种解释,热平衡态总伴随着涨落现象,后者是不遵从热力学第二定律的。玻耳兹曼认为,在宇宙的某些局部可以偶然地出现巨大的涨落,在那里熵没有增加,甚至在减少。这种说法有一定的吸引力,但尚缺乏事实根据。

1875–1876 年恩格斯在《自然辩证法》中写道:"运动的不灭不能仅仅从数量上去把握,而且还必须从质量上去理解"。根据这一原则,他有如下的信念:"放射到太空中去的热一定有可能通过某种途径(指明这一途径,将是以后自然科学的课题)转变为另一种运动形式,在这种运动形式中,它能够重新集结和活动起来"。

在苏联和我国以前的一些热学教科书中,除经常引用上面两种说法来批判"热寂说"外,还有过如下一些流行的论点。一种认为宇宙是无限的,不是封闭的,因而不能把热力学第二定律推广到全宇宙。另一种认为,这个问题的答案不可免地要归到一种"原始推动力",给"上帝创造世界"的说教以口实。

多少年来,人们总感到对"热寂说"的批判说服力不强,隔靴搔痒,未中要害。现在我们知道了,"热寂说"的要害在于以下两点:一是宇宙在膨胀,二是引力系统乃具有负热容的不稳定系统。

在 7.4 节里我们看到,由于宇宙在膨胀,它的组分相互会脱耦,从热力学平衡态发展到不平衡态,从温度均匀到产生温差。这种现象在静态宇宙模型中不可能发生,也是克劳修斯和他的批判者们都没有想到的。

在7.6节里我们讨论了金斯不稳定性怎样使密度均匀的宇宙产生了团块结构,形成各种天体。在《新概念物理教程·力学》第七章5.3节我们谈到自引力系统的负热容问题。具有负热容的系统是不稳定的,它没有平衡态,不能把通常的热力学第二定律用于其上。如果要在这里说到熵,我们欣赏泽尔多维奇(Ya. B. Zel'dovich)提出的看法,❶对于引力系统,密度均匀态并不是概率最高的。宇宙中均匀物质凝成团块(星系、恒星等)的过程中引力势能转化为动能。从均匀到不均匀,位形空间里的分布概率减少了,但温度上升,速度空间里的分布概率增加了。两者相抵,总概率是增加了,而不是减少了。这就是说,天体的形成是引力系统中的自发过程,它的熵是增加的。由于不存在平衡态,熵没有极大值,它的增加是没有止境的。

总之,膨胀的宇宙和负热容的引力系统以出乎前人意料的方式冰释了"热寂"的疑团,展现了全新的一副情景:宇宙早期是处于热平衡的高温高密"羹汤",从这一单调的浑沌状态开始,在膨胀的过程中一步步发展出愈来愈复杂的多样化结构。于是,在微观上形成了原子核、原子、分子(从较简单的无机分子到高级的生物大分子),在宏观上演化出星系团、星系、恒星、太阳系、地球、生命,直至人类这样的智慧生物和愈来愈发达的社会。古埃及神话中的凤凰鸟(phoenix)焚身于烈火之后,从自己的灰烬中青春焕发地再生,这是当代宇宙观的一幅精彩写照。宇宙不但不会死,反而从早期的"热寂"状态(热平衡态)下生机勃勃地复生。固然,当今的宇宙学尚不能准确地预卜宇宙的结局,但是折磨了物理学界和哲学界100多年的梦魇 —— 热寂说,作为历史的一页,可以尽管放心地翻过去了。

本章提要

1. 平均自由程 $\bar{\lambda}$：　　分子在相继两次碰撞之间所走路程的平均值。

$$\bar{\lambda} = \bar{v}\,\bar{\tau} = \frac{\bar{v}}{\bar{\omega}}$$

$\bar{v}$—平均热速率,　$\bar{\tau}$—平均自由飞行时间,　$\bar{\omega}$—碰撞频率。

麦克斯韦平均自由程公式:

$$\bar{\lambda} = \frac{1}{\sqrt{2}\,n\sigma} = \frac{1}{\sqrt{2}\,n\pi d^2}.$$

n—分子数密度,　σ—碰撞截面,　d—有效直径。

分子自由程大于 l 的概率:　　$P(l) = \mathrm{e}^{-l/\bar{\lambda}}$.

2. 近平衡态的弛豫和输运过程:

---

❶　Ya. B. Zel'dovich and I. D. Novikov, *The Structure and Evolution of the Universe*, The University of Chicago Press, 1983, p.647.

经 验 定 律	初 级 气 体 动 理 论	
	输运系数公式	与状态参量的依赖关系
牛顿黏性定律 黏性力 $f = -\eta \dfrac{\mathrm{d}u}{\mathrm{d}z} \Delta S$	黏度系数 $\eta = \dfrac{1}{3} \rho \, \bar{v} \, \bar{\lambda}$	$\eta \propto T^{1/2}$，与 p 无关 （稀薄时 $\eta \propto p$）
傅里叶热传导定律 热流 $H = -\kappa \dfrac{\mathrm{d}T}{\mathrm{d}z} \Delta S$	热导率 $\kappa = \dfrac{1}{3} \rho \, \bar{v} \, \bar{\lambda} \, c_V$	$\kappa \propto T^{1/2}$，与 p 无关 （稀薄时 $\kappa \propto p$）
菲克扩散定律 质量流 $J = -D \dfrac{\mathrm{d}\rho}{\mathrm{d}z} \Delta S$	扩散系数 $D = \dfrac{1}{3} \bar{v} \, \bar{\lambda}$	$D \propto T^{3/2}/p$ （稀薄时 D 与 p 无关）

3. 热力学涨落：概率服从高斯分布

$$\Omega(x) = \sqrt{\frac{\Lambda}{2\pi k}} \, \mathrm{e}^{-\Lambda x^2/2k}; \quad \begin{cases} \text{平均值 } \bar{x} = 0, \\ \text{方差 } \overline{x^2} = \dfrac{k}{\Lambda}. \end{cases}$$

温度涨落 $\overline{(\delta T)^2} = \dfrac{kT^2}{C_V}$，　　　体积涨落 $\overline{(\delta V)^2} = -kT \left(\dfrac{\partial V}{\partial p} \right)_T$.

粒子数涨落：　　理想气体 $\dfrac{\sqrt{\overline{\delta N^2}}}{N} = \dfrac{\sqrt{\overline{\delta V^2}}}{V} = \dfrac{1}{\sqrt{N}}$，

范德瓦耳斯气体在临界点 $\dfrac{\sqrt{\overline{\delta N^2}}}{N} = \dfrac{\sqrt{\overline{\delta V^2}}}{V} = \dfrac{0.949}{N^{1/4}}$.

4. 布朗运动：运动方程

$$m \frac{\mathrm{d}^2 x}{\mathrm{d}t^2} + \alpha \frac{\mathrm{d}x}{\mathrm{d}t} = F(t), \quad \text{或} \quad \frac{\mathrm{d}^2 x}{\mathrm{d}t^2} + \gamma \frac{\mathrm{d}x}{\mathrm{d}t} = X(t),$$

　　　式中 $\gamma = \alpha/m$（黏性阻力系数），$X = F/m$（随机脉冲力）.

在 $t \gg \gamma^{-1}$ 时惯性项 $\mathrm{d}^2 x/\mathrm{d}t^2$ 可忽略，

$$\overline{x^2} = 2Dt \propto t, \quad D = \frac{kT}{\alpha} \text{ —— 扩散系数。}$$

任何维布朗粒子轨迹的分形维数 $d = 2$.

5. 分形：在标度变换下具有自相似性。

分形维数　　　$d = -\lim\limits_{\varepsilon \to 0} \dfrac{\lg N(\varepsilon)}{\lg \varepsilon}$,

　　　ε 为小盒的边长，$N(\varepsilon)$ 为覆盖图形的最少小盒数。

　　　d 为双对数曲线 $\lg N(\varepsilon) - \lg \varepsilon$ 的负斜率。

随机几何结构的两个典型模型：

① 扩散置限凝聚（DLA）：分形生长模型；

② **逾渗**:特征为超越一定阈值渗流便导通(可看作一种相变)。

6. **线性不可逆过程热力学**:　　　　$J = LX$

　　　　　　J— 广义流,　X— 广义力,　L— 输运系数。

熵密度 s 的变化:　　　$\dfrac{\mathrm{d}s}{\mathrm{d}t} = \dfrac{\mathrm{d}_{外}s}{\mathrm{d}t}(熵流) + \dfrac{\mathrm{d}_{内}s}{\mathrm{d}t}(熵产生),$

熵产生　$\sigma \equiv \dfrac{\mathrm{d}_{内}s}{\mathrm{d}t} = JX = LX^2.$　　(具体表达式见表 5 − 4)

最小熵产生原理:线性区定常输运过程中的熵产生最小

　　　　　→ 线性区不可能形成耗散结构。

7. **耗散结构**:

① 开放系统,

② 远离热力学平衡(非线性区),

③ 对称性自发破缺,

④ 稳定态的非热力学分支。

　　实例:化学振荡,化学螺旋波,图灵斑图,贝纳尔对流,……

8. **生命和生态系统**:有负熵流的开放系统。

热力学基础:负熵流(摄入低熵的物质和能量,排出高熵的物质和能量)。

地球生态环境的负熵流　$\Sigma = \mathscr{P}'\left(\dfrac{1}{T_{\odot}} - \dfrac{1}{T_{\oplus}}\right) = -4.47 \times 10^{14} \mathrm{W/K}.$

　　式中 $\mathscr{P}'$(扣除反射) $= 0.66\mathscr{P}$(来自太阳的总辐射功率)。

温室效应:大气对红外辐射的吸收,对提高地表温度有重要作用。

9. **热宇宙模型**:宇宙从一二百亿年前发生的大爆炸开始。

早期宇宙的两个判据:

① 成分判据: $kT > mc^2,$

② 脱耦判据:　粒子平均自由飞行时间 $\bar{\tau} >$ 宇宙年龄 $t.$

几个里程碑:

① 中微子脱耦: $T >$ 脱耦温度 $T_{\mathrm{d}} \approx 10^{10}\,\mathrm{K}(t \sim 1\,\mathrm{s}).$

② 氦核的形成: $T = 10^9\,\mathrm{K}(t \sim 3\,\mathrm{min})$

③ 中性原子的复合,辐射与物质脱耦: $T \sim 4000\,\mathrm{K}(3 \times 10^5\,年)$

两大证据:　　① 氦的宇宙丰度 $\sim 1/4$,　② $3\,\mathrm{K}$ 微波背景辐射。

在膨胀过程中,宇宙由辐射($\mathbf{r}$)统治变为物质($\mathbf{m}$)统治

　　(因 $\mathbf{r}$ 与 $\mathbf{m}$ 的物态方程不同)。

脱耦前，辐射统治	脱耦后，物质统治
$\rho_r \propto T_r^4$，$\rho_m \propto T_r^3$	$\rho_m \propto T_m^{3/2}$，$\rho_r \propto T_r^4$
$\rho_r \propto t^{-2}$，$\rho_m \propto t^{-2}$	
$\rho_r \propto R^{-4}$，$\rho_m \propto R^{-3}$	
$T_m = T_r \propto t^{-1/2}$	$T_m \propto t^{-4/3}$，$T_r \propto t^{-2/3}$
$T_m = T_r \propto R^{-1}$	$T_m \propto R^{-2}$，$T_r \propto R^{-1}$
$R \propto t^{1/2}$	$R \propto t^{2/3}$

星系的形成： 金斯不稳定性+宇宙膨胀

失稳的最小半径 $\lambda \sim c_s / \sqrt{G\rho}$

失稳的最小质量(金斯质量) $M_J \sim \lambda^3 \rho_m \sim \dfrac{c_s^3 \rho_m}{G^{3/2} \rho^{3/2}}$.

思考题

5 - 1. 混合气体由两种分子组成，其有效直径分别为 d_1 和 d_2. 如果考虑这两种分子的相互碰撞，则碰撞截面为多大？平均自由程为多大？

5 - 2. 假设抛掷硬币时正、反面朝上的概率各 1/2. 问：

(1) 第一次抛掷就出现正面的概率是多少？

(2) 第二次抛掷才出现正面的概率是多少？

(3) 连续 n 次抛掷不出现正面的概率是多少？

(4) 直到第 n 次抛掷才出现正面的概率是多少？

(5) 从某次开始，平均说来要抛掷几次才出现正面？

5 - 3. 如 1.5 节那样，假定气体可看作分别朝 $\pm x$、$\pm y$、$\pm z$ 方向运动的 6 组分子组成，现在只考虑沿 $+z$ 方向运动的那一组。设分子的平均自由程为 $\bar{\lambda}$，问：

(1) 那些刚好在 $z = z_0 - \bar{\lambda}$ 处碰撞后朝 $+z$ 方向运动的分子无碰撞地到达 $z = z_0$ 平面的概率是多少？

(2) 这些分子继续朝 $+z$ 方向前进一个距离 l 而不发生碰撞的概率是多少？

(3) 到下一次碰撞为止这些分子自 $z = z_0 - \bar{\lambda}$ 处出发平均走过多少距离？

5 - 4. 在 1.5 节中我们假定，就平均效果而言，A、B 两部分的分子在通过 ΔS 面元之前最后一次受碰都发生在距该面 $\bar{\lambda}$ 距离处，这是否意味着穿过 ΔS 面的分子平均说来无碰撞地走过 $2\bar{\lambda}$ 的距离？如果这样，与气体分子的平均自由程为 $\bar{\lambda}$ 的假设有无矛盾？

5 - 5. 在第二章 1.6 节得到的泻流速率为平均速率 $\bar{v}$ 的 1/4，故而可以说全体气体分子中有 1/4 以速率 $\bar{v}$ 通过小孔。然而本章 1.5 节却假定全体气体分子中有 1/6 通过 ΔS

面。两种考虑有无分歧?

5 – 6. 一空心圆柱体内外表面温度不同,柱层中不同半径处的温度梯度是否相同?

5 – 7. 一定量气体先经过等体过程,使其温度 T 升高一倍,再经过等温过程使其体积膨胀一倍,问平均自由程 $\bar{\lambda}$、黏度系数 η、热导率 κ、扩散系数 D 各改变多少倍?

5 – 8. 一定量气体封闭在一定的体积内,温度升高时分子的热运动加剧,碰撞是否变得更加频繁? 平均自由程是否缩短?

5 – 9. 灵敏电流计悬丝下装有小反射镜。因分子碰撞的涨落,小镜不停地无规扭摆。试用能均分定理论证,小镜角位移 φ 的方差为

$$\overline{\varphi^2} = \frac{kT}{D},$$

式中 D 为细丝的扭转常量(见《新概念物理教程·力学》第五章 1.4 节)。

5 – 10. 植物的叶面凹凸不平,有各种尺度的结构,可看成是分形的。设其分形维数 $d = 2.5$,在躯体大小为 $0.1\,\mathrm{cm}$ 的虫子看来,叶面面积比躯体大小为 $1\,\mathrm{cm}$ 的虫子所看到的大多少倍?

5 – 11. 动物血管一次次分岔,如果分岔后各支的总截面与原来的一样,则血管数 N 按管径 r 的分布应是 $N(r) \propto r^{-2}$,实际上 $N(r) \propto r^{-d}$,d 是大于 2 的非整数,例如对于蝙蝠翅膀上的血管分布,$d = 2.3$. 这也是一种分形结构。管径为 $5\,\mu\mathrm{m}$ 的微血管的截面积总和比管径为 $50\,\mu\mathrm{m}$ 的大多少倍?这种分布有什么好处?

5 – 12. 设想一下,如果将两台电视机并列,你用一台摄像机对准它们的屏幕拍摄,同时将拍摄的图像在这两台电视机上显示,你会在每台电视机屏幕上看到什么景象? [这是实地产生一种叫"康托尔集合"(见习题 5 – 27)分形结构的方法]

5 – 13. 本题图所示为一家庭式实验。在一大绝缘容器底部放一片铝箔,联到电池的一极。将大小相同的玻璃球和金属球混在一起倒入容器中,摇一摇,以得到无规密堆积。将第二片皱巴巴的铝箔压其上,通过安培计联到电池的另一极。实验是以金属球的百分比 p 为参量,观察电流 I 随 p 的变化。设想一下:随着 p 从 0 增大,电流 I 将逐渐增大,还是突然从无到有地产生? 有条件的可实地做实验验证你的想法。(这是一个随机几何的逾渗实验。)

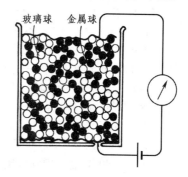

思考题 5 – 13

5 – 14. 按照最小熵产生原理,在线性输运区不会出现耗散结构。在黏性介质中也可以形成某种线性驻波,这不算"耗散结构"吗?

5 – 15. 在人们通常的概念里,"耗散"意味着熵增加,熵增加意味着混乱无序;而出现某种"结构"意味着有序。"耗散结构"这个词儿把二者结合到一起,岂不荒唐? 你怎么看这个问题?

5 – 16. 普里高津总结耗散结构的特征时有一条:对称自发破缺。在艺术或日常生活的概念里,对称的宫殿显得庄重,贴墙纸上的图案整齐划一。按数学和物理中有关"对称性"的定义,"有序"与"无序"相比,何者对称性较高? 生命体比起无生物,对称

性更高还是更低?

5 – 17. 金星到太阳的距离是地球的 72%, 火星到太阳的距离是地球的 1.52 倍。试按裸星球(即不考虑大气的反照和温室效应)热收支平衡来估算它们的表面温度。

5 – 18. 假定太阳的发光度在 40 多亿年间增长了 1.4 倍, 试按裸星球(即不考虑大气的反照和温室效应) 热收支平衡来估算地球表面温度的变化。

5 – 19. 我们在现代书刊上常看到一些在太空或地下建立人造生态系统的设想, 利用太阳能或由外部输送能量, 使系统内部的空气和水得到净化和循环。从热力学的角度, 你认为这种设想现实吗? 实现这类生态系统最困难的是什么?

5 – 20. 过去长期以来流行的宇宙模型是静态的, 大爆炸模型描绘的是个膨胀的宇宙。总结一下, 宇宙的膨胀带来哪些前所未有的热力学推论。

习　题

5 – 1. 氢气在 1.0 atm、15°C 时的平均自由程为 1.18×10^{-7} m, 求氢分子的有效直径。

5 – 2. 氮分子的有效直径为 3.8×10^{-10} m, 求它在标准状态下的平均自由程和连续两次碰撞间的平均时间。

5 – 3. 氧分子的有效直径为 3.6×10^{-10} m, 温度为 300 K, 求下列情况下的碰撞频率:

(1) 压强为 1.0 atm,

(2) 压强为 1.0×10^{-6} atm.

5 – 4. 某种气体分子在 25 °C 时的平均自由程为 2.63×10^{-10} m.

(1) 已知分子的有效直径为 2.6×10^{-10} m, 求气体的压强;

(2) 求分子在 1.0 m 的路程上与其它分子碰撞的次数。

5 – 5. 若在 1.0 atm 下氧分子的平均自由程为 6.8×10^{-8} m, 在什么压强下其平均自由程为 1.0 mm? 设温度保持不变。

5 – 6. 电子管的真空度约为 1.0×10^{-5} mmHg, 设气体分子的有效直径为 3.0×10^{-10} m, 求 27°C 时单位体积内的分子数、平均自由程。

5 – 7. 今测得温度为 15°C、压强为 76 mmHg 时氩分子和氖分子的平均自由程分别为 $\overline{\lambda}_{Ar} = 6.7 \times 10^{-8}$ m 和 $\overline{\lambda}_{Ne} = 13.2 \times 10^{-8}$ m, 问:

(1) 氩分子和氖分子的有效直径之比是多少?

(2) $t = 20°C$、$p = 150$ mmHg 时 $\overline{\lambda}_{Ar}$ 为多大?

(3) $t = -40°C$、$p = 750$ mmHg 时 $\overline{\lambda}_{Ne}$ 为多大?

5 – 8. 在气体放电管中电子不断与气体分子相碰, 因电子的速率远大于气体分子的平均速率, 后者可以看作是静止不动的。设电子的有效直径比起气体分子的有效直径 d 来可以忽略不计。

(1) 电子与气体分子的碰撞截面为多大?

(2) 证明: 电子与气体分子碰撞的平均自由程为

$$\overline{\lambda}_e = \frac{4}{\sigma n},$$

n 为气体分子的数密度。

5 - 9. 某种气体分子的平均自由程为 10 cm. 在 10000 段自由程中，(1) 有多少段长于 10 cm? (2) 有多少段长于 50 cm? (3) 有多少段长于 5 cm 而短于 10 cm? (4) 有多少段长度在 9.9 cm 到 10 cm 之间?

5 - 10. 氧气中在某一时刻刚好发生碰撞的那组分子，经多长时间后还保留一半分子未再发生碰撞?设氧分子都以平均速率 $\bar{v}$ 运动,温度为 300 K,在给定压强下分子的平均自由程为 2.0 cm.

5 - 11. 需将阴极射线管抽到多高的真空度(用 mmHg 表示),才能保证从阴极发射出来的电子有 90% 能达到 20 cm 远处的阳极,而在中途不与空气分子碰撞?

5 - 12. 由电子枪发出一束电子射入压强为 p 的气体。在电子枪前相距 x 处放置一收集电极,用来测定能自由通过(即不与气体分子相碰)这段距离的电子数。已知电子枪发射的电子流强度为 100 μA(微安),当气压 $p = 100$ N/m^2、$x = 10$ cm 时,到达收集极的电子流强度为 37 μA.

(1) 电子的平均自由程为多大?

(2) 当气压降到 50 N/m^2 时,到达收集极的电子流强度为多大?

5 - 13. 今测得氮气在 0 °C 时的黏度系数为 1.66×10^{-5} N·s/m^2,试计算氮分子的有效直径。已知氮分子的分子量为 28.

5 - 14. 今测得氮气在 0 °C 时的热导率为 23.7×10^{-3} W/m·K,摩尔定体热容量为 20.9 J/mol·K,试计算氮分子的有效直径。

5 - 15. 氧气在标准状态下的扩散系数为 1.9×10^{-5} m^2/s,求氧分子的平均自由程。

5 - 16. 已知氦气和氩气的原子量分别为 4 和 40,它们在标准状态下的黏度系数分别为 $\eta_{He} = 18.8 \times 10^{-6}$ Pa·s 和 $\eta_{Ar} = 21.0 \times 10^{-6}$ Pa·s,求:

(1) 氩分子与氦分子的碰撞截面之比 σ_{Ar}/σ_{He};

(2) 氩气与氦气的热导率之比 κ_{Ar}/κ_{He};

(3) 氩气与氦气的扩散系数之比 D_{Ar}/D_{He}.

5 - 17. 一长为 2 m,截面积为 10^{-4} m^2 的管子里贮有标准状态下的 CO_2 气体,一半 CO_2 分子中的 C 原子是放射性同位素 ^{14}C. 在 $t = 0$ 时放射性分子密集在管子的左端,其分子数密度沿着管子均匀地减少,到右端减为 0.

(1) 开始时,放射性气体的密度梯度是多大?

(2) 开始时,每秒有多少个放射性分子通过管子中点的横截面从左侧移往右侧?

(3) 有多少个从右侧移往左侧?

(4) 开始时,每秒通过管子横截面扩散的放射性气体为多少克?

5 - 18. CO_2 在一温度范围内黏度系数 η 的实验数据如下表所列。

(1) 画出 η 对 $\sqrt{T}$ 的曲线;

(2) 计算每一温度下的比值 $\eta/\sqrt{T}$;

(3) 决定在 273 K 时 CO_2 的有效直径。

温度(T/K)	252	273	373	455	575
η/(10^{-6}Pa·s)	12.9	14.0	18.6	22.2	26.8

5 - 19. 两个长为 100 cm、半径分别为 10.0 cm 和 10.5 cm 的共轴圆筒套在一起,其间充满氢气。若氢气的黏度系数为 $\eta = 8.7 \times 10^{-6}\,\text{N·s/m}^2$,问外筒的转速多大才能使不动的内筒受到 107 dyn 的作用力。

5 - 20. 两个长圆筒共轴套在一起,两筒的长度均为 L,内筒和外筒的半径分别为 R_1 和 R_2. 内筒和外筒分别保持在恒定的温度 T_1 和 T_2,且 $T_1 > T_2$. 设两筒间空气的热导率 κ 对温度的依赖可忽略,试证明:每秒由内筒通过空气传到外筒的热量为

$$\frac{\Delta Q}{\Delta t} = \frac{2\pi \kappa L}{\ln \dfrac{R_2}{R_1}}(T_1 - T_2).$$

5 - 21. 假定气体中分子间作用力是一种有心力 f,它与分子间距 r 之间的关系为

$$f = c\,r^{-s},$$

其中 s 为某一整数, c 为常量。

（1）试用量纲分析法找出分子碰撞截面与分子之间平均相对速率、分子摩尔质量与常量 c 之间的关系;

（2）这种气体的黏度系数与温度 T 之间的关系是怎样的?

5 - 22. 热水瓶胆两壁间相距 0.4 cm,其间充满温度为 27°C 的氮气,氮分子的有效直径为 3.1×10^{-8} cm,问瓶胆两壁间的压强降到多大数值以下时,氮的热导率才会比它在大气压下的数值小,从而使瓶胆具有隔热性能。

5 - 23. 圆柱状杜瓦瓶高 24.0 cm,夹层之内层的外直径为 15.0 cm,外层的内直径为 15.6 cm,瓶内装着冰水混合物,瓶外温度保持 25°C,大致估算一下:

（1）如果夹层内充有 1 atm 的氮气,单位时间内由于氮气热传导而流入杜瓦瓶的热量为多少? 取氮分子有效直径为 3.1×10^{-10} m.

（2）要想因热传导而流入的热量为上述的 1/10,夹层中氮气的压强需降低到多少 mmHg?

5 - 24. 一球状容器半径为 10 cm,器壁上除了有 1 cm^2 的面积被冷却到很低的温度之下,其余器壁及整个容器内的气体都保持在 300 K,设这容器内起初有接近饱和的水蒸气,假定分子一碰到那块低温的小面积就凝结,并吸附在其上,问经多长时间容器中水的蒸气压减为 $1.333\,22 \times 10^{-2}$ Pa.

5 - 25. 在 18°C 的温度下, 观察半径为 0.4×10^{-6} m 的粒子在黏度系数为 2.78×10^{-3} Pa·s 的液体中的布朗运动。测得粒子在时间间隔 10 s 的位移方差为 $\overline{x^2} = 3.3 \times 10^{-12}$ m^2,试由此求玻耳兹曼常量 k.

5 - 26. 本题图所示为等边三角形谢尔宾斯基镂垫的迭代构造。试求它的分形维数。

习 题 5 - 26

5 - 27. 如本题图所示,取一单位长的线段（为了画的清楚,用粗棒代替）,去掉中间的 1/3,剩下左右两段,成为第一代;去掉第一代每段中间的 1/3,剩下四段,成为第二代;

如此等等，就此继续操作下去，以至无穷，最后剩下的集合称为康托尔集合(Cantor set)。求康托尔集合的分形维数。

5 – 28. 试论证：宇宙在复合(即物质与光子脱耦)前 $\rho_{\mathrm{m}} \propto T_{\mathrm{r}}^{3}$，这里 ρ_{m} 是物质的密度，T_{r} 是辐射的温度。

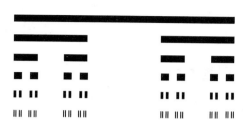

习　题 5 – 27

数学附录

A. 高斯积分

具有下列形式的定积分称为高斯积分：

$$\mathscr{G}_n = \int_0^\infty x^{n-1} \mathrm{e}^{-a\,x^2} \mathrm{d}x, \quad (a > 0, \; n = 1, 2, 3, \cdots) \qquad (A.1)$$

这是统计物理学中经常用到的一类积分。作 $z = x^2$ 的变量变换，则 $x = z^{1/2}$，$\mathrm{d}x = \frac{1}{2} z^{-1/2} \mathrm{d}z$，可将高斯积分写成另一种形式：

$$\mathscr{G}_n = \frac{1}{2} \int_0^\infty z^{n/2-1} \mathrm{e}^{-az} \mathrm{d}z, \quad (n = 1, 2, 3, \cdots) \qquad (A.2)$$

现将它们的表达式罗列于下，供读者参考：

$n = 1$	$\mathscr{G}_1 = \displaystyle\int_0^\infty \mathrm{e}^{-ax^2} \mathrm{d}x = \frac{1}{2} \int_0^\infty z^{-1/2} \mathrm{e}^{-az} \mathrm{d}z = \dfrac{\sqrt{\pi}}{2\,a^{1/2}}$
$n = 2$	$\mathscr{G}_2 = \displaystyle\int_0^\infty x\,\mathrm{e}^{-ax^2} \mathrm{d}x = \frac{1}{2} \int_0^\infty \mathrm{e}^{-az} \mathrm{d}z = \dfrac{1}{2\,a}$
$n = 3$	$\mathscr{G}_3 = \displaystyle\int_0^\infty x^2 \mathrm{e}^{-ax^2} \mathrm{d}x = \frac{1}{2} \int_0^\infty z^{1/2} \mathrm{e}^{-az} \mathrm{d}z = \dfrac{\sqrt{\pi}}{4\,a^{3/2}}$
$n = 4$	$\mathscr{G}_4 = \displaystyle\int_0^\infty x^3 \mathrm{e}^{-ax^2} \mathrm{d}x = \frac{1}{2} \int_0^\infty z\,\mathrm{e}^{-az} \mathrm{d}z = \dfrac{1}{2\,a^2}$
$n = 5$	$\mathscr{G}_5 = \displaystyle\int_0^\infty x^4 \mathrm{e}^{-ax^2} \mathrm{d}x = \frac{1}{2} \int_0^\infty z^{3/2} \mathrm{e}^{-az} \mathrm{d}z = \dfrac{3\sqrt{\pi}}{8\,a^{5/2}}$
$n = 6$	$\mathscr{G}_6 = \displaystyle\int_0^\infty x^5 \mathrm{e}^{-ax^2} \mathrm{d}x = \frac{1}{2} \int_0^\infty z^2 \mathrm{e}^{-az} \mathrm{d}z = \dfrac{1}{a^3}$
...	....

下面我们简单地讲一讲，这些积分是怎样得到的。将 a 看作变量求导：

$$\frac{\partial}{\partial a} \int x^n \mathrm{e}^{-ax^2} \mathrm{d}x = -\int x^{n+2} \mathrm{e}^{-ax^2} \mathrm{d}x,$$

即

$$\mathscr{G}_n = -\frac{\partial}{\partial a} \mathscr{G}_{n-2}.$$

这样一来，就把高斯积分 $\mathscr{G}_n$ 用 $\mathscr{G}_{n-2}$ 表示出来，将 n 降了两级。连续使用这种方法，就可把求所有奇数的 $\mathscr{G}_n$ 问题归结为求 $\mathscr{G}_1$，求所有偶数的 $\mathscr{G}_n$ 问题归结为求 $\mathscr{G}_2$。$\mathscr{G}_2$ 是很容易求出的，因为将不定积分

$$\int x\,\mathrm{e}^{-ax^2} \mathrm{d}x = -\frac{1}{2a} \mathrm{e}^{-ax^2} + 常数，$$

代入积分的上下限，即可得到上表中 $\mathscr{G}_2$ 的表达式。

$\mathscr{G}_1$ 就不那么好求了,需要用一种特殊的技巧来解决。考虑一个二维无限大平面上的积分,积分的变量可以采用直角坐标(x, y),这时面元为$\mathrm{d}x\mathrm{d}y$;也可以采用极坐标(r, θ),这时面元为$r\mathrm{d}r\mathrm{d}\theta$. 两种作法应是等价的。被积函数为 $\mathrm{e}^{-ar^2} = \mathrm{e}^{-a(x^2+y^2)}$,用极坐标来作,我们有

$$\mathscr{T} = \int_0^\infty r\,\mathrm{d}r \int_0^{2\pi} \mathrm{d}\theta\, \mathrm{e}^{-ar^2} = 2\pi\mathscr{G}_2.$$

用直角坐标来作,我们有

$$\mathscr{T} = \int_{-\infty}^\infty \mathrm{d}x \int_{-\infty}^\infty \mathrm{d}y\, \mathrm{e}^{-a(x^2+y^2)} = 4\int_0^\infty \mathrm{e}^{-ax^2}\mathrm{d}x \cdot \int_0^\infty \mathrm{e}^{-ay^2}\mathrm{d}y = 4\mathscr{G}_1^2.$$

比较以上两式,得

$$\mathscr{G}_1 = \sqrt{\frac{\pi}{2}\mathscr{G}_2}.$$

于是,由 $\mathscr{G}_2$ 的表达式即可得到上表中 $\mathscr{G}_1$ 的表达式。

B. 误差函数

高斯积分是上下限固定的定积分,在概率论和统计物理中常需要计算任意积分限的数值,人们建立了误差函数(error function)的概念,其定义为

$$\mathrm{erf}(x) = \frac{2}{\sqrt{\pi}} \int_0^x \mathrm{e}^{-x^2}\,\mathrm{d}x, \tag{B.1}$$

并编纂了函数表附在一般积分表里供查阅。下面给出误差函数的一个简表:

x	$\mathrm{erf}(x)$	x	$\mathrm{erf}(x)$	x	$\mathrm{erf}(x)$
0	0	1.0	0.8427	2.0	0.9953
0.2	0.2227	1.2	0.9103	2.2	0.9981
0.4	0.4284	1.4	0.9523	2.4	0.9993
0.6	0.6039	1.6	0.9763	2.6	0.9998
0.8	0.7421	1.8	0.9891	2.8	0.9999

当 x 大于表中所给的数时,误差函数值可用下列级数算出:

$$\mathrm{erf}(x) = 1 - \frac{\mathrm{e}^{-x^2}}{\sqrt{\pi}\,x}\left[1 - \frac{1}{2x^2} + \frac{1\cdot3}{(2x^2)^2} - \frac{1\cdot3\cdot5}{(2x^2)^3} + \cdots\right]. \tag{B.2}$$

习题答案

第一章

1 - 1. $-40°$.

1 - 2. 400. 574 K.

1 - 3. (1) $-205.48°C$.

    (2) 1. 049 atm.

1 - 4.

	(1)	(3)
$t/°C$	$\mathscr{E}/mV$	t^*
-100	-22	-111
0	0	0
100	20	100
200	38	190
300	54	270
400	68	340
500	80	400

(1)、(3) 曲线从略。

1 - 11. $$\Delta h = \frac{1}{2}\left[-\left(\frac{p_0}{\rho g}+h'-h\right)+\sqrt{\left(\frac{p_0}{\rho g}+h'-h\right)^2+4h'h}\right].$$

1 - 12. 3.87×10^{-2} mmHg.

1 - 13. 0. 98 g/cm³.

1 - 14. 570 L.

1 - 15. 28. 9, 1. 29 kg/m³.

1 - 16. 136. 6 cm³.

1 - 17. $p_{O_2} = 1.0 \times 10^5 N/m^2$,

    $p_{N_2} = 2.5 \times 10^5 N/m^2$,

    $p = 3.5 \times 10^5 N/m^2$.

1 - 18.

a	$CO_2 : p/atm$	$H_2 : p/atm$
1	7.125×10^{-3}	4.78×10^{-4}
0.01	71. 52	4. 78
0.001	7152	478

(2) $a = 5/mV, b = 5/mV \times \mathscr{E}$. 曲线从略。

(4) 温标 t、t^* 虽然在两个规定点 —— 水的冰点和沸点与摄氏温标符号, 在其余温度下呈非线性关系。

1 - 5. 0. 873 cm, 3. 717 cm.

1 - 6.

(1) $\lim\limits_{p \to 0} t^* = 273.16 + \ln(T/273.16)$,

式中 p —— 压强, T —— 理想气体温标。

(2) $t^*_{冰} \approx 273.16$, $t^*_{汽} = 273.47$.

(3) $t^* \to -\infty$, 不存在绝对零度。

1 - 7. 9 天。

1 - 8. 751. 02 mmHg.

1 - 9. 25 cm.

1 - 10. 14. 25 cm.

1 - 19. 397. 9 K.

1 - 20. 25. 4 atm, (理想气体 29. 4 atm)。

1 - 21. (1) $T_k = \frac{2}{3}\sqrt{\frac{2a}{3(b+c)R}}$,

    $V_k = \nu(3b+2c)$,

    $p_k = \frac{1}{36}\sqrt{\frac{6Ra}{(b+c)^2}}$;

(2) $a = 1.0972 \times 10^3 atm \cdot L \cdot K/mol^2$,

    $b = 8.373 \times 10^{-3} L/mol$,

    $c = 3.445 \times 10^{-2} L/mol$.

1 - 22. 证明从略。

第二章

2 - 1. 作图从略。

2 - 2. (1) $1.66\% = 1.66 \times 10^{-2}$,

    (2) 4.15×10^{-3},

(3) 7.15×10^{-8}.

2 - 3. $\overline{(1/v)} = \sqrt{\frac{2m}{\pi kT}} = \frac{4}{\pi}(1/\bar{v}) > (1/\bar{v})$.

2 - 4. (1) 198. 5 m/s,

（2）1.35×10^{-6} g/h.

2－5. 2232 级。

2－6. 证明从略。

2－7 到 2－9. 答案题中已给出。

2－10 到 2－12. 证明从略。

2－13. $\Delta N = N \left[1 - \mathrm{erf}(x_0) + \dfrac{2}{\sqrt{\pi}} \mathrm{e}^{-x_0^2} \right]$，

式中 $x_0 = v_0/v_{\max}$.

2－14. 57.2%，4.6%.

2－15. 4.264×10^{-43}.

2－16. $\eta \sqrt{\dfrac{m}{2\pi kT}} \mathrm{e}^{-mv_0^2/2kT}$.

2－17. 最概然值 $kT/2$.

2－18. 约 2.0×10^3 m.

2－19. 约 2.3×10^3 m.

2－20. 1.9×10^3 m.

2－21. 平动 3741J，转动 2494J.

2－22. 5.89 J/g·K.

2－23. $M_{\mathrm{Ar}}^{\mathrm{mol}} = 39.7$ g/mol，

$m_{\mathrm{Ar}} = 6.59 \times 10^{-23}$ g.

2－24. 2.74×10^{-5} m/s.

2－25. 3.53×10^{-4} m/s.

2－26. 1.17 g/cm^3.

2－27 到 2－29. 计算与曲线从略。

第三章

3－1.

	ΔU	A	Q
（1）	$75R$	0	$75R$
（2）	$75R$	$-50R$	$125R$
（3）	$75R$	$75R$	0

3－2.

	ΔU/J	A/J	Q/J
（1）	0	768.7	-768.7
（2）	906.6	0	906.6
（3）	-1419	567.5	-1986

3－3. （1）15.1 L，　（2）1.132×10^5 Pa，

（3）239.1 J.

3－4. （1）$n = 1.99$，　（2）$\Delta U = -63.3$ J,

（3）$Q = 63.9$ J，　（4）$A' = 127.2$ J.

3－5. 1.12×10^4 J.

3－6. $T = 265.4$ K，　$V = 12.04$ L,

$p = 0.90$ atm.

3－7. （1）-938.3 J，　（2）-1436 J.

3－8. 先等温后绝热：606 cal,

先绝热后等温：151 cal.

3－9. （1）702.33 J，　（2）506.63 J.

3－10 到 3－11. 证明从略。

3－12. 2444.4 kJ/kg.

3－13. 3.998×10^6 J/mol.

3－14. （1）$H^{\mathrm{mol}} = cT + pV_0^{\mathrm{mol}} + bp^2$,

（2）$C_p^{\mathrm{mol}} = c$，　$C_V^{\mathrm{mol}} = c - ap + a^2 T/b$.

3－15. 证明从略。

3－16.

		Δp/Pa	ΔV/L	ΔT/K
（1）	A	2489	0	6.71
	B	0	0.55	6.71
（2）	A	0	0.94	11.51
	B	0	0	0

3－17. （1）$C_V T_0/2$，　（2）$1.5 T_0$,

（3）$\dfrac{21}{4} T_0$，　（4）$\dfrac{19}{4} C_V T_0$.

3－18 到 3－19. 证明从略。

3－20. （1）不降温,

（2）降温 110 K，　（3）降温 3.74 K,

3－21. 证明从略。

3－22. 83%。

3－23. -864.6 kJ/mol.

3－24. -973.5 kJ/mol.

第四章

4－1. 12.53 kJ.

4－2. 1.339×10^4 kcal.

4－3. （1）20°C,

（2）从 26.8% 增大到 42.3%.

4 – 4 到 4 – 7. 推导、证明从略。

4 – 8. $4.13 \times 10^4 \text{J/mol}$.

4 – 9. $4.96 \times 10^4 \text{J/mol}$.

4 – 10. $1.44 \times 10^5 \text{J/mol}$.

4 – 11. 汽化曲线 14.90Pa/K,
升华曲线 14.90Pa/K.

4 – 12. $100.37 °\text{C}$.

4 – 13. 证明从略。

4 – 14. $2.05 \times 10^3 \text{Pa}$.

4 – 15. (1) $1.8 \times 10^3 \text{Pa}$, $92 °\text{C}$.
(2) 升华热 $3.12 \times 10^4 \text{J/mol}$,
汽化热 $2.55 \times 10^4 \text{J/mol}$,
熔化热 $0.57 \times 10^4 \text{J/mol}$.

4 – 16 到 4 – 17. 证明从略。

4 – 18. (1)、(2)、(3) 熵变皆为 5.76J/K.

4 – 19. 验证从略。

4 – 20. $\Delta S^{\text{mol}} = \dfrac{1}{2} C_p^{\text{mol}} \ln \dfrac{(T_A + T_B)^2}{4 T_A T_B} > 0$.

4 – 21. $8.3 \times 10^{-4} \text{cal/mol}$.

4 – 22. 8.24kcal/(K·h).

4 – 23. -8.23kJ/(kg·K).

4 – 24. -28.43cal/K.

4 – 25. $5.33 \times 10^3 \text{J/K}$.

4 – 26. (1) 25 块, (2) 167.0J/K.

4 – 27. 291J/K.

4 – 28. 2.81kW/K.

4 – 29. 40.93W/K.

4 – 30. (1) 1.56kJ/K, (2) 0.21kJ/K.

4 – 31. (1) 400cal, (2) 0.5cal/K,
(3) 作功 200cal, 总熵变为 0。

4 – 32. (1) 证明从略, (2) 100cal.

4 – 33. $\Delta U = 0$, $\Delta H = 0$, $\Delta S = \dfrac{T_0 - T}{T T_0} Q < 0$,
内能、焓不变,熵减少了。

4 – 34. (1) 约 250K, (2) 约 88K.

4 – 35. (1)

$$S = k\left[N_甲 \ln N_甲 + N_乙 \ln N_乙 - n \ln n - 2(N_甲 - n) \ln(N_甲 - n) - (N_乙 + n - N_甲) \ln(N_乙 + n - N_甲) \right]$$

曲线从略, (2) 证明从略。

4 – 36. 氮分子标准摩尔反应熵为 $-35 R$.

4 – 37. 推导从略。

第五章

5 – 1. 2.74Å.

5 – 2. $5.80 \times 10^{-8} \text{m}$, $1.28 \times 10^{-10} \text{s}$.

5 – 3. (1) $6.27 \times 10^9 /\text{s}$, (2) $6.27 \times 10^3 /\text{s}$.

5 – 4. (1) $5.21 \times 10^7 \text{Pa}$, (2) 3.80×10^9 次。

5 – 5. $6.8 \times 10^{-5} \text{atm}$.

5 – 6. $n = 3.22 \times 10^{17} /\text{m}^3$, $\bar{\lambda} = 7.77 \text{m}$,
$\bar{\omega} = 60.3 /\text{s}$.

5 – 7. (1) 1.40, (2) Ar: $3.45 \times 10^{-8} \text{m}$,
(3) Ne: $1.08 \times 10^{-8} \text{m}$.

5 – 8. (1) $\pi d^2 / 4$, (2) 证明从略。

5 – 9. (1) 3 679, (2) 67, (3) 2 387, (4) 37,
(5) 0。

5 – 10. $3.11 \times 10^{-5} \text{s}$.

5 – 11. $4.1 \times 10^{-5} \text{mmHg}$.

5 – 12. (1) 10.06cm, (2) 60.83μA.

5 – 13. $3.09 \times 10^{-10} \text{m}$.

5 – 14. $2.23 \times 10^{-10} \text{m}$.

5 – 15. $1.34 \times 10^{-7} \text{m}$.

5 – 16. (1) 2.83, (2) 0.11, (3) 0.11.

5 – 17. (1) 密度梯度 $-1.343 \times 10^{25} \text{m}^{-4}$.
(2) 向右比向左通过截面的放射性分子多 9.36×10^{15} 个, 然而各有约 1.19×10^{23} 个放射性分子向右和向左通过截面,比它们之间的差值大七个数量级。
(3) $7.15 \times 10^{-10} \text{g}$.

5 – 18. (1) 曲线从略,
(2)

T/K	$\eta/(10^{-6} \text{Pa·s})$	$\eta/\sqrt{T}$
252	12.9	0.81
273	14.0	0.85
373	18.6	0.96
455	22.2	1.04
575	26.8	1.12

(3) $3.77 \times 10^{-10} \text{m}$.

5 – **19**. 9.79 rad/s = 93.5 r/min.

5 – **20**. 证明从略。

5 – **21**. $\sigma \propto \left(\dfrac{c}{\overline{u^2} M^{mol}} \right)^{2/(s-1)}$,

$\eta \propto T^{(s+3)/2(s-1)}$,

$s \to \infty$ 时过渡到刚球模型，$\eta \propto T^{1/2}$.

5 – **22**. 1.82×10^{-2} mmHg.

5 – **23**. (1) 12.02 W = 2.87 cal/s.

(2) 2.840×10^{-4} mmHg.

5 – **24**. 3.575×10^4 s $\approx$ 9 h56 min.

5 – **25**. $k = 1.188 \times 10^{23}$ J/K,

比精确值 1.318×10^{23} J/K 小了些。

5 – **26**. 1.58.

5 – **27**. 0.63.

5 – **28**. 论证从略。

索 引

A

B

C

D

314 索 引

作 者 简 介

赵凯华　　北京大学物理系教授,曾任北京大学物理系主任,国家教委高等学校理科物理学与天文学教学指导委员会委员、基础物理教学指导组组长、中国物理学会副理事长、教学委员会主任。科研方向为等离子体理论和非线性物理。主要著作有《电磁学》(与陈熙谋合编,高等教育出版社出版,1987年获全国第一届优秀教材优秀奖),《光学》(与钟锡华合编,北京大学出版社出版,1987年获全国第一届优秀教材优秀奖),《定性与半定量物理学》(高等教育出版社出版,1995年获国家教委第三届优秀教材一等奖),等。他负责的"电磁学"被评为2003年度"国家精品课程"。

罗蔚茵　　中山大学物理系教授,曾任中山大学物理系副主任、中山大学高等继续教育学院院长,国家教委高等学校理科物理学与天文学教学指导委员会委员、基础物理教学指导组成员,中国物理学会教学委员会副主任。主要著作有《力学简明教程》(中山大学出版社出版,1992年获国家教委第二届优秀教材二等奖),《热学基础》(与许煜寰合编,中山大学出版社出版),等。

合作项目:
　　"《新概念力学》面向21世纪教学内容和课程体系改革"
　　　　1997年获国家级教学成果奖一等奖
　　"新概念物理"
　　　　1998年获国家教育委员会科学技术进步奖一等奖

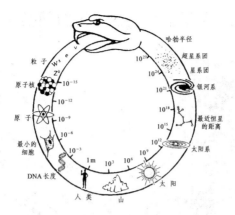

物理学是探讨物质基本结构和运动基本规律的学科。从研究对象的空间尺度来看,大小至少跨越了42个数量级。

人类是认识自然界的主体,我们以自身的大小为尺度规定了长度的基本单位——米(meter)。与此尺度相当的研究对象为宏观物体,以伽利略为标志,物理学的研究是从这个层次上开始的,即所谓宏观物理学。19-20世纪之交物理学家开始深入到物质的分子、原子层次($10^{-9}\sim10^{-10}$ m),在这个尺度上物质运动服从的规律与宏观物体有本质的区别,物理学家把分子、原子,以及后来发现更深层次的物质客体(各种粒子,如原子核、质子、中子、电子、中微子、夸克)称为微观物体。微观物理学的前沿是高能或粒子物理学,研究对象的尺度在10^{-15} m以下,是物理学里的带头学科。20世纪在这学科里的辉煌成就,是60年代以来逐步形成了粒子物理的标准模型。

近年来,由于材料科学的进步,在介于宏观和微观的尺度之间发展出研究宏观量子现象的一门新兴的学科——介观物理学。此外,生命的物质基础是生物大分子,如蛋白质、DNA,其中包含的原子数达$10^4\sim10^5$之多,如果把缠绕盘旋的分子链拉直,长度可达10^{-4} m的数量级。细胞是生命的基本单位,直径一般在$10^{-5}\sim10^{-6}$ m之间,最小的也至少有10^{-7} m的数量级。从物理学的角度看,这是目前最活跃的交叉学科——生物物理学的研究领域。

现在把目光转向大尺度。离我们最近的研究对象是山川地体、大气海洋,尺度的数量级在$10^3\sim10^7$ m范围内,从物理学的角度看,属地球物理学的领域。扩大到日月星辰,属天文学和天体物理学的的范围,从个别天体到太阳系、银河系,从星系团到超星系团,尺度横跨了十几个数量级。物理学最大的研究对象是整个宇宙,最远观察极限是哈勃半径,尺度达$10^{26}\sim10^{27}$ m的数量级。宇宙学实际上是物理学的一个分支,当代宇宙学的前沿课题是宇宙的起源和演化,20世纪后半叶这方面的巨大成就是建立了大爆炸标准宇宙模型。这模型宣称,宇宙是在一百多亿年前的一次大爆炸中诞生的,开初物质的密度和温度都极高,那时既没有原子和分子,更谈不到恒星与星系,有的只是极高温的热辐射和在其中隐现的高能粒子。于是,早期的宇宙成了粒子物理学研究的对象。粒子物理学的主要实验手段是加速器,但加速器能量的提高受到财力、物力和社会等因素的限制。粒子物理学家也希望从宇宙早期演化的观测中获得一些信息和证据来检验极高能量下的粒子理论。就这样,物理学中研究最大对象和最小对象的两个分支——宇宙学和粒子物理学,竟奇妙地衔接在一起,结成为密不可分的姊妹学科,犹如一条怪蟒咬住自己的尾巴。

《新概念物理教程·热学》封面插图说明：

  19 世纪中叶,克劳修斯和开尔文建立了热力学的理论体系,这是一个宏观的唯象理论。麦克斯韦和玻耳兹曼不满足于此,进一步探究了热现象的微观本质,创立了气体分子动理论,为统计物理学的奠基和发展开辟了道路。然而当时学术界对此是有尖锐分歧的。以物理学家马赫(E. Mach) 和化学家奥斯特瓦尔德(W. Ostwald) 为代表的一派,认为分子和原子的不可观测的,以分子的运动来研究热力学是不可信的,也是不必要的。1895 年当时年轻的理论物理学家索末菲(A. Sommerfeld) 感到:"玻耳兹曼与奥斯特瓦尔德之争仿佛是一头雄牛与灵巧剑手之间的一场决斗。但是这一次,尽管剑手的技艺高超,最后还是雄牛压倒了斗牛士。玻耳兹曼的观点赢得了胜利,我们这些年轻的数学家都站在他这一边。"然而玻耳兹曼本人却心情抑郁:"我意识到我只是一个软弱无力地与时代潮流抗争的人",似乎他将是争论的输家。玻耳兹曼 1906 年去世,与此不无关系。差不多与此同时,1905 年爱因斯坦发表了关于布朗运动的理论,1908 年为皮兰的实验所证实,当年奥斯特瓦尔德就主动认输:"原子假说已经成为一种基础巩固的科学理论。"雄牛终于胜利了,但他已长眠于地下。

  玻耳兹曼的墓碑上没有墓志铭,只有一个公式:

$$S = k \log W$$

它为熵作出了微观的概率解释。玻耳兹曼曾对麦克斯韦方程赞赏备至:"写下这些记号的,难道是一位凡人吗?"我们以这话回敬玻耳兹曼熵公式,不是也很恰当吗?

郑 重 声 明

读者意见反馈

为收集对教材的意见建议,进一步完善教材编写并做好服务工作,读者可将对本教材的意见建议通过如下渠道反馈至我社。

咨询电话 400 – 810 – 0598

反馈邮箱 hepsci@pub.hep.cn

通信地址 北京市朝阳区惠新东街 4 号富盛大厦 1 座
高等教育出版社理科事业部

邮政编码 100029

策划编辑 庞永江

责任编辑 李松岩

责任设计 张 楠

责任印制 赵 振